EXPERIMENTE
die Geschichte machten

von
Jürgen Teichmann, Wolfgang Schreier
und Michael Segre

Bayerischer Schulbuch-Verlag · München

Gedruckt auf chlorfrei gebleichtem Papier

1995
1. Auflage

Umschlag, Gestaltung, Herstellung und Satz:
Norbert Dinkel, München
Druck: Tutte Druckerei GmbH, Salzweg-Passau
Bindung: Sellier GmbH, Freising
ISBN 3-7627-3798-3

Vorwort

Wenn man fragt, was über Jahrhunderte die Weltgeschichte bewegt hat, so wird man wohl kaum physikalische Experimente anführen. Aber dennoch hatten auch sie Einfluß auf die Entwicklung der Menschheit. Man denke nur an die Entdeckung der Atomkernspaltung.

Wie solche herausragenden Versuche im Meinungsstreit zwischen Theorie und Experiment verlaufen sind und welche Folgen sie hatten, darüber kann man in diesem Buch konkrete Aufschlüsse in Text und Bild finden. Nicht die heutige Auffassung über diese Experimente steht im Mittelpunkt, sondern deren historische Entwicklung. Am Beispiel von Experimenten aus der Zeit des Barock etwa präsentiert sich die Physik als eine spielerische Wissenschaft, der man nicht nur in stillen Gelehrtenstuben sondern auch an Fürstenhöfen und sogar auf Jahrmärkten recht vergnügliche Seiten abgewann.

Besonders im Unterricht kann das Wissen um die historischen Zusammenhänge eine wertvolle Bereicherung darstellen. Die Fülle verschiedener Gedanken und Experimente zu den physikalischen Naturphänomenen

- fördert das Problembewußtsein bei physikalischen Fragestellungen;
- zeigt, daß die historische Entwicklung eines Problems oft von ähnlichen Schwierigkeiten begleitet war wie das eigene Bemühen um ein Verständnis der jeweiligen Naturphänomene;
- regt zu fächerübergreifenden Diskussionen über den Zusammenhang von Naturwissenschaft, Technik und Gesellschaft an;
- liefert neue didaktische Ideen für die Vermittlung oft als trocken empfundener Unterrrichtsstoffe;
- fordert zu Vergleichen zwischen vergangenen und aktuellen Entwicklungen heraus;
- bietet durch ausführliche Literatur- und Quellenhinweise Anregungen für Unterrichtsprojekte.

Das ausgewählte Quellen- und Bildmaterial entstammt zum Großteil dem Fundus der physikhistorischen Sammlungen des Deutschen Museums in München und der Universität Leipzig. Wer über den in diesem Buch gebotenen Stoff hinaus weitergehende Literatur sucht, findet sie reichlich in den Bibliotheken und Bildarchiven dieser für die gesamte Wissenschaftsgeschichte hervorragend ausgestatteten Einrichtungen.

Inhalt

Mechanik

Wärmelehre

Elektrizität und Magnetismus

Optik

Atom- und Festkörperphysik

Astronomie

Anhang

MECHANIK

Archimedes und das Auftriebsgesetz

Archimedes von Syrakus kann man wohl als den ersten Physiker der Weltgeschichte betrachten. In seinem mathematischen, physikalischen und technischen Werk vereinigt er neuzeitliche Erkenntnismethoden. Antike Naturphilosophen wie Aristoteles oder Demokrit haben sich kaum der Mathematik bedient und andere, wie etwa die Pythagoreer oder Platon, wandten sie, wenn überhaupt, vorrangig in der Astronomie an. Aber sie entwarfen philosophische Systeme, die bei Archimedes nicht zu finden sind. Dagegen suchte Archimedes mathematische Theorie und physikalisch-technische Praxis zu verbinden. Er nahm damit eine Methodologie vorweg, die erst seit der Renaissance das Wissenschaftsverständnis der Naturforscher prägte.

In seinem mathematischen Werk beschäftigte sich Archimedes mit Flächen- und Volumenberechnungen. Hervorzuheben ist auch seine Bestimmung der Zahl π und die damit zusammenhängende Quadratur (Flächenbestimmung) des Kreises. Bedeutsam ist sein Werk „Die Sandzahl", in dem die unbegrenzte Fortsetzbarkeit der Zahlenreihe ausgesprochen wird.

Bekannt wurden ferner seine technischen Erfindungen. Die Wasserschnecke (Archimedische Schraube) zur Wasserhebung und verschiedene kraftsparende Maschinen, ähnlich den Flaschenzügen, sowie Kriegsmaschinen, mit denen er die Verteidigung von Syrakus gegen die Römer im zweiten punischen Krieg unterstützte, waren Meisterleistungen. Jedoch ist es wohl eine Legende, daß er mittels Brennspiegeln angreifende Boote entzündete. In diesem Krieg fand Archimedes – wie römische Geschichtsschreiber berichten – den Tod. Er wurde entweder in Gedanken versunken über einer geometrischen Figur oder – nach anderer Überlieferung – auf dem Wege zum Feldherrn Marcellus von einem römischen Soldaten getötet (**Bild 1**).

Über seine physikalischen Entdeckungen gibt eine erst 1899 aufgefundene Schrift von

Bild 1:
Tod des Archimedes.
Ein Mosaik, dessen Datierung ungewiß ist. Archimedes, in Geometrie versunken, herrscht den römischen Soldaten an: „Störe meine Kreise nicht." Daraufhin tötet der den Gelehrten.

Bild 2: Archimedes im Bade.
Eine mittelalterliche Darstellung zur Kranzlegende aus dem Jahre 1547. Der Kranz ist hier als Krone interpretiert.

Archimedes, die „Methodenlehre", Auskunft. Danach hat er seine Gesetze durch mechanisch-physikalische Überlegungen gefunden und erst danach den geometrischen Beweis in der Art der Griechen ausgearbeitet.

Das wird auch durch eine Episode deutlich, die der Entdeckung des Archimedischen Prinzips offenbar vorausgegangen ist. Darüber gibt es eine legendäre Schilderung des römischen Architekten Vitruvius: Der König Hieron II. von Syrakus, möglicherweise eine Verwandter von Archimedes, hatte einem Goldschmied eine bestimmte Menge reines Gold geliefert und ihn beauftragt, daraus einen Kranz als Weihegeschenk für die Götter anzufertigen. Letzterer stellte den Kranz her, der dem Gewicht des Goldes entsprach. Dennoch entstand der Verdacht, daß er einen Teil des Goldes durch Silber ersetzt habe. Archimedes sollte den Kranz, ohne ihn zu zerstören, untersuchen und feststellen, ob der Verdacht begründet und – wenn ja – wieviel Gold durch Silber ausgetauscht worden wäre. Archimedes kam auf den richtigen Gedanken, als er im Bad beobachtete, daß beim Eintauchen des Körpers Wasser über den Rand der Wanne lief. Es wurde ihm klar, daß er durch die Messung der Wasserverdrängung zum Ziele kommen könne (**Bild 2**). Darüber soll er so erfreut gewesen sein, daß er unbekleidet ins Freie lief mit dem berühmt gewordenen Wort: Heureka! (Ich hab's gefunden!) auf den Lippen.

Wie diese Aufgabe zu lösen war, läßt sich mit modernen Mitteln leicht nachvollziehen. Wir verwenden dabei nur Begriffe, die Archimedes selbst kannte oder neu definierte (z. B. Dichte). Vitruvius berichtete, daß sich Archimedes außer dem Kranz zwei Stücke aus Gold und Silber verschaffte, von denen jedes ebenso schwer war wie der Kranz: so ergaben sich folgende Werte für die Masse (m) und das Volumen (V) der Körper:

	Gold	Silber
Masse des Vergleichsstückes	m	m
Volumen des Vergleichsstückes	V_1	V_2
Masse des Metalls im Kranz	m_1	m_2
Volumen des Metalls im Kranz	V_1'	V_2'
Dichte des Metalls	ρ_1	ρ_2

Folgende Gleichungen ergeben sich sofort aus den Voraussetzungen

$$m_1 + m_2 = m$$

$$V_1' + V_2' = V$$

Mit der Umrechnung der Dichten

$$\rho_1 = \frac{m}{V_1} = \frac{m_1}{V_1'} \quad \text{und} \quad \rho_2 = \frac{m}{V_2} = \frac{m_2}{V_2'}$$

erhält man die Gleichung

$$V = \frac{m_1}{m} V_1 + \frac{m_2}{m} V_2$$

und daraus $mV = m_1V_1 + m_2V_2$

bzw. $(m_1 + m_2)\,V = m_1V_1 + m_2V_2$

Durch Umformen ergibt sich schließlich

$$\frac{m_1}{m_2} = \frac{V_2 - V}{V - V_2}$$

Archimedes konnte also durch Messung der Überlaufmengen das Massenverhältnis von Gold und Silber im Kranz bestimmen [2].

Diese Geschichte von Vitruvius hatte offenbar einen realen Hintergrund. Sie mündete in die Entdeckung des Archimedischen Prinzips und die Erfindung einer hydrostatischen Waage. In seinem Werk „Über schwimmende Körper" hat Archimedes in fünf Sätzen das Auftriebsgesetz formuliert:

1. „Feste Körper, deren spezifisches Gewicht <Dichte> gleich dem der Flüssigkeit ist, werden in die Flüssigkeit so weit eintauchen, daß ihre Oberfläche nicht aus der Flüssigkeit herausragt, andererseits werden sie nicht sinken."
2. „Wenn ein Körper spezifisch leichter ist als die Flüssigkeit, so wird er nicht ganz in die Flüssigkeit eintauchen, sondern es wird ein Teil von ihm über den Flüssigkeitsspiegel hinausragen."
3. „Ein Körper taucht in eine spezifisch schwerere Flüssigkeit so weit ein, daß die von ihm verdrängte Flüssigkeitsmenge so schwer ist wie der ganze Körper."
4. „Ein Körper, der gewaltsam in eine spezifisch schwerere Flüssigkeit eingetaucht wird, wird mit einer Kraft in die Höhe getrieben, die gleich ist der Differenz der Gewichte des Körpers und der verdrängten Flüssigkeitsmenge."
5. „Ein Körper, der spezifisch schwerer ist als die Flüssigkeit, sinkt in dieser bis zum Grunde hinab und wird in der Flüssigkeit um so viel leichter, wie die von ihm verdrängte Flüssigkeitsmenge wiegt." [1, S. 7–12]

Eigentümlich sind die von Archimedes angeführten Beweise für diese Sätze: Sie werden nicht induktiv geführt; es sind sogar alle Hinweise auf die Methode der Entdeckung beseitigt. Die Form des Beweises läuft darauf hinaus, einen Widerspruch zu konstruieren. Diese Beweismethode war in der Antike allgemein üblich. Obwohl sie uns heute außer in der Mathematik eher fremd ist, soll ein solcher Beweis für Satz 1 des Archimedischen Auftriebsgesetzes angedeutet werden:
Aus einer Flüssigkeitsmenge mit halbkreisförmigem Querschnitt (entsprechend der Kugelvorstellung der Erde) sind zwei Sektoren A und B ausgeschnitten (**siehe Skizze**). Ein Körper C rage über die Oberfläche hinaus; D sei ein Volumen, das im Gewicht und Volumen dem eingetauchten Teil von C entspricht. Unter diesen Umständen müsse C einen größeren Druck auf die Fläche E als D ausüben und die Flüssigkeit in Bewegung gesetzt werden. Das widerspricht der Annahme, und Gleichgewicht ist nur hergestellt, wenn Körper C nicht über die Oberfläche ragt.

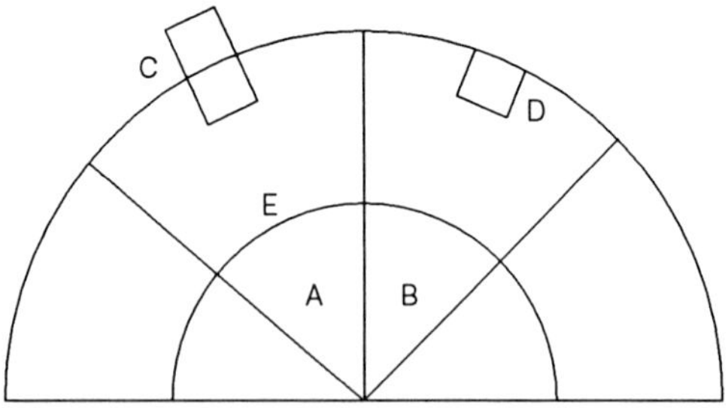

Zeichnung zum Archimedischen Prinzip.
Satz 1, der Darstellung von Archimedes nachgestaltet (Erläuterung im Text).

Die weiteren Betrachtungen von Archimedes sind den Gleichgewichtslagen schwimmender Körper gewidmet. Besondere Aufmerksamkeit gilt dabei der Gleichgewichtslage eines Segments eines Umdrehungsparaboloids in einer Flüssigkeit.

In den beiden Büchern *Über das Gleichgewicht von Ebenen* beschäftigt sich Archimedes mit der Statik fester Körper. Darin hat er das seit Aristoteles bekannte Hebelgesetz zu einer Vorform des Drehmomentsatzes umgeformt. Weiterhin untersuchte er die Lage der Schwerpunkte bestimmter ebener Figuren wie Parallelogramm, Dreieck und Trapez, aber auch von Parabelsegmenten.

Archimedes' Werk fand zunächst weit weniger Interesse als das anderer antiker Gelehrter. Erst die römische Geschichtsschreibung gedachte dieses genialen Mannes. Obwohl Teile seines Werkes im Mittelalter bewahrt wurden, erregte seine Forschungsmethode erst in der Renaissance Aufsehen. Vor allem wegen der Verbindung von Mathematik mit physikalisch-technischen Problemen wurde sie zum Vorbild für die neuzeitliche Wissenschaft.

Literatur:

[1] Archimedes: Über schwimmende Körper und die Sandzahl. Ostwalds Klassiker der exakten Wissenschaften Nr. 213, Leipzig 1925, Reprint: Leipzig 1987
[2] Kliem, F. und Wolff, G.: Archimedes. Berlin 1927
[3] Dijksterhius, E. J.: Archimedes. Copenhagen 1956
[4] Schneider, I.: Archimedes. Ingenieur, Naturwissenschaftler und Mathematiker. Erträge der Forschung Bd. 102. Darmstadt 1979

W. Sch.

Das Perpetuum mobile

Julius Robert Mayer, einer der Entdecker des Energieerhaltungssatzes, erzählte, daß er als 10-jähriger Junge versuchte habe, ein Perpetuum mobile zu bauen.

In einem Jugendbuch, das er zu Weihnachten geschenkt bekam, las er über die archimedische Schraube zur Wasserhebung. Bei eigenen Basteleien mit Wasserrädern fand er aber nicht den richtigen „Übertragungsmechanismus", der das kleine Wasserrad zu einem Perpetuum mobile machte.

Das muß um das Jahr 1825 gewesen sein.

Nach der Entdeckung des Energieerhaltungsprinzips, im Dezember 1842, schrieb Julius Robert Mayer an einen Freund, daß dieses Prinzip identisch sei mit dem Satz, „daß die Konstruction eines Mobile Perpetuum eine theoretische Unmöglichkeit sei". Wir würden heute einschränkend hinzufügen, eines Perpetuum mobile erster Art. Der Energieerhaltungssatz, als später sogenannter erster Hauptsatz der Wärmelehre, schloß ein Perpetuum mobile zweiter Art noch nicht aus, d. h. eine Maschine, die Wärme restlos in Arbeit verwandelt, ohne sonstige Änderungen zu bewirken (während umgekehrt Arbeit, z. B. durch Reibung, wirklich restlos in Wärme verwandelt werden kann).

Der Traum eines unerschöpflich Arbeit leistenden Perpetuum mobile scheint um 1200 aus der islamischen Welt in das christliche Abendland gelangt zu sein. Beides waren expansiv-dynamische Kulturräume. Welt und Natur sollten dem Menschen untertan gemacht werden. Der Gedanke einer ewigen Kreisbewegung ohne technische Anwendung scheint dagegen aus der altindischen Philosophie zu stammen. Das Rad ist in der Religion der Veda Symbol der Gottheit. Auch in der griechischen Philosophie wurde dem Rad für die Kosmologie eine besondere Rolle zuerkannt, etwa in Gestalt des Feuerrads der Sonne, verbunden mit Apollo (meist als Rad an seinem Wagen, der den Tageshimmel überquerte) und in der Form der Kreisbewegungen am Himmel, die ab dem 4. Jhdt. v. Chr. zusammen mit der platonischen Philosophie das Denken dieser Epoche beherrschten. Sie blieben aber Symbole des Himmels mit seiner Vollkommenheit, der kristallinen Kugelschalen, auf denen Planeten und Sterne befestigt waren, fern von der unvollkommenen Erde, auf der es solche dauernden, perfekten Bewegungen nicht geben konnte. In Indien spielten Kreislaufvorstellungen dagegen auch für das irdische Geschehen eine Rolle. Die asiatische Gebetsmühle, die, mit Windantrieb ausgestattet, wahrscheinlich das Windrad Europas inspiriert hat, gehört ebenfalls in diesen Gedankenkreis.

Um 1150 beschrieb der indische Mathematiker Bhaskara ein Rad, das teilweise mit Quecksilber gefüllte, radial verlaufende Gefäße besaß. Diese waren gegen den Radius etwas geneigt:

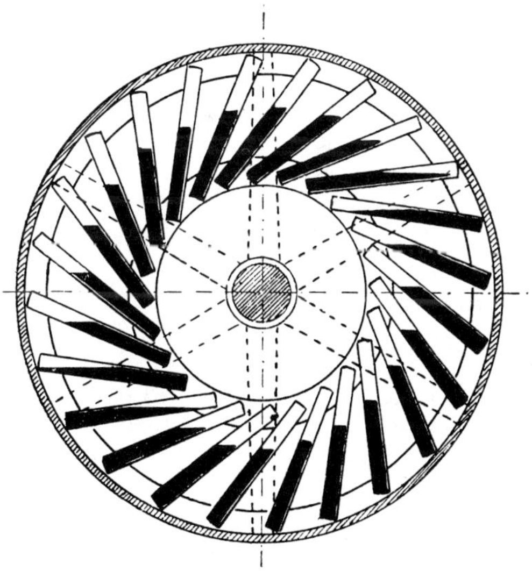

Bild 1: Perpetuum mobile mit Quecksilbergefäßen.
Das Quecksilber (schwarz) sollte von der Schwerkraft so geschickt bewegt werden, daß das Rad sich ständig drehte. Dieser Vorschlag stammt aus dem 16. Jhdt., ist aber früheren im Prinzip ähnlich.

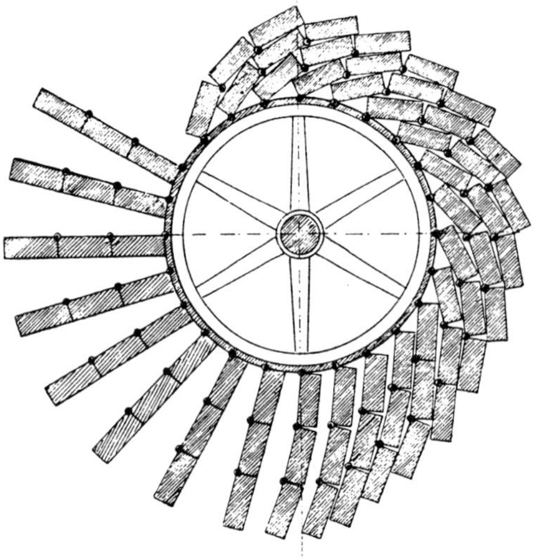

Bild 2: Perpetuum mobile mit Scharnierhebeln.
Hier sollte das Abklappen der Hebel auf der rechten Seite die Drehmomente verringern. Dadurch sollte das Rad sich dauernd entgegen dem Uhrzeigersinn drehen. Auch dieser Vorschlag stammt aus dem 16. Jhdt., geht aber auf frühere Zeit zurück [Modell Deutsches Museum, Abt. Physik].

Bild 3: Die erste Zeichnung eines Perpetuum mobile aus dem christlichen Abendland, um 1235.
Sie stammt vom Architekten Villard de Honnecourt. Es sollte im Prinzip wie die Anordnung im Bild 2 funktionieren. Ein besonderer Trick war wohl die Wahl einer ungeraden Anzahl von Klapphämmern.

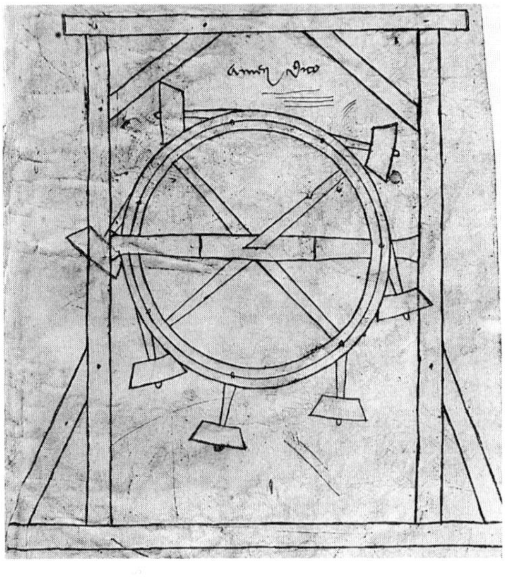

„Das so (mit Quecksilber) gefüllte Rad dreht sich von selbst, wenn es auf einer Achse angebracht ist, die auf zwei Widerlagern ruht" [1, S. 222]. Aus der islamischen Welt kennen wir mehrere Vorstellungen von Perpetua mobilia, die auf die Zeit um 1200 zurückgehen, wie zum Beispiel das Quecksilberrad (**Bild 1**). Aber ganz neu war der technische Verwendungsvorschlag: Es sollte eine Schöpfeimerkette antreiben. Ein anderer Vorschlag war ein Rad mit freihängenden Speichen, deren jede aber durch drei Scharniere dreifach abklappbar war (**Bild 2**). Es sollte ein Wasserhebewerk in Bewegung setzen. Grundwasserförderung wurde in Bergwerken des christlichen Mittelalters mit zunehmender Stollentiefe immer wichtiger. Im christlichen Abendland taucht erstmals im Bauhüttenbuch des Architekten Villard de Honnecourt um 1235 ein Perpetuum mobile auf (**Bild 3**). Das Prinzip scheint dem Scharnierspeichenrad abgeschaut. Hier sollten am Radumfang befestigte, bewegliche Hämmer ständige Bewegung erzeugen. Bei einem Architekten kann man annehmen, daß an einen Arbeitseinsatz dieses Rades gedacht wurde. Um diese Zeit löste die Gotik, eine immer kühner werdende Bautechnik, die Romanik ab.

Von nun an gibt es in Europa bis in das 18. Jahrhundert hinein eine Fülle von Skizzen und Entwürfen zum Perpetuum mobile. Sie reichen von ernsthaften Versuchen bis hin zu gezielter Scharlatanerie. So versuchte 1269 Pierre de Maricourt, ein magnetisches Perpetuum mobile zu konstruieren. Es wird in seinem berühmten Brief über den Magneten 1269 beschrieben (**Bild 4**). Ein Eisenrad mit Zähnen sollte sich ständig drehen, während über ihm ein feststehender Zeiger mit einem Magnetstein angeordnet war. Über diesen teilte Maricourt mit:

„Wenn er gerundet worden ist und seine Pole bestimmt sind, wie vorher angegeben, muß er wie ein Ei geformt werden. Indem man die Pole unberührt läßt, feile man die dazwischen liegenden Teile aus, so daß er auf diese Weise zusammengedrückt wird und weniger Raum einnimmt; er wird so die Wände der Kapseln nicht berühren, wenn das Rad sich dreht. Wenn das getan ist, befestige

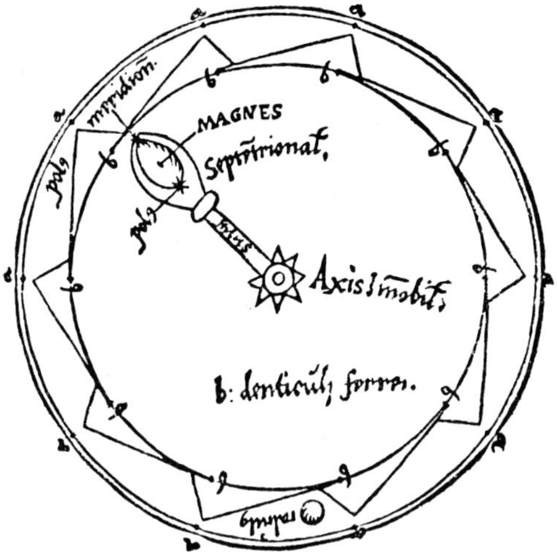

Bild 4: Magnetisches Perpetuum mobile von Pierre de Maricourt 1269.

den Stein auf dem silbernen Stab so, wie ein Edelstein gefaßt wird. Den Nordpol richte man gegen die Zähne und Leisten des Rads, aber ein wenig geneigt, daß die Kraft des Steins nicht unmittelbar, sondern unter einem gewissen Winkel auf die eisernen Zähne wirke. Infolgedessen wird ein Zahn, der zum Nordpol kommt und vermöge des Antriebs des Rads ihn überschreitet, sich dem Südpol nähern, von dem er nun mehr abgestoßen als angezogen wird …" [3, S. 83].

Der Magnetkompaß ist im Abendland erst seit etwa 1200 ständig benutzt worden. Für de Maricourt war das Perpetuum mobile allerdings kein technisches Hilfsgerät – er glaubte, die Himmelspole wären der Sitz der magnetischen Richtkraft auch für die Kompaßnadel. So sollte sein ständig kreisendes Magnetzahnrad Abbild der ewigen himmlischen Kreisbewegung sein.

Die bald danach erfundene mechanische Räderuhr mit Gewichtsantrieb und Hemmung wurde übrigens auch, gerade in den immer komplexeren Formen einer Planetenuhr, als Abbild der Himmelsbewegungen interpretiert. Vielleicht sind auch die Entwürfe zu Perpetua mobilia im 13. Jhdt. ein Zeichen für den wachsenden technischen Entwicklungsdruck in Europa. So gibt es schon vor der Erfindung des Gewichtsantriebs mit Hemmung verschiedene Vorschläge zur Entwicklung der Räderuhr (mit Quecksilberantrieb etc.).

Es ist kein Wunder, daß die italienische Renaissance, in deren Umkreis auch die Gewichtsräderuhr entstand, die Kunst, Architektur, Bau und Maschinentechnik hoch

Bild 5: Leonardo da Vincis Nachweis um 1495, daß ein Perpetuum mobile mit Scharnierhebeln nicht funktionieren kann.
Im – spiegelbildlich – geschriebenen Text erklärte Leonardo, wie man die resultierende „Kraft" (modern das Drehmoment) auf das Rad findet. Man sollte alle Abstände der Kugelgewichte links von der Mittellinie addieren und alle rechts, das ergebe den „Überschuß". Für die Stäbe an denen die Gewichte hingen, gelte das Gleiche. In seiner Zeichnung, in der die Abstände der Kugelgewichte zu einer Art moderner „Mobile"-Waage komponiert sind, herrscht tatsächlich annähernd Gleichgewicht. Das kann man einfach nachmessen und nach Leonardos Vorschlag ausrechnen. Leonardo beschrieb weiterhin, daß auch bei Umklappen eines Gewichts (z. B. oben rechts von c nach h), das Rad sich nicht ständig weiterbewegen könne: „Darum ist dieses Rad sophistisch" (= falsch ausgeklügelt).

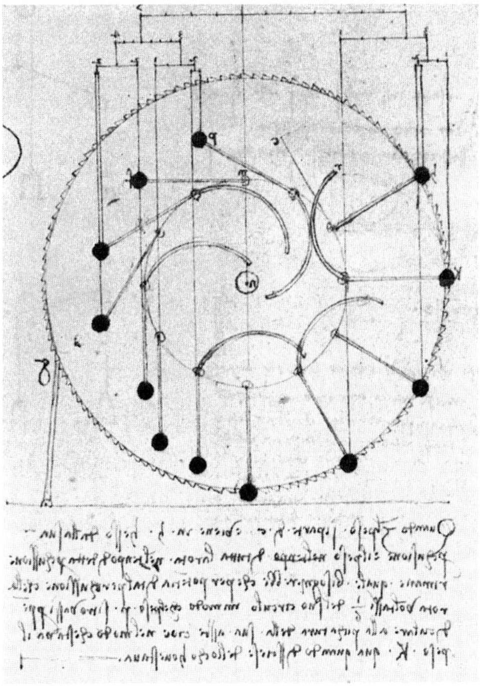

Bild 6: Rekonstruktion eines Quecksilber-Perpetuum mobile nach Leonardo da Vinci.
Das Quecksilber bewegt sich in den runden Blechgefäßen. Die Drehmomente sollten sich dabei links und rechts – im Prinzip wie bei den Scharnierhebeln – ändern [Modell Deutsches Museum, Abt. Physik].

entwickelte, auch die Idee des Perpetuum mobile besonders pflegte. Doch erkannten Pragmatiker die Unmöglichkeit der Verwirklichung. Von Leonardo da Vinci gibt es kurz vor 1500 Vorschläge für Perpetua mobilia. Obwohl er, als erfahrener Ingenieur und intuitiver Physiker, beteuerte, daß so etwas nie funktionieren könne, ließ ihn der Gedanke nicht los. Er gab 1497 aber doch den physikalischen Beweis (mit Hilfe des Hebelsatzes), daß ein Perpetuum mobile nicht funktionieren konnte (**Bild 5, 6**). Rund 100 Jahre später, im Jahre 1586, leitete der niederländische Ingenieur und Mathematiker Simon Stevin (der auch eines der ersten Bücher über die Dezimalbruchrechnung schrieb) die Gleichgewichtsbedingung auf der schiefen Ebene her, indem er eine ewige Bewegung für grundsätzlich unmöglich ansah. Eine geschlossene Kugelkette um eine schiefe Ebene (**Bild 7**) müßte entweder im Gleichgewicht sein oder nicht. Falls nicht, würde sie sich in Bewegung setzen. Da aber die Verhältnisse der drei Teile der Kette (oben links, oben rechts, sowie der hängende Teil der Kette) immer gleich zu einander blieben, müßte diese Bewegung auf ewig weiterlaufen. Eine Dauerbewegung sei aber unmöglich. Also muß die Kette im Gleichgewicht sein. Die Anzahl der Kugeln auf der flacheren schiefen

Ebene verhält sich dann zu den Kugeln auf dem steileren Stück wie die Seitenlängen.

Wir wissen im Gegensatz zu Stevin: dauernde Bewegung (bei Reibungsfreiheit) ist naturgesetzlich möglich. Solche Überlegungen gab es auch im 17. Jhdt., als man die ewige Bewegung der Planeten um die Sonne mit irdischer Physik erklären wollte. Andererseits war z. B. für Christiaan Huygens und Gottfried Wilhelm Leibniz klar, daß ein Perpetuum mobile unmöglich war, das ohne „Kraft"-zufuhr ständig Kraft (wir würden heute sagen: Energie) abgab. Doch in der Barockzeit, als Alchemie, Magie, frühe Naturwissenschaft und technisches Interesse von Fürsten oft aufs engste miteinander verquickt waren, gab es noch einmal lebhaften Aufwind für verschiedene Perpetua mobilia-Versuche, ernsthafte und betrügerische. (Auch das Meißener Porzellan kurz vor 1700 entstand aus dem Interesse von Potentaten, die Staatsfinanzen durch alchemische Goldherstellung aufzubessern.)

Ein berühmter Perpetuum mobile-Betrüger der Barockzeit war ein gewisser Karl Elias Bessler, der im Jahre 1715 an die Öffentlichkeit trat. Er nannte sich Orffyreus. Sogar renommierte Naturforscher und Gelehrte, wie Gottfried Wilhelm Leibniz, ließen sich durch ihn täuschen. Der Landgraf Carl von Hessen-Kassel nahm sich interessiert der angeblichen Erfindung an. Vielleicht hoffte er, alle Energieprobleme (Energie hieß ja seit den Definitionen von Leibniz „lebendige Kraft" und wurde mit mv^2 gemessen) seines Landes lösen zu können. Auf Schloß Weißenstein bei Kassel baute Orffyreus alias Bessler, der den Titel Kommerzienrat erhielt, seine Maschine zusammen (**Bild 8**). Sie lief in einem versiegelten Raum mehrere Wochen lang und trieb dabei eine kleine Arbeitsmaschine an. Auch Zar Peter der Große von Rußland, der westlichen Fortschritt für sich gewinnen wollte, interessierte sich für dieses Perpetuum mobile.

Angesehene Experten, wie der kaiserliche Architekt Joseph Emanuel Fischer von Erlach und der holländische Physiker Willem Jacobus 'sGravesande wurden als Gutachter herangezogen, durften das Innere des „Rades von Kassel" jedoch nicht sehen. 'sGravesande glaubte noch, daß ein Perpetuum mobile – wenn auch kein rein mechanisches – möglich sei. Leibniz glaubte sicher nicht daran, meinte aber, man sollte die Maschine nicht verachten, sondern genauer untersuchen. Wahrscheinlich vermutete er irgendeine sonstige Quelle von „lebendiger Kraft", die die Maschine technisch geschickt nutzte. Auch Johann Bernoulli glaubte nicht an die Möglichkeit eines Perpetuum mobile. In einem Brief an 'sGravesande vermutete er, daß wohl eine Kraftquelle im Inneren der Kasseler Maschine vorhanden sein müsse.

Die Vermutungen von Leibniz und Bernoulli erwiesen sich schließlich auf eine ganz unerwartete Art als richtig: Die innere Kraftquelle war menschlich! Von einem angrenzenden Zimmer soll die Maschine bewegt worden sein. Der Bestätigung dieser Erklärung entzog sich der Erfinder durch Zerstörung seines aufwendigen Betrugs.

Bild 7: Simon Stevins Kugelkette um zwei schiefe Ebenen.
Simon Stevin leitete hier aus der Annahme, daß es keine ewige Bewegung dieser Kette geben könne, die Gleichgewichtsbedingung an der schiefen Ebene her.

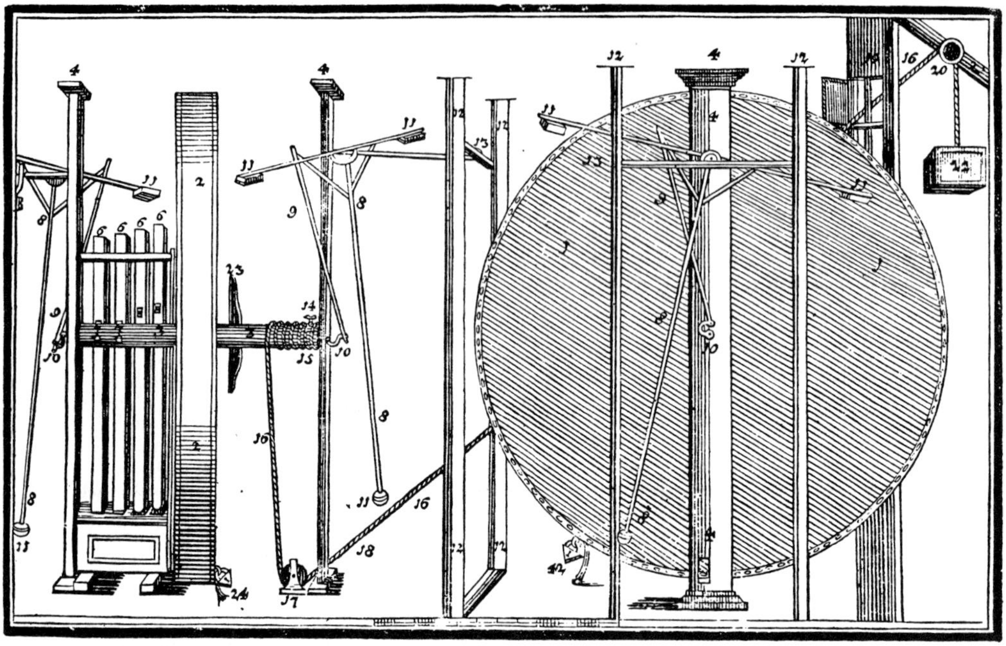

Bild 8: Das Perpetuum mobile von Orffyreus alias Karl Elias Bessler von 1719.
Diese Zeichnung sollte wohl mehr beeindrucken als erklären. Das Geheimnis seines Perpetuum mobile gab der Scharlatan Orffyreus nicht preis. Links ist eine Seitenansicht, rechts die Vorderansicht der Maschine gezeichnet. Der Durchmesser betrug ca. 3,60 m.

1775 erklärte die Pariser Akademie der Wissenschaften, zusammen mit der Royal Society in London die damalige Weltinstanz für Wissenschaft und Technik, daß sie keine Perpetuum mobile-Vorschläge mehr prüfen werde. Aus dem Wortlaut wird aber deutlich, daß man doch nur mechanische Perpetua mobilia ausschloß:

„In diesem Jahr hat die Akademie den Entschluß gefaßt, Lösungen der folgenden Probleme nicht mehr zu prüfen: Die Verdoppelung des Würfels, die Dreiteilung des Winkels, die Quadratur des Kreises oder irgend eine Maschine, von der angekündigt wird, sie zeige immerwährende Bewegung ... Es ist absolut unmöglich, eine immerwährende Bewegung zu erreichen. Selbst wenn die Reibung und der Widerstand des Mittels die Wirkung der bewegenden Kraft nicht auf Dauer zerstören würden, könnte diese Kraft nur eine Wirkung gleich groß der Ursache erzeugen. Wenn man doch will, daß die Wirkung einer Kraft immer andauert, müßte diese Wirkung in endlicher Zeit unendlich klein sein. Sieht man von der Reibung und dem Widerstand ab, würde ein Körper, dem man einmal eine Bewegung erteilt hat, sie immer beibehalten. Aber er würde nicht auf andere Körper wirken. Und so würde die – nach dieser hypothetischen Überlegung – einzig mögliche immerwährende Bewegung (eine andere gibt es nicht) absolut nutzlos sein in Bezug auf das, was sich die Konstrukteure dieser Bewegung vorstellen. Diese Art der Forschungen hat die unangenehme Eigenschaft, kostspielig zu sein. Sie hat mehr als eine Familie zerstört, und oft haben Mechaniker, die große Leistungen hätten vollbringen können, dabei ihr Glück, ihre Zeit und ihr Genie verbraucht." [2, S. 65]

Durchaus denkbar blieb weiterhin, solange es keinen allgemeinen Energieerhaltungssatz gab, daß andere als mechanische Kräfte unerschöpflich Arbeit verrichteten. Georg Christoph Lichtenberg, der große Göttinger Physiker und Aphorismendichter, vermutete um diese Zeit:

„Von dem Perp(etuum) mob(ile) ist noch zu merken, was Langsdorf von einer neu hinzu gekommenen Kraft sagt. Es wäre allerdings eine Elektrisiermaschine möglich, die sich durch eigene Kraft triebe, weil Erweckung elektrischer Kraft gar nicht mit mechanischer verglichen werden kann. Sowenig als 3 Ellen Band mit 9 Bouteillen Wein..." [7, S. 97]

Auch Alessandro Volta glaubte noch um 1800, daß die neue galvanische Elektrizität ein Perpetuum mobile sei: der elektrische Strom würde unaufhörlich ohne sonstige Veränderung aus dem Kontakt zweier verschiedener Metalle und einem flüssigen Elektrolyten (nur als Leiter!) hervorgerufen. Die chemischen Umsetzungen, die andere um diese Zeit schon als sehr wesentlich erkannten (so etwa der Chemiker Humphry Davy, der Lehrer Faradays) vernachlässigte er bei seinen Betrachtungen.

Trotz der ersten zwei Hauptsätze der Wärmelehre, die in der zweiten Hälfte des 19. Jahrhunderts Perpetua mobilia generell für unmöglich erklärten, haben Erfinder – wenn auch keine ernsthaften Physiker mehr – nicht aufgehört, immer raffiniertere Maschinen vorzuschlagen (**Bild 9**). Der Traum einer Arbeitsmaschine ohne Energieaufwand ist vielleicht grundsätzlich nicht auszurotten (vor allem nicht bei denen, die sich durch solche Konstruktionen immer noch gerne betrügen lassen).

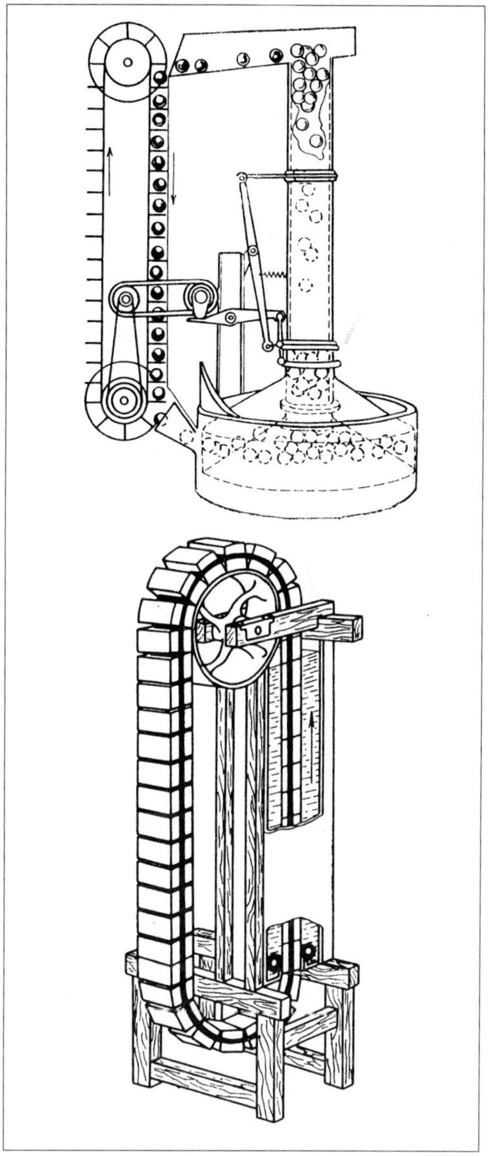

Bild 9: Zwei Varianten eines Schwimmer-Perpetuum-mobile, das mit Hilfe des Auftriebs funktionieren sollte.
Zwar erfahren die Schwimmer des Bandes, bzw. die Kugeln im oberen Beispiel, in der Wasserkammer jeweils einen Auftrieb gegenüber dem linken Teil der Maschinen, aber der Eintritt in die Wasserkammern unten müßte ja gegen den Druck der Wassersäule erfolgen, durch einen Dichtungsmechanismus hindurch etc. [oben: Wissen und Fortschritt 3 (1929), Nr. 1; unten: Daul, A.: Das Perpetuum mobile. Wien u. a. 1900].

Literatur:

[1] Klemm, F.: Von Perpetuum mobile zum Energieprinzip. In: F. Klemm: Zur Kulturgeschichte der Technik. Aufsätze und Vorträge, ^{2}1982 Deutsches Museum München, S. 222–232 (auch in Abhandlungen und Berichte des Deutschen Museums 33, 1965, S. 5–24). Hier ist auch viel weitere Literatur bis 1977 angegeben. Dieser Artikel war wesentliche Grundlage für obigen Aufsatz.

[2] Histoire de L'Académie Royale des Sciences. Année 1775. Paris 1778. (Deutsche Übersetzung vom Autor)

[3] Klemm, F.: Technik. Eine Geschichte ihrer Probleme. Freiburg, München 1954

[4] Michal St.: Das Perpetuum mobile gestern und heute. Düsseldorf 1976

[5] Ord-Hume, A. E.: Perpetual Motion. New York 1977

[6] Orffyreus = Karl Elias Bessler: Perpetuum Mobile Triumphans. Kassel 1719

[7] Lichtenberg, G. Chr.: Aphoristisches zwischen Physik und Dichtung – Ausgewählt und herausgegeben von J. Teichmann. Braunschweig/Wiesbaden 1983

J. T.

Galilei und der Schiefe Turm von Pisa

Das Experiment vom freien Fall vom Schiefen Turm in Pisa gilt als eines der berühmtesten und zugleich umstrittensten in der Geschichte der Naturwissenschaften. Es wurde angeblich von Galileo Galilei um das Jahr 1590 durchgeführt. Das Fallgesetz veröffentlichte Galilei erst 1638 in seinem letzten Werk, den *Discorsi e dimostrazioni matematiche intorno a due nuove scienze... (Unterredungen und mathematische Demonstrationen über zwei neue Wissenszweige...)*, aber er hatte es in der Tat schon viel früher formuliert.

Gemäß Aristoteles sollte ein Körper umso schneller fallen, je schwerer er ist. Diese Ansicht wurde noch am Ende des 16. Jahrhunderts allgemein akzeptiert. Galilei – 1590 ein junger Professor für Mathematik an der Universität von Pisa – widersprach. Es wird berichtet, daß er zwei Gegenstände von unterschiedlichem Gewicht von der Spitze des Schiefen Turms gleichzeitig fallen ließ und daß sie den Boden gleichzeitig erreichten; so demonstrierte er den Professoren und Studenten, die sich um den Turm versammelt hatten, empirisch, daß die Natur sich nicht so verhält, wie Aristoteles dachte.

Das Experiment vom Schiefen Turm wurde oft als bedeutender Wendepunkt in der Geschichte der Naturwissenschaften betrachtet. Insbesondere wurde es als ein Symbol für den Triumph der neuen „experimentellen" Wissenschaft über die aristotelische „a priori" Wissenschaft aufgefaßt. In Wirklichkeit ist der wissenschaftliche Hintergrund des Experiments weit komplizierter, als es in der populären Erzählung erscheint. Es ist daher nicht verwunderlich, daß das „Turmexperiment" unter Wissenschaftshistorikern lange Debatten ausgelöst hat. Die aristotelischen Philosophen des 16. Jahrhunderts hatten keineswegs eine einhellige Meinung, und Galileis Wissenschaft war 1590 noch in Embryoform.

Einige Historiker bezweifeln sogar den Wahrheitsgehalt dieser Erzählung, da sie in keiner von Galileis Schriften erwähnt wurde. Erst zwölf Jahre nach seinem Tod, 1654, berichtete einer seiner Schüler, Vincenzio Viviani, in einer Biographie Galileis über dieses angebliche Experiment. Diese Biographie wurde erst 1717 veröffentlicht. Viviani berichtet darin von Galileis Auseinandersetzungen mit aristotelischen Philosophen:

„Und dann wurden, zum Entsetzen aller Philosophen, viele Schlußfolgerungen des Aristoteles von ihm [Galilei] durch Experimente, solide Beweise und Erörterungen als falsch erwiesen; Schlußfolgerungen, die bis dahin für absolut klar und unzweifelhaft gehalten wurden, wie unter anderem, daß die Geschwindigkeiten von bewegten Körpern desselben Materials, aber ungleichen Gewichts, die sich durch dasselbe Medium bewegen, nicht wechselseitig das Verhältnis der Gewichte beibehalten, wie von Aristoteles gelehrt, sondern daß alle sich mit derselben Geschwindigkeit bewegen. Er demonstrierte das von der Höhe des Campanile von Pisa in Gegenwart von anderen Lehrern und Professoren und der ganzen versammelten Studentenschaft." [5]

Diese kurze Passage ist die einzige Quelle für Galileis Experiment vom Schiefen Turm. 1590 hatte Galilei noch nichts publiziert, und seine unveröffentlichten Aufzeichnungen aus dieser Zeit, die man auf das Experiment vom Schiefen Turm beziehen könnte, bestehen aus Notizen, die die Bewegung in einem Medium behandeln (sie wurden erst im 19. Jahrhundert unter dem Titel *De motu* veröffentlicht). Es handelt sich dabei nur um Fragmente, die von Galilei sicher nicht zur Veröffentlichung bestimmt waren. Wir wissen nicht einmal genau, wann sie formuliert wurden, und natürlich noch viel weniger, ob und – wenn ja – wann Galilei das Experiment vom Schiefen Turm durchführte. Sicher ist nur, daß Galilei in seinen damaligen Notizen (*De motu*, Kapitel 8) Widersprüche der ari-

Bild 1: Galileo Galilei

stotelischen Physik aufzeigte, indem er behauptete, es wäre absurd, wenn „zwei Steine, einer zweimal so groß wie der andere, im selben Moment von der Spitze eines hohen Turmes geworfen werden, [daß] der größere den Boden erreicht, nachdem der kleinere erst den halben Weg von der Spitze des Turmes herunter ist." Er argumentierte mit folgendem Gedankenexperiment:

„Nehmen wir an, es gibt zwei Körper des gleichen Materials, der größere ist *a*, der kleinere ist *b*. Nehmen wir, falls möglich, wie von unserem Gegner behauptet, an, daß *a* schneller fällt als *b*. Wir haben dann also zwei Körper, von denen sich einer schneller bewegt. Dann würde sich eine Vereinigung beider Teile, unserer Annahme entsprechend, langsamer bewegen als derjenige Teil, der sich allein schneller bewegte als der andere. Wenn also *a* und *b* vereint werden, würde die Vereinigung sich langsamer als *a* allein bewegen. Aber die Vereinigung von *a* und *b* ist größer als *a* alleine. In Folge dessen, wird der größere Körper, gegensätzlich zur Behauptung unseres Gegners, sich langsamer bewegen als der kleinere. Dies würde sich aber selbst widersprechen." [2]

Galilei erwähnte auch Experimente von einem Turm, ohne allerdings genau zu sagen, von welchem Turm. Diese Experimente waren jedoch auf Fälle bezogen, die sich von Vivianis Beschreibung unterschieden (sie beschäftigten sich u. a. mit Körpern von verschiedenem Material und verschiedener Form). Bei einer Gelegenheit sagte Galilei zum Beispiel, daß er zwei verschiedene Körper, einen aus Blei und einen aus Holz, von der Spitze eines hohen Turms fallen ließ (Kapitel 12): „Das Blei bewegt sich weit voraus. Das ist etwas, was ich oft getestet habe." Diese Aussage widerspricht Viviani nicht direkt, da Viviani über Körper desselben Materials spricht. Sie widerspricht aber Galileis später entdecktem Fallgesetz und ist ganz und gar „aristotelisch", zumindest dem Verständnis des 16. Jahrhunderts nach.

Galilei befand sich damals noch in einem frühen Stadium seiner Forschung; in der Tat erwähnte er das Fallgesetz erst 1604 in einem Brief an einen Freund, den Philosophen Paolo Sarpi, in dem er schrieb, daß der Fallweg von Körpern proportional zum Quadrat der Fallzeit sei. Allerdings ging er dabei von der – nach unseren Begriffen – falschen Annahme aus, die Geschwindigkeit würde proportional zum Fallweg zunehmen. Er war zu dieser Zeit nicht mehr in Pisa, sondern in Padua.

Man kann also sagen, daß Galilei, wie *De motu* bezeugt, sicherlich Experimente von einem Turm durchführte – wenn auch nicht notwendigerweise vom Schiefen Turm. Falls Galilei das Experiment tatsächlich durchgeführt hat, so wurde ihm dabei sicher von einigen Assistenten und Studenten geholfen, die eine „Menge" am Fuße des Turmes gebildet haben könnten, wie es Viviani so anschaulich beschrieb.

Man muß noch einen anderen Aspekt betrachten, der von Wissenschaftshistorikern oft vernachlässigt wurde: den literarischen Kontext. Vivianis Biographie über Galilei ist ein Stück Prosa, das an zeitgenössische, intellektuelle Leser gerichtet war. Dieses italienische Publikum der Post-Renaissance war vor allem an den praktischen Aspekten der neuen Wissenschaft interessiert. Viviani

Bild 2: Vincenzio Viviani

könnte also durchaus eine übertriebene Beschreibung verfaßt haben, um so dem Geschmack seiner Leser gerecht zu werden. Es war zu dieser Zeit üblich, erfundene Anekdoten zu Biographien großer Männer hinzuzufügen.

Die Anekdote vom Schiefen Turm zeigt, wie eine Beschreibung zur Legende werden kann, wenn sie nicht in ihrem korrekten historischen Kontext wahrgenommen wird. Das Turmexperiment machte sicher Geschichte, wir sind aber nicht sicher, ob es geschichtliche Wahrheit ist. Es wurde Teil der populären Literatur und zeigt, daß in der Geschichte Gebiete wie Kunst und Literatur eng mit der exakten Wissenschaft verbunden sein können.

Literatur:

[1] Galilei, G.: Le Opere die Galileio Galilei. Edizione Nazionale. 20 Bd. Hrsg. v. A. Favaro. Firenze: Barbéra 1890–1909, 1929–1939, 1964–1966, 1968

[2] Galilei, G.: De motu. In Galilei: Opere, Bd. 1, S. 251–419

[3[Galilei, G.: Unterredungen und mathematische Demonstrationen über zwei neue Wissenszweige die Mechanik und die Fallgesetze betreffend. Neudruck der Dt. Übers. v. A. E. v. Oettingen (1890–1904). Darmstadt 1964, 1973

[4] Viviani, V.: Racconto istorico della vita del Sig. Galileo Galilei. In: Galilei, Opere, Bd. 19, S. 599–632

[5] Viviani, V.: Lebensbeschreibung Galilaei Galilaei. In: Acta philosophorum, To. 3, Stück 13–18. Halle: Renger 1723–1726

Sekundärliteratur:

[6] Cooper, L.: Aristotle, Galileo, and the Tower of Pisa. Ithaca 1935

[7] Favaro, A.: Sulla veridicità del 'Racconto istorico della vita di Galileo' dettato da Vincenzio Viviani. In: Archivio Storico Italiano, dispensa. 2ª, 1915. Firenze: Tipografia Galileiana 1916

[8] Favaro, A.: Di alcune inesattezze nel „Racconto istorico della vita di Galileo" dettato da Vincenzio Viviani. In: Archivio Storico Italiano, dispense 3ª e 4ª, 1916. Firenze: Tipografia Galileiana 1917

[9] Koyré, A.: Etudes galiléennes. Nachdruck Paris: Hermann 1966

[10] Koyré, A.: Das Experiment von Pisa, Fall-Studie einer Legende. In: Koyré: Galilei, Die Anfänge der neuzeitlichen Wissenschaft. Berlin 1988, S. 59–67

[11] Segre, M.: Stieg Galilei auf den schiefen Turm? In: Kultur und Technik (1988), Heft 3, S. 166–172

[12] Segre, M.: Galileo, Viviani and the Tower of Pisa. In: Studies in History and Philosophy of Science 20 (1989), S. 435–451

[13] Segre, M.: In the Wake of Galileo. New Brunswick 1991

[14] Teichmann, J.: Moment mal, Herr Galilei. Eine Reise durch die Geschichte der Wissenschaft. Würzburg 1990, Kapitel 1

[15] Wohlwill, E.: Die Pisaner Fallversuche. In: Mitteilungen zur Geschichte der Medizin und der Naturwissenschaften 4 (1905), S. 229–248

M. S.

Die schiefe Ebene und der freie Fall

Galileis berühmtes Experiment, der Nachweis des Fallgesetzes mit der schiefen Ebene, steht in seinen 1638 veröffentlichten *Unterredungen und mathematische Demonstrationen über zwei neue Wissenszweige...* am Ende einer langen theoretischen Überlegung (darin sind auch andere kleinere Versuche und Beobachtungen enthalten) [1]. Die schiefe Ebene scheint keine besonders herausragende Bedeutung in diesem Gedankengang gehabt zu haben. Zwar betont Galilei rhetorisch, daß Experimente (sogar in der Astronomie!) das Fundament eines jeden Wissensgebietes seien. Sein Verständnis von Experimenten, wie er es 1638 formulierte, ist aber nicht unbedingt identisch mit unserem. So behauptet er, nie auch nur kleinste Abweichungen von den theoretisch erwarteten Meßwerten bekommen zu haben. Wissenschaftshistoriker haben deshalb bezweifelt, ob Galilei überhaupt – außer einfachen Beobachtungen – sorgfältige quantitative Experimente durchgeführt hat [2], [3]. In der Tat besaßen wir bis 1974 keine deutlichen Belege dafür. Das Fallgesetz in seiner Formulierung Weg~Zeit^2 war auch ohne solche Experimente rein geometrisch zu erschließen, und so führte es Galilei auch in seiner Veröffentlichung vor. Diese mathematische Ableitung war für eine Bewegung mit konstanter Beschleunigung der einfachst denkbare Weg und ist – in Ansätzen – auch schon von Galileis Vorgängern seit der Zeit der mittelalterlichen Scholastik diskutiert worden.

Hat Galilei also überhaupt Experimente durchgeführt? Wir wollen zunächst entscheidende Stellen in seiner Veröffentlichung von 1638 genauer untersuchen:

„Gleichförmig oder einförmig beschleunigte Bewegung nenne ich diejenige, die von Anfang an in gleichen Zeiten gleiche Geschwindigkeitszuwächse erteilt ... Denke ich mir einen schweren Körper aus völliger Ruhe in die Bewegung eintreten, und zwar so, daß die Geschwindigkeit vom ersten Zeitteil an so wächst, wie die Zeit; und hab der Körper in acht Pulsschlägen acht Geschwindigkeitsgrade erlangt, von welchen im vierten Pulsschlage er nur deren vier hatte, in dem zweiten zwei, im ersten einen, so würde, da die Zeit ohne Ende teilbar ist, daraus folgen, daß wenn wir die vorangegangenen Geschwindigkeiten in entsprechendem Verhältnis vermindert denken wollten, es keine noch so kleine Geschwindigkeit, oder besser keine noch so große Langsamkeit gäbe, in welcher der Körper sich nicht befunden haben müßte nach seinem Abgange aus der Ruhe." [1, S. 148–149]

Galilei begann also mit der Definition der gleichförmigen Beschleunigung. Dann kam ein langatmig erörtertes Problem, das manchem Schüler heute noch Verständnisschwierigkeiten bereitet: Die Momentangeschwindigkeit. Wie kann ein Körper unendlich viele Geschwindigkeitszustände in einer endlichen Zeit einnehmen? Die Problematik des Unendlichen war in der Renaissance ebenso schwierig zu begreifen wie in der Antike, als Zenon sein berühmtes Paradoxon von Achilles und der Schildkröte aufstellte. Erst die Differentialrechnung fand eine brauchbare Lösung. Galilei antwortete immerhin: Der Körper bleibe bei keinem „Geschwindigkeitsgrad" „mehr als einen Augenblick", und von diesen „Augenblicken" gäbe es in jedem „Zeitteilchen ... unendlich viele". Das vorrangige Problem war also nicht, Experimente zu erfinden, sondern überhaupt erst theoretisch brauchbare Begriffe zu formulieren, für die man gleichzeitig praktikable Meßvorschriften angeben konnte.

Als Maß für die Momentangeschwindigkeit schlug Galilei die Stoßwirkung der Ramme vor, eines damals sehr wichtigen bautechnischen Geräts (**Bild 1**). Wir wissen nicht, ob die Suche nach dem Fallgesetz wirklich der Anlaß zur Beschäftigung mit diesem Gerät war oder ob sogar umgekehrt aus der Bautechnik neue Aspekte des Fallproblems angeregt wurden. In Manuskripten Galileis wird die Wirkung (Einschlagtiefe) der Ramme proportional zur Fallhöhe des

omnis, aut ex parte congeſtitius locus fuerit, fiſtucationibus c
tur, id eſt, crebris pauicularum ictibus inculcetur & condenſ
Plinius lib. XVII. cap. XI. fiſtucato ſpiſſetur.
Sublicæ'que machinis adigantur.] id eſt, pali. Su
gnificat trabes longas, Vnde & pons ſublicius Vocatus. Fiſtu
tur in palationibus, appoſui figuras.

Fiſtuca machina.

rietum, qui ſupra terram ſunt futuri, ea impleantur quàm ſo
libr. v. cap. Vltimo, Inter ſeptiones fundamenta fodiantur.
& fabricam appellat ſubſtructionem dicti lib. v. cap. III.

Bild 1: Eine historische Ramme.
Sie war bis weit in die Neuzeit neben dem Flaschenzug die wichtigste Baumaschine.

Rammklotzes angesetzt, mitunter auch zur Momentangeschwindigkeit im letzten Augenblick vor dem Aufschlag. In seiner Veröffentlichung 1638 ist aber von Proportionalität nicht mehr die Rede:

„Welches nun auch die Geschwindigkeit eines fallenden Körpers sei, wir können dieselbe mit Sicherheit erschließen aus der Art der Intensität des Stoßes. Aber sagt mir, meine Herren, wenn ein Block auf einen Pfahl aufschlägt aus vier Ellen Höhe herabfallend, und letzteren etwa vier Finger tief in die Erde treibt, so wird derselbe, von zwei Ellen Höhe fallend, ihn weniger antreiben, und noch weniger von einer Elle Höhe, desgleichen von einer Spann Höhe; und wenn endlich der Block nur einen Finger breit fällt, was wird er mehr tun als wie wenn man ohne Stoß ihn niedergesetzt hätte? Gewiß recht wenig und völlig unmerkbar wäre die Wirkung, wenn der Block um eines Blattes Dicke erhoben worden wäre. Wenn nun die Wirkung des Stoßes von der erlangten Geschwindigkeit abhängt, wer wird alsdann zweifeln, daß die Bewegung sehr langsam und mehr als sehr klein die Geschwindigkeit sei, bei welcher die Wirkung unmerklich ist? Man erkennt hier die

Macht der Wahrheit, da derselbe Versuch, der eine gewisse Ansicht beim ersten Anblick zu beweisen schien [die Ansicht, daß ein schwerer Körper doch „sofort" sehr schnell falle], bei genauerer Betrachtung uns das Gegenteil lehrt. Aber auch ohne Berufung auf solch einen Versuch (der wohl sehr überzeugend ist) scheint mir, kann man durch einfache Überlegung solch eine Wahrheit erkennen." [1, S. 149–150]

Einige Absätze später stellt Galilei fest, daß die doppelte Höhe nicht das doppelte „Moment" des Stoßes ergeben könne (von „Wirkung" ist nicht mehr die Rede), weil bei doppeltem „Moment" die Geschwindigkeit doppelt so groß sein müßte. Dann aber wäre die Geschwindigkeit proportional zu dem zurückgelegten Weg, was unsinnig sei. Es würde daraus folgen, daß jede Fallbewegung instantan – in unendlich kurzer Zeit – abläuft. Die Begriffe Impuls (mv) und Energie ($1/2\,mv^2$) verwendete Galilei nicht. Es gab sie damals noch nicht. Der Galilei-Interpret Stillman Drake glaubt übrigens nachweisen zu können, daß unser Begriff der Momentangeschwindigkeit und ein Protobegriff von Energie ($\sim v^2$) in Galileis historischer Entwicklung des Begriffs Geschwindigkeit durcheinandergehen. In seinen Manuskripten zur Bewegung von Rammklötzen hat er möglicherweise unter Geschwindigkeit proportional zum zurückgelegten Weg immer v^2 verstanden. Der Ansatz: Einschlagtiefe eines Pfahls durch einen Rammklotz proportional zu v^2, und diese Größe proportional zur Fallhöhe, ist ja prinzipiell richtig. Hat aber Galilei wirklich immer v^2 gemeint, wenn er Geschwindigkeit sagte? Dann würde er doch die Annahme, daß die Geschwindigkeit proportional zum Weg sei, 1638 nicht pauschal als solch schweren Gedankenfehler eingestehen. 1638 gibt er zu, daß sie früher so plausibel erschien, „daß selbst unser Autor eine Zeit lang ... in dem selben Irrtum gefangen war." [1, S. 153] Diese „Zeit lang" können wir ab 1604 nachweisen (Brief an Paolo Sarpi, siehe auch S. 19). Wissenschaftshistoriker haben ausgiebig darüber gerätselt. Wie konnte Galilei über Jahre hinweg eine solche, gedanklich einfach widerlegbare These glauben?

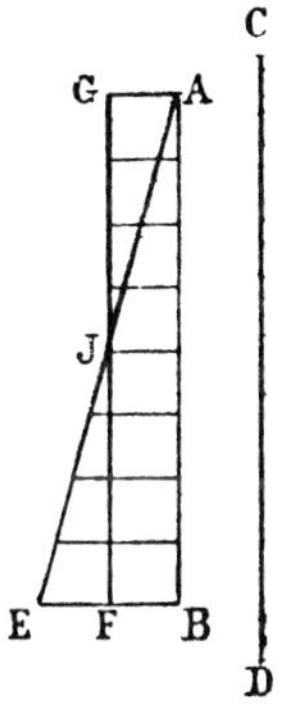

Bild 2: Weg-Zeit-Diagramm der gleichförmig beschleunigten Bewegung und einer Bewegung konstanter mittlerer Geschwindigkeit bei Galilei 1638.
AB ist die Zeitachse, EB ist die Geschwindigkeitsachse. Er addierte nun für alle „Zeitteilchen" von A bis B die „Geschwindigkeitswerte" als parallele Linien und schloß: „Das Parallelogramm AGFB wird dem Dreieck AEB gleich sein." Folglich war die Summe aller „Bewegungsmomente" der beschleunigten Bewegung, gleich der Summe derer bei Bewegung mit konstanter mittlerer Geschwindigkeit [1, S. 158].

Die Ursache der Schwerebeschleunigung untersuchte Galilei nicht. „Für jetzt" wollte er nur das „Wie" untersuchen. Aber er betonte ausdrücklich: „Für jetzt." Kinematik – oder gar das ausschließliche „Wie" anstatt des „Warum"– war für ihn nicht die letzte Aufgabe der Physik, obwohl das oft so interpretiert wird. Das „Für jetzt" war andererseits eine vernünftige Beschränkung, denn für eine dynamische Betrachtungsweise, d. h. für eine Berücksichtigung der Kräfte, fehlten noch die Voraussetzungen. Kepler hatte es zur gleichen Zeit schwer, analog zur Magnetkraft eine anziehende Kraft von der Erde auf den Mond und von der Sonne auf die Planeten zu konzipieren – das gelang nur halbwegs qualitativ und ist heute längst vergessen. Galilei kritisierte diese Überlegungen. Selbst Newtons Zeit-, Theorie- und Datenaufwand ein halbes Jahrhundert später war noch groß, als er die allgemeine Gravitation quantitativ brauchbar einführte. Erst in dieser Zeit war ein genauerer Wert des Erdradius verfügbar! Newton wurde übrigens wegen der Einführung der universellen Gravitation, dieser „scholastischen Qualität",

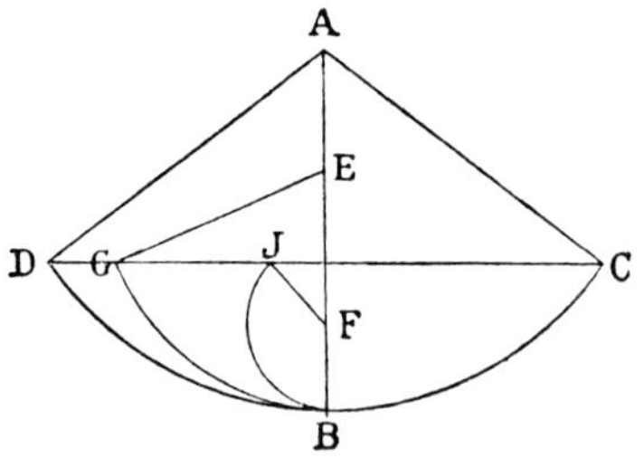

Bild 3: Gleiche Schwingungshöhen von Pendelschwingungen nach Durchfallen verschiedener Bögen.
Die Höhen, die das Pendel nach Fall durch den Bogen CB und Wiederaufstieg entlang der Bögen BD, BG oder BJ erhielt (die Pendelschwingungen wurden bei den letzteren zwei durch einen Nagel bei E bzw. F behindert), sollten jeweils gleich sein. Dasselbe Ergebnis nahm Galilei auch für das Herabfallen entlang verschiedener schiefer Ebenen an [1, S. 156].

die so unerklärbar über den leeren Raum hinweg wirkte, schärfstens kritisiert.

Im weiteren Verlauf seiner Abhandlung von 1638 leitete Galilei den Weg – Zeit-Zusammenhang ausführlich geometrisch her. Galileis Ausgangsthesen waren, wie zitiert, die Definition der gleichförmig beschleunigten Bewegung sowie der Beweis, daß die mittlere konstante Geschwindigkeit in einem Zeitintervall den gleichen Weg ergibt, wie eine aus der Ruhe heraus beschleunigte Bewegung (**Bild 2**). Seine Schreibweise wirkt auf uns heute umständlich, weil alles wie damals üblich in der Sprache der Geometrie vorgeführt wird: es verhalten sich „die Strecken wie die Quadrate der Zeiten". Auch gibt es keine vereinfachenden Identifikationen wie die Gleichsetzung des Produkts aus mittlerer Geschwindigkeit mal Zeit mit der Rechteckfläche (noch hatte Descartes die analytische Geometrie nicht entwickelt).

In diesem Gedankengang ist nun auch eine Voraussetzung enthalten, die eigentlich nur aus Versuchen stammen konnte: Die Endgeschwindigkeit auf der schiefen Ebene sollte nur von der Höhe, nicht von der Länge der Bahn abhängen. Diese Voraussetzung versuchte Galilei mit der Betrachtung eines Pendels plausibel zu machen, das – abgesehen vom Luftwiderstand und der Fadenreibung (es war schon sehr selten bei Galilei, daß er in Veröffentlichungen auf solche Abweichungen einging) – immer zur gleichen Ausgangshöhe zurückschwingt, unabhängig vom Hindernis, das der Faden trifft. Erzwingt z. B. ein Nagel einen anderen Fallbogen, schwingt das Pendel trotzdem gleich hoch aus (**Bild 3**).

Der berühmte Versuch mit der schiefen Ebene wurde am Ende all dieser Betrachtungen durch eine Frage Simplicios eingeführt. Das war schon nicht gerade eine Ehrung des Experiments, denn Galilei ließ Simplicio (simplex = einfach) sonst immer die dümmsten, gewöhnlich aristotelischen Einwände formulieren:

„Simplicio: ... Ob aber die Beschleunigung, deren die Natur sich bedient, beim Fall der Körper eine solche sei, das bezweifle ich noch, und deshalb würden ich und Andere, die mir ähnlich denken, es für sehr erwünscht halten, jetzt einen Versuch herbeizuziehen, deren es so viele geben soll, und die sich mit den Beweisen decken sollen.
Salviati: Ihr stellt in der Tat, als Mann der Wissenschaft eine berechtigte Forderung auf, und so muß es geschehen in den Wissensgebieten, in welchen auf natürliche Konsequenzen mathematische Beweise angewandt werden; so sieht man es bei Allen, die Perspektive, Astronomie, Mechanik, Musik und Anderes betreiben; diese alle erhärten ihre Prinzipien durch Experimente, und diese bilden das Fundament des ganzen späteren Aufbaus: laßt uns es nicht für überflüssig halten, wenn wir mit großer Ausführlichkeit diesen ersten und fundamentalen Gegenstand behandelt haben, auf welchem das immense Gebiet zahlloser Schlußfolgerungen ruht, von denen ein kleiner Teil von unsrem Autor im vorliegenden Buche behandelt wird; genug, daß er den Eingang und die bisher den spekulativen Geistern verschlossene Pforte geöffnet hat. Der Autor hat es nicht unterlassen, Versuche anzustellen, und um mich davon zu überzeugen, daß die gleichförmig beschleunigte Bewegung in oben geschildertem Verhältnis vor sich gehe, bin ich wiederholt in Gemeinschaft mit unserem Autor in folgender Weise vorgegangen:
Auf einem Lineale, oder sagen wir auf einem Holzbrette von 12 Ellen Länge, bei einer halben Elle Breite und drei Zoll Dicke, war auf dieser letzten schmalen Seite eine Rinne von etwas mehr als einem Zoll Breite eingegraben. Dieselbe war sehr

Bild 4: „Der Galileiraum" im Deutschen Museum, München.
Er stellt eine freie Rekonstruktion dar, die den Arbeitsraum Galileis in der Nähe von Florenz nachempfindet. Verschiedene Rekonstruktionen Galileischer Versuche sind zusammen mit Originalinstrumenten aus dieser Zeit ausgestellt.

Ganz links das Prinzip der Wasseruhr Galileis. So ähnlich (aber sicher mit angepaßteren Gefäßen statt Eimer und Wanne) hat er die Fallzeiten von ein paar Sekunden auf seiner etwa 6 m langen schiefen Ebene gemessen – durch Auffangen und Wiegen des ausgelaufenen Wassers.

gerade gezogen, und um die Fläche recht glatt zu haben, war inwendig ein sehr glattes und reines Pergament aufgeklebt; in dieser Rinne ließ man eine sehr harte, völlig runde und glattpolierte Messingkugel laufen. Nach Aufstellung des Brettes wurde dasselbe auf einer Seite gehoben, bald eine, bald zwei Ellen hoch; dann ließ man die Kugel durch den Kanal fallen und verzeichnete in sogleich zu beschreibender Weise die Fallzeit für die ganze Strecke: häufig wiederholten wir den einzelnen Versuch, zur genaueren Ermittlung der Zeit, und fanden gar keine Unterschiede, auch nicht einmal von einem Zehntel eines Pulsschlages. Darauf ließen wir die Kugel nur durch ein Viertel der Strecke laufen, und fanden stets genau die halbe Fallzeit gegen früher. Dann wählten wir andere Strecken, und verglichen die gemessene Fallzeit mit der zuletzt erhaltenen und mit denen von 2/3 oder 3/4 oder irgend anderen Bruchteilen; bei wohl hundertfacher Wiederholung fanden wir stets, daß die Strecken sich verhielten wie die Quadrate der Zeiten: und dieses zwar für jedwede Neigung der Ebene, d. h. des Kanales, in dem die Kugel lief. Hierbei fanden wir außerdem, daß auch die bei verschiedenen Neigungen beobachteten Fallzeiten sich genau so zu einander verhielten, wie weiter unten unser Autor dasselbe andeutet und beweist. Zur Ausmessung der Zeit stellten wir einen Eimer voll Wasser auf, in dessen Boden ein enger Kanal angebracht war, durch den ein feiner Wasserstrahl sich ergoß, der in einem kleinen Becher aufgefangen wurde, während einer jeden beobachteten Fallzeit: das dieser Art aufgesammelte Wasser wurde auf einer sehr genaue Waage gewogen; aus den Differenzen der Wägungen erhielten wir die Verhältnisse der Gewichte und die Verhältnisse der Zeiten, und zwar mit solcher Genauigkeit, daß die zahlreichen Beobachtungen niemals merklich voneinander abwichen." [1, S. 161–163] (**Bild 4**)

Die zwölf Ellen (italienisch Braccia) entsprechen zwischen 6 und 7,5 Meter. Die Fallrinne ist dann mindestens um die 4 cm breit gewesen (1 Zoll = 1/12 Elle). Es ist nun wirklich erstaunlich, wie unverfroren Galilei an zwei Stellen behauptete, es habe nie merkliche Abweichungen der Meßwerte von den Erwartungen gegeben. Für „jedwede Neigung der Ebene" gelte die genaueste Proportionalität. Wegen des Problems der Rollenergie ist außerdem der gedankliche Übergang von der immer steileren Ebene zum Grenzfall freier Fall so nicht haltbar: Ab einer bestimmten Steilheit fängt die Kugel an zu gleiten. Beim Rollen beträgt der Proportionalitätsfaktor nur 5/7 des idealen – beim Gleiten – zu erwartenden Wertes [5/7 · Erdbeschleunigung · sin*a*, wenn *a* die Neigung der schieben Ebene ist – die Reibung ist nicht berücksichtigt]. Bei sorgfältigen Experimenten – in unserem Sinn – hätte Galilei das hier erwähnen müssen. Doch wird der Induktionsschluß kritiklos verwendet. Vielleicht hat er die Abweichung unterschlagen, weil er sie nicht erklären konnte? Der proportionale Zusammenhang zwischen Weg und Quadrat der Zeit wird davon ja nicht berührt. Ähnlich pauschal behauptete Galilei 1638, bei der Betrachtung eines Korkkugelpendels und eines gleich langen Bleipendels:

„Man bemerkt wohl einen Einfluß des Mediums, welches einen Widerstand darbietet der Bewegung und weit merklicher die Schwingungen der Korkkugel vermindert, als die des Bleies, aber dadurch werden sie nicht mehr oder minder häufig, selbst wenn die vom Kork zurückgelegten Bögen nur 5 oder 6 Grad betragen, und die des Bleies 50 oder 60 Grad, sie werden sämtlich in ein und der selben Zeit zurückgelegt." [1, S. 75]

Die Schwingungen von Pendeln gleicher Länge sollen also immer isochron erfolgen (übrigens auch, wenn er sie bis zu 90 Grad auslenkte)!

Wie idealisiert das (so vielleicht nie durchgeführte) Experiment mit der schiefen Ebene auch aussieht: 1974 wurde im Nachlaß Galileis ein Manuskript entdeckt, das eindeutig beweist, daß er Rollversuche auf schiefen Ebenen durchgeführt hat, und daß er sogar Meßwerte mit theoretischen Sollwerten verglichen hat (**Bild 5, 6, siehe dazu [4] – [8]**): Die Versuchsanordnung muß eine Variation der schiefen Ebene gewesen sein: etwa 1,5 m lang, steiler, aber am Ende mit einer Art Sprungschanze verbunden, so daß die herunterrollende Kugel horizontal abspringen konnte. Sie beschrieb dann eine Parabel. (Ob Galilei die gezeichneten Kurven schon als Parabeln erkannt hat, ist nicht unmittelbar nachweisbar.) Die Flugweite vom Absprung zum Aufprall nahm er als Maß für die Absprunggeschwindigkeit. Im Experiment fand er, daß das Quadrat der Absprunggeschwindigkeit proportional zur Höhe H ist, aus der die Kugel bis zum Absprung herunterrollt. Aus $v \sim \sqrt{H}$ konnte er damit geometrisch $s \sim t^2$ herleiten.

Wir wissen nicht, ob er es tat. Wir wissen nicht einmal genau, wann dieses einzelne isolierte Blatt (unter vielen anderen im Nachlaß) geschrieben wurde. Vielleicht verfolgte Galilei damit auch andere Absichten: Wollte er so die schwierige Messung kurzer Zeiten (einige Sekunden Rollzeit bei 6 m langen Ebenen) umgehen? Wollte er damit die Unabhängigkeit der zwei Bewegungskomponenten (freier Fall, horizontaler Wurf) testen? (Das Additionstheorem der Bewegungen stammt ja von ihm.) Sicher hing der Versuch mit seinem Problem zusammen, ein exaktes Maß für die Momentangeschwindigkeit zu bekommen.

Aus dem Manuskriptblatt ist übrigens zu schließen, daß er den gravierenden 5/7-Unterschied zwischen freiem Fall und rollender Kugel hier bemerkt haben muß! Sein Höhenwert 828 hätte nämlich nach der Regel: halbe mittlere Geschwindigkeit, die Weite 2 · 828 = 1656 geben müssen (statt 1340). Warum hätte er sonst die Höhe des Tisches (eben 828) zusätzlich als Absprunghöhe gewählt?

Wir wissen also seit 1974, daß Galilei wirklich quantitativ sorgfältige Untersuchungen durchgeführt hat. Warum hat er so etwas nie veröffentlicht? Wahrscheinlich war für Galilei das Experiment doch nicht ein so zentrales Element der exakten Wissenschaft, wie es uns heute erscheint. (Noch 1826 wählte Georg Simon Ohm aus all seinen Meßreihen

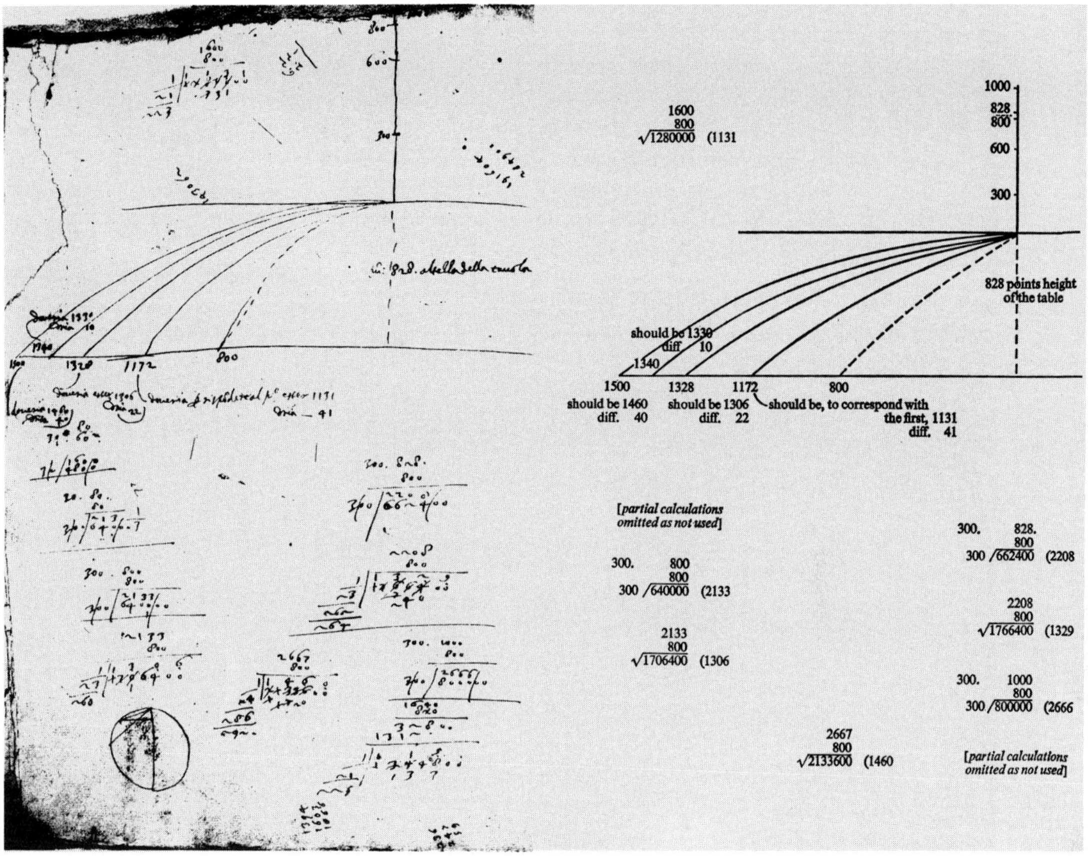

nur die für die Veröffentlichung aus, die am genauesten zu seinen theoretischen Erwartungen paßten!) Anfang des 17. Jahrhunderts war das Experiment überhaupt noch kein wesentliches Beweismittel im traditionellen wissenschaftlichen Disput. So vertraute auch Galilei, als rhetorisch brillianter Autor, mehr seiner Dialogkunst und scholastisch geübter Argumentation als den eigenen experimentellen Befunden.

Bild 5:
Galileis „Sprungschanzenexperiment".
So wurde es als Manuskriptblatt im Nachlaß gefunden. Rechts ist die englische Umschreibung angegeben. Man erkennt darauf, daß Beobachtungswerte (direkt unter den Auftreffpunkten der Kurven) mit berechneten Werten („sollte eigentlich sein") verglichen werden. Berechnet hat Galilei die Vergleichswerte aus dem ersten Paar der Beobachtungen, wie die Nebenrechnungen auf dem Blatt beweisen (1000 Punkte seiner Maßeinheit entsprechen etwa 900 mm) [Manuskriptseite MS 72, folio 116v, Biblioteca Nazionale, Florenz].

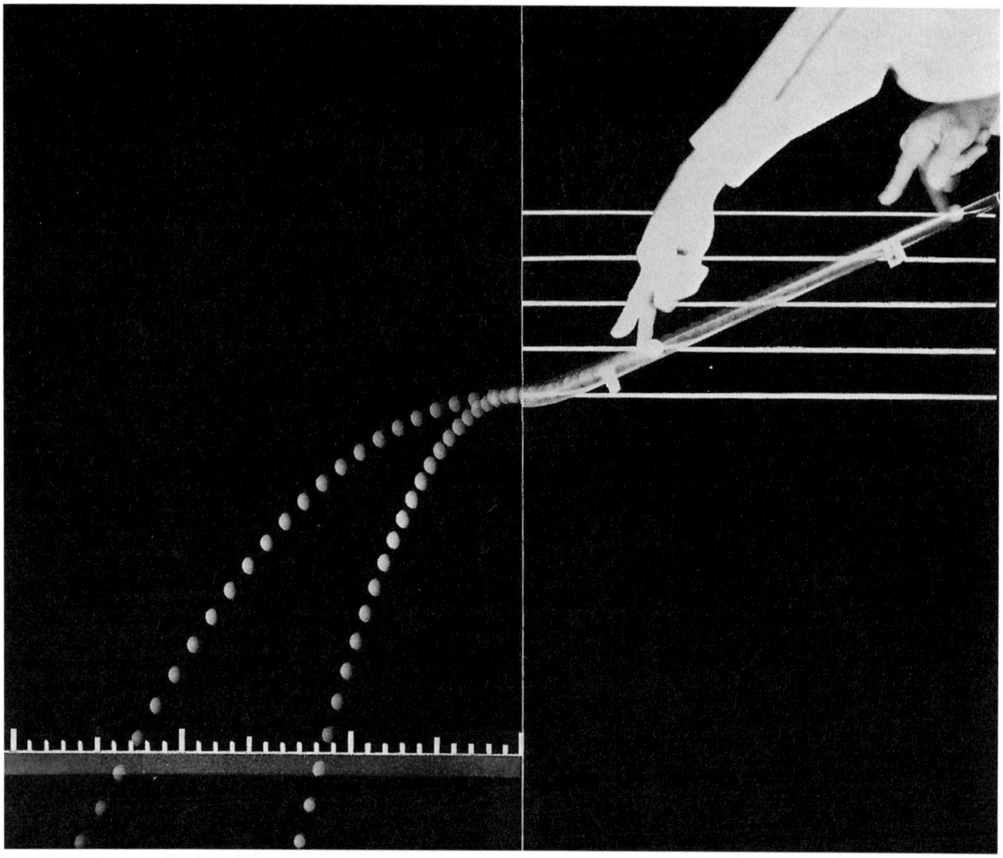

Bild 6:
Rekonstruktion der Sprungschanze Galileis als verkleinertes Modell.

Literatur:

[1] Galilei, G.: Unterredungen und mathematische Demonstrationen über zwei neue Wissenszweige, die Mechanik und die Fallgesetze [genauer: Ortsbewegungen] betreffend. Deutsch von A. E. Oettingen. Leipzig 1890–1904. Ostwald's Klassiker der exakten Wissenschaften, Bd. 11, 24, 25. Nachdruck Darmstadt 1964, 1973. (Erste italienische Auflage, Leiden 1638)

[2] Koyré, A.: Metaphysics and Measurement. Cambridge, Londen 1968

[3] Derselbe: Studi galileiani. Torino 1976 (1. Auflage schon in den 1930er Jahren)

[4] Drake, St.: Galileis Experimental Confirmation of Horizontal Inertia. Unpublished manuscripts. In: Isis 64 (1973), S. 291–305

[5] Drake, St.: Galileis Entdeckung des Fallgesetzes. In: Seibold E. und Neuser W.: Newtons Universum – Materialien zur Geschichte des Kraftbegriffs. Heidelberg 1990, hier S. 74–84

[6] Hill, D. K.: Dissecting Trajectories – Galileo's early Experiments of projectile motion and the law of fall. In: Isis 79 (1988), S. 646-668

[7] Damerow, P. u. a.: Exploring the Limits of Preclassical Mechanics. New York u. a. 1992

[8] Teichmann, J.: Das historische Experiment im Physikunterricht – Wissenschaftstheoretische Betrachtungen und praktische Beispiele. In: Ewers, M.: Wissenschaftsgeschichte und naturwissenschaftlicher Unterricht. Bad Salzdetfurth über Hildesheim 1978, S. 185–212

[9] Teichmann, J.: Der freie Fall bei Galilei – Meßtechnik und Meßmythos. Im Druck in: Fritscher, G. und Brey, H.(Hrsg): Cosmographica et Geographica. Festschrift für Heribert N. Nobis zum 70. Geburtstag. München 1994

J. T.

Huygens und die Erfindung der Pendeluhr

Die Erfindung der Gewichtsräderuhr um 1300 – wahrscheinlich in Norditalien – war ein wichtiger Einschnitt in der Zeitmessung. Das Räderwerk, das es schon vorher gab, wurde nun, mit Hilfe einer Hemmung, durch Gewichte angetrieben. Diese Erfindung kam aus dem Handwerk. Wir wissen allerdings wenig darüber. Sie ist ein berühmtes Beispiel für die Innovationskraft des angeblich so „dunklen" Mittelalters. (Andere Erfindungen waren z. B. der Kurbelbetrieb, das oberschlächtige Wasserrad, der Magnetkompaß und das Schießpulver).

Die Gewichtsräderuhren ab 1300 (**Bild 1**) hatten als Taktgeber eine sogenannte „Waag", einen horizontal gelagerten Balken (mit verschiebbaren Gewichten), der mit einer vertikalen Achse hin- und herschwang. Die Achse gab dabei in der Periode jeder Schwingung den Zug der Gewichte auf ein Zahnrad frei bzw. hemmte ihn. Das geschah durch zwei Nocken an ihr. Physikalisch gesehen bestimmte die Trägheit der „Waag" ihre Schwingungsperiode. Kleine Veränderungen im Uhrwerk, z. B. eine Erhöhung der Reibung zwischen den Rädern, können diese Schwingungsperiode verändern. Das heißt, es existiert kein Eigenschwingverhalten.

Die Genauigkeit dieser frühen Räderuhren war also begrenzt. Bei den allerersten Räderuhren des 14. Jahrhunderts lohnte sich nicht einmal ein Minutenzeiger. Das kann man auf erhaltenen Uhren aus dieser Zeit noch sehen (z. B. an einer Uhr des Straßburger Münsters). Trotzdem war diese technische Innovation kulturhistorisch höchst bedeutend: Zum ersten Mal wurde die Zeit mechanisch „zerhackt". Sie floß nicht mehr kontinuierlich wie in Sanduhren oder Wasseruhren. Die mechanisch in gleiche Einheiten zerteilte Zeit war unabhängig von Tag und Nacht, Monat und Jahreszeiten. Bisher waren im Alltag die ungleichen Stunden üblich gewesen: Der Tag von Sonnenaufgang bis Sonnenuntergang wurde in zwölf Stunden eingeteilt, ebenso die Nacht. Diese Einteilungen kennen wir z. B. aus der Bibel. Hier ist von der fünften Tagesstunde etc. die Rede. Die einzelnen Stunden des Tages waren also im Winter erheblich kürzer als im Sommer in Gegenden nicht zu nahe am Äquator. Das entsprach dem natürlichen Tagesablauf besser als mechanische Gleichmäßigkeit.

Doch brauchte die Astronomie seit ihren Anfängen ein konstantes Zeitmaß. Die

Bild 1: Gewichtsräderuhr mit "Waag"-Hemmung,
um 1300 erfunden und bis nach 1600 überall verwendet. In diesem älteren Beispiel gibt es keinen Minutenzeiger.

Bild 2:
Tycho Brahes Uhren vor der Erfindung der Pendeluhr – in seinem berühmten Observatorium auf der Insel Hven.
Sie sind im Vordergrund vor dem berühmten Mauerquadranten zu sehen, mit dem durch eine Öffnung in der gegenüberliegenden Wand der Durchgang von Sternen durch den Nord-Süd-Meridian (d. h. ihr höchster Punkt am Himmel) beobachtet werden konnte.

Räderuhr kam dieser Forderung entgegen. Sie hatte aber in Europa noch andere Vorteile. Sie konnte zum Beispiel nicht einfrieren. Schon vor Erfindung der Pendeluhr ist die Genauigkeit der Waaguhr durch raffinierte Mechanismen gesteigert worden, ohne daß man sich um wissenschaftliche Prinzipien bemüht hätte (bzw. bemühen konnte). Erst später trugen Wissenschaftler, insbesondere Astronomen, wesentlich zu Verbesserungen bei. So verwendete Tycho Brahe in der zweiten Hälfte des 16. Jahrhunderts mechanische Uhren (**Bild 2**). Bei der Beobachtung des Meridiandurchgangs verschiedener Sterne kam es auf eine gute Genauigkeit über eine kurze Zeitdauer an. Die gemessene Zeitdifferenz zwischen zwei Sternen gab präzise ihren Winkelabstand am Himmel an. Doch äußerte sich Tycho Brahe noch sehr kritisch über die mit seinen Uhren erreichte Genauigkeit.

Die Erfindung der Pendeluhr 1656 war das Werk eines holländischen Wissenschaftlers, Christiaan Huygens, der Jurisprudenz und Mathematik an der Universität Leiden und in Breda studiert hatte. Er wurde mit vielen astronomischen, physikalischen und technischen Untersuchungen bekannt. Doch die Regelmäßigkeit der Pendelbewegung hatte schon früher das Interesse von Künstlern, Handwerkern und Gelehrten auf sich gezogen. Leonardo da Vinci, das Universalgenie der Renaissance, hatte 1495 das Pendel zur Regulierung einer Kreisbewegung vorgeschlagen. Daß das Pendel zur Zeitmessung geeignet war, hat auch Galilei gewußt (die Anekdote mit den schwingenden Kronleuchtern im Dom zu Pisa ist aber – wie viele Anekdoten um Galilei – nicht belegbar). Er glaubte an einen Isochronismus der Pendelschwingungen, d. h. an die gleiche Schwingungszeit unabhängig von der Amplitude seiner Auslenkung. Sein *Dialog über die beiden hauptsächlichsten Weltsysteme, das ptolemäische und das kopernikanische,* der 1632 erschien, enthielt Vergleiche zwischen „Waag"-Uhren und Planetenbewegung. Dazu betrachtete er nun auch Pendelbewegungen. Er verbreitete so erstes kinematisches Wissen über Pendelschwingungen in Europa:

„An den Räderuhren, insbesondere den großen, bringen die Mechaniker zur Regulierung des Ganges einen horizontal sich drehenden Schenkel an und befestigen an seinen Enden zwei Bleigewichte. Geht nun die Uhr nach, so nähern sie nur besagte Bleigewichte etwas der Mitte des Schenkels und bewirken so, daß seine Schwingungen rascher erfolgen. Um im Gegenteile den Gang zu verlangsamen, genügt es diese Gewichte mehr gegen die Enden hinzuschieben, weil hierdurch die Schwingungen minder häufig werden und folglich die Zeitintervalle sich vergrößern.
Hier ist die bewegende Kraft dieselbe, nämlich das treibende Gewicht [damit ist das Antriebsgewicht der Uhr gemeint], es handelt sich um dieselben bewegten Körper, die Bleigewichte; ihre Schwingungen aber sind zahlreicher, wenn sie sich dem Zentrum näher befinden, also kleinere Kreise beschreiben. – Man hänge gleiche Gewichte an ungleichen Fäden auf, entferne sie aus der lotrechten Lage und überlasse sie sich selbst; wir werden sehen, daß die am kürzeren Faden aufgehängten ihre Schwingungen in kürzerer Zeit vollenden, da sie sich in kleineren Kreisen bewegen. ... Einmal gehen die Schwingungen eines solchen Pendels mit solcher Notwendigkeit in der und der bestimmten Zeit vor sich, daß es ganz und gar unmöglich ist diese Zeit zu beeinflussen, es sei denn durch Verlängerung oder Verkürzung des Fadens. ... Der andere wahrhaft wunderbare Umstand ist der, daß ein und dasselbe Pendel seine Schwingungen gleich oft ausführt oder ganz wenig, fast unmerklich verschieden häufig, mag es nun längs sehr großer oder längs ganz kleiner Bogen derselben Peripherie schwingen." [9, S. 469–470]

Hier sah also Galilei noch Abweichungen vom Isochronismus, aber „fast unmerklich[e]". Galilei soll auch gegen Ende seines Lebens schon eine Pendeluhr, also die Kombination von Pendel- und Räderuhr, vorgeschlagen haben (**Bild 3**).

Wie Huygens im einzelnen dazu kam, sich gerade mit Pendelfragen zu beschäftigen, wissen wir nicht. Vermutlich gaben seine astronomischen Interessen den Anlaß dazu. Ab 1652 hatte er sich mit der geometrisch-optischen Bildentstehung befaßt und das Prinzip der aplanatischen Linse entdeckt. Mit seinem Bruder baute er Teleskope, die zu

Bild 3: Galileis Vorschlag einer Pendeluhr aus seinem letzten Lebensjahr.
Die Zeichnung stammt von Galileis letztem Schüler und Biographen V. Viviani sowie von seinem Sohn. So wissen wir es jedenfalls von Viviani selbst. Auf der Achse des unteren Rades müßte eine Trommel mit aufgewundenem Seil befestigt sein, an der das Zuggewicht hängt.

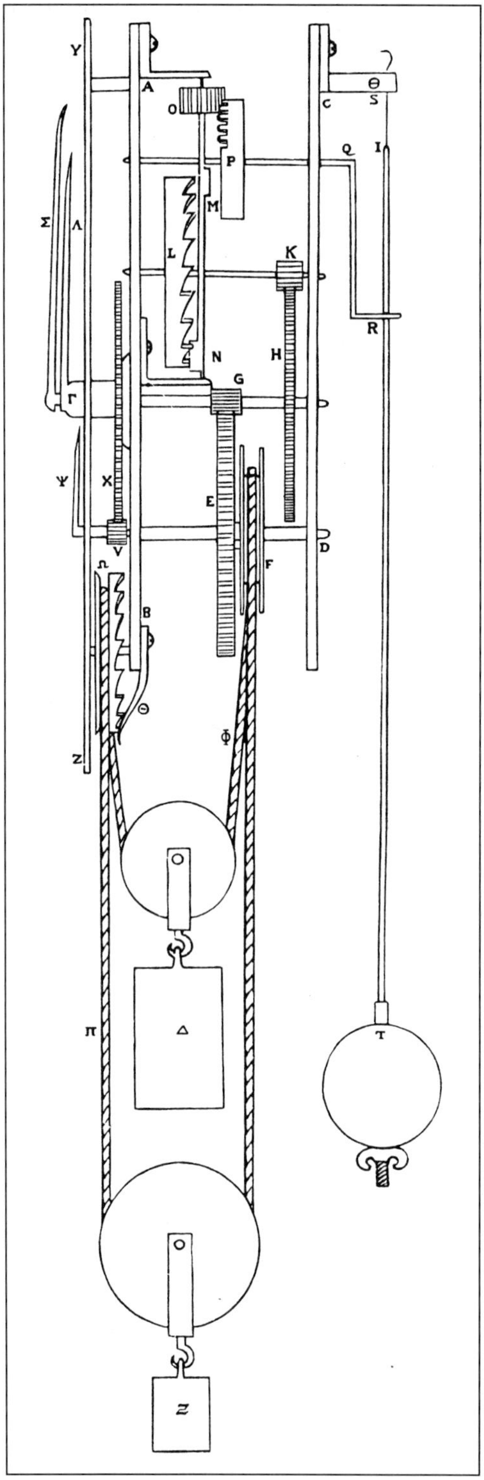

Bild 4: Die Pendeluhr von Huygens 1658. *Hier benutzte er noch ein einfaches Kreispendel. Er betonte, daß die Übersetzung der Zahnräder O/P sich wie 2 bis 3 zu 1 verhalte, damit die Pendelschwingungen klein bleiben konnten und auch Unregelmäßigkeiten aus dem Werk sich schwächer über das Rad P übertrugen. An der Achse MN sind die zwei Nocken der Hemmung gut zu erkennen, die – umgekehrt – den kontinuierlichen Zug der Gewichte in eine oszillatorische Bewegung umwandeln.*

den besten seiner Zeit gehörten. Im März 1655 entdeckte er damit einen Saturnmond. Im folgenden Jahr erklärte er die seit Galilei bekannte seltsame Form des Saturn im Fernrohr als Ring um diesen Riesenplaneten. Im gleichen Jahr 1656 konstruierte er eine Pendeluhr, für die er 1657 ein niederländisches Patent erhielt. In seiner ersten Veröffentlichung dazu (**Bild 4**) beschrieb er, wie verschiedene Astronomen das einfache Pendel als Uhr benutzt hatten, um zum Beispiel den scheinbaren Sonnendurchmesser mittels des Zeitablaufs einer Verfinsterung zu messen. Das wäre sehr umständlich, denn erstens würden die Pendelausschläge ohne äußere Unterstützung entscheidend nachlassen, vor allem aber müsse man alle Hin- und Hergänge sorgfältig einzeln zählen. Bei seiner Uhr sei dies alles nicht mehr nötig. Nützlich könnte sie möglicherweise auch für die Bestimmung der geographischen Länge, insbesondere auf See werden. Wir wissen, daß ihn dieses Problem schon vor 1656 beschäftigte, die Theorie des Pendels sogar schon 1646!

Huygens war wohl ein Universalgenie zwischen Technik, Instrumentenkonstruktion und Grundlagenphysik. Die Erfindung der Pendeluhr war längst nicht sein einziges Verdienst. Er führte das Mikrometer im Fernrohr ein, erfand das „Huygenssche Okular", entwickelte aus der Länge des Sekundenpendels die Idee einer Einheitslänge, verbesserte entscheidend die Stoßtheorie von Descartes, leistete wesentliche Beiträge zur Theorie der Zentrifugalkräfte, ging die Lichttheorie an und konzipierte eine Schießpulvermaschine als Vorläuferin der Dampfmaschine.

Er verstand es, alle Wechselwirkungen dieser Bereiche geschickt zu nutzen, ganz im

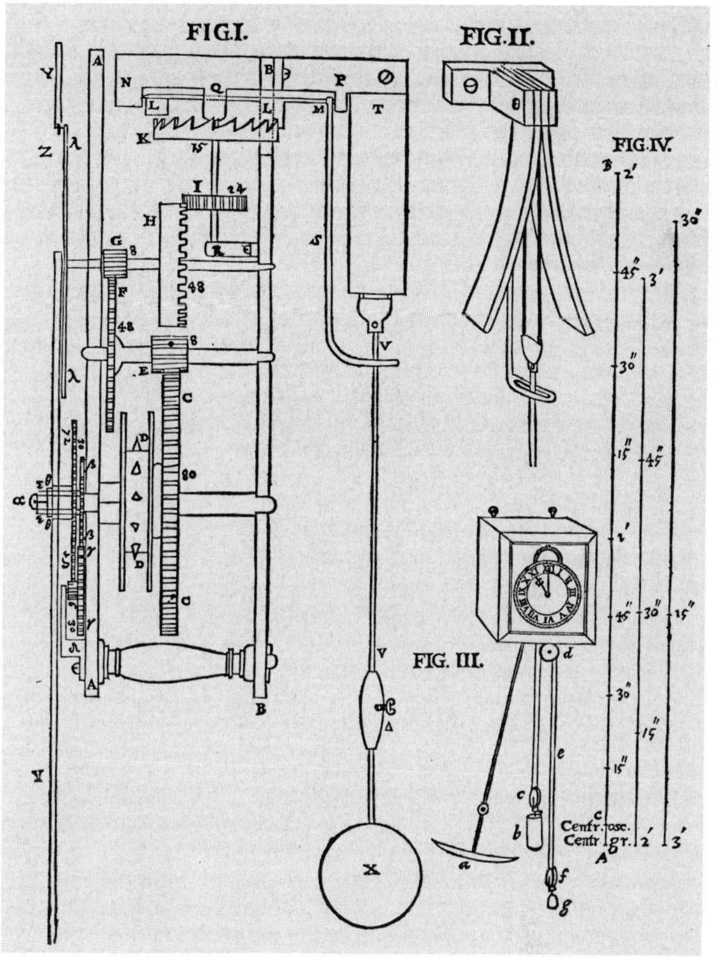

Bild 5: Huygens Pendeluhr von 1673 mit zykloidalen Wangen. *Hier sah er eine Einschränkung der Schwingungsweite wie noch 1658 (siehe Bild 3) nicht mehr als nötig an. Es gab jetzt ein Justiergewicht am Pendel (V). Die Aufhängung ist in Fig. II gezeichnet, die ganze Uhr in Fig. III.*

Einklang mit dem Naturverständnis des 17. Jahrhunderts, das euphorisch an die Einheit von Wissenschaft und Technik glaubte.

Huygens' besonderes Interesse an Physik und Technik zeigt nun gerade die Geschichte seiner Pendeluhr: Wie ausführlich er über Jahrzehnte ihre Konstruktion aufgrund physikalischer Prinzipien und experimenteller Erfahrungen verfolgte, wie sehr das schließlich auch noch ein Ringen um ein Schiffschronometer wurde (als genauer astronomischer Zeitmesser wurde die Pendeluhr schnell akzeptiert). Navigationsgeräte besaßen im 17. und 18. Jahrhundert höchste Staatspriorität bei den Seefahrtnationen; mit einer Uhr, die zum Beispiel auf einer beliebig langen Seereise nicht mehr als zwei Minuten falsch ging, konnte man (falls man genaue Tafeln der scheinbaren Sonnenbewegung hatte – auch das besorgte Huygens) die Ortszeit von Paris so genau auf See mitnehmen, daß der Unterschied zur Ortszeit irgendwo auf See die geographische Länge bis auf 55 Kilometer genau ergab!

Huygens wollte also die alten Probleme der Gewichtsräderuhr, wie sie schon Tycho Brahe angesprochen hatte – Gangveränderungen je nach Jahreszeit, Einfluß von Ungenauigkeiten bei der Zahnabwicklung der Räder, Ungleichheit des Gewichtsantriebs durch Abwicklung der Schnur – mit Hilfe des Eigenschwingverhaltens des Pendels elegant unterlaufen. Er wußte, daß der Isochronismus des Pendels nur für kleine Ausschläge galt; eine Schwingungskurve, die diesen Nachteil nicht hat, ist die Zykloide. Huygens machte sich dies zunutze und untersuchte technisch-physikalisch, wie man den Schwingungsmittelpunkt eines physikalischen Pendels berechnen konnte, dessen Länge der eines mathematischen Pendels mit der Schwingungsdauer $T = 2\pi\sqrt{l/g}$ äquivalent war. Dazu entwickelte er auch seine Theorie der Zentrifugalkräfte. Das alles wurde 1673 in seinem Werk *Die Pendeluhr oder geometrische Demonstrationen der Pendel angewendet auf die Uhrenkunst* veröffentlicht. Wir wollen daraus ausführlich zitieren, denn diese Abhandlung ist eines der besten Beispiele für die erfolgreiche Verknüpfung von Physik und Technik im 17. und 18. Jahrhundert:

„Es sind jetzt 16 Jahre her, daß ich die Herstellungsweise von Uhren, die ich damals erfunden hatte, in einem Buche [1658] veröffentlicht habe. Da ich aber seitdem noch viele Verbesserungen an dem Werke angebracht habe, hielt ich es für das beste, alles das im vorliegenden Buche niederzulegen. Denn diese neuen Entdeckungen vervollkommnen jene Erfindung derart, daß man sie als ihren wichtigsten Bestandteil ansehen kann und gleichsam als die Grundlage des ganzen Mechanismus, die diesem bisher noch fehlte. Denn als ein sicheres und gleichmäßiges Zeitmaß ist das einfache Pendel nicht anzusehen, da weitere Ausschläge mehr Zeit erfordern als engere; mit Hilfe der Geometrie habe ich aber eine bisher unbekannte Aufhängungsweise des Pendels gefunden; ich habe nämlich die Krümmung einer gewissen Kurve untersucht, die in geradezu wunderbarer Weise geeignet ist, die erwünschte Gleichmäßigkeit herbeizuführen. Nachdem ich diese Aufhängungsart bei Uhren angewendet hatte, wurde deren Gang so gleichmäßig und sicher, daß nach zahlreichen Versuchen zu Lande und zu Wasser nunmehr feststeht, daß diese Uhren der Sternkunde und der Schiffahrt die größte Sicherheit verschaffen. Die erwähnte Linie ist dieselbe, wie sie ein im Umfang eines laufenden Rades befestigter Nagel bei dessen fortlaufender Drehung in der Luft beschreibt; von den Mathematikern ist sie Zykloide genannt und wegen vieler anderer Eigenschaften sorgfältig untersucht worden, von mir aber wegen ihrer schon erwähnten Verwendbarkeit zur Zeitmessung, die ich entdeckt habe, während ich sie aus rein wissenschaftlichem Interesse untersuchte, ohne etwas Derartiges zu ahnen

... Die beigefügte Zeichnung [**Bild 5**] zeigt die Uhr von der Seite ... Die Gabel *S* [**Bild5, Fig. II**] ist an ihrem unteren Teil umgebogen und mit einem länglichen Spalt versehen; sie umfaßt mit den beiden Zinken den Eisendraht *V* des Pendels, an dem das Bleigewicht *X* befestigt ist. Dieser Draht aber ist oben an einem doppelten Faden zwischen zwei Wangen aufgehängt, von denen hier nur die eine T sichtbar ist. Wir haben deshalb daneben die zweite Zeichnung gesetzt, die die Gestalt beider Wangen, ihre Biegung und die ganze Aufhängungsweise des Pendels zeigt [**Fig. II**]. Wir werden allerdings über die wirkliche Krümmung dieser Wangen weiter unten noch ausführlicher zu sprechen haben.

Um nun von dem Gange der Uhr zu sprechen – die übrigen Teile der Zeichnugn werden wir noch unten erklären –, so ist zunächst ohne weiteres ersichtlich, daß durch die vom Gewicht gedrehten Räder das Pendel *VX* in Bewegung gehalten wird, sobald man einmal mit der Hand den Anstoß gegeben hat; ebenso, daß die Schwingungen des Pendels zugleich die Bewegung sämtlicher Räder und damit den Gang der ganzen Uhr regeln. Die Gabel *S* muß nämlich, gleichviel, wie sie durch die Räder getrieben wird, nicht nur dem Pendel folgen, sie unterstützt auch dessen Bewegung ein wenig und verleiht ihr dadurch ewige Dauer, während doch sonst die Bewegung von selbst, oder vielmehr durch den Widerstand der Luft, allmählich abnehmen und schließlich ganz aufhören würde. Weiterhin ist das Pendel so eingerichtet, daß man in keiner Weise den Faden verlängern oder das Gewicht vom Faden abnehmen kann; durch die Biegung der Wangen, zwischen denen das Pendel aufgehängt ist, haben wir einen völlig gleichmäßigen Gang erreicht; demgemäß kann unmöglich das Rad *K* sich bald schneller, bald langsamer drehen, wie es bei den gewöhnlichen Uhren geschieht; es werden seine einzelnen Zähne vielmehr notwendig gezwungen, in stets gleichen Zeiten herumzurücken. Hieraus folgt aber, daß auch die Drehung der übrigen und schließlich auch das Vorwärtsschreiten der Zeiger gleichmäßig erfolgt, da ja die Bewegungen aller einzelnen Teile einander entsprechen müssen. Mag also in dem Werke selbst irgendein Fehler sein, mögen die Achsen infolge erhöhter Temperatur sich schwerer drehen – solange der Gang des ganzen Uhrwerkes nicht ganz aufhört, wird keine Ungleichmäßigkeit oder Verzögerung im Gange zu fürchten sein: die Uhr wird die Zeit stets entweder richtig messen, oder sie wird sie überhaupt nicht messen. ...

Sind sämtliche Räder so angeordnet, wie wir es dargelegt haben, so muß das Pendel eine solche

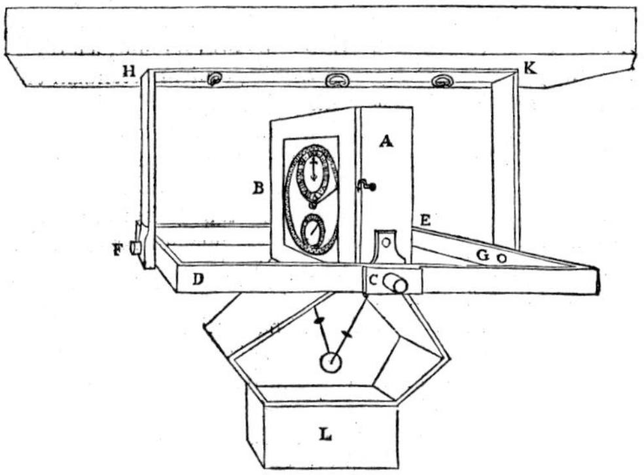

Bild 6: Huygens Vorschlag eines Schiffschronometers 1673.
Das Pendel (mit linsenförmigem Gewicht) hat eine Doppelaufhängung. Die gesamte Uhr ist kardanisch gelagert. Im großen Ziffernblatt für die Minuten sind zwei kleinere für Stunden und Sekunden angeordnet. Der Antrieb erfolgte nicht durch Gewichte, sondern durch eine Zugfeder. Unten hing ein Gewicht von etwa 23 kg, um die Lage der Uhr zu stabilisieren.

Länge haben, daß jede Schwingung 2 Sekunden dauert, d. h. es muß 3 Fuß [das sind 97,44 cm – der richtige Wert wäre 99,38 cm] lang sein. Da es sich in der Zeichnung nicht gut so darstellen ließ, haben wir das Pendel ein Fünftel solang gezeichnet, oben vom Aufhängungspunkt an, wo die Biegung der Wangen *T* beginnt, bis zum Mittelpunkte des Gewichtes *X*. Wenn ich 3 Fuß sage, so meine ich damit nicht irgend ein Fußmaß, wie es bei diesem oder jenem europäischen Volke eingeführt ist, sondern ich meine damit das bestimmte, unveränderliche Maß, das man eben der Länge dieses Pendels zu entnehmen hat, und das ich für die Zukunft den „Stundenfuß" nennen möchte." [1, S. 3–9]

Dann führte Huygens genauer aus, warum er die zykloidalen Wangen erfand. Die Amplitude der Pendelschwingung sei aus praktischen Gründen nie konstant: wegen der Kraftübertragung über so viele Zahnräder, die nicht gleich genug gearbeitet seien, die bei Kälte und schmutzigem Öl schwerer gehen würden, vor allem aber auf Schiffen wegen des Schwankens auf See. Um dennoch eine konstante Schwingungsdauer zu erhalten, müßten die Wangen als Zykloide geformt werden. Diese Kurve könne mit Hilfe des Umfangspunktes eines drehenden Rades konstruiert werden. Der Durchmesser des Rades müsse dabei die Hälfte der Pendellänge sein. Dann erklärte er, wie die Genauigkeit der Zeitanzeige anhand des Sonnenlaufs – mit Hilfe der mitgelieferten Tabellen zur Zeitgleichung – überprüft werden könne. Entsprechend sei das Pendel zu korrigieren:

„... geht die Uhr täglich x Minuten vor oder nach, so muß man das Pendel um 7/10 x Linien verlängern oder verkürzen. Hat man auf diese Weise die Uhr schon nahe zu auf das richtige Maß reguliert, so wird man die noch übrige Verbesserung leicht dadurch erreichen, daß man **[Fig. I]** das kleine an dem Drahte *VV* hängende Gewicht [...] verschiebt." [1, S. 20]

Beides habe er aus „der Theorie der Bewegung gefolgert".

Dann beschrieb er ausführlich die Verwendung der Uhren auf Schiffen. Der Erfolg war nicht immer eindeutig, wie er selbst zugab:

„Sodann sind einige Male von Holländern und von Franzosen, und zwar auf Befehl Seiner Majestät des Königs, die Versuche wiederholt worden, mit wechselndem Erfolge; doch kann man in der Mehrzahl der Fälle die Schuld nicht den Uhren selbst beimessen, sondern der Unachtsamkeit der Leute, denen sie anvertraut worden waren. Am besten aber zeigte sich der Erfolg im Mittelländischen Meer auf einer Reise nach Kreta. Seine Hoheit, der Herzog von Belfort, war mit französischen Truppen dorthin geschickt worden, um der von den Türken belagerten Stadt Kandia [das heutige Heraklion] Hilfe zu bringen; er hat ja auch dort im Kampfe den Tod gefunden. Er hatte auf dem Schiffe, auf dem er fuhr, Pendeluhren, um diesen Versuch vorzunehmen, und hatte sie einem Astronomen unterstellt. Wie man uns berichtet hat, bestimmte man auf Grund der Beobachtungen dieses Mannes mit Hilfe der Pendeluhren die geographische Länge aller Orte, an denen man landete oder vorüberfuhr, ohne sie genau erkennen zu können; und man fand die Längenunterschiede stets ebenso groß wie in den besseren geographischen Beschreibungen. So wurde z. B. zwischen dem Hafen von Toulon und der Stadt Kandia eine Differenz von 1 Stunde 22 Minuten festgestellt, d. h. 20 Grad 30 Minuten geographischer Länge; und bei der Rückfahrt von Kandia nach Toulon fand man den Unterschied nahezu ebenso groß. Diese Übereinstimmung aber ist der sicherste Beweis für die Richtigkeit." [1, S. 22–23]

Der richtige Wert ist aber 1 Grad 17 Minuten kleiner. Die Ortsbestimmung war also

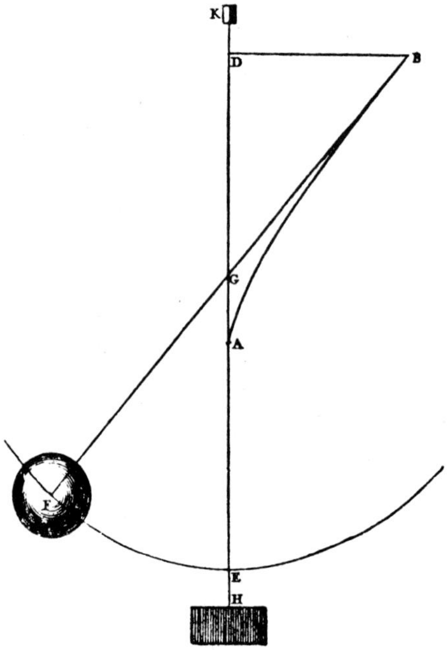

Bild 7: Das Prinzip des Kegelpendels.
Das Pendel ist bei B aufgehängt und wird mit dem starren Mechanismus DBA um die Achse KH gedreht. Das Pendel wird durch die Zentrifugalkraft ausgelenkt, dabei wickelt sich der Faden auf der Kurve AB, der Evolute einer Parabel, ab.

mehr als 140 Kilometer falsch! Huygens' Pendeluhren mußten in der Tat recht komplex gehandhabt werden (auch von achtsamen Leuten!) und waren durch die hohe Luftfeuchtigkeit, insbesondere aber durch die wechselnden Temperaturen, deren Einfluß Huygens nicht untersuchte, doch beeinflußbar. Bei starkem Seegang war die Gleichmäßigkeit der Schwingung auf jeden Fall sehr gefährdet. So schlug er unermüdlich Verbesserungen vor (**Bild 6**).

Die Hoffnungen bezüglich Verwendbarkeit auf See trogen letztlich, auch wenn Huygens bis an sein Lebensende daran arbeitete. Unter anderem konzipierte er auch eine Uhr mit Spiralfeder statt Pendel, die sich schließlich ab 1735 (in der Verbesserung durch den englischen Uhren- und Instrumentenmacher George Harrison) als brauchbare Lösung erwies. Sie funktionierte unabhängig von ihrer Lage und war auch ohne zykloidale Wangen isochron. Diese selbst hatten eigene Probleme: Die genaue Biegung war nicht so einfach herzustellen und konnte leicht beschädigt werden, der Faden schmiegte sich nicht exakt an, und bei den weiten, d. h. auch schnelleren Schwingungen konnte der Luftwiderstand Einfluß nehmen. Für die Entwicklung von noch genaueren Schiffschronometern mußten erst Physik und Metallurgie Fortschritte machen, insbesondere um Temperatureinflüsse auf Materialien zu erkennen und weitmöglichst zu vermeiden.

Harrison benutzte im Laufe seiner Entwicklungen unter anderem eine Bimetall-Kompensation für die Längenänderung seiner Spiralfeder. Das Schiffschronometer von Harrison setzte sich erst im 19. Jahrhundert gegen die astronomischen Methoden (Bestimmen der Winkelabstände von Fixsternen zum Mond) durch, da es teuer und auch ungewohnt für die Schiffskapitäne war. Im 20. Jahrhundert lösten dann Funkzeitsignal und schließlich Radarpeilung die mitgenommenen Uhren ab.

Huygens Forschungen über die Pendeluhr bedeuteten auch für die Entwicklung der physikalischen Grundlagen einen Fortschritt. In diesem Zusammenhang wurden erstmals die Gesetze der Drehbewegung klar formuliert.

Huygens berühmte Sätze zur Zentrifugalkraft stehen am Ende des fünften und letzten Teils seiner Uhrenarbeit von 1673. Hier beschrieb er das parabolische Kegelpendel (**Bild 7** – ein Pendel, das gleichzeitig mit seinem Aufhängepunkt gedreht wird; es nimmt dabei wegen der Zentrifugalkraft eine bestimmte Auslenkung an; die Umlaufszeit um den Aufhängepunkt ist aber unabhängig von der Auslenkung):

„Es gibt noch eine andere Art schwingender Bewegung außer der, die wir bisher behandelt haben; nämlich die, bei der das Pendelgewicht die Peripherie eines Kreises beschreibt. Von da aus bin ich zur Erfindung noch einer anderen Uhr gelangt, etwa zu derselben Zeit wie zur Erfindung jener ersten; diese andere Uhr stützt sich auf eine ebenso sichere Gleichmäßigkeit, sie ist jedoch weniger gebräuchlich geworden, weil der Bau der ersten Uhr gewissermaßen einfacher und leichter ist …

Zuerst hatte ich zwar die Absicht, die Beschreibung dieser Uhren mit den Sätzen zusammen herauszugeben, die sich auf die kreisförmige Bewegung und die Fliehkraft, wie ich sie nennen will, beziehen. Aber ich habe über diesen Gegenstand mehr zu sagen, als ich im Augenblick Zeit habe. Damit aber die Fachleute die neue, vielleicht nutzbringende Entdeckung eher kennen lernen, und damit kein Zufall dazwischen tritt, habe ich gegen meine ursprüngliche Absicht noch diesen vorliegenden Teil den übrigen angefügt; in ihm wird der Bau dieser Uhr beschrieben, und es folgen einige Sätze über die Fliehkraft; der Beweis sei auf später verschoben …

Sätze über die Zentrifugalkraft
infolge kreisförmiger Bewegung.

I.

Durchlaufen zwei gleiche Körper in gleicher Zeit die Peripherien verschiedener Kreise, so verhält sich die Zentrifugalkraft bei dem einen zu der beim anderen wie die zugehörigen Peripherien oder deren Durchmesser.

II.

Bewegen sich zwei gleiche Körper mit gleicher Geschwindigkeit auf den Peripherien verschiedener Kreise, so verhalten sich ihre Zentrifugalkräfte umgekehrt wie die Durchmesser.

III.

Bewegen sich zwei gleiche Körper auf gleichen Kreislinien mit verschiedener Geschwindigkeit, doch beide in gleichförmiger Bewegung, wie wir sie hier überall voraussetzen wollen, so verhalten sich die Zentrifugalkräfte wie die Quadrate der Geschwindigkeiten.

IV.

Bewegen sich zwei gleiche Körper auf verschiedenen Kreislinien, und üben sie hierbei die gleiche Zentrifugalkraft aus, so verhalten sich ihre Umlaufszeiten wie die Quadratwurzeln aus den Durchmessern …" [1, S. 187 ff.]

Die Sätze I bis IV beschreiben in der damals üblichen Form von Verhältnissen jeweils zweier Größen die Formel für die Zentrifugalkraft einer Kreisbewegung:

$$F \sim \frac{v^2}{r} = \frac{4\pi^2 r}{t}$$

(r = Radius; t = Dauer eines Umlaufs)

In weiteren neun Sätzen zieht Huygens daraus Folgerungen für das Kegelpendel.

Diese genial aufwendigen, aber letztlich – sowohl in der Zeitmessung des Alltags wie der Wissenschaft – unnütz gebliebenen Konstruktionen zeigen, daß Huygens primär nach perfekten technischen Lösungen suchte; vor allem die Langzeitstabilität für Messungen der geographischen Länge auf See sah er als besonders wichtig an. Die Lösung dieses Problems versprach ja in der Tat großes Ansehen, wie uns alle Bemühungen bis zum 18. Jahrhundert zeigen.

Doch bleibt es sein wissenschaftliches Verdienst, zum ersten Mal mit einfachen physikalischen Prinzipien die Grundlagen der mechanischen Zeitmessung behandelt und das Wissen darüber in langjähriger Arbeit erweitert zu haben. Newton hat unabhängig von ihm aus rein wissenschaftlichen Interessen die Thesen zur Zentrifugalkraft entwickelt, um seine Himmelsmechanik begründen zu können. Diese Probleme haben Huygens nie interessiert.

Literatur:

[1] Huygens, Ch.: Die Pendeluhr. Deutsche Übersetzung Leipzig 1913 (Ostwald's Klassiker der exakten Wissenschaften, Nr. 192). Lateinische Erstausgabe Paris 1673

[2] Derselbe: Über die Bewegung der Körper durch den Stoss – über die Centrifugalkraft. Deutsche Übersetzung Leipzig 1903 (Ostwald's Klassiker der exakten Wissenschaften, Nr. 138). Die lateinische Erstausgabe erschien erst nach dem Tod von Huygens in Leiden 1703

[3] Derselbe: Œuvres complètes. Hrsg. von der Holländischen Gesellschaft der Wissenschaften. Hier Band 17 und 18, Den Haag 1932, bzw. 1934.

[4] Bos, H. J. M. u. a. (Hrsg.): Studies on Christiaan Huygens. Lisse (Niederlande) 1980

[5] Crommelin, C. A.: Die Uhren von Christiaan Huygens. In: Endeavour, April 1950, S. 64-69.

[6] Gould, R.: The Marine Chronometer: its history and development. London, ²1960

[7] Teichmann, J.: Wandel des Weltbildes. Reinbek 198.

[8] Bacon, F.: Neues Organ der Wissenschaften. Deutsche Übersetzung Leipzig 1930. Nachdruck Darmstadt 1974. Lateinische Erstausgabe 1620. Lateinisch-deutsche Ausgabe von W. Krohn. 2 Bände. Hamburg 1990

[9] Galilei, G.: Dialog über die beiden hauptsächlichsten Weltsysteme – das ptolemäische und das kopernikanische. Deutsche Übersetzung Leipzig 1891. Nachdruck Stuttgart 1982. Italienische Erstausgabe Florenz 1632

J. T.

Experimente mit Wasser- und Windmühlen

Schon im Zeitalter der Aufklärung hat man versucht, technische Probleme mit Physik und Mathematik zu behandeln – meistens jedoch nicht sehr erfolgreich, wenn nur theoretisch vorgegangen wurde. So trug z. B. die geometrische und physikalische Optik kaum dazu bei, störende Linsenfehler in Fernrohren zu vermeiden. Nicht einmal auf dem Gebiet der Mechanik, die Newton auf exakte Grundlagen gestellt hatte, profitierte die Technik in nennenswertem Umfang von den theoretischen Erkenntnissen. Das beklagte auch der Preußenkönig Friedrich der Große in der zweiten Hälfte des 18. Jahrhunderts. Er wollte seine Springbrunnenanlage in Sanssouci durch Leonhard Euler, den großen Schweizer Mathematiker (und im heutigen Sinn theoretischen Physiker) berechnen lassen. Aber die höchst wissenschaftlich kalkulierte Anlage funktionierte nicht, weil Leonhard Euler die Reibung und Effekte turbulenter Strömung noch nicht

Bild 1: Die Versuchsanordnung John Smeatons zum unterschlächtigen Wasserrad.

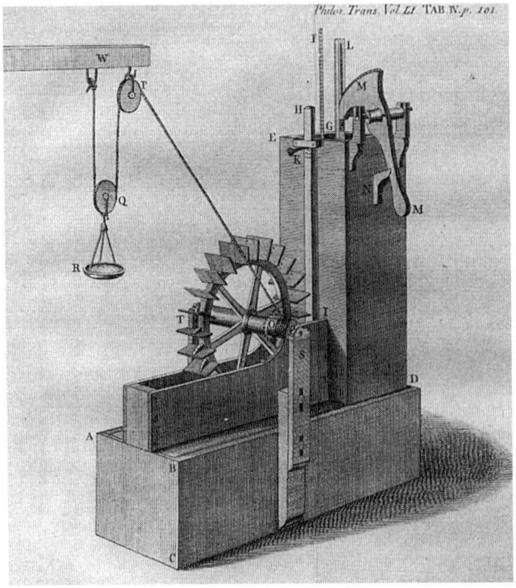

berücksichtigen konnte. Friedrich der Große erwähnte auch, daß nach Newtons Mechanik berechnete Schiffe nichts taugten! Die theoretische Mechanik war noch eine stark idealisierte Grundlagenwissenschaft, die sich mehr mit der Bewegung von Massenpunkten befaßte, als mit praktischer Technik. Leonhard Euler war 1726, mit 19 Jahren, als er eine Preisarbeit über die zweckmäßigste Schiffsbemastung einreichte, gerade umgekehrt der Meinung:

„Ich habe es nicht für erforderlich erachtet, diese meine Theorie durch ein Experiment zu bestätigen, weil sie ganz und gar aus den gesichertsten und unangreifbarsten Prinzipien der Mechanik abgeleitet ist. Ein Zweifel an ihrer Wahrheit und Anwendbarkeit in der Praxis kann daher gar nicht entstehen." [2, S. 36] (Im Manuskript hatte er allerdings noch Versuche mit Schiffsmodellen vorangestellt.)

Bessere Voraussetzungen für die Anwendung von Wissenschaft in der Praxis boten sorgfältige Experimente ohne viel Theorie, wenn sie in engem Kontakt mit technischen Erfahrungen standen. Hier war im 18. Jahrhundert Großbritannien führend – wie auch der Erfolg der Dampfmaschine von James Watt nach 1769 beweist. Die Philosophical Transactions der Royal Society von London widmeten sich eingehend auch technischen Untersuchungen und Ergebnissen. So erlangten die Experimente von John Smeaton zum „Effekt" von Wasserrädern und Windmühlen Berühmtheit (es gab allerdings auch andere Untersuchungen dazu, z. B. von Daniel Bernoulli). Smeaton demonstrierte seine Forschungen 1759 in der Royal Society, hatte sie aber schon 1752 und 1753 zum großen Teil ausgeführt. Dazu hatte er Versuchsanordnungen in einer Größe zwischen zwei und drei Metern konstruiert (**Bild 1, 2 und 5**) und dabei verschiedene wichtige Größen variiert. Aus den Ergebnissen berechnete er – in unseren Begriffen – Leistungen und teilweise auch Wirkungsgrade. Er verglich seine Ergebnisse auch mit experimentellen Erfahrungen an realen Maschinen. Nur dann könne man deren beste Ausführung erhalten, nicht aus Versuchen an Modellen allein. Er reiste dazu viel, so auch z. B. 1755 in die Niederlande, wo die Windmühlentechnik besonders fortgeschritten war, und beschrieb die untersuchten Maschinen genau.

Wir wollen Smeatons 1759 veröffentlichte Untersuchungen recht eingehend verfolgen, da sie ein erstaunliches Beispiel für geschicktes quantitatives Experimentieren an technischen Modellen bieten. Sie illustrieren das Bedürfnis, jede Technik wissenschaftlich exakt zu begründen, auch wenn sie nicht streng aus wenigen Axiomen deduziert werden konnte. Erstaunlich sind diese Versuche auch, weil trotz aller Unsicherheit in Begriffen (weder Kraft- noch Energie- und Leistungsbegriff waren eindeutig festgelegt) und bevor der allgemeine Energieerhaltungssatz formuliert wurde, wichtige Größen wie Leistung, Verluste und Primärenergiebedarf mechanischer Maschinen gut kalkuliert werden konnten.

Im ersten Teil seiner Arbeit untersuchte Smeaton unterschlächtige und oberschlächtige Wasserräder (**Bild 1 und 2**). Das oberschlächtige Wasserrad wurde erst im christlichen Mittelalter, im Zuge der ersten Industrialisierung, eingeführt. Seine effektivere Leistung erlaubte große Mühlen, Sägen, Hammerwerke etc.

John Smeaton stellte zuerst seine Grundbegriffe vor:

„Das Wort Kraft, wie es in der praktischen Mechanik benutzt wird, benutze ich, um die Ausübung von Stärke, Gravitation, Impuls oder Druck zu bezeichnen, mit denen Bewegung erzeugt werden soll. Durch diese Anstrengung, Gravitation, Impuls oder Druck soll, verbunden mit Bewegung, ein Effekt erzeugt werden. Und nur der Effekt ist spezifisch mechanisch, der solch eine Art von Kraft für seine Erzeugung erfordert.
Das Heben eines Gewichtes, relativ zu der Höhe, zu der es in gegebener Zeit gehoben werden kann, erlaubt die geeignetste Kraftmessung. Das heißt, in anderen Worten, wenn das Gewicht mit der Höhe multipliziert wird, zu der es in einer gegebenen Zeit gehoben wird, mißt das Produkt die Kraft, die es hebt [Er vergleicht also mit den Produkten

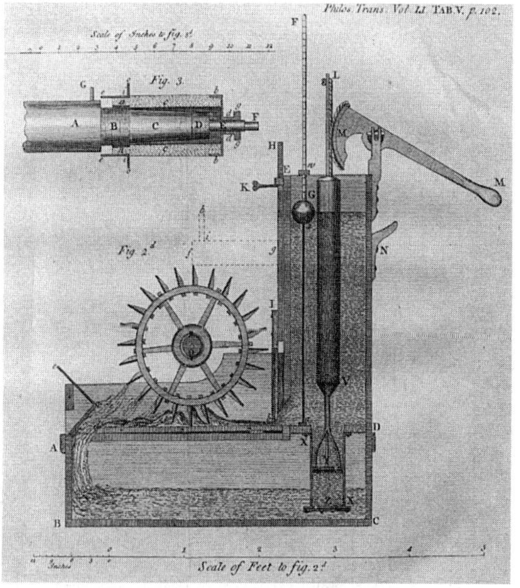

Bild 2: Die gleiche Versuchsanordnung wie in Bild 1.
Hier sehen wir einen Schnitt durch den Wasserlauf und die Pumpanordnung. Gestrichelt eingezeichnet ist der einsetzbare Wasserablauf des oberschlächtigen Wasserrades.

G·h in gleichen Zeiten Leistungen! Der Kraftbegriff wird unterschiedlich verwendet, auf jeden Fall nicht in unserem Sinne definiert.] ... Um die Effekte von Wasserrädern mit den erzeugenden Kräften zu vergleichen, oder in anderen Worten, um zu wissen, welcher Teil der ursprünglichen Kraft notwendigerweise bei der Anwendung verloren wird, müssen wir zunächst wissen, wieviel Kraft verloren geht, um die Reibung der Maschinerie und den Luftwiderstand zu überwinden. Ferner müssen wir die wahre Geschwindigkeit des Wassers im Augenblick des Auftreffens auf das Wasserrad kennen, sowie die wahre Menge des Wassers, die in einer gegebenen Zeit verbraucht wird. ...“ [1, S. 105]

Nun beschrieb er, wie er mit seiner Meßanordnung (sie ist in **Bild 1** für ein unterschlächtiges Wasserrad gezeichnet) die Geschwindigkeit des Wassers beim Auftreffen auf die Radschaufeln bestimmte. Er stellte dazu zunächst die Anzahl der Umdrehungen pro Minute fest, die das Wasser, ohne jedes Gegengewicht in der Schale R, erzeugte. Er gab als fiktives Beispiel 60 an. Dann stoppte er den Wasserfluß und legte soviel Gewicht

Bild 3

TABLE I.

N°	Height of the water in the ciſtern.	Turns of the wheel unloaded.	Virtual head deduced therefrom.	Turns at the maxim^{m}.	Load at the equilibrium.		Load at the maximum.		Water expended in a minute.	Power.	Effect.	Ratio of the power and effect.	Ratio of the velocity of the water and wheel.	Ratio of the load at the equilibrium, to the load at the maximum.	Experiments.
	In.		In.		lb.	oz.	lb.	oz.							
1	33	88	15,85	30,	13	10	10	9	275,	4358	1411	10:3,24	10:3,4	10:7,75	
2	30	86	15,0	30,	12	10	9	6	264,7	3970	1266	10:3,2	10:3,5	10:7,4	
3	27	82	13,7	28,	11	2	8	6	243,	3329	1044	10:3,15	10:3,4	10:7,5	
4	24	78	12,3	27,7	9	10	7	5	235,	2890	901,4	10:3,12	10:3,55	10:7,53	At the 1ſt hole.
5	21	75	11,4	25,9	8	10	6	5	214,	2439	735,7	10:3,02	10:3,45	10:7,32	
6	18	70	9,95	23,5	6	10	5	5	199,	1970	561,8	10:2,85	10:3,36	10:8,02	
7	15	65	8,54	23,4	5	2	4	4	178,5	1524	442,5	10:2,9	10:3,6	10:8,3	
8	12	60	7,29	22,	3	10	3	5	161,	1173	328	10:2,8	10:3,77	10:9,1	
9	9	52	5,47	19,	2	12	2	8	134,	733	213,7	10:2,9	10:3,65	10:9,1	
10	6	42	3,55	16,	1	12	1	10	114,	404,7	117	10:2,82	10:3,8	10:9,3	
11	24	84	14,2	30,75	13	10	10	14	342,	4890	1505	10:3,075	10:3,66	10:7,9	
12	21	81	13,5	29,	11	10	9	6	297,	4009	1223	10:3,01	10:3,62	10.8,05	
13	18	72	10,5	26,	9	10	8	7	285,	2993	975	10:3,25	10:3,6	10:8,75	At the 2d.
14	15	69	9,6	25,	7	10	6	14	277,	2559	774	10:2,92	10:3,62	10:9,	
15	12	63	8,0	25,	5	10	4	14	234,	1872	549	10:2,94	10:3,97	10:8,7	
16	9	56	6,37	23,	4	0	3	13	201,	1280	390	10:3,05	10:4,1	10:9,5	
17	6	46	4,25	21,	2	8	2	4	167,5	712	212	10:2,98	10:4,55	10:9,	
18	15	72	10,5	29,	11	10	9	6	357,	3748	1210	10:3,23	10:4,02	10:8,05	
19	12	66	8,75	26,75	8	10	7	6	330,	2887	878	10:3,05	10:4,05	10:8,1	The 3d.
20	9	58	6,8	24,5	5	8	5	0	255,	1734	541	10:3,01	10:4,22	10:9,1	
21	6	48	4,7	23,5	3	2	3	0	228,	1064	317	10:2,99	10:4,9	10:9,6	
22	12	68	9,3	27,	9	2	8	6	359,	3338	1006	10:3,02	10:3,97	10:9,17	
23	9	58	6,8	26,25	6	2	5	13	332,	2257	686	10:3,04	10:4,52	10:9,5	4th.
24	6	48	4,7	24,5	3	12	3	8	262,	1231	385	10:3,13	10:5,1	10:9,35	
25	9	60	7,29	27,3	6	12	6	6	355,	2588	783	10:3,03	10:4,55	10:9,45	5th.
26	6	50	5,03	24,6	4	6	4	1	307,	1544	450	10:2,92	10:4,9	10:9,3	
27	6	50	5,03	26,	4	15	4	9	360,	1811	534	10:2,95	10:5,2	10:9,25	6th.
1.	2.	3.	4.	5.	6.		7.		8.	9.	10.	11,	12.	13.	

TABLE II. *containing the Reſult of Sixteen Setts of Experiments on Overſhot Wheels.*

N°.	Whole deſcent.	Water expended in a minute.	Turns at the maximum in a min.	Weight raiſed at the maxim^{m}.	Power of the whole deſcent.	Power of the wheel.	Effect.	Ratio of the whole power and effect.	Ratio of power of the wheel and effect.	Mean ratio.
	Inch.	lb.		lb.						
1	27	30	19	6½	810	720	556	10 : 6,9	10 : 7,7	Medium 10 : 8,1
2	27	56⅔	16¼	14½	1530	1360	1060	10 : 6,9	10 : 7,8	
3	27	56⅔	20¾	12½	1530	1360	1167	10 : 7,6	10 : 8,4	
4	27	63⅓	20½	13½	1710	1524	1245	10 : 7,3	10 : 8,2	
5	27	76⅔	21½	15½	2070	1840	1500	10 : 7,3	10 : 8,2	
6	28½	73⅓	18¾	17½	2090	1764	1476	10 : 7,	10 : 8,4	10:8,2
7	28½	96⅔	20¼	20½	2755	2320	1868	10 : 6,8	10 : 8,1	
8	30	90	20	19½	2700	2160	1755	10 : 6,5	10 : 8,1	10 : 8,2
9	30	96⅔	20¾	20½	2900	2320	1914	10 : 6,6	10 : 8,2	
10	30	113⅓	21	23½	3400	2720	2221	10 : 6,5	10 : 8,2	
11	33	56⅔	20¼	13½	1870	1360	1230	10 : 6,6	10 : 9,	10 : 8,5
12	33	106⅔	22¼	21½	3520	2560	2153	10 : 6,1	10 : 8,4	
13	33	146⅔	23	27½	4840	3520	2846	10 : 5,9	10 : 8,1	
14	35	65	19¾	16½	2275	1560	1466	10 : 6,5	10 : 9,4	10 : 8,5
15	35	120	21½	25½	4200	2880	2467	10 : 5,9	10 : 8,6	
16	35	163½	25	26½	5728	3924	2981	10 : 5,2	10 : 7,6	
1.	2.	3.	4.	5.	6.	7.	8.	9.	10.	11

Bild 4: Ergebnistabelle für das oberschlächtige Wasserrad.

Die Meßgrößen der einzelnen Spalten wurden wie im unterschlächtigen Fall bestimmt.

Beispiele:

"Power of the whole descent" (Spalte 6) = Kraft, die dem Fall des Wassers vom Auslauf bis zum Trogboden entsprach, als Produkt der Spalten 2 und 3.

"Power of the wheel" = Kraft, die dem Fall des Wassers nur durch die Höhe des Rades selbst entsprach, berechnet als Produkt von 24 Inches (1,46 m) und Spalte 3.

"Effect" = Produkt aus Spalte 5 und der Höhe, zu der das Gewicht gehoben wurde. Die Höhe wurde als Produkt der Spalte 4 mal 4,5 Inches (11,4 cm) bestimmt.

Bild 3: Das unterschlächtige Wasserrad – Ergebnistabelle.

Die wichtigsten Spalten bedeuten:

2: "Height of the water in the cistern" = Höhe des Wassers im Gefäß E–D, wie sie der Meßstab FG anzeigt.

3.: "Turns of the wheel unloaded" = Anzahl der Umdrehungen pro Minute, wie sie bei unbelastetem Rad als Reibungsverlustmaß bestimmt wurden.

4: "Virtual head reduced therefrom" = Fallhöhe, die das Wasser haben müßte, um die gleiche Geschwindigkeit zu erlangen, wie sie im idealisierten „Leerlauf" gemessen wurde. Er berechnete sie aus der Geschwindigkeit des Radumfangs in Inches pro Sekunde (Umfang des Rades mal Anzahl der Umdrehungen pro Minute – aus der Spalte 3 – mal 1/60). Diese Höhe näherte sich nur bei größeren Wassermengen der Höhe in Spalte 1 an.

5: "Turns at the maximum" = Umdrehungen pro Minute, bei denen das Produkt aus dieser Zahl und dem dabei verwendeten Gegengewicht ein Maximum wurde.

6: "Load at the equilibrium" = Gegengewicht in der Schale (plus Gewicht der Schale), bei dem das Rad gerade nicht mehr gedreht wurde.

7: "Load at the maximum" = Gegengewicht entsprechend der Spalte 5 plus dem Gewicht entsprechend dem Reibungsverlust.

8: "Water expended in a minute" = Volumen des Wassers pro Minute.

9: "Power" = in unseren Begriffen also die Leistung des Wasser, berechnet als Produkt der Spalten 4 und 8.

10: "Effect" = in unseren Begriffen also die Leistung des Rades, berechnet als Produkt der Spalte 7 und der Höhe, zu der das Gewicht in einer Minute gehoben wurde. Diese wurde aus Spalte 5 mal dem Umfang der Aufwickelachse bestimmt. Dieser Umfang von etwa 22,9 cm wurde aber durch zwei geteilt, da ein zweiseiliger Flaschenzug zur Hebung verwendet wurde.

In der letzten Spalte sind die verschiedenen Versuchsanordnungen ("Experiments") aufgeführt, bei denen (vom ersten bis zum sechsten "Hole") das Flußvolumen des Wassers durch Herausziehen der Abdeckung HKI gesteigert werden konnte.

in die Schale R, daß dieses Gewicht nun das Rad etwas schneller antrieb, als es vorher das Wasser tat, und zwar durch Aufwickeln der Schnur in die umgekehrte Richtung. Er gab als fiktives Beispiel 63 Umdrehungen pro Minute an. Nun öffnete er wieder den Wasserzufluß, der also nun zusätzlich zum Gewicht wirkte. Wenn dabei die Anzahl der Umdrehungen weiter erhöht wurde – zum Beispiel auf 64 – erhöhte er das Gewicht ein wenig und verglich wieder die Umdrehungszahl ohne Wasserfluß und mit Wasserfluß. Sobald der Wasserzufluß die Umdrehungszahl nicht mehr veränderte, hatte das Wasser die gleiche Geschwindigkeit wie die Radschaufeln. Das entsprechende Gewicht in der Schale R plus zweimal das Gewicht der Schale selbst entsprach für ihn (in etwa) allen Verlusten in der Maschinerie. Multipliziert mit der Höhe, zu der das Gewicht gehoben wird, ergibt das den „größten Effekt" dieser Verlustkraft. (Das ist in der Tat ein Maß für die Verlustleistung, da sie nötig ist, um das unbelastete Rad in Richtung des Wasserdrucks durchzudrehen.)

Das Maximum dieses „Effekts" erhielt er nun als das größte Produkt aus Gegengewicht (bei Schnurwicklung wie in **Bild 1**) und Anzahl der Umdrehungen in gegebener Zeit, die der Wasserzufluß trotz Gegengewicht erzeugte. Er variierte die Gegengewichte so lange, bis das Rad nicht mehr durchgedreht wurde. Das gab das „Gleichgewichts-Gewicht" („load at the equilibrium", **siehe Bild 3, Spalte 6**). Die „Menge" des Wassers pro Minute berechnete er aus Pumpenvolumen, Hebehöhe des Wassers und Anzahl der Pumpenschläge pro Minute. Seine Tabelle gab nun für verschiedene Versuche (**Bild 3, Spalte 1**) die verschiedenen gemessenen bzw. daraus berechneten Größen wieder. Am interessantesten für uns ist dabei das Verhältnis von „Power" zu „Effect" (**Spalte 11**). Wir würden es den Kehrwert des Wirkungsgrades nennen. Er war im besten Fall knapp 32 %.

Smeaton kannte die theoretischen Abhandlungen zum Problem des unterschlächtigen Wasserrades (zum Beispiel von Leonhard Euler aus dem Jahr 1748). Er notierte auch einige Abweichungen, die seiner Meinung nach auf die enge Experimentieranordnung im Vergleich zu einem breiten Fluß zurückzuführen waren. Er schloß aus seiner Tabelle, daß, wenn die virtuelle Fallhöhe (also die Geschwindigkeit des Wassers im idealisierten Leerlauf) gleich bleibe, die „Effekte" der Wassermenge proportional wären und umgekehrt. Bei gleicher Ausflußöffnung wüchse der „Effekt" mit der dritten Potenz der Wassergeschwindigkeit (hier durch **Spalte 3** repräsentiert). Das beste Verhältnis von Wassergeschwindigkeit zu Radgeschwindigkeit (**Spalte 12**) beschrieb er – gemittelt – zu 2, 5:1. Bei Verringerung der Schaufelzahl von 24 auf 12 verringerte sich der „Effekt". Wenn aber der Boden der Rinne entsprechend dem Radschaufellauf gekrümmt wurde, war der „Effekt" wieder nahezu gleich. Er schloß daraus umgekehrt, daß eine Erhöhung der Schaufelzahl wohl kaum mehr bringen würde.

In ähnlicher Weise wurde nun mit dieser Anordnung die Wirkung eines oberschlächtigen Wasserrades getestet. Dazu installierte er ein Rad mit Schaufelkästen statt Schaufelblättern und statt der unteren Öffnung im Wasserreservoir eine obere (**Bild 2** – gestrichelt gezeichnet fg). Er teilte schon vor dem Experiment mit, was – natürlich ohne exakte physikalische Beschreibung – die Erfahrung aus der jahrhundertelangen Praxis war, daß die gleiche Wassermenge pro Zeit hier eine sehr viel größere Wirkung erzielte als beim unterschlächtigen Wasserrad. In seiner Ergebnistabelle (**Bild 4**) wurden die einzelnen Spalten wie im Falle des unterschlächtigen Wasserrades bestimmt. Am interessantesten für uns ist auch hier das Verhältnis von „Power" zu „Effect" (**Bild 4, Spalte 9**). Der Kehrwert (in unseren Begriffen Wirkungsgrad) ergibt sich hier zu maximal 76 % – das ist mehr als doppelt so groß wie beim unterschlächtigen Wasserrad. Den optimalen Wert erhält man, wenn der Wasserausfluß dicht über dem Rand liegt (**Experimente Nr. 1–5, Bild 4, Spalte 1**). Weniger der Impuls des fallenden Wassers als sein Gewicht ist also entscheidend. Trotzdem muß das Wasser eine Geschwindigkeit haben, die um einiges größer als die Radumfangsgeschwindigkeit ist. Smeaton fand heraus, daß generell der „Effekt" um so größer wurde, je geringer die Raddrehzahl war. Doch gab es eine untere Grenze, bei der die Drehung unregelmäßig wurde. Bei seinen Experimenten fand er die beste Wirkung bei etwa 20 Umdrehungen pro Minute. Dann würden allerdings die Schaufelkästen zu lange unter dem Wasserzulauf verbleiben, d. h. die Schaufelkästen müßten größer sein (wollte man nicht den Wasserzulauf drosseln). Durch diese größeren Kästen wäre das Rad mechanisch stärker beansprucht. Also hätte die Praxis wohl recht, die wußte, daß Drehzahlen von 30 für alle Räder am besten brauchbar waren – obwohl kleinere Räder stärker nach oben und größere stärker nach unten abweichen konnten.

Bei der Untersuchung von Windrädern mußte Smeaton eine konstante Windkraft simulieren. Er drehte dazu ein Modellwindrad mit einer konstanten Drehzahl auf einem langen Achsenarm (**Bild 5**). Die Ergebnisse seiner Experimente faßte er wieder in einer Tabelle (**Bild 6**) zusammen, die die Leistung der verschiedenen Anordnungen, als Maximal-„Produkt" aus Drehzahl und Gegengewicht (entsprechend dem „Effekt" bei den Wasserradversuchen) verglich. Wesentlich geändert wurden bei den verschiedenen Anordnungen der Winkel, den ein Segel jeweils mit der Ebene der Drehung bildete (**Bild 6, Zahlenspalten 2, 3**) und die Art der Segel. Das geben die sechs Zeilengruppen in Bild 6 an. Aus dem Ergebnis der ersten Zeile schloß Smeaton, daß der Winkel 35°, den manche „Geometer" – also Theoretiker – viele Jahre für den günstigsten gehalten hatten, gerade das schlechteste „Produkt" brachte. Winkel von 15–18° wären wesentlich günstiger. Und so wurden ebene Segel auch in der Praxis verwendet.

Weitere Ergebnisse betrafen den Zusammenhang zwischen Windgeschwindigkeit und Drehzahl der Windmühle.

Die Enden der Holländer-Segel hatten eine größere Geschwindigkeit als der blasende Wind: bei ihrer optimalen Winkelstellung (**Bild 6, Zeilengruppe 4, Versuche 10–12**) im Mittel zum Beispiel um den Faktor 2,7 mehr. Daraus könnte man in der Praxis gut die Windgeschwindigkeit kalkulieren. So schloß

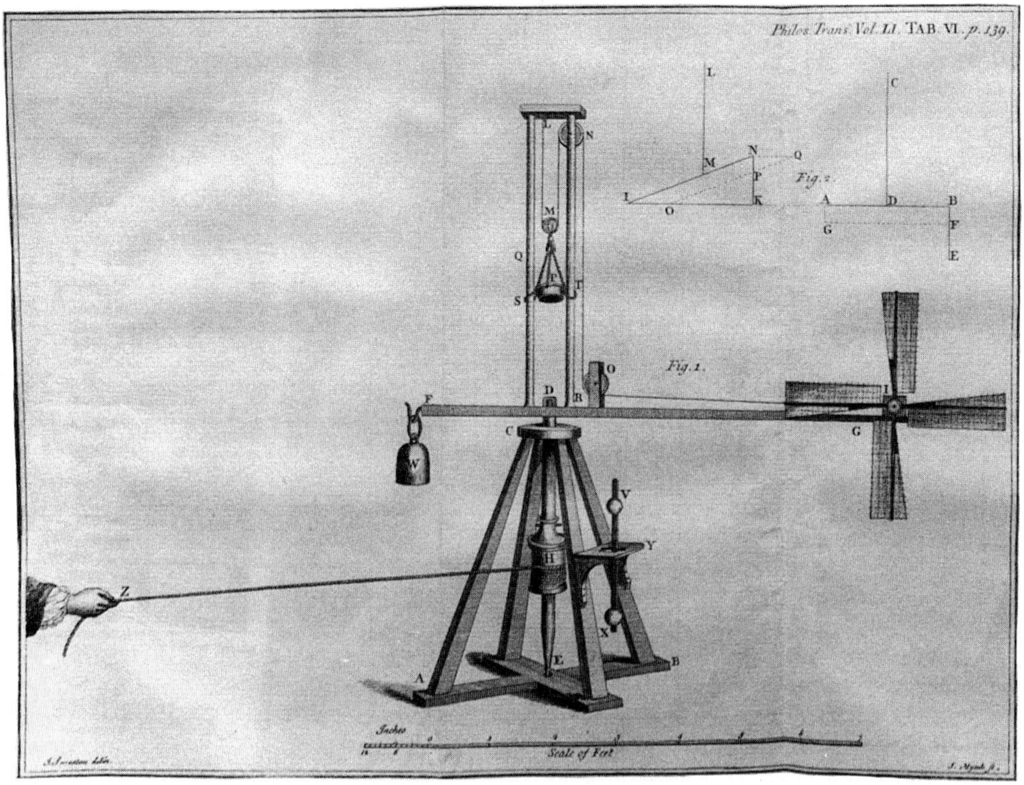

Bild 5: Die Versuchsanordnung zum Windrad. *Der Wind wurde durch die konstante Drehung eines Modellwindrades auf einem langen Achsenarm – mit der Hand links – simuliert. Das Pendel am Gestell diente zur Kontrolle der Konstanz. Das Gewicht mit der Schale R konnte maximal etwa 1,5 m gehoben werden. Der Radius der Segel wurde mit umgerechnet 53 cm angegeben.*

er, bei einer Windmühle mit neun Metern Radius, aus den beobachteten 11 Umdrehungen pro Minute auf eine Windgeschwindigkeit von ungefähr 13 Fuß (ca. 9 m) pro Sekunde.

Zum Schluß versuchte er, die „Power" eines Menschen für einige Stunden mit der Leistung seiner Modellwindräder mit Holländer-Segeln zu vergleichen. Er fand, daß diese bei Windgeschwindigkeiten von etwas über 12 Kilometern pro Stunde etwa 1/19 eines Menschen leisten würden. Die von Jean Théophile Desaguliers übernommene Definition für die Leistung eines Menschen war das Heben von 291 Kilogramm Wasser in einer Minute um drei Meter – das sind umgerechnet auf heutige Maße rund 0,14 Kilowatt. Daraus folgerte Smeaton, daß Holländer-Segel in ihrer besten Winkelstellung rund 2,4 Meter lang sein müßten, um genau die Leistung eines Menschen zu geben. (In der Praxis waren sie 9 m lang.)

Beim Vergleich der Drehzahl eines windgetriebenen Mühlwerks mit der entsprechenden Drehzahl, die Pferde schafften, kam er auf eine doppelt so große Leistung des Windrades. Das stimmte gut mit seinen Berechnungen überein, wenn er die Leistung eines Pferdes der von fünf Menschen gleichsetzte. (Das entspricht etwa 0,712 Kilowatt, also annähernd dem Wert von 0,735 Kilowatt, der bis in unsere Zeit als eine Pferdestärke (PS) verwendet wird.) Die Leistung von 9 m-Holländer-Segeln, in unsere Maße übertragen, ergibt nach Smeatons Berechnung etwa 2 kW.

TABLE III. *Containing Nineteen Setts of Experiments on Windmill-Sails of various Structures, Positions, and Quantities of Surfaces.*

The kind of sails made use of.	N°.	Angle at the extremities.	Greatest angle.	Turns of the sails unloaded.	Turns of ditto at the maxim^m.	Load at the maximum.	Greatest load.	Product.	Quantity of surface.	Ratio of greatest velocity to the velocity at a maximum.	Ratio of greatest load to the load at maximum.	Ratio of surface to the product.
		°	°			lb.	lb.		Sq. In.			
Plain sails at an angle of 55°.	1	35	35	66	42	7,56	12,59	318	404	10:7	10:6	10:7,9
Plain sails weather'd according to the common practice.	2	12	12		70	6,3	7,56	441	404		10:8,3	10:10,1
	3	15	15	105	69	6,72	8,12	464	404	10:6,6	10:8,3	10:10,15
	4	18	18	96	66	7,0	9.81	462	404	10:7,	10:7,1	10:10,15
Weathered according to *Maclaurin's theorem.*	5	9	26½		66	7,0		462	404			10:11,4
	6	12	29½		70½	7,35		518	404			10:12,8
	7	15	32½		63½	8,3		527	404			10:13,
Sails weathered in the *Dutch* manner, tried in various positions.	8	0	15	120	93	4,75	5,31	442	404	10:7,7	10:8,9	10:11,
	9	3	18	120	79	7,0	8,12	553	404	10:6,6	10:8,6	10:13,7
	10	5	20		78	7,5	8,12	585	404		10:9,2	10:14,5
	11	7½	22½	113	77	8,3	9,81	639	404	10:6,8	10:8,5	10:15,8
	12	10	25	108	73	8,69	10,37	634	404	10:6,8	10:8,4	10:15,7
	13	12	27	100	66	8,41	10,94	580	404	10:6,6	10:7,7	10:14,4
Sails weathered in the *Dutch* manner, but *enlarged* towards the extremities.	14	7½	22½	123	75	10,65	12,59	799	505	10:6,1	10:8,5	10:15,8
	15	10	25	117	74	11,08	13,69	820	505	10:6,3	10:8,1	10:16,2
	16	12	27	114	66	12,09	14,23	799	505	10:5,8	10:8,4	10:15,8
	17	15	30	96	63	12,09	14,78	762	505	10:6,6	10:8,2	10:15,1
8 sails being *sectors* of *ellipses* in their best positions.	18	12	22	105	64½	16,42	27,87	1059	854	10:6,1	10:5,9	10:12,4
	19	12	22	99	64½	18,06		1165	1146	10:5,9		10:10,1
	1.	2.	3.	4.	5.	6.	7.	8.	9.	10.	11.	12.

Bild 6: Ergebnistabelle für das Windrad.

Die 2. Zahlenspalte gibt dabei an, ob die Winkel an den äußeren Enden der Segel unterschiedlich zum Zentrum sind. Nur die ersten zwei Versuchsreihen, entsprechend den ersten vier Zeilen, hatten ebene Segel.

"Turns" = Umdrehungen in bestimmter Zeit. In einem ausgeführten Beispiel wurden 52 Sekunden für einen Versuch angegeben. 20 Turns hoben das Gewicht um 11,4 Inches (28,7 cm).

"Greatest load" = Gewicht, bei dem das Windrad aufhörte, sich zu bewegen.

"Product" = Maß für die Leistung. Es wurde als Produkt der 5. Zahlenspalte (Turns of ditto at the maximum) und der 6. Zahlenspalte (Load at the maximum) berechnet. "Load at the maximum" gab wieder das Gewicht an (plus Schalengewicht, plus Reibungsverlust), bei dem dieses "Product" maximal war. Die Reibungsverluste wurden wieder experimentell ermittelt (durch ein Ersatzgewicht von 1 Pfund (0,45 kg) an einer bestimmten Hebelarmlänge des Windrades.

Diese eindrucksvollen Untersuchungen zeigen, daß selbst geschickteste experimentelle Untersuchungen damals nur die in der Praxis ohnehin bewährten Verfahren bestätigten und allenfalls wissenschaftlich erklären konnten, aber noch keine entscheidenden Verbesserungsvorschläge brachten. Dies blieb dem 19. und 20. Jahrhundert vorbehalten.

Literatur:

[1] Smeaton, J.: An experimental Enquiry concerning the natural Powers of Water and Wind to turn Mills and other Machines, depending on a circular Motion. In: Philosophical Transactions 51 (1759), S. 100–174

[2] Euler, L.: Meditationes super problemate nautico ... In: Opera Omnia, Ser. 2, Band 20, Berlin u. a. 1972 (zitiert nach Biermann, K.-R., in: Kultur und Technik, 1993, Heft 2, S. 36)

[3] Weingart, P.: Wissensproduktion und soziale Struktur. Frankfurt/M. 1976

J. T.

WÄRMELEHRE

Otto von Guericke: Gibt es das Vakuum wirklich?

Die im 16. Jahrhundert entstehende Experimentalwissenschaft entwickelte neue Versuchsmöglichkeiten, um die seit der Antike anhaltende Auseinandersetzung über die Existenz eines Vakuums zu entscheiden. Bereits Galileo Galilei abstrahierte bei der Untersuchung des freien Falls vom umgebenden Medium und ließ das Vakuum als Denkmöglichkeit zu. Hingegen meinte er bei der Erklärung von Adhäsion und Kohäsion, daß die Natur einen Widerstand gegen das Vakuum besitze. Diese „Kraft des Vakuums" sei jedoch begrenzt, und er versuchte, sie zu messen. Damit erklärte er auch die Beobachtung Florentiner Bergleute, daß Saugpumpen das Wasser nur etwas bis zu 9 m hoch zu heben vermögen. Andere meinten jedoch, es sei die Schwere der Luft, die der Wassersäule das Gleichgewicht halte.

Galileis Schüler Vincenzio Viviani und Evangelista Torricelli experimentierten mit dichteren Flüssigkeiten wie Seewasser, Honig und Quecksilber. 1643 führten Sie den berühmten Versuch mit einer starkwandigen Glasröhre aus, die mit Quecksilber gefüllt wurde. Sie stellten fest, daß die Höhe der Quecksilbersäule unabhängig von der Größe und Form der darüber befindlichen „Leere" war. Sie erkannten auch die schwankende Höhe der Quecksilbersäule entsprechend den atmosphärischen Bedingungen. Plaise Pascal fand schließlich, daß bei der Besteigung des Berges Puy de Dôme bis zur Höhe von 1000 m die Quecksilbersäule um ca. 7,5 cm abnahm. Das war ein entscheidendes Argument dafür, daß der Druck der Lufthülle der Erde der Quecksilbersäule das Gleichgewicht halte. Aber was befand sich in dem Raum oberhalb des Quecksilbers, in der sogenannten „Torricellischen Leere"?

In dieser Frage trafen die Meinungen hart aufeinander: Seit Aristoteles war die Diskussion um die reale Existenz eines Vakuums eigentlich nie zur Ruhe gekommen. Seine Meinung, daß es keinen stofffreien, also vollkommen leeren Raum gäbe, hatte Jahrhunderte überdauert. Damit erklärte er beispielsweise die Saugwirkung von Pumpen durch eine Abscheu der Natur vor dem Leeren, den „Horror vacui".

In Descartes' mechanischem Weltsystem war der Raum stets ein lückenlos erfüllter Raum, in dem unter Annahme des heliozentrischen Weltbildes beispielsweise der Wirbel um die Sonne das gesamte Planetensystem mitreißt. So ließ er nur die Stöße der Wirbel als Wirkmechanismen gelten und behauptete, daß in einem völlig leeren Gefäß die Wände aneinanderstoßen müßten.

Dieser Auffassung der „Plenisten" standen die Vorstellungen der „Vacuisten" gegenüber: Sie hatten die Auffassungen der ionischen Naturphilosophen Leukipp und Demokrit wiederentdeckt. Diese lehrten die atomare Struktur der Materie. Daraus folgte die Existenz des Vakuums in den Zwischenräumen zwischen den Atomen. Der bekannteste Vertreter des Atomismus im 17. Jahrhundert war Pierre Gassendi. Er brachte seine Atomlehrer mit der christlichen Theologie in Einklang, indem er die antike Auffassung von der unendlichen Zahl, der Ewigkeit und Unzerstörbarkeit der Atome, aber auch von der Naturnotwendigkeit ihrer Bewegung ausschloß.

Guericke bezog die Anregung für seine Forschungen zur Existenz des leeren Raumes jedoch nicht aus dem Atomismus, sondern aus der Astronomie. Er war ein überzeugter Anhänger des neuen heliozentrischen Weltbilds von Copernicus. Seine „unauslöschliche Begierde" zur Erforschung des leeren Raumes beschrieb er folgendermaßen:

„Das Größte von allen ist dieser unermeßliche Abstand, der Raum oder das Ausgedehnte, das die sämtlichen Sternkugeln, wie viele und wie zahlreich sie auch sein mögen, umfaßt ... Als ich dies lange erwog und zugleich immer wieder dem Geheimnis des Weltenbaues nachsann, ließ mich nicht nur der Gedanke an die Riesenmassen dieser Gestirne und an ihre jedem menschlichen Verstande völlig unzugänglichen Entfernungen erschauern, insbesondere bannte mich dieser ungeheure, zwischen ihnen sich breitende, ins Grenzenlose erstreckte Raum und entfachte in mir die unauslöschliche Begierde nach seiner Erforschung. Was mochte das für ein Etwas sein, das jegliches Ding umfaßt und ihm die Stätte seines Seins und Bleibens darbietet? Ist es wohl irgendein feuriger Himmelsstoff, fest (wie Kopernikus und Tycho Brahe lehren)? Ist es eine zarte Quintessenz? Oder am Ende der stets geleugnete, jeder Stoffheit bare Raum [stoffreier Raum]? Oder was sonst?" [1, S. 60]

Guerickes Ziel bestand also darin, die Leere des Weltraums auf der Erde nachzuweisen. Daraus erhoffte er sich neue Aufschlüsse über die Bewegung und Wirkung der Weltkörper sowie über die Begrenzung des Raums. Für ihn war der Raum „das Behältnis aller Dinge". Ausgehend von seinen noch zu schildernden Vakuumversuchen hat Guericke ein System der „Weltkräfte" (virtutes mundanae) entworfen, die der Fernwirkung fähig sind und somit auch das Vakuum durchdringen. Sie sollten sich mit dem Abstand vom Ursprung nach einer unbekannten Relation vermindern und alle bislang bekannten Wirkungen (von der Schwerkraft bis zur „Leuchtkraft") vermitteln. Obwohl er versuchte, seine Wirkkräfte durch elektrostatische Experimente darzustellen, wurden seine Vorstellungen um die Mitte des 17. Jahrhunderts kaum akzeptiert [3]. Die Entwicklung der Gravitationstheorie hatte mit der Axiomatisierung der Mechanik und ihrer Mathematisierung bereits einen anderen Weg eingeschlagen. Dennoch nahm Guericke mit der Idee der unvermittelten „Fernwirkung" im Zusammenhang mit den Weltkräften eine der wichtigsten Arbeitshypothesen Newtons für die Gravitationstheorie vorweg.

Guerickes Vakuumversuche begannen um 1650, sie wurden 1672 in seinem Werk *Experimenta nova* ... beschrieben, waren jedoch 1657 und 1664 durch Kaspar Schott bereits vorveröffentlicht worden [2].

Bei einem ersten Versuch wurde „ein Wein- oder Bierfaß mit Wasser gefüllt und allseits wohl verstopft" [1, S. 81]. Mit einer „Feuerspritze", die durch Klappenventile zu einer Saugpumpe umgebaut worden war, sollte das Wasser ausgepumpt werden, aber pfeifende Geräusche zeigten an, daß Luft in das Faß eindrang. Auch als das auszupumpende Faß in ein größeres gesetzt wurde, das ebenfalls mit Wasser gefüllt war, stellte er überrascht fest, daß Wasser langsam aus dem größeren durch das poröse Holz in das kleinere Faß eingedrungen war. Doch vermerkte Guericke, daß er mit diesen Pumpversuchen auf dem rechten Weg war (**Bild 1**).

Bild 1: Mißglückter Versuch Guerickes, ein Faß auszupumpen.

Bild 2: Guerickes erfolgreicher Versuch, eine Kupferkugel auszupumpen.

Als nächstes benutzte er eine Kupferhohlkugel (Cacabus) ohne Wasserfüllung, deren erste Ausführung jedoch beim Auspumpen implodierte. Aber mit einer zweiten Kugel gelang der Versuch, und „nach Öffnen des

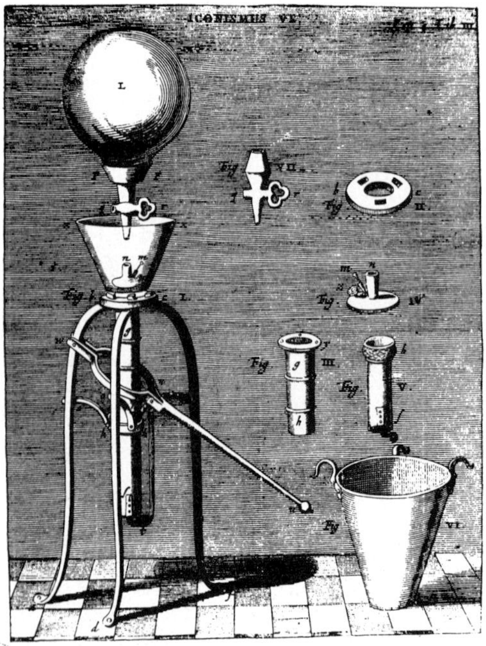

Bild 3: Die von Guericke neukonstruierte Pumpe.

Bild 4: Druckausgleich zwischen zwei Behältern mit Kondensationserscheinungen.

Hahnes B stürzte die Luft mit solcher Heftigkeit in die Kupferkugel, daß sie einen davorstehenden Menschen gleichsam an sich zu reißen schien." [1, S. 84] (**Bild 2**)

Guericke konzentrierte sich nun darauf, entsprechende auspumpbare Gefäße (Rezipienten) zu bauen. Nach einer Unterwasserpumpe konstruierte er eine neuartige Evakuationspumpe. Letztere war trotz der zunehmenden Evakuation nicht so schwer zu betätigen; denn sie war mit einem „Nöckchen" versehen, „mittels dessen die lederne Verschlußkappe des inneren Ventils kunstvoll berührt, aufgestoßen und wieder geschlossen werden kann" [1, S. 86]. Diese später noch verbesserte Pumpe war leichter zu handhaben (**Bild 3**).

Guerickes Versuchsreihen mit diesen Geräten lassen erkennen, daß er die reale Existenz des Vakuums auf verschiedene Weise nachweisen wollte. Da ist zuerst eine Gruppe von Versuchen, bei denen in die „Leere" Wasser einströmt und Gas aus dem Wasser entweicht. Darauf folgen Experimente, bei denen Faulgas aus gärenden, sich zersetzenden Stoffen im Vakuum nachgewiesen wird. Durch Druckausgleich zwischen zwei Behältern wurden „Wolken, Wind und Regenbogenfarben in Glasgefäßen erzeugt" [1, S. 98], also die Kondensation von Wasser bei Druckverringerung gezeigt (**Bild 4**).

Bild 5: Gerät für Wasserströmung bei unterschiedlichem Luftdruck.

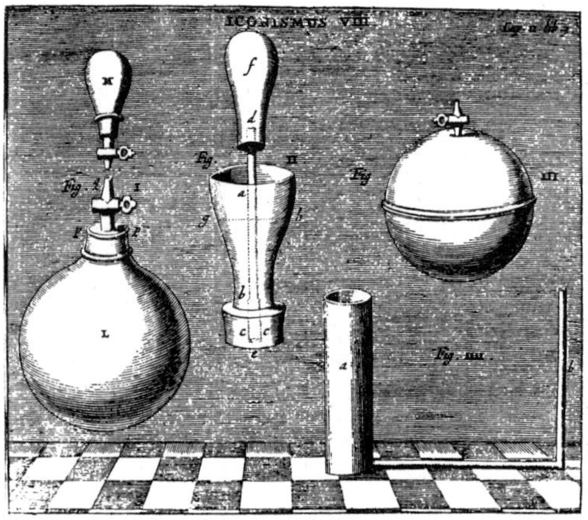

Bei einer zweiten Serie ging es um die Bedingungen im Vakuum und die Eigenschaften der Luft: Eine Kerze erlosch, wenn die Luft im Rezipienten evakuiert wurde. Mit einer geistreichen Vorrichtung zeigte Guericke, daß die Flamme einen Teil der Luft „verzehrt". Weiterhin stellte er fest, daß Licht das Vakuum durchflutet wie auch den Weltenraum, während ein „hellschlagendes Uhrwerk" [1, S. 102] im Rezipienten bei Evakuation langsam verstummte. Makaber dagegen muten Vakuumversuche mit Tieren an, bei denen ein Sperling erstickte und Fische im Wasser zu platzen drohten. Schließlich zeigte Guericke mit einem Gerät, das aus Kugeln mit unterschiedlichem Druck besteht, daß Wasser in die Richtung des niedrigeren Luftdrucks getrieben wird (**Bild 5**). Daraus entwickelte er aus zusammensteckbaren Glasröhren eine Vorrichtung, die wir heute als Wasserbarometer bezeichnen würden. Er stellte fest, daß er mit rund „19 Ellen" (etwa 10 m) den „Grenzwert der Scheu vor dem Leeren" erreichte und führte das wie Torricelli auf den Druck der Außenluft zurück. Für die Pumpen gab Guericke nun eine natürliche Erklärung: „Das Wasser steigt aus dem Brunnen in der Rohrleitung bis in die Pumpe hoch, aber nicht etwa infolge einer Scheu vor dem Leeren, sondern infolge des Luftdrucks, der auf dem Wasser im Brunnen ruht." [1, S. 129] Damit sei die Saughöhe der Pumpen, wie die Erfahrung zeigt, begrenzt. Auch bemerkte er, daß er mit dem Gerät den stets wechselnden Luftdruck mittels eines „Wettermännchens" (Figur, die auf der Wasseroberfläche schwimmt) messen könne (**Bild 6**). Es gelang ihm 1660, durch Messung des extrem niedrigen Luftdrucks einen „furchtbaren Sturm" vorherzusagen, wohl die erste Wetterprognose der Welt.

Die Kenntnis über den Luftdruck vertiefte Guericke noch dadurch, daß er die Luft durch Vergleich eines luftgefüllten und eines evakuierten Kolbens wog (**Bild 7**). Er wies auch darauf hin, daß das Gewicht der Luft von ihrer Dichte abhängt, weil sich Luft bei Erwärmung ausdehnt und bei Abkühlung zusammenzieht. (Auf dieser Eigenschaft beruhte auch Guerickes „Magdeburger Ther-

Bild 6: Guerickes Wasserbarometer (Fig. II), *das aus Teilstücken (Fig. I) zusammengesetzt wird, mit dem „Wettermännchen" (Fig. IV) als Schlußstück, das auf der Wasseroberfläche schwimmt.*

Bild 7: Wägung der Luft nach Guericke

Bild 8: Pferde versuchen die „Magdeburger Halbkugeln", die durch Evakuation zu einer Kugel zusammengepreßt wurden, auseinanderzureißen.

mometer" (**Bild 2**, S. 53), dessen Anzeige allerdings vom herrschenden Luftdruck abhing. Bei Temperaturänderung ändert sich der Luftdruck in der Kugel, und die Flüssigkeit im U-Rohr verschiebt sich. Die Temperatur wird über einen Schwimmer mit Faden vom „Engelchen" angezeigt. In Fig. II. ist eine willkürliche Skala gezeichnet, die die „größte Wärme" (Magnus calor) und „die größte Kälte" (Magnum frigus) als Bezugspunkte hat.)

Aber Guericke beließ es nicht bei wissenschaftlichen Versuchen über den Luftdruck. Er wollte auch seinen Zeitgenossen drastisch dessen Wirkung darstellen: Höhepunkt war das berühmte Experiment mit den Magdeburger Halbkugeln, das erstmals 1657 mit Pferden und 1663 am Hof des Großen Kurfürsten vorgeführt wurde. Dazu schrieb Guericke:

„Mit dem Lederring [mit einer Wachs-Terpentin-Mischung durchtränkt] als Zwischenlage wurden nun diese Halbkugeln aufeinandergepaßt und dann die Luft ... rasch ausgepumpt. Da sah ich, mit wieviel Gewalt sich die beiden Schalen gegen den Ring preßten! Und diesergestalt hafteten sie unter der Einwirkung des Luftdrucks so fest aneinander, daß 16 Pferde sie gar nicht oder nur mühsam auseinanderzureißen vermochten. Gelingt aber bei äußerster Kraftanstrengung die Trennung bisweilen doch noch, so gibt es einen Knall wie von einem Büchsenschuß". [1, S. 116]

Er berechnete, daß die Halbkugeln mit einem „Gewicht von 2686 Pfund" aneinandergepreßt wurden (**Bild 8**).

Noch heute kann man die ursprünglichen Halbkugeln Guerickes im Deutschen Museum in München bewundern. Ebenso eindringlich aber war das Experiment, bei dem ein abgedichteter Kolben, den rund „20 oder

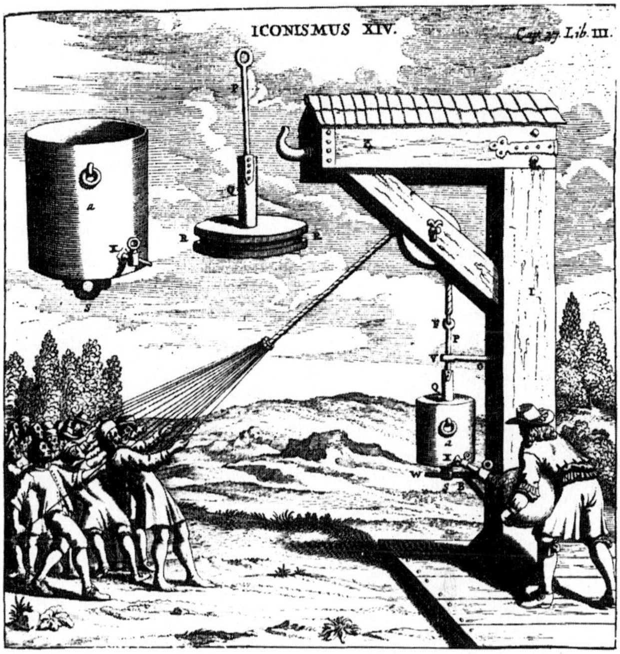

Bild 9: Versuch zur Arbeitsfähigkeit des Luftdrucks: *Ein Kolben wird in einen teilweise mit einem Rezipienten evakuierten Zylinder hineingezogen.*

mehr Mann" an einem Tau festhielten, in einen Zylinder hineingezogen wurde, wenn der Zylinder mittels eines Rezipienten teilweise evakuiert wurde (**Bild 9**). Damit stellte er deutlich für alle die außerordentliche Arbeitsfähigkeit des Luftdrucks dar. Das war ein erster Schritt zum Wirkungsprinzip der atmosphärischen Dampfmaschine.

Für Guericke waren diese Experimente primär Belege für seine Hauptthese von der physikalischen Realität des leeren Raumes:

„Dies Behältnis der Weltkörper ist aber nichts anderes als das Raumall oder das Allgefäß, das alles in sich faßt. Voll nennen wir es dort, wo sich ein solcher Weltkörper mit seinen Ausströmungen befindet; leer da, wo kein dergleichen Körper mit seinen Ausströmungen vorhanden ist. Wir sprechen also nicht von einer Leere schlechthin (das ja in Wahrheit ein Nichts ist und weder begriffen noch verstanden werden kann), sondern von dem leeren Raume und welche Vorteile seine rechte Erkenntnis für die ganze Philosophie nach sich zieht." [1, S. 63]

Damit hatte Guericke das heliozentrische Weltsystem zu einem unendlichen, unbegrenzten Universum ausgedehnt. In Zusammenhang mit den Versuchen zur Beschaffenheit des Vakuums hat er die Kenntnisse über die Eigenschaften der Luft vertieft und erweitert: Sie ist ein gasförmiger „schwerer Körper", der sehr kompressibel und ausdehnungsfähig ist, also jeden Raum ausfüllt bei sehr unterschiedlicher Dichte. Sie bildet die Erdatmosphäre und ist so die Ursache für den wechselnden Luftdruck. Luft wird bei Verbrennung aufgebraucht und ist für Lebewesen existenznotwendig.

Guerickes Untersuchungen waren, vermehrt um das Gesetz von Boyle und Mariotte, auch die Anfänge einer speziellen Physik und Chemie der Gase. Dieser Wissenszweig sollte im kommenden Jahrhundert große Bedeutung gewinnen.

Literatur:

[1] Otto von Guerickes Neue (sogenannte) Magdeburger Versuche über dem leeren Raum. Übersetzt und herausgegeben von Hans Schimank. Düsseldorf 1968

[2] Kluge, R. u. Lietz, U.: Inhalt und Aufbau der Experimente Otto von Guerickes. Wiss. Zs. der TU Magdeburg Jg. 31 (1987) H. 1. S. 79–88

[3] Schreier, W.: Guericke und die Entwicklung der Elektrophysik. Wiss. Zs. der TU Magdeburg Jg. 31 (1987) II. 1. S. 33–36

[4] Fraunberger, F. u. Teichmann, J.: Das Experiment in der Physik. Braunschweig/Wiesbaden 1984

W. Sch.

Die Erfindung des Thermometers

Wärmelehre als eigenständiges Teilgebiet der Physik gibt es seit Anfang des 18. Jahrhunderts – seit den ersten Thermometern, deren Herstellungsverfahren überall gleich war und die beliebig wiederholbare Messungen der Temperatur mit gleichen Ergebnissen an beliebigen Orten erlaubten. Damit wurden „Wärmegrade" experimentell und begrifflich exakt faßbar. Daß das bei heute so einfach erscheinenden Messungen so spät geschah, liegt an der Schwierigkeit des Konzepts Temperatur. Temperatur ist keine additive Größe wie Länge, Masse oder Zeit. Ferner muß der Unterschied zu einer zweiten Größe, der Wärmemenge, bewußt werden. Eine Empfindung zu quantifizieren ist physiologisch komplex: So fühlen sich zum Beispiel Holz und Eisen bei gleicher Umgebungstemperatur trotzdem unterschiedlich „warm" an.

Drei Namen spielten bei der Entwicklung des Thermometers eine entscheidende Rolle: Fahrenheit, Réaumur und Celsius. Allerdings gab es Instrumente zur Messung von „Wärme" schon ab Beginn des 17. Jahrhunderts. Die wissenschaftliche Revolution wollte auch diese Größe dem genaueren Experiment zugänglich machen. Galilei zum Beispiel baute (in der Nachfolge der Experimente Herons aus dem 1. Jahrhundert nach Christus, dessen „Pneumatica" 1575 lateinisch übersetzt und gedruckt worden war) ein offenes Luftthermoskop, wie wir es heute nennen würden. Es war nur eine Vorform des Thermometers: Ein etwas größeres geschlossenes Ende eines leeren Glasrohres wurde mit der Hand erwärmt. Streckte man das andere offene Rohrende in ein Gefäß mit Wasser und nahm die Hand vom erwärmten Ende weg, so stieg bei dessen Abkühlung das Wasser vom offenen Ende her im Rohr hoch. Bei Erwärmung sank es wieder. Ähnliche Thermoskope wurden auch von anderen konstruiert, zum Beispiel von Otto von Guericke um 1660 (**Bild 1 und 2**). Die Erkenntnis, daß atmosphärische Luft einen Druck ausübt und dieser Druck sich verändert, zeigte aber bald, daß das Luftthermoskop als Meßinstrument problematisch war.

Das Flüssigkeitsthermometer, wie wir es heute immer noch benutzen, wurde um die Mitte des 17. Jahrhunderts bekannt. Berühmt sind die Versuche der Florentiner Accademia del Cimento (wörtlich übersetzt: Er-

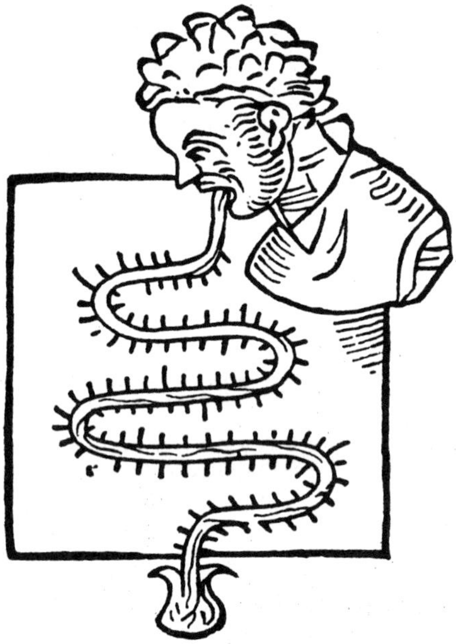

Bild 1: Das Luftthermometer des Arztes Santorio um 1612.
Das oben geschlossene Glasrohr ist teilweise mit Wasser gefüllt. (Aus der Antike war bekannt, wie man das erreichte: Das erwärmte Glasrohr wurde mit dem offenen Ende in ein Gefäß mit Wasser gehalten; bei Abkühlung der enthaltenen Luft stieg das Wasser im Rohr hoch.) Je nach Mundtemperatur dehnte sich die im oberen Teil noch enthaltene Luft aus – das Wasser im Glasrohr sank. Die Markierungen stellen eine Art Skala dar: „… so werden wir bei täglicher Prüfung erkennen, ob die Herzwärme zu- oder abnimmt. Das ist besonders bei Fieberkranken von großem Nutzen." [6, S. 24]

Bild 2:
Das Luftthermometer von Otto von Guericke (um 1660).
Er nannte es auch „Mobile perpetuum". Es funktionierte im Prinzip wie in Bild 1. Doch lag auf dem Flüssigkeitsspiegel des Glasrohres (der hier nicht sichtbar ist) eine Art Schwimmer K, der über Rollen E und F mit einer auf- oder abwärtsbewegten Figur verbunden war, die als Zeiger funktionierte. Neben der Abdeckung rechts erkennt man eine Wortskala.

fahrungs-Akademie) von 1657–1667 geworden. Sie konstruierte in ihrem kleinen Kreis auch Weingeist-Thermometer mit Skalen. So sollte zum Beispiel – neben anderen Bezugspunkten (man kann sie noch nicht Fixpunkte nennen) – die „Kälte von Schnee und Eis" das Thermometer nicht unter „20 Grad" bringen. Dieser Wert entspricht also in etwa unseren Null Grad Celsius. Im Winter zeigte dieses Thermometer 16–17 Grad an, in extrem kalten Wintern sogar bis herunter zu 6–8 Grad. Die ganze Skala umfaßte 120 Grad (**siehe Bild 3, Fig. 1**). Die größte Sonnenwärme sollte dabei den Weingeist nicht über 80 Grad ausdehnen. Es gab aber auch Thermometer mit einer anderen Gradeinteilung, deren Skala nur 50 Grad umfaßte. Diese Thermometer wurden vor allem für meteorologische Beobachtungen benutzt. Florentiner Thermometer wurden in der zweiten Hälfte des 17. Jahrhunderts auch häufiger in den aufsteigenden jungen Nationen der neuen Wissenschaft verwendet (Frankreich, England und andere). Besonders das 50-Grad-Instrument existiert heute noch in vielen Exemplaren in Florenz. Diese zeigen bemerkenswerte Übereinstimmung in ihrer Anzeige (0 Florentiner Grad entsprechen dabei –19 Grad Celsius, 50 Florentiner Grad entsprechen 55 Grad Celsius). Die Accademia del Cimento benutzte auch schon Quecksilber als Thermometersubstanz. Doch war dessen Wärmeausdehnung geringer als die von Weingeist.

Gegen Ende des 17. Jahrhunderts häuften sich die Versuche, vergleichbare Instrumente herzustellen. Ein Problem war es, geeignete Flüssigkeiten zu bekommen, die rein genug waren, um jeweils die gleiche Wärmeausdehnung proportional zur Temperaturerhöhung zu zeigen. So hatte schon die Accademia del Cimento erkannt, daß Wasser keine brauchbare Thermometersubstanz war, weil es bei einer bestimmten Temperatur (bei 4 Grad Celsius nach unserer Skala) ein minimales Volumen hat und sich bei weiterer Abkühlung wieder ausdehnt, bevor es gefriert. Im Lauf der Entwicklung wurde auch das Problem der Fixpunkte erkannt. Der Gefrierpunkt des Wassers zum Beispiel

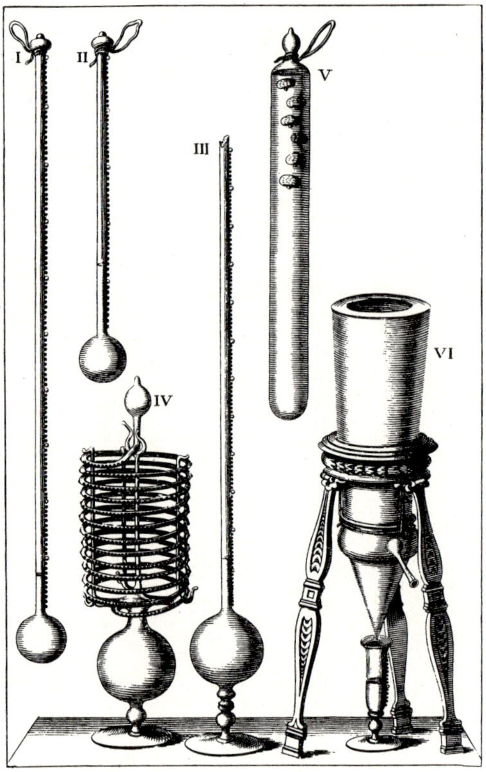

Bild 3: Flüssigkeitsthermometer der Accademia del Cimento um 1660.
Die Figuren I bis III stellen Flüssigkeitsthermometer mit verschieden langen Skalen dar. In Figur IV ist das Glasrohr zu einer Spirale gewunden. So attraktiv das aussieht, durch das Biegen des – notwendigerweise erwärmten – Glasrohres konnte es wohl nicht mehr genau gleichen Durchmesser behalten. In Figur V zeigten Glaskörper verschiedenen spezifischen Gewichts durch ihr Schweben, Sinken oder Steigen die Temperatur der Flüssigkeit an, in der sie sich befanden. (Figur VI stellt kein Thermometer, sondern einen Niederschlagsmesser dar.)

ist nicht so selbstverständlich zu bestimmen wie der Siedepunkt. Letzteren schlug Christiaan Huygens 1664 vor. Doch mußte man seine Druckabhängigkeit berücksichtigen. Auch die Eichung des Thermometers mußte sorgfältig genug erfolgen. Ab etwa 1680 gibt es die ersten Skalenentwürfe für zwei Fixpunkte. Eine zweite Bezugsgröße war im Prinzip schon zuvor im Spiel: Es mußte nämlich entschieden werden, wie groß die Skalenschritte vom gewählten unteren Bezugsbereich aus gesetzt werden sollten. Die Accademia del Cimento hatte zum Beispiel die größte Sonnenwärme als oberen Bezugsbereich festgelegt. (Sie sollte das 120 Grad-Thermometer nicht über 80 Grad bringen.)

Isaac Newton schlug 1701 ein Leinöl-Thermometer vor, mit dem Gefrierpunkt des Wassers als unterem und der Temperatur des menschlichen Blutes als oberem Fixpunkt. Der Abstand sollte in 12 Grade geteilt werden. Die berühmte Royal Society in London war seit ihrer Gründung Anfang der 1660er Jahre an vergleichbaren Thermometern für Wetterbeobachtungen interessiert. Doch zeigen noch Vorschläge 1723, daß auch sie keine allgemeine Lösung des Problems parat hatte. So sollten alle Forscher ihre Thermometer zwecks exakter Vergleichbarkeit nur von einem einzigen Instrumentenmacher beziehen. (Vielleicht sollte das gerade Fahrenheit sein – siehe unten!) 1703 verbesserte übrigens der Franzose Guillaume Amontons das Luftthermometer, indem er nun den Druck eines eingeschlossenen Luftvolumens auf Quecksilber in einer Barometer-U-Röhre zur Messung benutzte und den äußeren Luftdruck mit berücksichtige. Er verwendete als Fixpunkte schmelzendes Eis und siedendes Wasser. Quecksilber empfahl sich im Prinzip als günstigste Thermometersubstanz, weil es am reinsten herstellbar war. Es hatte außerdem große Wärmeleitfähigkeit, geringen Dampfdruck und relativ hohen Siedepunkt. Außerdem war es chemisch stabil. Eine verbesserte Variante dieses Luftthermometers wurde zum Beispiel bei späteren Messungen von Joseph Gay-Lussac und anderen über Gase benutzt.

Die älteste, noch heute gebräuchliche Temperaturskala ist mit dem Namen Fahrenheit verbunden.

Gabriel Daniel Fahrenheit wurde 1686 in Danzig geboren; er starb 1736 in Den Haag. Er sollte eigentlich – wie sein Vater – Kaufmann werden, doch sein Berufswunsch war Instrumentenmacher. Wir wissen, daß er 1708 in Danzig mit dem berühmten dänischen Astronomen Ole Römer zusammentraf und über Thermometer diskutierte. 1717 ließ er sich endgültig in Amsterdam nieder. Möglicherweise waren es seine guten Instrumente, die ihm beste Beziehungen zu vielen Wissenschaftlern brachten (z. B. zu Jacob 'sGravesande und Pieter van Musschenbroek . Ähnliches galt übrigens später für den Universitätsmechaniker James Watt in Glasgow. Bekannt wurden aber auch Fahrenheits Experimentalvorlesungen in Amsterdam. 1724 wurde er mit der größten Auszeichnung seiner Epoche bedacht und zum Fellow der Royal Society in London ernannt. Die Anregung zum Thermometerbau erhielt Fahrenheit offenbar von Ole Römer. Römer hatte seit 1702 Weingeist-Thermometer für eigene meteorologische Beobachtungen hergestellt, die mit folgenden Fixpunkten arbeiteten und offenbar sehr gut reproduzierbare Werte brachten: 60 als Siedepunkt des Wassers – vielleicht weil ihm die Zahl 60 (über Grad und Zeitmaße) als Astronom nahe lag – bzw. 22 1/2 als meteorologisch ausreichender oberer Fixpunkt und 7 1/2 als Gefrierpunkt des Wassers. Möglicherweise hatte er die größte Winterkälte gleich Null gesetzt. Aber er veröffentlichte nichts dazu. Fahrenheits erste Skalen arbeiteten ebenfalls mit den Fixpunkten 7 1/2 und 22 1/2. Letzteres bezeichnete er als „blutwarm“. Da sich Weingeist nicht linear ausdehnt, entsprach diese Temperatur in der Tat mindestens etwa 33 Grad Celsius unserer heutigen Skala. Da Fahrenheit die 22 1/2 zu unbequem waren, wählte er bald 24.

Worte waren damals auch in der Physik noch oftmals mächtiger als Zahlen. So unterlegte er 1714 die Grade 0 bis 24 bei einem Alkohol-Thermometer mit folgender Wortskala:

0 = Frigus vehementissimus (äußerst starke Kälte)	[ca. –18° C]
4 = Frigus ingens (sehr große Kälte)	[ca. – 9° C]
8 = Aer frigidus (kalte Luft)	[0° C]
12 = Temperatus (gemäßigt)	[ca. 9° C]
16 = Calidus (warm)	[ca. 18° C]
20 = Calor ingens (sehr große Wärme)	[ca. 27° C]
24 = Aestus intolerabilis (unerträgliche Hitze)	[ca. 36° C]

Die Wortskala stimmt noch sehr gut mit der viel älteren von Otto von Guericke überein. Zur genaueren Messung hatte Fahrenheit übrigens jeden Grad schon bald in vier weitere Teile unterteilt und bekam so den Fixpunkt „blutwarm“ zu 4 x 24 = 96, den Siedepunkt des Wassers folglich zu 212 und den jetzt „schmelzendes Eis“ genannten Fixpunkt zu 4 x 8 = 32. So wird diese Skala noch heute im Alltag etwa der USA verwendet.

1724, im Jahr seiner Ernennung zum Fellow der Royal Society, berichtete Fahrenheit über seine Thermometer in der Zeitschrift dieser Gesellschaft, den Philosophical Transactions. Doch über die Thermometerherstellung gab er nur eine kurze Zusammenfassung. Er berichtete vor allem über die Ergebnisse seiner physikalischen Versuche damit, zum Beispiel bei der Siedepunktsbestimmung von Flüssigkeiten: bei Regenwasser 212 „Wärmegrade“, bei Alkohol (mit 826/1000 des spezifischen Gewichts von Regenwasser, gemessen bei 48 „Wärmegraden“) nur 176 „Wärmegrade“ usw. Er untersuchte auch, bei welchen Temperaturen Wasser im „Vakuum“, d. h. in luftverdünnten Räumen, gefror. Auch das Konstruktionsprinzip eines Thermo-Barometers gab er an (**Bild 4**). Er erkannte auch, daß der Siedepunkt, den er ja nicht als Fixpunkt benutzte, druckabhängig war. Bei Quecksilber, das er schon vor 1713 verwendet hatte, sei es wichtig, daß es gut gereinigt werde. Ferner untersuchte er den Einfluß verschiedener Glaszusammensetzungen auf die Wärmeausdehnung seiner Thermometerröhren. „Potsdamer Glas“ wie auch „Böhmisches Glas“ hatten zum Beispiel die geringste Wärmeausdehnung aller von Fahrenheit untersuchten Glassorten. Daß aber verschiedene Substanzen verschiedene Wärmeausdehnung liefern, die auch bei gleichen Fixpunkten nicht einfach zu vergleichbaren Skalen führt, war ihm nicht klar. Das wurde erst gegen Ende des 18. Jahrhunderts erkannt. Doch führte die sorgfältige Berücksichtigung der übrigen Fehler zu Thermometern, die als Beginn einer exakten Wärmelehre gelten können. Der Leipziger Professor für Philosophie und Mathematik Christian Wolff, dem

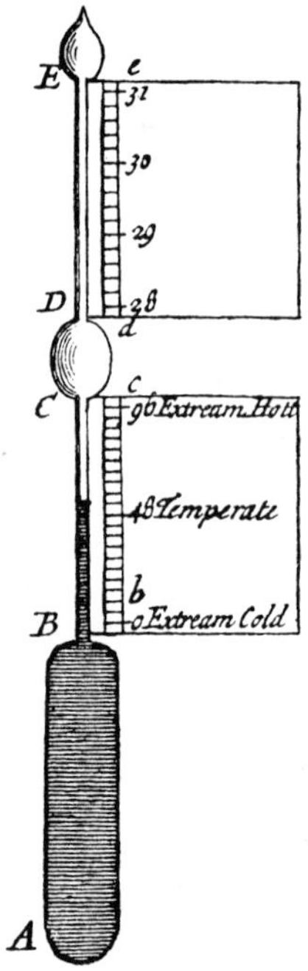

Bild 4: Thermo-Barometer von Fahrenheit, 1724.
Die untere Skala BC zeigt durch Ausdehnung der Flüssigkeit in A Temperaturen nach der Fahrenheitskala an. Hält man das Gefäß A aber in siedendes Wasser, steigt die Flüssigkeit bis in die Röhre DE. Die angezeigte Siedetemperatur des Wassers ist dann ein direktes Maß für den Luftdruck, der auf der Skala ed in Zoll (1 Zoll = 2,54 cm) angezeigt wird [6, S.18].

er 1714 zwei Weingeist-Thermometer übergab, lobte vor allem die Vergleichbarkeit von Fahrenheits Instrumenten:

„Solche Instrumente, deren Übereinstimmung bis jetzt nur ein frommer Wunsch gewesen ist, hat mit außerordentlichem Fleiße ein Danziger, namens Daniel Gabriel Fahrenheit, hergestellt ... Die Kunstgriffe, durch welche er die Übereinstimmung erhält, macht er aus gewissen Gründen privater Art nicht bekannt; ... Fahrenheit behauptet, eine sichere Methode zu haben, nach der jeder an irgendeinem Orte Thermometer herstellen könne, die auch mit den nicht gesehenen übereinstimmen, so daß dieselben an denselben Ort gebracht zu denselben Graden der entsprechenden Skalen ihre Flüssigkeit steigen oder fallen lassen." [5, S. 42–43]

Fahrenheit stellte drei verschiedene Arten von Thermometern her: zur meteorologischen Beobachtung (0 Grad bis 96 Grad), zur Fiebermessung (bis 128 oder 132 Grad) und zur Siedepunktbestimmung von Flüssigkeiten (bis 600 Grad). Möglicherweise verkaufte er nur solche Thermometer, die er mit exakten Referenz-Thermometern verglichen hatte. Auf jeden Fall zeichneten sie sich durch handwerkliche Präszision aus. Ein Thermometer von Fahrenheit war mit 5 Talern sehr teuer, wenn man daran denkt, daß der Physikprofessor Georg Christoph Lichtenberg in dieser Zeit 280 Taler Jahresgehalt erhielt. (Zur Diskussion der Herstellungsmethoden und -genauigkeit von Fahrenheit siehe insbesondere [7]).

Im Zeitalter des Empirismus waren die neuen, einfach zu handhabenden Instrumente überall willkommen – sofern man sie sich leisten konnte. Physikalische, meteorologische und biologische Experimente wurden durchgeführt, auch solche, die uns heute unsinnig grausam erscheinen: ein Hund, eine Katze, ein Sperling wurden etwa in den Zuckerofen einer Raffinerie gesperrt, um ihr Wärmeverhalten zu testen. Mit einem Quecksilber-Thermometer wurden die Temperaturen (von über 60 Grad Celsius nach unserer Skala!) gemessen.

René-Antoine Ferchault de Réaumur wurde 1683 in Calais geboren und starb 1757 auf seinem Schloß in der Landschaft Maine. Er lebte ab 1703 in Paris und bekam schnell Kontakt zu den Größen der Wissenschaft. 1711 wurde er Mitglied der Académie Royale des Sciences. Réaumur hatte vielseitige wissenschaftliche Interessen, von der Biologie über die Mineralogie, Mathematik, bis hin zu technischen Arbeiten (Porzellanherstellung, Stahlherstellung). Die Akademie sollte nach Réaumurs Vorstellungen durchaus Aufgaben mit praktischen Zielsetzungen übernehmen – was ja im Selbstverständnis der Aufklärung lag. Réaumurs vielseitige Interessen forderten allerdings auch Kritik heraus. Voltaire schrieb darüber, wie immer scharfzüngig, in einem Brief an einen Bekannten:

„Sie können in einer zweiten Auflage zu dem Artikel Eisen hinzufügen, daß all jene, die Fabriken für Gußeisen nach Herrn de Réaumur bauen wollten, sich ruiniert haben. Sobald er von einer Entdeckung unterrichtet wurde, die im Ausland gemacht worden war, erfand er sie auf der Stelle selbst. Er hat sogar das Porzellan erfunden. Man muß übrigens einräumen, daß er ein sehr guter Beobachter war." [8, S. 246]

Réaumurs wissenschaftliche Beschäftigung mit der Eisenverarbeitung brachte ihn in besonderen Kontakt zu Wärmeproblemen. Für ihn war klar, daß Wärmemenge und Temperatur etwas Verschiedenes sein mußten, und daß es unterschiedliche Wärmeleitung zum Beispiel im Metall und im Gestein des Schmelzofens gab. 1730 – also viel später als Fahrenheit – legte er der Pariser Akademie seine „Regeln zur Konstruktion von Thermometern mit vergleichbaren Skalen, die eine Vorstellung von der Kälte und der Wärme geben, die auf bekannte Maße bezogen werden können" vor. Als Thermometer-Flüssigkeit empfahl er „Weingeist, dessen Volumen beim Gefrieren des Wassers 1000, und durch siedendes Wasser ausgedehnt, 1080 beträgt." [1, S. 49]

Zur Herstellung füllte er seine Thermometer, große Glaskolben mit langen Röhren, mit 1000 Flüssigkeitseinheiten Wasser oder Quecksilber. Der Endstand wurde mit Null bezeichnet. Dann wurde in die wieder geleerten Röhren, die nun in gefrierendes Wasser gestellt wurden, solange Weingeist eingefüllt, bis er die Marke Null erreichte. Dieser sollte sich nun durch siedendes Wasser bis 1080 ausdehnen – daher also der Endpunkt 80 der Réaumur-Skala. Aber Weingeist siedet schon vorher. Das wußte Réaumur. Trotzdem glaubte er, durch sein Verfahren die Ausdehnung des Weingeists bis zur Wassersiedetemperatur zu bekommen. Auch seine Gefrierpunktsbestimmung war ungenau, und er berücksichtigte den Luftdruckeinfluß auf die Siedetemperatur nicht. Trotzdem setzte sich die Réaumursche Skaleneinteilung gegenüber Fahrenheit im Einflußbereich der französischen Kultur, auch zunächst in Deutschland, durch.

Anders Celsius wurde 1701 in Uppsala in Schweden geboren, wo er auch die meiste Zeit seines Lebens verbrachte und 1744 starb. Er war Professor für Astronomie und stieß im Zusammenhang mit meteorologischen Beobachtungen auf das Temperaturmeßproblem. Die Teilnahme an der berühmten französischen Expedition in den Norden Schwedens (1736/37), die einen Meridian-Grad zur Prüfung der Newtonschen Abplattungstheorie der Erde vermaß, zeigte ihm die Unzulänglichkeit der Réaumurschen Weingeist-Thermometer bei den dortigen besonders niedrigen Temperaturen. Spätestens 1740 war er mit der einschlägigen Literatur vertraut. 1742 veröffentlichte er sein Prinzip eines Quecksilberthermometers mit einer Dezimalskala. 0 war der Siedepunkt und 100 der Gefrierpunkt des Wassers. Diese Skala wurde schon bald von Wissenschaftlerkollegen umgedreht (möglicherweise zum ersten Mal von dem berühmten Biologen Carl von Linné), so daß nun der Gefrierpunkt des Wassers bei 0 Grad und der Siedepunkt bei

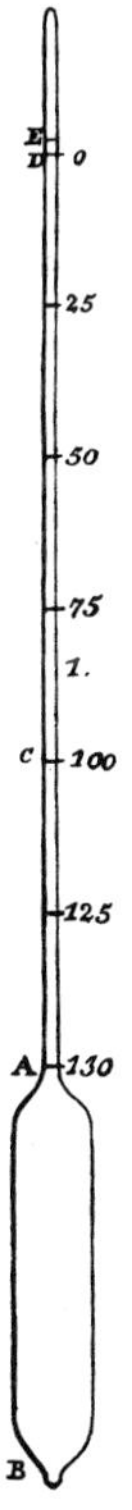

Bild 5:
Die Thermometerskala von Anders Celsius, 1742.
Der Gefrierpunkt des Wassers wurde mit 100 bezeichnet, der Siedepunkt mit 0 [6, S. 123].

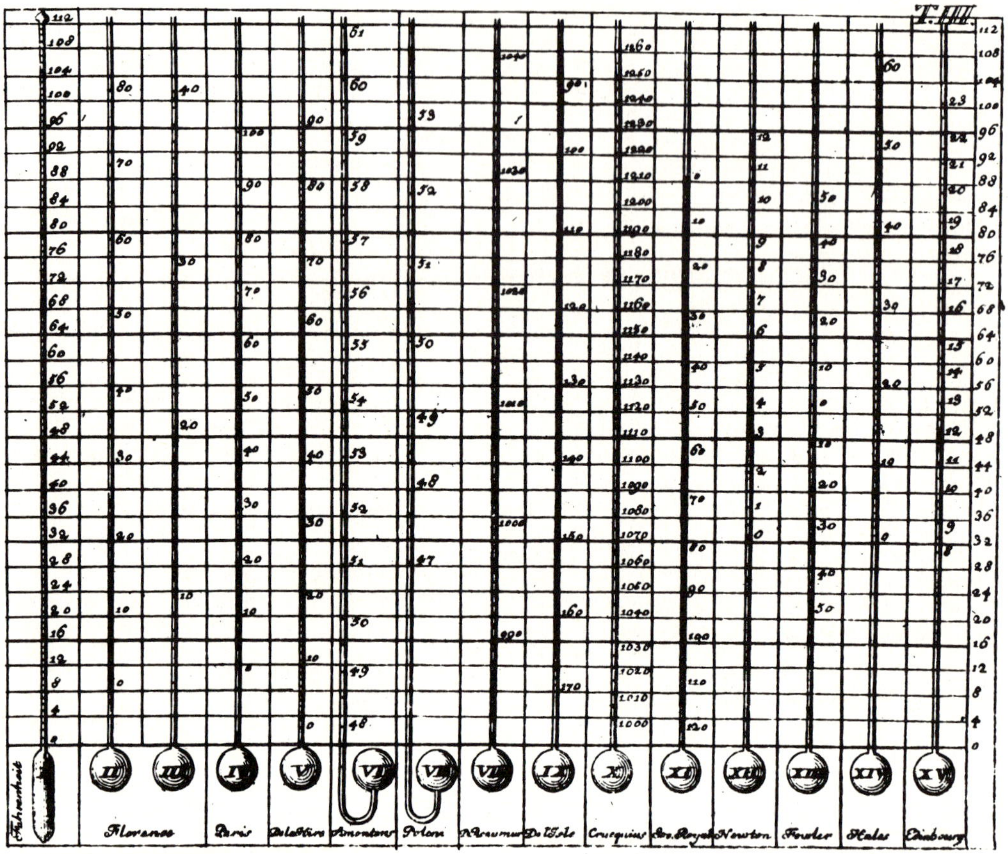

Bild 6: Vergleich verschiedener Thermometerskalen nach 1780.

Celsius ist nicht vorhanden. Der Gefrierpunkt des Wassers, z. B., ist sehr verschieden gewählt – bei Fahrenheit (ganz links) zu 32°. Auch die Florentiner Thermometer – der Accademia del Cimento aus dem 17. Jht. – sind noch aufgeführt. Sie hatten also in der Tat großen Einfluß. Für die Umrechnung der Skalen Celsius, Fahrenheit, Réaumur untereinander gelten folgende Formeln:

$$u\ °C \rightarrow \frac{4}{5}\ u\ °R \quad \rightarrow \left(32 + \frac{9}{5}u\right)\ °F,$$

$$v\ °R \rightarrow \frac{5}{4}\ v\ °C \quad \rightarrow \left(32 + \frac{9}{4}\ u\right)\ °F,$$

$$w\ °F \rightarrow (w - 32)\ \frac{5}{9}\ °C \rightarrow (w - 32)\ \frac{4}{9}\ °R,$$

u, v und w sind Zahlenwerte.

100 Grad lag. Celsius korrelierte den Siedepunkt mit einem mittleren Wert des Luftdrucks und gab für 1 französischen Zoll Barometerabweichung (etwa 27 mm Quecksilbersäule) eine Korrektur von einem Grad an. Auch die Glasausdehnung berücksichtige er.

Vergleicht man die drei Forscher, so gebührt das Verdienst, als erster genaue und vergleichbare Thermometer hergestellt und verbreitet zu haben, eindeutig Fahrenheit. Dabei spielte allerdings der Einfluß der berühmten Royal Society eine große Rolle. Auch die älteren Thermometer der Accademia del Cimento waren nicht schlecht. Doch bewirkten sie allgemein noch wenig. Erst mußten wissenschaftliches Interesse, Geschicklichkeit im Instrumentenbau und internationale Bedeutung von Forschung noch enger zusammenwachsen. Réaumurs Skala hatte vor allem dank der politischen, kulturellen und auch wissenschaftlichen Vormachtstellung Frankreichs auf dem Kontinent Erfolg. Seine Thermometer waren sehr unzulänglich. Celsius benutzte als erster eindeutig Siedepunkt und Gefrierpunkt des Wassers als Fixpunkte und gab auch genaueste Korrekturmöglichkeiten an.

Noch weit in das 19. Jahrhundert hinein wurden übrigens viel mehr Skalen als die drei berühmten durcheinander benutzt und zu Vergleichszwecken zum Teil parallel an einem Thermometer angebracht. Entscheidend für die erste Entwicklung der Wärmemessung war jedoch gewesen, daß die Suche nach möglichst reinen Thermometer-Substanzen erfolgreich war und der Einfluß des Luftdrucks und das Wärmeausdehnungsverhalten der Thermometer-Materialien bei verschiedenen Temperaturen geklärt werden konnte. Erst so wurden exakte Messungen möglich, die unabhängig vom Instrumentenbauer vergleichbare Ergebnisse brachten.

Literatur:

[1] Fahrenheit, G. D.; Réaumur, R. A. F. de; Celsius, A.: Abhandlung über Thermometrie. Leipzig 1894. Ostwald's Klassiker der exakten Wissenschaften Nr. 57

[2] Kant, H.: Gabriel Daniel Fahrenheit – Réne Antoine Ferchault de Réaumur – Anders Celsius. Leipzig 1984

[3] Middleton, W. E. K.: A History of the Thermometer and its Use in Meteorology. Baltimore 1966

[4] Barnett, M. K.: The Development of Thermometry and the Temperature Concept. In: Osiris 12 (1956) S. 269–341

[5] Rheingans, F. G.: O. v. Guericke, G. D. Fahrenheit, A. Celsius – Zur Geschichte der Physik und Technik in Berlin. Berlin 1987

[6] Meyer, K.: Die Entwicklung des Temperaturbegriffs im Laufe der Zeiten sowie dessen Zusammenhang mit den wechselnden Vorstellungen über die Natur der Wärme. Braunschweig 1913

[7] Star, P. van der (Hrsg.): Fahrenheit's Letters to Leibniz and Boerhaave. Amsterdam und Leiden 1983

[8] Torlais, J.: Réaumur – Un esprit encyclopédique en dehors de „l'encyclopédie". Paris ^{2}1961

J. T.

Graf Rumfords Kanonenbohrversuche

Der geborene Amerikaner Benjamin Thompson, 1793 in Bayern zum Grafen Rumford erhoben (Rumford ist der alte Name des Ortes Concord in New Hampshire, USA, wo Thompson den größten Teil seiner Jugend verbrachte), ist eine schillernde Persönlichkeit in der Physikgeschichte. Er führte eine sehr bewegtes Leben zwischen Politik, Öffentlichkeit und Wissenschaft. Im amerikanischen Unabhängigkeitskrieg spionierte er für England, wohin er schließlich auswanderte, um sein unstetes Leben als Diplomat, Erfinder, Sozialreformer und Wissenschaftler in den europäischen Metropolen fortzuführen. Nichts aber war ihm wesentlicher als die Verbreitung seines eigenen Ruhms. Er sorgte selbst dafür, daß seine wissenschaftlichen Schriften in möglichst allen drei damals wichtigen Sprachen erschienen: in Englisch, Französisch und Deutsch. Aus seinem sozialen Engagement als Militärbefehlshaber in Bayern erwuchsen viele seiner technisch-wissenschaftlichen Interessen: Zur Ernährungsproblematik (Rumfordsuppe, Kartoffelanbau, Englischer Garten in München als Demonstrationsobjekt zur Eigenversorgung mit Lebensmitteln), zur Beleuchtung (Schattenphotometer, Lichteinheit), zur Wärmewirkung (Kalorimeter, Dampfheizungen).

Fragen über die Natur der Wärme hatten sich schon früher bei Thompsons artilleristischen Untersuchungen ergeben. In der 1805 erschienenen deutschen Ausgabe seiner *Kleine Schriften* [2] teilte er uns mit: „Versuche über die Wärme anzustellen, war von jeher eine meiner angenehmsten Beschäftigungen." Er berichtete dann, wie er schon 1778 Experimente mit Gewehren zur Bestimmung von Kugelgeschwindigkeiten durchgeführt hatte:

„Meiner Gewohnheit nach griff ich das Flintenrohr unmittelbar nach jedem Schuß sogleich mit der linken Hand an, um es solange festzuhalten, bis ich es mit einem Ladestock, woran etwas Werg befestigt war, ausgewischt hatte. Es befremdete mich daher nicht wenig, als ich bei dieser Gelegenheit die Bemerkung machte, daß das Flintenrohr allemal viel heißer war, wenn der Schuß bloß aus Pulver bestand, als wenn ich zugleich eine oder mehrere Kugeln hineingeladen hatte."

Er schloß daraus,

„daß die Erhitzung des von mir erwähnten Schießgewehrs nicht von der Entzündung des Pulvers herrührt, sondern bloß von der Erschütterung, welche das Prallen im Inneren des Laufs verursacht, und durch die eben so schnelle als momentane Wirkung des elastischen Fluidums, welche sich durch die Entzündung des Pulvers entwickelt. Es kann niemandem unbekannt seyn, daß ein Prallstoß weit mehr dazu geeignet ist, die Wärme in einem festen Körper zu entwickeln, als ein minder heftiger Stoß; und wenn es Grund hat, daß die Wärme nichts anderes ist, als eine ununterbrochene (bald mehr, bald weniger schnelle) vibrirende Bewegung, die in den Bestandtheilen fester Körper vorgeht, so ist diese Verschiedenheit leicht zu erklären. [Denn der Schuß ohne Kugeln war] mehr prallend oder heftiger [als wenn das] aus der Entzüngung des Pulvers entstandene elastische Fluidum erst eine oder mehrere Kugeln, die nichts weniger als leicht waren, langsam vor sich herstoßen mußte, um freien Spielraum zu gewinnen."

Mit der Wärmestofftheorie hätte nach Rumfords Meinung der Versuch nicht erklärt werden können. Kinetische Wärmevorstellung und Wärmestofftheorie existierten schon das ganze 18. Jahrhundert nebeneinander her. So vertrat z. B. auch Leonhard Euler die Auffassung, daß Wärme nichts anderes als Bewegung sei. Aber es gab keine entscheidenden Argumente oder Experimente für die eine oder andere Auffassung.

Weitere Wärme-Experimente Rumfords wurden durch den amerikanischen Unabhängigkeitskrieg unterbrochen. 1784 trat er in die Dienste des Kurfürsten von Bayern. In München konnte er nun vier Jahre lang Versuche zur Wärmeleitung verschiedener Materialien durchführen, wobei ihn auch die praktische Seite, z. B. die Wärmeleitung von

Textilien sehr interessierte: Er hielt dazu ein Thermometer in die Mitte eines großen kugelförmigen Glasgefäßes und stopfte darum herum das zu untersuchende Material. Dann hielt er das ganze Glasgefäß in eine Mischung aus Wasser und zerstoßenem Eis, bis das Thermometer den Gefrierpunkt anzeigte, und tauchte es nun in kochendes Wasser. Der Zeitverlauf der Erwärmung um jeweils 10° (Réaumur-Skala, entspricht etwa 12,5° C) gab ihm ein Maß für die Wärmeleitung. Bequemer schließlich, ohne Störungen durch Dampfentwicklung, war der Zeitverlauf für die Abkühlung zu messen, also das umgekehrte Experiment: von 75° Réaumur (etwa 94° C) bis auf 10° über den Gefrierpunkt. Er stellte z. B. fest, daß Daunen und Kaninchenhaare die Wärme am besten isolierten, daß aber die „Dichtheit einer Umhüllung oder Bekleidung" einen erheblichen Einfluß hatte. Eine vielfache Menge Daunen in der gleichen Kugel isolierte um 23% besser. Doch wenn er z. B. aus lockerer Seide alle Fäden herauszog und fest um das Thermometer wickelte, war die Isolierwirkung geringer. Welche Rolle spielte also die Luft bei der Isolierwirkung lockerer Stoffe? Im Beispiel Seide machte sie das 53fache des Volumens des Seidenfadens aus. Auch hier konnte er zur Erklärung auf die Hypothese „daß sich die in der Luft befindliche Wärme von einem Partikel dieses Fluidums unmittelbar zu anderen verbreite", also auf Wärmeleitung, nie ganz verzichten. Er wies dann allerdings nach, daß lockere Stoffe „in den sehr kleinen Mengen, in denen sie benutzt wurden, kaum irgendwie bemerkenswert hätten verhindern können, daß die Luft die Wärme weiterleite oder ihr Durchgang gewährte, wenn sie solch eine Fähigkeit besessen hätte; doch sie können die Luft stark an der Operation des Transports der Wärme hindern". Er zeigte auch mit anderen direkten Experimenten, daß Wärmekonvektion, wie wir heute sagen, für die Wärmeübertragung verantwortlich ist und nicht die Wärmeleitung.

In seinen Schriften aus dem Jahr 1805 finden sich noch weitere Argumente gegen die Wärmestoffthese: Er habe nie gefunden, daß ein wärmerer Körper schwerer als ein leichterer sei. Ferner: Auch wenn der angebliche Wärmestoff sehr fein wäre, irgendwann müßte er doch aus einem wärmeabgebenden Körper total verschwunden sein, wie Wasser aus einem Schwamm. Eine Glocke dagegen tönte ununterbrochen, solange man sie schlug, da der Schall keine Substanz sei.

Aus diesen Vorstellungen entstanden Rumfords Versuche, durch ständige Reibung zweier Körper einander nachzuweisen, daß Wärme unerschöpflich produziert wird, also keine Substanz sein konnte. Am berühmtesten wurden seine Experimente mit stumpfen und scharfen Bohrern an Kanonenrohren, die er 1797 im Zeughaus in München durchführte (veröffentlicht 1798). Er war zu dieser Zeit als Heeresbefehlshaber zuständig für die gesamte Verteidigung Bayerns. Es ist erstaunlich, daß Rumford in dieser wirren Kriegszeit (Österreich und Frankreich befehdeten sich in Bayern, das mit Frankreich im Bunde stand), Muße für solche Untersuchungen fand.

„Da ich vor kurzem mit der Aufsicht bei dem Kanonenbohren im Zeughause zu München beschäftigt war, so erstaunte ich über die beträchtliche Hitze, welche eine messingene Kanone während des Bohrens in kurzer Zeit erhält, und über die noch größere Hitze der beim Bohren erhaltenen Späne, welche ich weit größer, als die des siedenden Wassers fand. ...
Woher kömmt die Hitze, welche in gegenwärtiger mechanischen Operation hervorgebracht wird? Kömmt sie aus den Spänen?
Wäre dies der Fall, so müßte nach der neuen Lehre von der latenten Wärme die Wärmekapazität des Metalls, welches zu Spänen gemacht wurde, nicht nur verändert worden sein, sondern die erlittene Veränderung müßte auch groß genug sein, die hervorgebrachte Hitze völlig zu erklären. Allein eine solche Veränderung konnte nicht Statt gefunden haben; denn nachdem ich von diesen Spänen sowohl, als von den dünnen Schnittchen desselben Metalls, welche vermittelst einer feinen Säge davon getrennt wurden, gleich schwere Quantitäten von gleicher Temperatur (der des siedenden Wassers), in gleiche Quantitäten kaltes Wasser (nämlich der Temperatur von 59 1/2° F [Fahrenheit; entspricht ca. 15° C] getan hatte, so war das Wasser, worin die Späne gebracht wurden, weder mehr noch weniger erhitzt, als das worin die Metallschnittchen geschüttet worden waren. ...

Bild 1: Der Kanonenbohrversuch Rumfords in München, 1797.
[Diorama im Deutschen Museum, München]

Hieraus ergibt sich offenbar, daß die erregte Wärme unmöglich auf Kosten der verborgenen Wärme der Bohrspäne hervorgebracht worden sei. Jedoch nicht zufrieden mit diesen Vesuchen, so bündig sie mir auch zu sein schienen, nahm ich meine Zuflucht zu folgendem noch mehr entscheidenden Experimente.
Ein eherner solid gegossener Sechspfünder, so rauh wie er aus der Gießerei kam [**Bild 2**] Fig. 1.) wurde in der Maschine, die zum Bohren gebraucht wird, horizontal befestigt, die Außenseite abgedreht (Fig. 2), und die Extremität desselben abgeschnitten."

Diese „Extremität" war an jeden Kanonenrohrrohling angegossen; beim Einfüllen des geschmolzenen Metalls in die – senkrecht – stehende Gußform sollte der Druck dieser „Extremität" das Metall der Kanone an der späteren Kanonenöffnung fest und ohne poröse Stellen werden lassen.

„Indem das Metall in diesem Teile herunter gedreht wurde, entstand ein dichter Zylinder 7 3/4 Zoll [etwa 20 cm] im Durchschnitt, und 9 8/10 Zoll [etwa 25 cm] in die Länge; dieser blieb mit dem Reste des Metalls, welcher eigentlich die Kanone ausmachte, vermittelst eines kleinen zylindrischen Halses vereinigt."

In den Zylinder wurde nun durch einen scharfen Bohrer eine größere Öffnung gebohrt (**siehe um „n" in Fig. 3**) sowie eine enge von etwa 1 cm Durchmesser (**siehe „d e" in Fig. 3**) zur Aufnahme eines Thermometers. Dann wurde dieser „Zylinder" mit „dickem und warmen Flanell" zur Wärmeisolierung umhüllt und gemeinsam mit Kanone und Achse w gedreht.

„Dieser Versuch wurde angestellt, um zu bestimmen, wie viel Hitze durch Friktion erzeugt würde, wenn ein stumpfer Geschützbohrer [m, n] so gewaltsam, und mit einer so starken Drehung gegen den Grund der gebohrten Öffnung des Zylinders gedrängt würde, daß der Druck dem Gewicht von ungefähr 10 000 Pfunden gleich wäre. Der Zylinder ward durch Pferde gegen 32 Mal in einer Minute um seine Achse gedreht. ...
Zu Anfange des Versuchs war die Temperatur der Luft im Schatten, so wie die des Zylinders gerade 60° Fahr. [ca. 16° C]. Nach 30 Minuten, da der Zylinder 960 Mal sich um seine Achse gedreht hatte, wurden die Pferde angehalten. Ein zylindrisches Quecksilber-Thermometer ward in die dazu bestimmte Öffnung gebracht, und das Quecksilber stieg sogleich zu 130° [ca. 54° C]."

Diese im Inneren gemessene Temperatur sank erst nach 41 Minuten auf etwa 43° C. Das Gewicht der Messingspäne, die der stumpfe Bohrer abschabte, war 54 Gramm.

Das Gesamtgewicht des erhitzten Zylinders war 51,4 kg, und Rumford fragte rhetorisch:

„Ist es möglich, daß die so beträchtliche Hitze, welche in diesem Versuche erregt wurde … aus einer so unbeträchtlichen Quantität Metallstaub hervorgehen konnte? Und dies bloß zu Folge einer Veränderung seiner Kapazität für die Wärme? … Sofern die Hitze oder ein beträchtlicher Teil derselben zu Folge einer Veränderung der Wärmekapazität eines Teils des metallenen Zylinders hervorgebracht werden sollte, so könnte diese Veränderung bloß oberflächlich sein, und der Zylinder würde nach und nach erschöpft werden; oder die in einem kurzen angegebenen Zeitraume hervorgebrachte Hitze würde in einer Reihe von Versuchen allmählich sich vermindern. Um auszumachen, ob dies wirklich geschähe oder nicht, wiederholte ich den letzteren Versuch zu verschiedenen Malen mit der äußersten Sorgfalt; allein ich entdeckte nicht die mindeste Spur einer Erschöpfung, ungeachtet der großen Hitze, welche das Metall hervorbrachte." [1, S. 10–18]

Nun schloß er in Versuchen auch aus, daß die Luft um das Metall Wärme hinzutransportierte, indem er (durch einen Stempel P auf der feststehenden Achse m) die Bohröffnung nach außen abdichtete. Schließlich schloß er den Zylinder vor dem nächsten Versuch in einen Holzkasten (**Fig. 3, ghki und Fig. 4**) ein, den er mit Wasser auffüllte. Es hatte eine Anfangstemperatur von etwa 16° C und begann nach etwa 2 1/2 Stunden zu kochen. Die gesamte Masse, die dabei erhitzt worden war, gab er zu 14,7 kg Wasseräquivalent an (8,5 kg Wasser, 51,5 kg Messing des Zylinders, das mit der von ihm benutzten spezifischen Wärme „0,11" 5,7 kg Wasser entsprach, sowie der Anteil der Eisenstange m und der Bohrer, die er mit etwa 0,5 kg Wasseräquivalent ansetzte; das Holz des Kastens und die Wärmeverluste ließ er beiseite).

Damit stand er kurz vor der Bestimmung des mechanischen Wärmeäquivalents. Erst in den 1840er Jahren fanden Julius Robert Mayer und James Prescott Joule diesen Wert (siehe S. 72). Rumford schloß 1798 nur:

Bild 2: Rumfords Originalzeichnungen zum Kanonenbohrversuch.
Fig. 1 zeigt den Gußrohling des Kanonenrohrs aus Messing, Fig. 2 die Einspannung in das Bohrgestell mit der – festen – Bohrerachse m, den für diese Versuche entsprechend abgedrehten Zylinder links daneben und die Drehachse w, die über ein Getriebe von Pferden bewegt wurde.
Fig. 3 gibt den abgedrehten Zylinder vergrößert wieder, der hier in einen Holzkasten ghki eingefaßt wurde. Der Holzkasten konnte mit Wasser gefüllt werden. In die Öffnung de wurde ein Thermometer gesteckt [1].

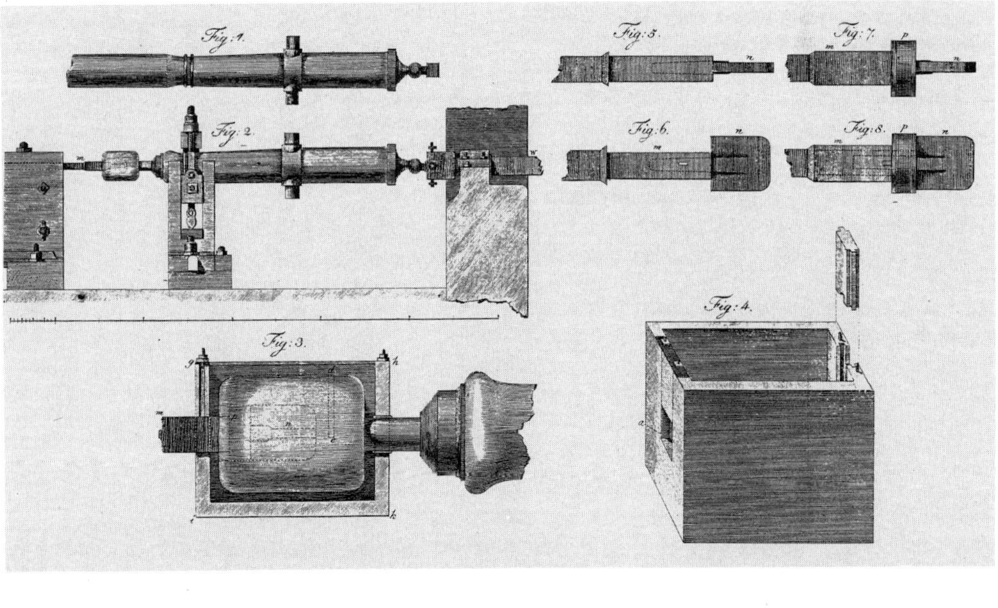

„Da die Maschine, welche zu diesem Versuche gebraucht wurde, leicht durch ein Pferd umgedreht werden konnte (obgleich zur Erleichterung der Arbeit zwei dazu gebraucht wurden), so würde sich aus dergleichen Berechnungen leicht finden lassen, wie viel Wärme durch zweckmäßige mechanische Erfindungen bloß durch Anwendung eines einzigen Pferdes, ohne Feuer, Licht, brennbare Materialien, oder chemische Zersetzung hervorgebracht werden möchte. Bis jetzt läßt sich indessen kein Umstand denken, dem zu Folge diese Methode, Hitze hervor zu bringen, nicht unwirtschaftlich befunden werden sollte; denn das Futter, welches ein Pferd verzehrt, als brennbarer Stoff gebraucht, dürfte sicher mehr Hitze als eine solche Anwendung der Friktion geben." [1, S. 25]

Rumford sah das Problem hier unter ganz und gar praktischen Gesichtspunkten an. An physikalische Äquivalenz von Wärme und Arbeit zu denken lag ihm noch fern. Nicht einmal eine Abschätzung der durch das Pferd geleisteten mechanischen Arbeit versuchte er, wie das schon John Smeaton einige Jahre vor ihm getan hatte (**siehe S. 38ff**). Bei anderer Gelegenheit hatte er allerdings betont, daß die Summe aller Kräfte im Weltall konstant sein müßte. Das war aber wieder im Zusammenhang mit seinem Lieblingsvergleich gewesen: Die Wärme sei eine „Vibration" wie der akustische Klang. So verglich Rumford auch heiße und kalte Körper mit hoch und tief klingenden Körpern und kam zu der Überzeugung, die Existenz von Kältestrahlung – als Gegensatz zur Wärmestrahlung – wirklich bewiesen zu haben. Die wissenschaftliche Fragestellung, die Rumford zu dem Kanonenbohrversuch bewegt hatte, und die daraus folgende Konsequenz für das Wesen der Wärme beschrieb er so:

„Was ist Wärme? – Gibt es ein feuriges Fluidum? – Existiert etwas, das eigentlich Wärmestoff genannt werden kann?
Wir haben gesehen, daß durch die Friktion zweier metallischer Flächen eine sehr beträchtliche Wärme erregt, und in einem gleichmäßigen Strome, nach allen Richtungen, ohne Unterbrechung oder Hemmung, und ohne die geringsten Spuren der Verminderung oder Erschöpfung hervorgebracht werden kann.
Woher kam die Wärme, die auf diese Weise beständig abgesetzt wurde? Kam sie aus den Metallteilchen, welche durch die Friktion von den größeren Massen abgerissen wurden? Wir haben schon gesehen, daß dies unmöglich der Fall sein konnte. Wurde sie aus der Luft abgesetzt? Dies kann nicht sein; denn in drei Versuchen wurde der Zutritt der Luft gänzlich verhindert. Wurde sie von dem Wasser abgesetzt? Daß dies nicht der Fall gewesen sein konnte, ist evident; Erstlich, das Wasser empfing beständig Wärme von der Maschine, und konnte nicht zu gleicher Zeit demselben Körper Wärme mitteilen und Wärme entziehen.
Zweitens fand keine chemische Zersetzung irgend eines Theils des Wassers Statt. ...
Wurde die Wärme durch die eiserne Stange abgesetzt, an deren Ende der stumpfe Geschützbohrer befestigt war? Oder durch den kleinen Hals, welcher den hohlen Zylinder mit der Kanone verband? Dieses ist unwahrscheinlicher, als alles vorhergehende; denn während des ganzen Versuchs kam durch diese beiden Wege Hitze aus der Maschinerie. Bei Erwägung dieses Gegenstandes dürfen wir auch den höchst merkwürdigen Umstand nicht vergessen, daß die Quelle der durch Friktion erregten Wärme sich ganz klar als unerschöpflich zeigte. Kaum ist nötig hinzuzusetzen, daß ein Etwas, welches von einem isolierten Körper, oder einem isolierten Systeme von Körpern unaufhörlich und unerschöpflich mitgeteilt wird, unmöglich eine materielle Substanz sein kann; und es scheint mir äußerst schwer, wo nicht ganz unmöglich, einen deutlichen Begriff von einem Etwas zu fassen, das der Erregung und Mitteilung auf die Weise fähig wäre, wie die Wärme in diesen Versuchen erregt und mitgeteilt wurde, es müßte denn Bewegung sein. Ich bin weit entfernt, zu behaupten, daß ich wüßte, wie oder durch welche Mittel und mechanische Wirkungen die besondere Art der Bewegung, welche man als Wärmestoff angenommen hat, erregt, dauernd erhalten und fortgepflanzt werde; und hier bloße Mutmaßungen aufzustellen, ist nicht meine Absicht. ..." [1, S. 27–29]

Rumford hat nicht viel weiteres zu diesem Problem „Bewegung" veröffentlicht. In einer einzigen späteren Schrift nimmt er zur Erklärung der Wärme sowohl Bewegung der Körperteile an, als auch Bewegung eines sie umgebenden elastischen „Äthers". (Ein solcher Äther spielte ja auch in der Mechanik und Optik des 19. Jahrhunderts noch eine große Rolle, bis er durch Einsteins Relativitätstheorie – bis heute – ad acta gelegt wurde.) Die Anhänger der Wärmestofftheorie, damals noch in der Mehrzahl, hatten freilich aus ihrer Sicht keine Schwierigkeiten, Rumfords Argumente zu entkräften. Der Wärmestoff war eben so fein, daß es nicht möglich war, ihn zu wiegen. Deshalb konnte auch sehr viel davon vorhanden sein. Wie der Wärmestoff Temperaturerhöhung bewirkte, wußte man eben nicht genau. Für die Thermometersubstanz war jedenfalls nur sehr wenig Wärmestoff aus dem Wärme abgebenden Körper nötig. Was nun starker Druck (des stumpfen Bohrers auf die Kanoneninnenwand) bewirkte, war ebenfalls, nach Meinung der Wärmestoff-Anhänger, nicht geklärt.

Rumford hat keinerlei Bezüge zu anderen Bereichen der Physik, insbesondere zur Elektrizität gesucht. Hier entwickelte sich gerade erst das Teilgebiet der „galvanischen Elektrizität", wo es erstaunliche Phänomene wie das Fließen konstanter Ströme oder chemisch-elektrische Energieumwandlungen zu beobachten gab. Auch die Theorie der Dampfmaschine, die wesentliche Anregungen für das Verständnis der Wärme als Energieform brachte, lag Rumford fern. Der Begriff „mechanische Arbeit als die dauernde Überwindung eines Widerstands längs des von der Kraft zurückgelegten Weges und in der Richtung dieses Weges" wurde erst vom französischen Mathematiker und Ingenieur Jean Victor Poncelet 1829 besonders herausgestellt. Energie, von diesem noch traditionell als „lebendige Kraft" bezeichnet, sei „Arbeitsvorrat".

Rumfords Wärmethesen waren – wie übrigens auch Thomas Youngs Vorstellungen zur Wellentheorie des Lichtes ab 1800 – durch den Erfolg der Schalltheorie nachhaltig beeinflußt. Seine mathematischen Fähigkeiten und Interessen waren eher bescheiden. Das galt für viele „Experimentalphysiker" dieser Zeit.

Angriffsflächen bot Rumford auch durch manche seiner weitergehenden Folgerungen: Seine Entdeckung, daß Wärme in Flüssigkeiten durch Flüssigkeitsteile (d. h. durch Konvektionsströme) transportiert wird, war zwar durch Experimente gut begründet, er schloß aber mit weiteren Untersuchungen daraus, daß Flüssigkeiten absolute Nichtleiter von Wärme seien. Berühmt wurden Rumfords Vorstellungen von Wärme deshalb, weil er originelle und sorgfältige Experimente durchführte, sie geschickt verbreitete und schließlich: weil er überhaupt ein einflußreicher Mann war. Der große Erfolg des Energieerhaltungssatzes 1842 brachte ihn und seinen Kanonenbohrversuch schließlich in unsere Geschichtsbücher. Joule berechnete aus Rumfords Zahlenangaben einen Wert für das mechanische Wärmeäquivalent, der immerhin 15 % des richtigen Werts ausmachte. John Tyndall erhob Rumford in der zweiten Hälfte des 19. Jahrhunderts zum wesentlichsten experimentellen Vorläufer der kinetischen Gastheorie. Vielleicht ist das zu hoch gegriffen. Aber man könnte durchaus darüber spekulieren, was Rumford aus seinen Forschungen gemacht hätte, wenn es schon damals engere Verbindungen zwischen Wärmetheorie, Mechanik und technischen Interessen gegeben hätte. Doch die Erhaltung der „lebendigen Kraft" gab es damals eben nur innerhalb der Mechanik; sie erstreckte sich noch nicht auf die Wärme als „innerer Energie", wie sie später im 1. Hauptsatz der Wärmelehre formuliert wurde.

Literatur:

[1] Thompson, B. (Graf Rumford): Untersuchungen über den Ursprung der durch Friction bewirkten Wärme. In: Allgemeines Journal der Chemie 1 (1798) S. 9–31 (gelesen vor der Royal Society London am 25.01.1798, auch in den Philosophical Transactions Band 88, 1798, S. 80–102)

[2] (Derselbe): Abhandlungen über die Wärme. In: (Derselbe): Kleine Schriften politischen, ökonomischen und philosophischen Inhalts. Hier Band 4, Weimar 1805

[3] (Derselbe): Original works. 5 Bände. Herausgegeben von S. C. Brown, Cambridge/Mass., 1968–1970

[4] Brown, S. C.: Benjamin Thompson, Count Rumford. Cambridge/Mass. und London, 1979

[5] Goldfarb, St. J.: Rumford's Theory of Heat: A Reassessment. In: The British Journal for the History of Science 10 (1977) S. 25–36

[6] Petzold, U. u. K. Figala: Sir Benjamin Thompson, Graf von Rumford (1753–1814). Ein Universalgenie aus Massachusetts reformiert Bayern. In: Kultur und Technik. Zeitschrift des Deutschen Museums, München, 1983, Heft 4, S. 235–243

[7] Larsen, E.: Ein Amerikaner in München. München 1961

J. T.

Wichtig für Physik und Chemie: Die Gasgesetze

Bereits vor etwa zwei Jahrtausenden konstruierte Heron von Alexandria Automaten mit Luft-, Wasser- oder Dampfdruck – vornehmlich für Kultzwecke. Die Elastizität von Luft und Dampf spielte in der damaligen „Pneumatik" eine hervorragende Rolle (**Bild 1**).

Aber erst im 17. Jahrhundert kam es im Zusammenhang mit Forschungen über den Luftdruck und Otto von Guerickes Nachweis der realen Existenz des Vakuums zu genaueren Überlegungen über das Verhältnis von Druck (Elastizität) und Volumen der Luft. Anregend wirkten dabei neue Konstruktionen von Luftpumpen. Obwohl die unterschiedliche Spannung der Luft durch zahlreiche Versuche schon nachgewiesen war, stand eine genaue Messung des Verhältnisses von Druck und Volumen noch aus: Robert Boyle nahm sich der Sache an und nutzte für den Überdruck eine Versuchsanordnung, die von den früheren Heberbarometern abgeleitet worden war. Carl Ramsauer [1] hat nach Angaben Boyles, der keine Abbildung einfügte, die Versuchsanordnung gezeichnet (**Bild 2**). Die abgebildete Originaltabelle (**Bild 3**) gibt das Ergebnis wieder. Sie zeigt das Volumen in Zoll der Rohrlänge und den Druck, ausgedrückt durch die Quecksilberhöhe, letzterer vermehrt um den Luftdruck, bestimmt durch den Barometerstand. Wird daraus das Produkt aus Druck und Volumen

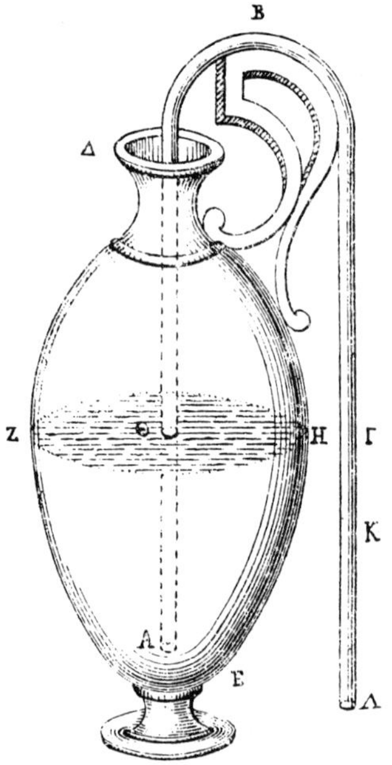

Bild 1: Eine Form des Heronsballs als Heber. *Diese Geräte sind u. a. Vorläufer der „Spritzflaschen" der Chemie.*

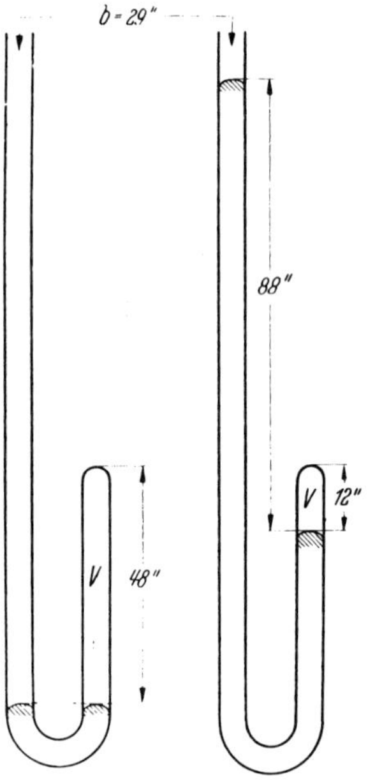

Bild 2: Versuchseinrichtung von Robert Boyle zur Messung von Druck, *gemessen durch die darauf lastende Quecksilbersäule, und Volumen der Luft bei Überdruck. Links Anfangs-, rechts Endzustand (nach C. Ramsauer).*

Contra FR. LINVM. 45

Tabula Condenſationis Aëris.

A	A	B	C	D	E
48	12	00		29 2/16	29 2/16
46	11 1/2	01 7/16		30 9/16	30 6/16
44	11	02 13/16		31 15/16	31 12/16
42	10 1/2	04 6/16		33 8/16	33 1/7
40	10	06 3/16		35 5/16	35
38	9 1/2	07 14/16		37	36 15/19
36	9	10 2/16		39 4/16	38 7/8
34	8 1/2	12 8/16		14 10/16	41 2/17
32	8	15 1/16	Additum ad 29 1/8 facit	44 3/16	43 11/16
30	7 1/2	17 15/16		47 1/16	46 3/5
28	7	21 3/16		50 5/16	50
26	6 1/2	25 3/16		54 5/16	53 10/13
24	6	29 11/16		58 13/16	58 2/8
23	5 3/4	32 3/16		61 5/16	60 18/23
22	5 1/2	34 15/16		64 1/16	63 6/11
21	5 1/4	37 15/16		67 1/16	66 4/7
20	5	41 9/16		70 11/16	70
19	4 3/4	45		74 2/16	73 11/19
18	4 1/2	48 12/16		77 14/16	77 2/3
17	4 1/4	53 11/16		82 12/16	82 4/17
16	4	58 2/16		87 14/16	87 3/8
15	3 3/4	63 15/16		93 1/16	93 1/5
14	3 1/2	71 5/16		100 7/16	99 6/7
13	3 1/4	78 11/16		107 13/16	107 7/13
12	3	88 7/16		117 9/16	116 4/8

AA. Numerus æqualium ſpatiorum in breviori crure, quod continebat eandem portionem Aëris diverſimodè extenſi.

B. Altitudo Cylindri *Mercurialis* in longiori crure, qui Aërem comprimebat in iſtas dimenſiones.

C. Altitudo Cylindri *Mercurialis*, qui æqui ponderabat preſſioni *Atmoſphæra*.

D. Aggregatum duarum proximarum columnarum B & C, preſſionem exhibens ab incluſo Aëre ſuſtentatum.

E. Quanta illa preſſio eſſe debebat juxta *Hypotheſin*, quæ ſupponit, Preſſiones & expanſiones in proportione eſſe reciprocas.

Ee 2 *Ad*

Bild 3: Originaltabelle von Boyle über Druck und Volumen bei isothermen Zustandsänderungen.

gebildet, ergibt sich mit Schwankungen von unter einem Prozent ein konstanter Wert. Offensichtlich handelte es sich dabei um eine hervorragende experimentelle Leistung. Verschiedentlich wurde aber festgestellt, daß Boyle bei der ersten Veröffentlichung 1661 den Zusammenhang zwischen Druck und Volumen nicht erkannte und erst durch den Ingenieur Richard Townley darauf hingewiesen wurde. Etwas später hat auch der Franzose Edme Mariotte das Gesetz bestätigt. Diese Umstände führten dazu, daß dieses wichtige Resultat oft als Boyle-Mariottesches Gesetz, in einigen Physiklehrbüchern sogar als Townleysches Gesetz bezeichnet wird.

Boyles Gesetz gilt nur für isotherme Vorgänge. Erst Ende des 18. Jahrhunderts begannen mit Watts Untersuchungen über Dampfspannungen und aus Erfordernissen der Gaschemie Forschungen über die Ausdehnung von Gasen und Dämpfen in Abhängigkeit von der Temperatur. Zudem wies das Auftreten von Kompressionswärme und Expansionskälte bei Gasen auf einen Zusammenhang mit der Wärmelehre hin. Joseph Louis Gay-Lussac ging bei Untersuchung der Ausdehnung der Gase von sehr unterschiedlichen Resultaten seiner Vorgänger aus, die durch den verschiedenen Gehalt der Luft an Feuchtigkeit verfälscht wurden. Gay-Lussac wandte das in **Bild 4** im Original abgebildete Verfahren zur Messung des Ausdehnungskoeffizienten an. So gewann er die relative Volumenausdehnung bei konstantem Druck. Er stellt fest:

„Dividirt man diese ganze Dilatation gleichmäßig durch die Anzahl der Grade, die sie hervorgebracht haben, oder 80 [nach der Skala von Réaumur], so findet man, indem man das Volum bei der Temperatur 0° als Einheit nimmt, daß die Volummehrung $\frac{1}{213{,}33}$ für jeden Grad oder $\frac{1}{266{,}66}$ für jeden Centigrad beträgt" [2, S. 20].

Nach weiteren Versuchen mit Wasserstoff-, Sauerstoff- und Stickgas konnte er konstatieren,

„daß gleiche Volumina dieser vier Gasarten [einschließlich Luft] sich bei einer Temperaturerhöhung vom Frost- bis zum Siedepunkte genau um gleich viel ausdehnen". [2, S. 21]

Nach Gay-Lussac haben John Dalton, Fredrik Rudberg, Heinrich Gustav Magnus und Henri Victor Regnault mit immer präziseren Methoden den Ausdehnungskoeffizienten und auch den Druckkoeffizienten bei konstantem Volumen bestimmt. Rudberg hat besonders sorgfältig die Luft getrocknet und daraus den Schluß gezogen,

„daß die Ausdehnung der trockenen Luft, und ohne Zweifel auch aller anderen trockenen Gase, zwischen 0° und 100° nicht 0,375 von der Volumeinheit bei 0° [wie bei Gay-Lussac], sondern nur 0,364 bis 0,365 ist" [2, S. 60].

Somit konnte Gay-Lussac das Boylesche Gesetz um 1808 erweitern und in die Form

$$p \cdot V = p_0 \cdot V_0 \cdot (1 + \alpha t)$$

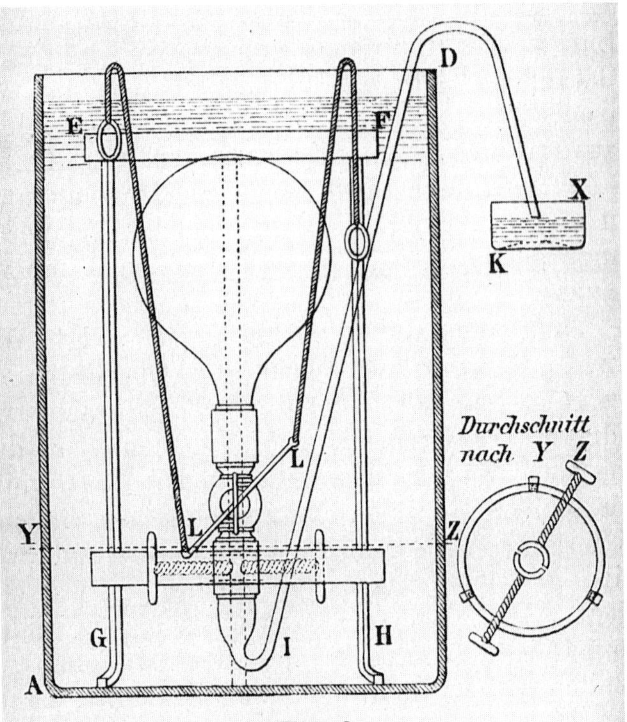

Bild 4:
Originalapparatur von Gay-Lussac zur Mesung der Ausdehnungskoeffizienten der Gase bei konstantem Druck.
Ein Glasgefäß, gefüllt mit trockener Luft und mit einem Hahn geschlossen, wird in ein Bad mit siedendem Wasser gebracht. Dann wird über die Schnüre LL das Glasgefäß wieder geöffnet, so daß sich darin der Außendruck einstellt. Sodann wird das Gefäß erneut geschlossen, das Glasrohr entfernt, und in ein Bad mit schmelzendem Eis getaucht. Darauf wird bei gleichbleibendem äußeren und inneren Wasserspiegel der Hahn wieder geöffnet, und es strömt soviel Wasser in den Glaskolben, wie der Differenz $\Delta V = V_{100} - V_0$ entspricht.

(p, p_0: Drucke; V, V_0: Volumina, t: Temperatur in Grad Celsius, α: Ausdehnungskoeffizient) bringen.

Erstmals hat 1802 Dalton auf die Existenz eines absoluten Nullpunktes hingewiesen. Allerdings kam er mit Hypothesen über die „Repulsivkräfte" der Stoffteilchen in bezug auf die damit verbundene Wärmemenge zu einem viel zu niedrigen Wert:

„Hiernach [nach seiner Hypothese] müßte der absolute Nullpunkt der Wärme, bei welchem gänzliche Abwesenheit aller Wärme wäre, bei 1547°F [Fahrenheit] unter dem Gefrierpunkt des Wassers liegen." [2, S. 30]

1809 wurde der „absolute Nullpunkt" von Charles Bernard Desormes und Nicola Clement nach dem damaligen Wert des Ausdehnungskoeffizienten der Gase mit –266° C angegeben.

Die absolute Temperatur T, heute in Kelvin gemessen und thermodynamisch definiert, hat wahrscheinlich erstmals Benoit Pierre Émile Clapeyron in seiner Arbeit zum Carnotschnen Kreisprozeß in seiner hier modern geschriebenen Zustandsgleichung der Gase $\frac{p \cdot V}{T}$ = const. verwandt.

Die Forschungen über die Gasgesetze haben in vielerlei Hinsicht den Fortschritt in der Wissenschaft vorangetrieben. Um 1807 fand Dalton, daß der Druck eines Gasgemischs im allgemeinen gleich der Summe der Partialdrucke der einzelnen Komponenten ist. Mit neuen technischen Methoden wurden die „permanenten Gase", die nicht verflüssigbar sein sollten, weiter untersucht. Thomas Andrews fand um 1860, daß sich bei der Verflüssigung von Kohlensäure die Trennlinie zwischen den Aggregatzuständen aufhebt. Daraufhin zeichnete er die vom Boyleschen Gesetz abweichenden Zustandskurven der realen Gase mit dem „kritischen Punkt", bei dem der Stoff „mitten zwischen

Gas und Flüssigkeit steht". Johannes Diderik van der Waals stellte 1873 die Zustandsgleichung der realen Gase auf. Darauf baute die Tieftemperaturphysik auf: 1898 gelang James Dewar die Verflüssigung des Wasserstoffes und 1908 Heike Kamerlingh Onnes die des Heliums.

Weiterhin hat die Erforschung der Gasgesetze, die den Einfluß der Temperatur auf Volumen und Druck der Gase wiedergeben, auch zur Herausbildung des Energieerhaltungssatzes beigetragen: Um 1800 hat beispielsweise Dalton auf den Zusammenhang zwischen Volumenänderung der Gase und dem Verbrauch bzw. der Entstehung von Wärme hingewiesen. 1819 bestimmten Charles Bernard Desormes und sein Schwiegersohn Nicola Clement die spezifischen Wärmen der Luft mit und ohne Ausdehnung. Mit deren Verhältnis, das für die meisten Gase konstant ist, konnten die adiabatischen Zustandsänderungen der Gase erforscht werden. Weit wichtiger aber war, daß damit ein Zugang zum Umwandlungsverhältnis von Wärme- und mechanischer Energie über die Ausdehnungsarbeit der Gase gefunden war. Die Untersuchungen von Sadi Carnot und vor allem die von Robert Mayer, der aus den unterschiedlichen spezifischen Wärmen der Gase bei konstantem Volumen und konstantem Druck erstmals das mechanische Wärmeäquivalent berechnete, stehen dafür (siehe S. 72).

Literatur:

[1] Ramsauer, C.: Grundversuche der Physik in historischer Darstellung. Berlin, Göttingen, Heidelberg 1953

[2] Ostwald, W. (Hrsg.): Das Ausdehnungsgesetz der Gase. Abhandlungen von Gay-Lussac, Dalton, Dulong und Petit, Rudberg, Magnus, Regnault. Ostwalds Klassiker der exakten Wissenschaften Nr. 44. Leipzig 1894

[3] Ostwald, W. (Hrsg.): Dss Volumgesetz gasförmiger Verbindungen. Abhandlungen von Alex. von Humboldt und J. F. Gay-Lussac. Ostwald's Klassiker der exakten Wissenschaften Nr. 42. Leipzig 1921

W. Sch.

Der Satz von der Erhaltung und Umwandlung der Energie

Schon bei Galileo Galilei und Christiaan Huygens gab es erste Ansätze, etwa beim Pendel und elastischen Stoß, die Erhaltung einer heute kinetische Energie bezeichneten Größe nachzuweisen. Daraus entwickelte sich bis zum 18. Jahrhundert stufenweise die Erkenntnis, daß für rein mechanische Vorgänge die Summe zweier Terme, die wir heute als potentielle und kinetische Energie bezeichnen, konstant bleibt. So wurde über Jahrhunderte nach einer allgemeinen Erhaltungsgröße gesucht. Gottfried Wilhelm Leibniz bezeichnete eine Erhaltungsgröße als „lebendige Kraft" („vis viva", sie ist der kinetischen Energie porportional), und René Descartes postulierte für alle Bewegungen im Weltall die Erhaltung einer „bewegenden Kraft" („vis motrix", sie entspricht dem Impuls). Daneben wurde das wort „Kraft" auch für Newtons Kraftaxiom benutzt. So herrschte im 18. Jahrhundert eine Bedeutungsvielfalt für den Begriff „Kraft", die damals nicht ausgeräumt werden konnte.

Mit der beginnenden industriellen Revolution wurde nach neuen Größen gesucht, um die Leistungsfähigkeit von Maschinen zu bestimmen. James Watt führte 1784 die Pferdestärke als Leistungsmaß ein. Jean Victor Poncelet definierte die Größe mechanische Arbeit als Produkt aus Kraft und Weg und wandte sein „Prinzip der lebendigen Kraft", d. h. der reibungsfreien Umwandlung von mechanischer Arbeit in kinetische Energie, auf die Maschinenlehre an. Damit wurde die Überzeugung von der Unerschaffbarkeit und Unzerstörbarkeit der mechanischen Arbeit verstärkt.

Solchen wissenschaftlichen Überlegungen liefen seit langem unzählige Versuche parallel, ein perpetuum mobile, d. h. eine Maschine mit immerwährender Bewegung ohne äußerem Antrieb, zu konstruieren (siehe S. 11). Mit der Verbesserung der Technik in der beginnenden Neuzeit wurde das Verlangen nach einer solchen offenbar unerschöpflichen Energiequelle immer größer. Aber erst im Jahre 1775 faßte die berühmte Pariser Akademie den Beschluß, Konstruktionslösungen für solche Maschinen nicht mehr zu prüfen und als unvereinbar mit der Wissenschaft abzulehnen.

Den wichtigsten Anstoß für die Entdeckung des allgemeinen Energieprinzips lieferte die Entwicklung der Dampfmaschinen. Offensichtlich wurde in der Dampfmaschine Wärme in Bewegung umgewandelt; die dabei erzielte Arbeit wurde mittels Watts Indikatordiagramm sogar aufgezeichnet, ohne daß in der Physik dieser Vorgang, etwa durch Angabe einer Höchstgrenze der Umwandlung, bereits gesetzmäßig geklärt war. Sadi Carnot machte 1824 den ersten Versuch, den Kreisprozeß in der Dampfmaschine physikalisch zu erörtern. Aus seinem Nachlaß geht hervor, daß er sich schließlich zur Bewegungstheorie der Wärme durchrang und versuchte, das mechanische Wärmeäquivalent theoretisch zu berechnen.

Auch in der Elektrophysik wurden seit Beginn des 19. Jahrhunderts immer neue Umwandlungen von „Naturkräften" entdeckt, insbesondere angeregt durch die dynamistische Naturauffassung: Luigi Galvanis und Alessandro Voltas Erfindung der elektrochemischen Batterie, Hans Christian Oersteds Entdeckung des Elektromagnetismus und die von Michael Faraday gefundene elektromagnetische Induktion zeigten offensichtlich, daß „Energieformen" ineinander überführt werden können.

Ebenso kam der dänische Ingenieur Ludvig August Colding um 1840 der Formulierung des Energieprinzips nahe. Als Anhänger der romantischen Naturphilosophie waren für ihn die Naturkräfte unvergängliche materielle Wesen, die ineinander überführt wer-

Bild 1: Julius Robert Mayer im Alter von 40 Jahren

den können. Mit Reibungsexperimenten wies er nach, daß mechanische Arbeit in einem bestimmten Verhältnis in Wärme überging.

Dennoch hatte sich um 1840 die Vorstellung eines allgemein gültigen Energiesatzes noch nicht durchgesetzt. Zu jener Zeit machte sich der Arzt Julius Robert Mayer (**Bild 1**) erste Gedanken über ein System der Physik, das die verschiedenen Teile verknüpfen sollte. Als Schiffsarzt war ihm bei einer Reise nach Ostasien aufgefallen, daß in den heißen Tropen bei Aderlässen das Venenblut heller war als in kälteren Regionen. Es war dem arteriellen Blut vergleichbar. Er begann, über den Wärmehaushalt und die damit verbundenen Umwandlungen nachzudenken. Solche Überlegungen, die physiologischen Vorgänge in lebenden Körpern auf erforschte physikalische und chemische Prozesse zurückzuführen, waren damals nicht ungewöhnlich und Teil der naturwissenschaftlichen Fundierung der Medizin. Aber noch immer sollten die Lebensvorgänge durch eine besondere „Lebenskraft" aufrechterhalten werden. Für Mayer wurde das physiologische Problem zum Ausgangspunkt seiner Forschungen: Er betrachete das Problem der „Kräfte" (Energieformen) in einem universellen Rahmen:

„Der Grundsatz also, daß einmal gegebene Kräfte, gleich den Stoffen quantitativ unveränderlich sind, sichert uns begrifflich den Fortbestand der Differenzen und damit den der materiellen Welt. Sowohl die Wissenschaft ..., welche sich mit der Art des Seyns der Stoffe (Chemie), als die, welche sich mit der Art des Seyns der Kräfte (Physik) beschäftigt, haben die Quantität ihrer Objekte als das Unveränderliche, und nur die Qualität derselben als das Veränderliche zu betrachten." [1, S. 23]

So erörterte Mayer 1841 in einem Aufsatz die wesentlichen Grundgedanken des Energieprinzips: die Erhaltung der Energie und Umwandlung der Energieformen. Sein Aufsatz wurde vom Redakteur der *Annalen der Physik*, Johann Christian Poggendorff, jedoch zurückgewiesen. Ein zweiter siebenseitiger Artikel aus dem Jahr 1842 mit dem Titel „Bemerkungen über die Kräfte der unbelebten Natur", in dem Mayer erstmals das mechanische Wärmeäquivalent ohne Herleitung angab, blieb ohne Nachhall. Schließlich verfaßte Mayer das 1845 erschienene Buch mit dem Titel *Die organische Bewegung in ihrem Zusammenhang mit dem Stoffwechsel*. Darin nannte er fünf Hauptformen der Energie: Fallkraft, Bewegung, Wärme, Magnetismus (Elektrizität), Chemisches Getrenntsein (Chemisches Gebundensein) und führte 25 Experimente an, bei denen die „Metamorphosen" der „physischen Kraft" auftreten (**Bild 2**). Ferner erörterte er die Energieproblematik bei lebenden Organismen, verwarf die Hypothese der Lebenskraft und argumentierte, „dass während des Lebensprocesses nur eine Umwandlung, so wie der Materie, so der Kraft, niemals aber eine Erschaffung der einen oder anderen vor sich gehe" [1, S. 8]. Ausgehend von Justus Liebig diskutierte Mayer auf der Basis des Energieprinzips den Stoffwechsel der Tiere und kam zu dem Schluß: „Die einzige Ursache der thierischen Wärme ist ein chemischer Process, in specie ein Oxydationsprocess" [1, S. 88]. Bezüglich der Dampfmaschine konstatierte Mayer, „daß die Leistung der [Dampf]maschine an ein Consumo von Wärme unzertrennlich geknüpft" ist [1, S. 55].

Das Kernstück des Buches bildete jedoch Mayers berühmter Gedankenversuch zur Berechnung des mechanischen Wärmeäquivalents. Die Grundlage dafür boten die von Joseph Louis Gay-Lussac aufgestellte Zustandsgleichung der idealen Gase sowie die von Nicola Clément und Charles Bernard Desormes bestimmte spezifische Wärme von Gasen bei konstantem Druck bzw. konstantem Volumen, deren Verhältnis sich für die meisten Gase als konstant herausstellte. Der naheliegende, jedoch einzigartige, schöpferische Gedankengang Mayers mit anschließender Rechnung war nun folgender: Bei der Temperaturerhöhung eines Gasvolumens um ein Grad bei konstantem Druck wird neben der Erwärmung eine Ausdehnungsarbeit gegen den äußeren Druck verrichtet, die aus der Differenz zur Erwärmung bei konstantem Volumen zu berechnen ist. Vergleicht man die Wärmemenge für die Ausdehnungsarbeit mit der dafür erhaltenen Hubarbeit für 1° auf eine Quecksilbersäule, resultiert daraus das mechanische Wärmeäquivalent. Das schildert Mayer wie folgt:

„Einfacher und schärfer lässt sich das Problem lösen durch Berechnung der Wärmemenge, die latent wird, wenn ein Gas unter einem Drucke sich ausdehnt. Ist die Wärme, welche ein Gas aufnimmt, das bei constantem Volumen um t° erwärmt wird, = x, die Wärme, deren das Gas zu derselben Temperaturerhöhung bei constantem Drucke bedarf, = x + y, ist ferner das im letzteren Falle gehobene Gewicht = P, seine Höhe = h, so ist

$$y = P \cdot h$$

Ein Kubikcentimeter atmosphärische Luft bei 0° und 0^m, 76 Barometer [d. h. 1 cm^3 Luft bei 0°C in Meereshöhe und 760 Torr] wiegt 0,0013 Gramm; bei constantem Drucke um 1°C erwärmt, dehnt sich die Luft um 1/274 ihres Volumens aus und hebt somit eine Quecksilbersäule von einem Quadratcentimeter Grundfläche und 76 Centimeter Höhe um 1/274 Centimeter.

Das Gewicht dieser Säule beträgt 1033 Gramm. Die specifische Wärme der atmosphärischen Luft ist bei constantem Drucke, die des Wassers = 1 gesetzt, nach Delaroche und Bérard = 0,267; die Wärmemenge, die unser Kubikcentimeter Luft aufnimmt, um bei constantem Drucke von 0 auf 1° zu kommen, ist also der Wärme gleich, durch welche 0,0013 · 0,267 oder 0,000347 Gramm Wasser um 1° [Temperaturdifferenz von 0° auf 1° C] erhöht werden. Nach Dulong, dem hierin die Mehrzahl der Physiker folgt, verhält sich die Wärmemenge, welche die Luft bei constantem Drucke aufnimmt, wie 1:1,421; hiernach gerechnet ist die Wärmemenge, die unseren Kubikcentimeter Luft bei constantem Volumen um 1° erhöht, $= \frac{0{,}000347}{1{,}421} = 0{,}000244$ Grad.

Es ist folglich die Differenz y = 0,000347 – 0,000244 = 0,000103 Grad Wärme, durch deren Aufwand das Gewicht P = 1033 Gramm, auf h = 1/274 Centimeter, gehoben wurde. Durch Reduktion dieser Zahlen findet man nun 1° Wärme = 1 Grm. auf $\frac{367\text{m}}{1130 \text{ par. F.}}$ Höhe.

[Die zugeführte Wärmemenge bei Temperaturänderungen um ein Grad entspricht einer Hebung von einem Gramm um 367 m.]

Das nämliche Resultat wird erhalten, wenn man statt der atmosphärischen Luft eine andere einfache oder zusammengesetzte Gasart der Berechnung unterlegt. Das Gesetz Wärme = Mechanischer Effekt ist unabhängig von der Natur einer elastischen Flüssigkeit, die nur als Werkzeug dient, um die Umwandlung der einen Kraft in die andere zu bewerkstelligen.“ [1, S. 56–58]

Bild 2: Die von Mayer 1845 angeführten Energieformen.

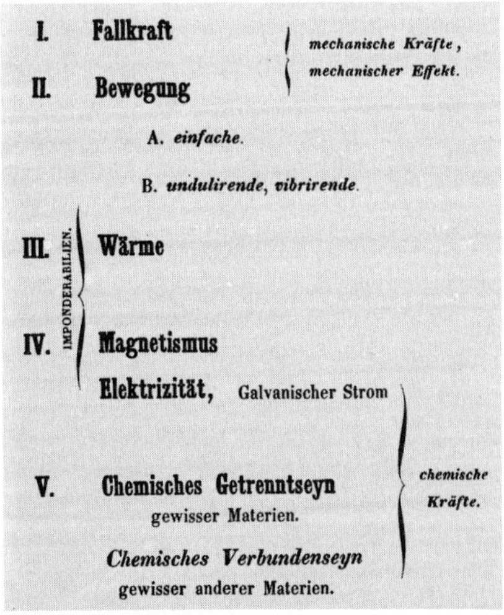

Aus diesem Gedankenversuch ergab sich für das mechanische Wärmeäquivalent der Wert von 367 kpm/kcal, den Mayer später durch genauere Ausgangswerte auf 425 kpm/kcal präzisierte.

Mayer unternahm auch den originellen Versuch, die Herkunft der Sonnenenergie durch einstürzende „Asteroiden“ zu erklären, deren kinetische Energie sich in Wärme umwandelt. (Die richtige Erklärung dafür wurde erst ein Jahrhundert später von Hans Bethe und Carl Friedrich von Weizsäcker gefunden, die in der Atomkernfusion den energieliefernden Prozeß in den Sternen erkannten.) Dagegen haben Mayers energetische Untersuchungen zu physiologischen Prozessen, u. a. zur Abschätzung der Arbeit des Herzmuskels und zur Erklärung der Stoffwechselvorgänge, die Medizin und andere Wissenschaften vorangebracht.

Mayers weiteres Schicksal verlief wechselhaft. Nach der Formulierung seines umwälzenden Naturgesetzes lebte er in ständiger Erregung, doch er wartete vergeblich auf ein Echo aus der wissenschaftlichen Welt. Als er nach dem Erscheinen der entsprechenden Arbeiten von Joule (1843) und Helmholtz (1847) sein Prioritätsrecht 1849 in der Allgemeinen Zeitung in Augsburg reklamierte, antwortete ihm in derselben Zeitung ein Dr. Otto Seyffer mit folgendem Kernsatz:

„... so wie ihn [den Energiesatz] sich aber Herr Mayer denkt, daß eine wirkliche Metamorphosierung [Umwandlung] zwischen Wärme und Bewegung stattfinde, ist er ein vollkommen unwissenschaftliches, allen klaren Ansichten über die Naturtätigkeit widersprechendes Paradoxon ..." [2, S. 95]

Die Zeitung gewährte Mayer keine Rechtfertigung. Das war neben politischen und familiären Verwicklungen in den Revolutionsjahren 1848/49 das auslösende Moment,

„... daß ich [Mayer] in der Frühe des 28. März 1850 ... nach schlaflos hingebrachter Nacht in einem Anfalle plötzlich ausgebrochenen Deliriums, noch unangekleidet, zwei Stockwerke (neun Meter) hoch vor den Augen meiner kurz vorher erwachten Frau, welche sich der Sache nicht versehen konnte, durch das Fenster auf die Straße sprang ..." [2, S. 97]

Es folgten nach Erregungsphasen wiederholte Aufenthalte in Heilanstalten. Erst nach 1860 wurde Mayers Leistung und seine Priorität bei der Entdeckung des Energieprinzips anerkannt und gewürdigt.
Danach stellten sich Auszeichnungen von vielen Seiten ein. Er starb hochgeehrt 63jährig am 20. März 1878.

Bild 3: James Prescott Joule, ein erfolgreicher Amateurphysiker.

Der Brauereibesitzer und Physiker James Prescott Joule (**Bild 3**) näherte sich dem Energieprinzip auf einem ganz anderen Weg. Joule war bereits seit 1838 von der Möglichkeit beeindruckt, statt der Dampfkraft Elektromotoren mit Batterien als Antrieb einzusetzen. Er versuchte zunächst durch Probieren Elektromotoren zu verbessern. Enttäuscht über seine Mißerfolge wandte er sich der Untersuchung der elektromagnetischen Kräfte zu und fand ein Gesetz über die Anziehung zweier Elektromagnete. Den letzten Anstoß zur Energieproblematik bezog Joule aus Moritz Hermann Jacobis Überlegungen und Berechnungen über den „ökonomischen Effekt" und die Effizienz des Elektromotors. Er würdigte dessen Forschungen, wandte aber ein: „Jacobi hat ... keine präzisen Details angegeben, die die Nutzleistung [Wirkungsgrad] seines Apparats betreffen." [3, S. 47]

Diese Forschungen bildeten den Ausgangspunkt für Joules Experimente zur Bestimmung des mechanischen Wärmeäquivalents. Eine erste Versuchsreihe betraf die Messung der Stromwärme, weil Joule die Leistung von Dampfmaschine und Elektromotor zu vergleichen suchte. Bei der ersteren wurde die Bewegung aus Wärme, bei dem letzteren aus elektrischem Strom gewonnen.

Er bestimmte schließlich die Wärmemengen, die in einer Volta-Zelle und beim Stromdurchgang durch verschiedene Medien entstehen.

Bei seinem wichtigsten Versuch erwärmten Daniellsche Elemente als Stromversorger durch verschiedene Kupferspiralen Wasser in einem Kalorimetergefäß. Zuerst erhielt er das Resultat, daß die Wärmemenge dem Widerstand proportional ist. Dann variierte er die Stromstärke und benutzte verschiedene Kupferspiralen. Nun ergab sich, daß die erzeugte Wärmemenge dem Quadrat der Stromstärke proportional ist.

Diese Versuche brachten Joule zur Überzeugung, daß bei diesen Prozessen nicht nur eine „Übertragung“, sondern eine „Umwandlung“ von elektrischem Strom (oder bei anderen Versuchen mechanischer Bewegung) in Wärme vorliege. Daraus folgerte er, daß man Wärme nicht als eine Substanz, sondern als eine Art „Vibration“ der kleinsten Teilchen eines Körpers betrachten müsse (siehe auch S. 64). Er kam zu dem bedeutsamen Schluß:

„Ich will keine Zeit verlieren, diese Versuche zu wiederholen und auszudehnen, überzeugt, daß die großen Naturkräfte [grand agents of nature] durch des Schöpfers werde, unzerstörbar sind und daß überall, wo mechanische Kraft verbraucht wird, immer ein exaktes Äquivalent an Wärme gewonnen wird.“ [3, S. 159]

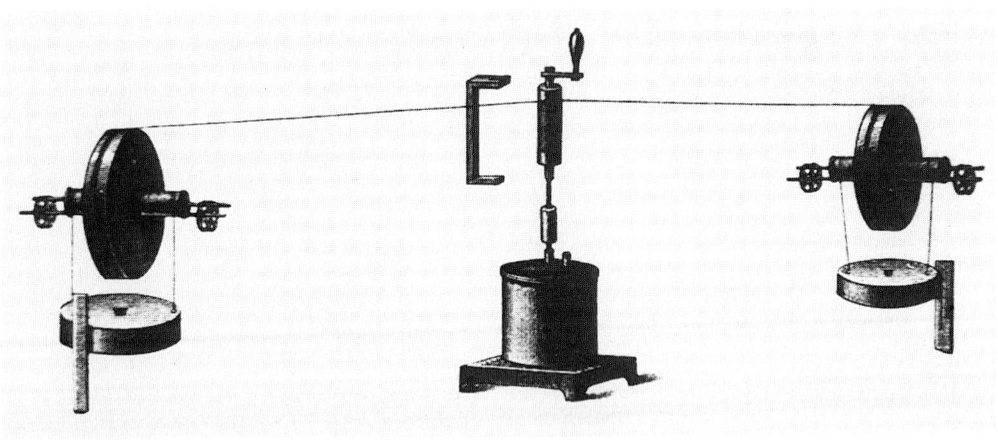

Bild 4: a) Joules Originalversuch mit dem Rührwerk zur Bestimmung des mechanischen Wärmeäquivalents. b) Rekonstruktion

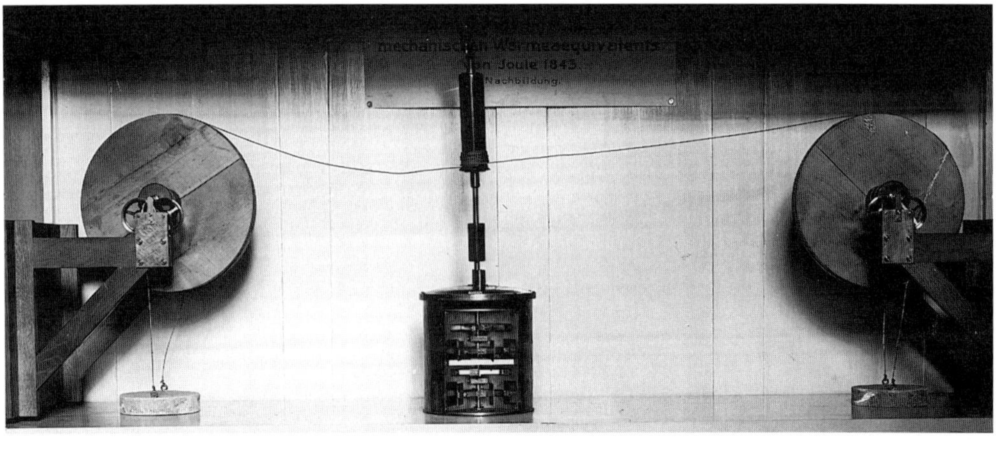

Bild 5: Jugendbildnis von Hermann von Helmholtz

Mit einer Vielzahl von verschiedenen Experimenten konzentrierte sich Joule nun auf die Bestimmung des mechanischen Wärmeäquivalents. Besondere Aufmerksamkeit erregte folgender Versuch: Absinkende Gewichtsstücke setzten ein Rührwerk in einem mit kaltem Wasser gefüllten Kalorimeter in Rotation und verursachen eine Temperaturerhöhung (**Bild 4a und b**):

„An dem Messing-Schaufelrad hatte ich ein Messing-Rahmwerk angebracht, welches der Flüssigkeit hinreichenden Widerstand bot. – Dadurch war der Wandwiderstand der Flüssigkeit gegen die Schaufeln sehr beträchtlich gemacht. Die verwandte Kanne war von Kupfer, umgeben von einer Hülle aus dünnem Zinn. Sie war verschlossen durch einen Zinndeckel mit einem Loch zur Durchführung der Achse des Rades und zur Einführung eines empfindlichen Thermometers. Die Bewegung wurde dem Rade mitgeteilt durch eine auf der Achse sitzende Trommel, um welche eine Schnur gewickelt ist, durch die mittels empfindlicher Rollen zwei Gewichte jedes von 29 Pfund, zu der Höhe von 5 1/4 Fuß gehoben werden konnten. Wenn die Gewichte mittels Drehung des Rades diesen Raum durchlaufen hatten, wurde die Trommel abgenommen, die Schnur wieder aufgewickelt und die Operation wiederholt. Nachdem dies zwanzig Mal geschehen, wurde die Temperatur bestimmt."

In der Auswertung stellt Joule fest:

„Wir sehen also, daß die Gewichte von 29 Pfund, indem sie eine Höhe von 1265,13 Zoll durchfallen, 0,668° (Fahrenheit) im Apparat erzeugen. Zur Reduktion dieser Größen ist es nötig, erstlich die Reibung der Rollen und der Schnur beim Abwickeln von der Trommel zu ermitteln. Das Äquivalent eines Fahrenheitschen Grades Wärme bei 1 Pfd. Wasser fand ich also gleich 781,5 Pfd. gehoben um einen Fuß." [3, S. 140]

Joule erzielte schließlich einen Wert von 425 kpm/kcal, der im Vergleich mit dem heute gültigen Wert von 427 kpm/kcal von der Sorgfalt Joules bei der Versuchsdurchführung zeugt. Joule hat durch präzise Messungen zur Anerkennung des Energieerhaltungssatzes entscheidend beigetragen. Gleichzeitig hat er durch den Energievergleich zwischen Dampfmaschine und batteriebetriebenem Elektromotor (Kohle – gegenüber Zinkverbrauch) auch zur Herausbildung der technischen Energetik beigetragen.

Der Energieerhaltungssatz erhielt schließlich durch Hermann von Helmholtz' (**Bild 5**) Vortrag und Schrift „Über die Erhaltung der Kraft" (1847) eine exakte und allgemeine Formulierung. Er wurde dann schnell zum Allgemeingut der Naturwissenschaften und Technik. Nach 1850 wurde auch die Begriffskonfusion über das Wort „Kraft" ausgeräumt und dafür von William Thomson (Lord Kelvin) und William John Macquorn Rankine der Begriff „Energie" (aus dem Griechischen: Wirksamkeit) mit dem heutigen Bedeutungsinhalt und -umfang eingeführt.

Literatur:

[1] Mayer, J. R.: Die Mechanik der Wärme. Sämtliche Schriften. Reprint: Heilbronn 1978

[2] Schmolz, H. u. Weckbach, H.: Robert Mayer. Sein Leben und Werk in Dokumenten. Weißenhorm 1964

[3] Joule, J. P.: Scientific Papers of James Prescott Joule. London 1884

[4] Kuhn, T. S.. Die Erhaltung der Energie als Beispiel gleichzeitiger Entdeckung. In: Die Entdeckung des Neuen. Frankfurt/M. 1978

W. Sch.

ELEKTRIZITÄT UND MAGNETISMUS

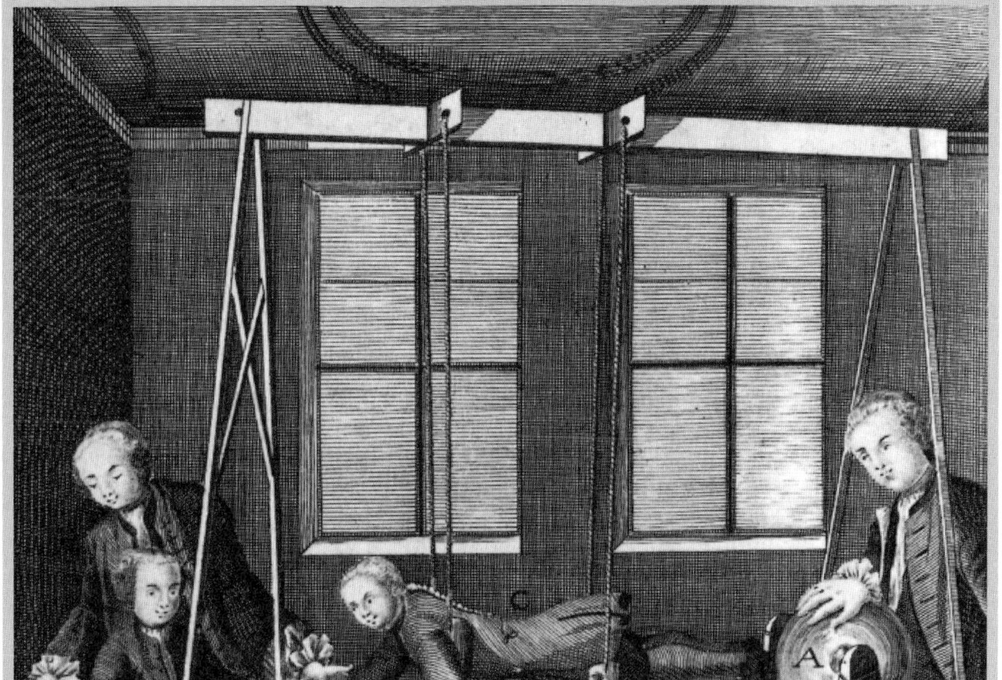

Die Reibungselektrisiermaschine

In der Geschichte der Elektrizitätslehre ist das 18. Jahrhundert das große Zeitalter der Reibungselektrizität. Die Elektrizitätslehre wurde damals überhaupt erst zu einer wissenschaftlichen Disziplin, jedenfalls wenn man zwei Kriterien anwendet: die Entwicklung besonderer Geräte (inklusive Meßinstrumente) und die Entwicklung eigener – auch quantitativ brauchbarer – Konzepte und Begriffe. Das wichtigste Gerät dieses neuen Teilgebiets wurde die Elektrisiermaschine. Sie war bald, neben der Luftpumpe, der meistverwendete und teuerste Apparat jedes physikalischen „Kabinetts", jeder physikalisch-technischen Sammlung überhaupt. Professoren, die den Ehrgeiz hatten, Experimente vorzuführen und experimentell zu forschen, mußten damals übrigens alles aus eigener Tasche bezahlen. Der Göttinger Physikprofessor Georg Christoph Lichtenberg zum Beispiel gab dafür ein Vermögen aus; seine Ausstattung war schon bald mehr als fünf Jahresgehälter wert. Andere, wie Johann Heinrich Winkler, hatten reiche und einflußreiche Gönner, oder bauten ihre Geräte eigenhändig. Manche verdienten sogar Geld damit, wie der Londoner Instrumentenmacher Francis Hauksbee.

Die Anfänge der Elektrisiermaschine reichen bis in das 17. Jahrhundert zurück. Allgemein wird Otto von Guericke (geboren als Otto Gericke), gegen Ende des Dreißigjährigen Krieges Bürgermeister von Magdeburg, als „Großvater der Reibungselektrisiermaschine" genannt. Doch hatte er mit seinen berühmten „Magdeburger Versuchen über den leeren Raum" 1672, in denen er auch seine elektrischen Versuche mit einer Schwefelkugel beschrieb (**Bild 1**), etwas ganz anderes vor, als einen neuen Wissenschaftszweig zu begründen. Er wollte das Copernicanische Weltall als leeren Raum experimentell beweisen – eine kosmologische Absicht also! (siehe S. 47). Solche Fragen machten das Hauptinteresse des 17. Jahrhunderts aus. Zwar kannte Guericke schon den Begriff „elektrisch" – er setzte sich in seinem Buch mit den entsprechenden Theorien von William Gilbert und Niccolo Cabeo auseinander –, und sah auch die Anziehungskräfte der Schwefelkugel als elektrisch an, doch wollte er „ihr Auftreten bzw. ihren Ursprung auf die Erhaltungskraft zurückführen". Das war „eine unkörperliche Wirkkraft der Erde, durch die alle irdischen Dinge zu einem einheitlichen Ganzen verschmolzen"[1, S. 153 und 148]. Der Ursprung der elektrischen Kraft war also eine Art Vorform der Gravitation Newtons. Entsprechend verstand er seine Schwefelkugel als ein Modell der Erde:

„Wer dazu Lust hat, nehme eine Glaskugel, eine sogenannte Vorlage, von Kinderkopfgröße; dahinein tue er im Mörser kleingestoßenen Schwefel, setze ihn ans Feuer und schmelze ihn hinreichend; und wenn er völlig erkaltet ist, so zerbreche man das Glasgefäß, nehme die Schwefelkugel heraus und bewahre sie an einem trockenen, nicht an einem feuchten Orte auf. Wenn man will, kann man auch ein Loch durchbohren, so daß die Kugel an einem eisernen Stabe als Achse umgedreht werden kann. Und auf diese Weise wird die Kugel genügend vorbereitet sein ... Um die Erhaltungskraft an dieser Kugel darzutun, lege man sie mittels ihrer Achse über zwei Stützen a b im Gestell a b c d etwa handbreit vom Boden entfernt und breite allerlei Blättchen oder Schnitzel von Gold, Silber, Papier, Hopfen oder andere Abschabsel unter der Kugel aus und berühre diese durch Streichen mit einer recht trockenen Hand. Nach zweidrei und mehrmaligem Reiben oder Streichen wird sie diese Schnitzel anziehen und, um ihre Achse gedreht, mit sich fortnehmen. Auf diese Weise wird einem gewissermaßen die Erdkugel vor Augen gestellt, welche alle lebenden Wesen und andere auf ihrer Oberfläche vorhandenen Dinge durch Anziehung festhält und durch ihre tägliche Umdrehung in vierundzwanzig Stunden mit sich herumführt." [1, S. 147–149]

Mit diesem „Urahnen" aller Elektrisiermaschinen entdeckte er eine Reihe neuartiger Wirkungen der Elektrizität:

„Auch die Abstoßungskraft kann man an dieser Kugel deutlich sehen (wenn sie nämlich aus dem Gestell in die Hand genommen und auf beschriebene Art mit trockener Handfläche berieben oder gestrichen wird). Sie zieht nämlich solche Körperchen nicht nur an, sondern stößt sie auch (je nach Witterung) wieder von sich ab, und zieht sie nicht eher wieder an, als sie einen anderen Körper berührt haben. Diese Kraft kann man aber am besten an flaumigen und leichten Federchen beobachten (weil sie nicht so schnell zur Erde fallen als andere Schnitzelchen); nämlich, nach aufwärts fortgetrieben, können sie ziemlich lange im Kraftbereiche dieser Kugel schwebend gehalten werden und so mit der Kugel, wohin man will, im ganzen Zimmer herumgeführt werden. Außer diesem ist aber auch noch zu bemerken:

1. eine derartige Flaumfeder breitet sich sowohl an der Kugel wie in der Luft aus und zeigt sich gewissermaßen lebendig und zieht alles in unmittelbarer Nähe Befindliche entweder gern an, oder sie schmiegt, wenn das nicht möglich ist, sich selbst an. Sie fliegt an die Spitzen aller entgegenstehenden Gegenstände (wenn sie in erwähnter Weise im Zimmer herumgetragen wird) und man kann so bewirken, daß sie sich jemand an die Nase hängt ...

4. Wenn man einen Leinenfaden oberhalb der Kugel aufhängt, und beinahe bis zu ihr herabläßt, und nun ihn mit dem Finger oder etwas anderen zu berühren versucht, so weicht der Faden aus und duldet die Annäherung des Fingers nicht.

5. Wenn man einen Leinenfaden, den man an der Spitze eines zugespitzten und auf einem Tische oder einem Schemel befestigten Stück Holzes angebunden hat, länger als eine Elle herunterhängen läßt, so jedoch, daß er darunter einen anderen Gegenstand, der um Daumenbreite entfernt ist, berühren kann, so wird das untere Ende des Fadens (so oft nämlich die erregte Kugel der Spitze des Holzstückes nahegebracht wird) sich mit dem in der Nähe befindlichen Gegenstand verbinden. Dadurch kann man ganz sichtlich nachweisen, daß diese Kraft in dem Leinenfaden sich bis zu seinem äußersten Ende erstreckt habe, indem dieser den Gegenstand entweder anzieht, oder sich selbst anschmiegt ... Was die Leuchtkraft angeht, so zeigt sie sich in ähnlicher Weise an der Schwefelkugel. Denn wenn man sie in ein dunkles Zimmer bringt und mit trockener Hand, vorzüglich nachts, reibt, so leuchtet sie auf gleiche Weise wie Zucker beim Zerstoßen." [1, S. 149–152]

Damit beschrieb Guericke bereits die Phänomene Abstoßung, Influenz, Leitung und

Bild 1: Otto von Guerickes Schwefelkugel. *Hier wird gerade eine leichte Feder schwebend gehalten, die durch Berührung mit der geriebenen Kugel elektrisiert und dann abgestoßen wurde.*

Leuchtwirkung der Elektrizität. Einzelne Funken sah er dabei allerdings nicht; das beweist sein Briefwechsel mit Gottfried Wilhelm Leibniz, dem er auf Anfrage 1671 über sein Buch berichtete (die Versuche hatte er schon in den 1660er Jahren durchgeführt) und auch eine Schwefelkugel zugeschickt hatte. Leibniz antwortete, er habe Wärme und Funken „gespüret". Doch im Gegenbrief Guerickes verneinte der das Entstehen von Wärme und führte die Funken auf das Leuchten zurück, das er schon gesehen hatte.

Es wurde lange unter Historikern debattiert, ob Guericke nun die Elektrisiermaschine erfunden habe oder nicht. Sicher hatte er dieses Gerät nicht – zumindest nicht primär – für Elektrizitätsforschungen erfunden, und sicher ging davon auch keine unmittelbare Nachwirkung für die weitere Entwicklung der Elektrizitätslehre aus.

Der nächste Forscher, der Wichtiges zur Entwicklung der Elektrisiermaschine und der Experimente mit ihr beitrug, war Francis Hauksbee, ein englischer Instrumentenmacher. Hauksbee, der auch Privatvorlesungen in seinem Haus gab, hatte seine Versuche um 1700 zwar eindeutig als elektrisch verstanden, doch glaubte auch er noch, damit kosmologische Fragen beantworten zu können. Er war gut bekannt mit Isaac Newton und dessen These (in seiner *Optik* 1704 veröffentlicht), ob nicht die Gravitationskräfte im

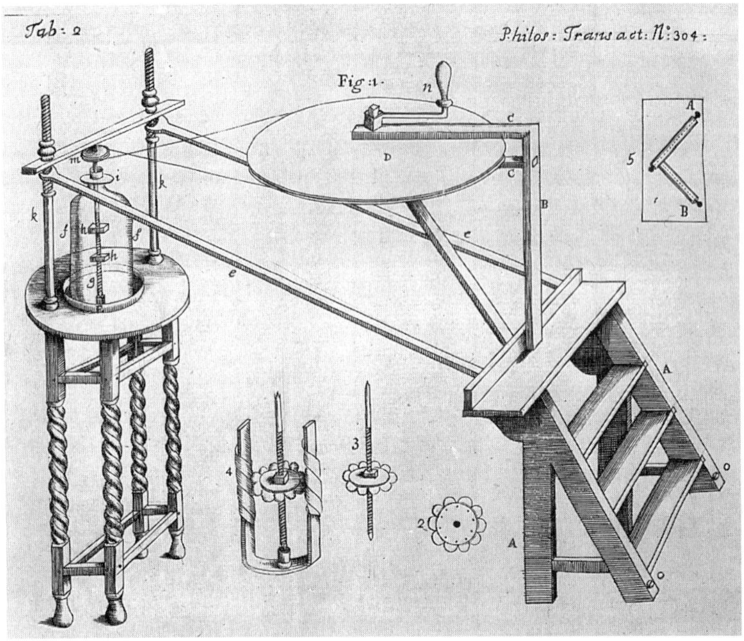

Bild 2: Der Weg zur Glaselektrisiermaschine. *Francis Hauksbees Mechanismus, um Substanzen in einem luftverdünnten Raum zu reiben. Der Glasrezipient steht fest, eine isolierte Durchführung wird gedreht.*

Weltall durch das elektrische Fluidum vermittelt würden. Hauksbee war ab 1705 Fellow der Royal Society und trug viele seiner Experimente aus dieser Zeit in deren Sitzungen vor. Er bewies 1705 zunächst, daß das Leuchten, das man im sogenannten Toricellischen Vakuum von Barometerröhren um so deutlicher sah, je mehr das Quecksilber bewegt wurde, von der Reibung am Glas herrührte. Dies war von anderen zunächst als Lumineszenz des Quecksilbers selbst erklärt worden. Hauksbee konnte aber schon kleine Fünkchen erkennen. Zum Beweis der Reibung baute er eine Vorrichtung, mit der er Bernstein und andere Substanzen im Inneren des Glasrezipienten seiner Luftpumpe reiben konnte (**Bild 2**). Bei verschiedenen Substanzen wie Bernstein oder Glas erhielt er Leuchten, beim Reiben von Feuerstein mit Stahl aber nicht. „Feuermaterie“ war also nicht verantwortlich für die Funkenerzeugung.

Irgendwann zwischen 1705 und 1706 wurde ihm klar, daß hier elektrische Erscheinungen vorlagen. Er hatte schon eine Maschine gebaut, die dieses Leuchten im Inneren einer luftverdünnt gepumpten und gedrehten Glaskugel erzeugte, einfach durch Reiben der aufgelegten Hand auf der Oberfläche (**Bild 3**). War das nun die erste Elektrisiermaschine? Das luftverdünnte Innere machte diese Maschine aufwendig und teuer. Sinnvoll war es ja nur zur Beobachtung von Leuchterscheinungen, falls man kosmologische Interessen hatte.

Hauksbee untersuchte auch die „Ausbreitung“ des elektrischen Fluidums im Außenraum der Glaskugel durch Anordnungen mit Fäden, die sich entsprechend aufluden und dabei steif wurden. Er vermutete zunächst, daß auch das elektrische Fluidum steif oder fest sein. In seiner großen Veröffentlichung 1709 allerdings beschrieb er es als sehr fein und beweglich. Es würde sich in sehr vielen „physical lines“ oder „rays“ ausbreiten. Beweise für die wirkliche „Ausströmung“ von unsichtbaren elektrischen Fluida sah er im Funkenüberschlag und dem Geräusch, das dabei entstand, im „elektrischen Wind“, den er auf der Haut fühlte, sobald er mit seiner Hand in die Nähe eines elektrischen Körpers kam, und in den Empfindungen, die man spürte, wenn die elektrischen Ausströmungen in den menschlichen Körper schlugen.

Er stellte auch fest, daß einfache Glasröhren bei Reibung elektrische Funken nach außen abgaben. Waren sie aber evakuiert, wie seine „Maschine", zeigten sie auch nur Lichterscheinungen im Inneren. Das waren Gasentladungen, würden wir heute sagen und diese Glasgefäße vielleicht als Urahnen unserer Leuchtröhren einordnen.

Unmittelbar große Wirkung hatte Hauksbee zunächst nicht. Wahrscheinlich war das Repertoire an elektrischen Versuchen – bei Hauksbee waren es ja vor allem Leuchterscheinungen – noch zu gering, um bei solchen Vorführungen anwesendes Publikum, das vor allem aus gutsituierten Studenten, Gönnern und wohlhabenden Schaulustigen

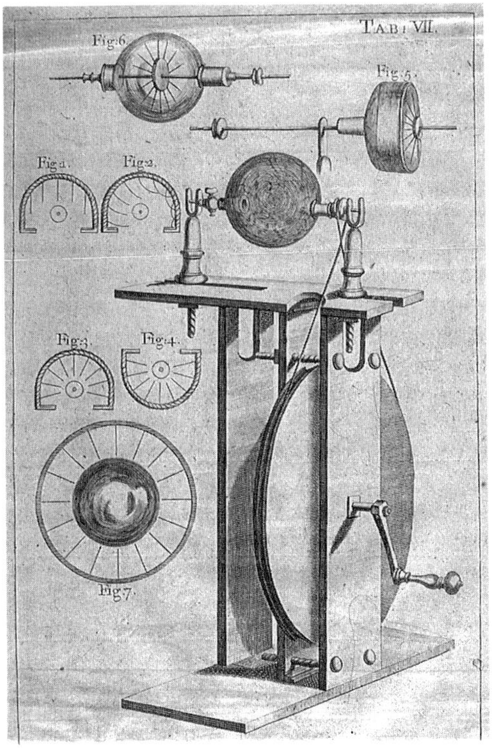

Bild 3: Die „Kosmologische Lichtmaschine" von Francis Hauksbee.
Hiermit untersuchte er vor allem Leuchterscheinungen im Inneren der luftverdünnt gepumpten Glashohlkugel, aber auch die Ausströmung elektrischer „Fluida" in den umgebenden Raum und die elektrostatische Aufladung und Ausrichtung leichter Fäden durch die Elektriztät.

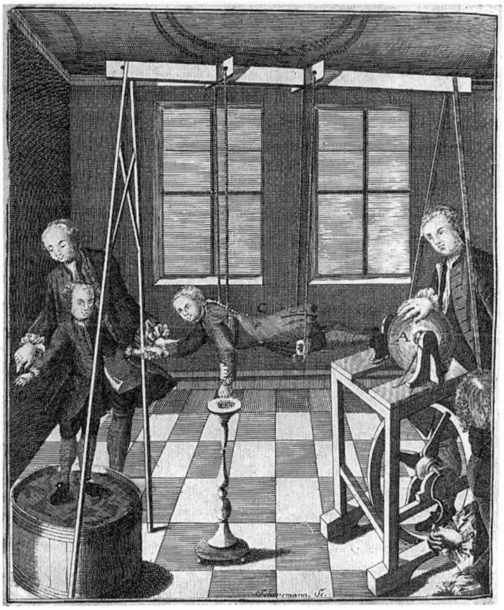

Bild 4: Ein populärer Versuch aus der großen Zeit der Leipziger Elektrizitätsforschung (vor 1750).
Ein isoliert aufgehängter Knabe wurde durch eine Maschine à la Hauksbee elektrisiert.

bestand, stärker zu beeinflussen. So wurden in der Folgezeit eine Reihe von spannenden Versuchen ohne solch eine Maschine gemacht, wie die genauere Untersuchung und Erklärung von Anziehung und Abstoßung, die Einteilung der Substanzen in Leiter und Nichtleiter u. a.

Erst ab den 1730er Jahren wurde Hauksbees kosmologische Lichtmaschine zur Reibungselektrisiermaschine. Beim Aufstieg der Reibungselektrisiermaschine spielte der Schauplatz Leipzig eine wesentliche Rolle. Drei Forscher an der Universität, Georg Matthias Bose, Christian August Hausen und schließlich Johann Heinrich Winkler, bauten auf Hauksbees Maschine auf. Bose dankte Hauksbees Anregung sogar in Gedichtform:

„Ich nahm zu allererst mit viel Bequemlichkeit
des Hauksbees Kugel an,
wodurch in wenig Zeit,
was sonst das Rohr mit Müh, nicht lang,
auch schwach gezeiget,
unendlich stärker wird, ja alles übersteiget."
[2, S. 68]

Bild 5: Anzünden von Alkohol durch Elektrizität.
Die Dame hat einen Löffel mit Alkohol in der Hand. Der elektrische Funke fährt hier – besonders eindrucksvoll – aus einer Degenspitze in die Flüssigkeit und entzündet sie.

Bild 6:
Die Erfindung der Leidener Flasche 1746.
Dargestellt sind Aufladung und Entladung in einer Zeichnung. Bei der Aufladung fehlt – wie auch in Bild 5 – die Kennzeichnung der elektrischen Rückleitung von den Füßen der Versuchsperson zum anderen Pol der Maschine. Dieses Stromkreisprinzip kannte man noch nicht.

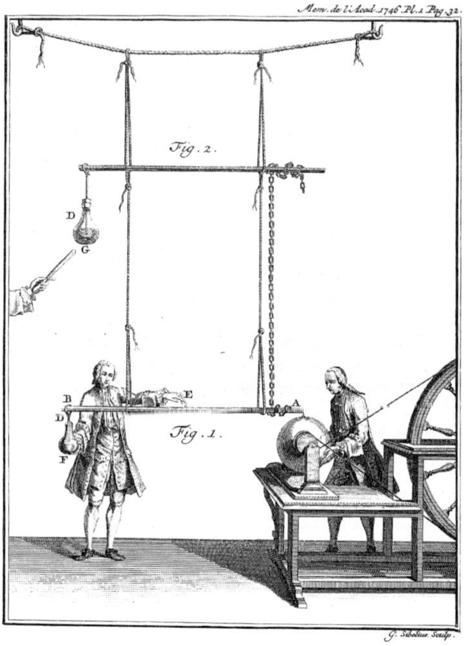

Diese Maschine konnte alle elektrischen Phänomene stärker und länger vorführen! Berühmt wurden die drei Forscher nicht zuletzt durch ihre publikumswirksamen Experimentalvorlesungen (**Bild 4**). Sie unternahmen aber auch ausgedehnte elektrische Untersuchungen. Winkler, Professor für Altphilologie, der erst durch die Versuche der anderen zur Elektrizität gestoßen war, verbesserte die Maschine entscheidend durch die Anbringung eines Reibkissens (möglicherweise schon 1743). Es bestand zunächst aus Leder oder Leinen, mit einer Füllung aus Wolle oder ähnlich weichem Material.

Bild 7: Elektrisierung einer Personenkette durch die Entladung einer Leidener Flasche.

Besonderen Eindruck auf Fürsten, Kronprinzen und Kanzler, denen Winkler seine Experimente vorführte, machte das elektrische Anzüngen von Alkohol (**Bild 5**), das Anfang 1744 vom preußischen Feldarzt Christian Friedrich Ludolff zum ersten Mal vorgeführt worden war. In Leipzig machte eine Abwandlung davon viel Furore, bei der ein Diener, der isoliert aufgehängt und elektrisiert wurde, ein Glas Schnaps an seine Lippen gereicht bekam. Bevor er es berühren konnte, sprangen Funken über und setzten den Schnaps in Brand – zum großen Vergnügen des Publikums. Der Diener hatte sicher nicht soviel Spaß daran (da Lippen doch wesentlich schmerzempfindlicher sind als etwa Fingerspitzen).

Keiner der Forscher vor 1745 nahm übrigens bei diesen Experimenten zur Kenntnis, daß eigentlich ein Stromkreis von einem Pol der Maschine über die isolierte Versuchsperson und den funkenziehenden Experimentator zum zweiten Pol der Maschine zurück nötig war. Entweder waren Ledersohle und (feuchter) Holzfußboden eine gute Rückleitung bei diesen hohen Spannungen (einige zehntausend Volt) oder sie bildeten einen zwischengeschalteten Kondensator und verminderten so die Wirkung.

1745/46 wurde mit Hilfe der Reibungselektrisiermaschine der Zylinderkondensator erfunden, zunächst vom Kleriker Ewald Jürgen von Kleist in Pommern und dann unabhängig von einer Gruppe um den Physikprofessor Pieter van Musschenbroek in Leiden (**Bild 6**). Musschenbroek machte die Erfindung auch weiter publik und beschrieb sie genauer. Jedenfalls kennen wir dieses Gerät seitdem als Leidener Flasche. Ihr Funktionsprinzip und ihre Entladungswirkungen beeindruckten so stark, daß davon erstaunliche Fortschritte in Physik und Technik ausgingen. Die Zeit war nun auch für elektrische Erscheinungen besonders empfänglich geworden. So wurde das Kondensatorprinzip (wechselseitiges „sich Festhalten" zweier entgegengesetzt geladener Elektrizitätsmengen) erkannt und das Stromkreisprinzip (Aufladungs- und Entladungskreis) formuliert. Ein neuer Begriff, die Spannung, mußte zum bekannten Begriff der Elektrizitätsmenge gefunden werden, um zu erklären, warum bei Zuschaltung einer ungeladenen Leidener Flasche parallel zu einer geladenen die Anzeige am Elektrometer sank, obwohl doch die Menge der Elektrizität sich nur auf beide Flaschen verteilte, also gleich blieb. Hier half das Mo-

Bild 8: Die größte Elektrisiermaschine des 18. Jahrhunderts.
Die zwei Scheiben haben einen Durchmesser von je 1,65 m. Sie wurde von John Cuthbertson in London für Martinus van Marum in Haarlem, Niederlande, gebaut und lieferte Funken bis 61 cm Länge.

dellbild einer gespannten Feder: Der „Druck" oder die „Spannung", unter der die Elektrizität in der geladenen Flasche gestanden hatte, sank durch die Verteilung auf zwei Flaschen. Geladene Leidener Flaschen konnten nun auch durch sukzessive Zusammenschaltung mit gleichen ungeladenen zur Eichung von Elektroskopen verwendet werden. Schließlich verhalfen die starken Funken und das Wissen um das Funktionsprinzip beim Funkenüberschlag (zwei Flächen, die sich getrennt gegenüberstehen) auch der Erklärung des natürlichen Blitzes als elektrisches Phänomen zum Durchbruch.

Man konnte nun auch leicht ganze Personenketten elektrisieren (**Bild 7**) – das war nicht unwichtig in der Zeit des Rokoko, die das Vernünftige mit dem Vergnüglichen wesentlich miteinander verknüpft haben wollte.

Der Höhepunkt der Elektrisiermaschinen-Entwicklung des 18. Jahrhunderts war die große Glasscheibenmaschine des Londoner Instrumentenmachers John Cuthbertson für den niederländischen Physiker Martinus van Marum. Die Glasscheibenvariante der Elektrisiermaschine war in den 1760er Jahren (vielleicht auch schon etwas vorher) entwickelt worden. Sie war leichter zu reiben, konnte nicht implodieren wie ein Glasgefäß, ging allerdings eher zu Bruch und war schwieriger herzustellen und zu isolieren.

John Cuthbertson erhielt 1783 den Auftrag für eine Doppelplattenmaschine mit einem Durchmesser der Scheiben von je 1,65 Meter. Ende 1784 wurde sie an van Marum in Haarlem ausgeliefert (**Bild 8**). Sie kostete die damals ungeheuere Summe von 3250 Gulden. An jeder Scheibe waren vier Kissen angebracht. Die längsten Funken erreichten 61 cm Länge. Das entspricht Spannungen von über 300 000 bis möglicherweise 500 000 Volt. Mit einer „Batterie" von hundert großen Leidener Flaschen (parallel zusammengeschaltete Flaschen wurden in Analogie zu parallel aufgereihten Geschützen beim Militär Batterie genannt – daher stammt auch unsere heutige Bezeichnung) konnte ein Drahtstück über 16 m Länge durch eine Entladung geschmolzen werden. Modernen Umrechnungen zufolge entspricht dies einer Gesamtenergie von etwa 600 Joule (dreißig Jahre zuvor hatte man mit etwa 70 000 Volt nur 0,06 Joule erreicht).

Van Marum konnte mit dieser Maschine ganze Kälber töten. Er hat mit dem Strom der Entladung auch schon Wassertropfen elektrochemisch zersetzt (1789). Wenig später

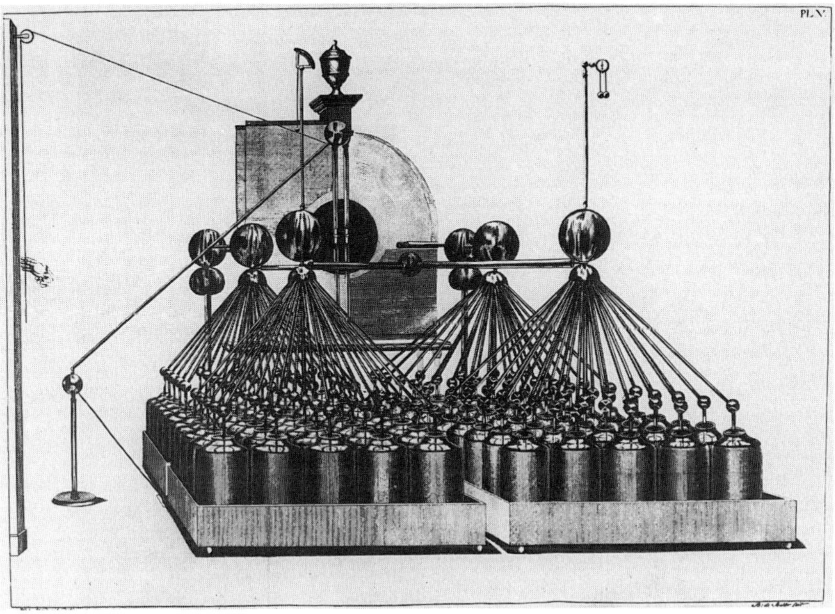

Bild 9: Die große elektrische „Batterie" von Martinus van Marum. *Sie bestand aus 100 Leidener Flaschen, mit einer Gesamtmetallbelegungsfläche von 51 qm*

führten jedoch Galvanis Versuche (1791 veröffentlicht und von Volta ab 1792 ausgedehnt) mit geringerem Aufwand zu viel spektakuläreren Ergebnissen. Erst jetzt begann der elektrische Strom (bei niedrigen Spannungen) seinen Siegeszug.

Da Reibungselektrisiermaschinen bis in das 19. Jahrhundert große Bedeutung bei elektrischen Forschungen hatten, sind heute noch viele Exemplare davon erhalten. Im Deutschen Museum in München steht eine große Scheibenmaschine von Georg Simon Ohm aus den 1830er Jahren – mit einer Batterie Leidener Flaschen, die der großen Batterie von van Marum vergleichbar ist. Im Nationalmuseum für die Geschichte der Naturwissenschaften in Leiden (Niederlande) ist eine Maschine von John Cuthbertson zu sehen, die der großen van Marums sehr ähnlich sieht. Die zwei Scheiben haben etwa 80 cm Durchmesser. In Teyler's Museum in Haarlem (Niederlande) ist auch eine Batterie von 25 Leidener Flaschen aus van Marums Versuchen mit der 100-Flaschen-Batterie (**Bild 9**) ausgestellt.

(Die vielen Experimente des 18. Jahrhunderts kann man mit Influenz-Elektrisiermaschinen oder Van-de-Graaf-Generatoren leicht und gefahrlos nachmachen. Zum einfachen Experimentieren nimmt man als Leidener Flaschen am besten die ursprünglichste Form: mit Wasser gefüllte Gläser; geeignetere Isolatoren sind heute Kunststoffbecher. Statt Alkohol zum Nachvollzug des elektrischen Zündversuchs von 1744 empfiehlt sich heute Feuerzeugbenzin wegen seines noch niedrigeren Siedepunktes.)

Literatur:

[1] Guericke, O. von: Neue (sogenannte) Magdeburger Versuche über den leeren Raum. Düsseldorf 1968. Deutsche Übersetzung von: Experimenta Nova (ut vocantur) Magdeburgica de Vacuo Spatio. Amsterdam 1672

[2] Hackman, W. D.: Electricity from Gass: The History of the Frictional Electrical Machine 1600–1850. Alphen an den Rijn 1978

[3] Heibron, J. L.: Electricity in the 17th and 18th Centuries. Berkeley 1979

[4] Fraunberger, F.: Illustrierte Geschichte der Elektrizität. Köln, Gütersloh 1985

[5] Teichmann, J.: Elektrizität. München 1990 (nur im Museumsladen des Deutschen Museums erhältlich)

[6] Teichmann, J. u. a.: Einfache physikalische Versuche aus Geschichte und Gegenwart. München 1990 (nur im Museumsladen des Deutschen Museums erhältlich)

J. T.

Lehrreiche und vergnügliche Experimente aus der Zeit des Barock

Schon bald nach Galilei wurden Experiment und Mathematik zum Wahrzeichen wissenschaftlichen Tuns. Empirismus (die Herleitung des Wissens aus Erfahrung) und Rationalismus (die Herleitung des Wissens aus Vernunft) waren Grundlagen der Aufklärung ab Ende des 17. Jahrhunderts. Die im 18. Jahrhundert einsetzende und durch Jean Jacques Rousseau berühmt gewordene Gegenbewegung zur wissenschaftlichen Betonung von Empirismus und Rationalismus setzte auf natürliches Leben und Gefühl. Der Streit dieser Anschauungen brachte fruchtbare Spannung in das damalige Geistesleben. Experimente, zum Beispiel mit der neuen geheimnisvollen Elektrizität, waren nicht nur lehrreich, sondern auch vergnüglich, mitunter auch magisch – auf Jahrmärkten, in den Häusern wohlhabender Bürger, in Salons oder in Adelshäusern. Wahres (d. h. Wissenschaft) und Praktisches (d. h. Technik) miteinander zu verbinden war ein weiteres Grundanliegen der Aufklärung. So steht es etwa in den Statuten der Royal Society von London 1663:

„Das Geschäft und die Absicht der Royal Society ist es, das Wissen über die natürlichen Dinge und alle nützlichen Künste, Fabrikation, mechanischen Praktiken, Maschinen und Erfindungen durch Instrumente ... zu verbessern." [4, S. 147–148]

Technik – und damit erst recht instrumentell-experimentelles Arbeiten – wurde als gleich wichtig und gleichwertig mit wissenschaftlichem Tun angesehen. Im berühmten *Discours de la Méthode ...* (*Untersuchung über die richtige Methode des Vernunftgebrauchs und der Wahrheitssuche in den Wissenschaften*) von 1638 verstand Descartes Technik als mögliche Natur. In dem Beiheft *Optik* zum *Discours* beschrieb er z. B. eine selbstgebaute Linsenschleifmaschine (**Bild 1**). Schon der Bau solcher Maschinen brachte Teilerkenntnis über die Natur, nicht erst ihre Benutzung für wissenschaftliche Untersuchungen. Denn jeder mechanisch-technische Apparat war ja mögliche Natur. Der philosophische Mechanizismus erweiterte diese Vorstellung: die ganze Welt funktionierte als Maschine.

Die zwei Pole der Aufklärung: Nutzen (durch Wissen und praktisches Tun) und Sinnesvergnügen, oder auch: Vernunft und Gefühl, begegnen uns in vielen Bereichen. Sie sind kennzeichnend für die Kunst des Barock und Rokoko, sie führten zur Begrün-

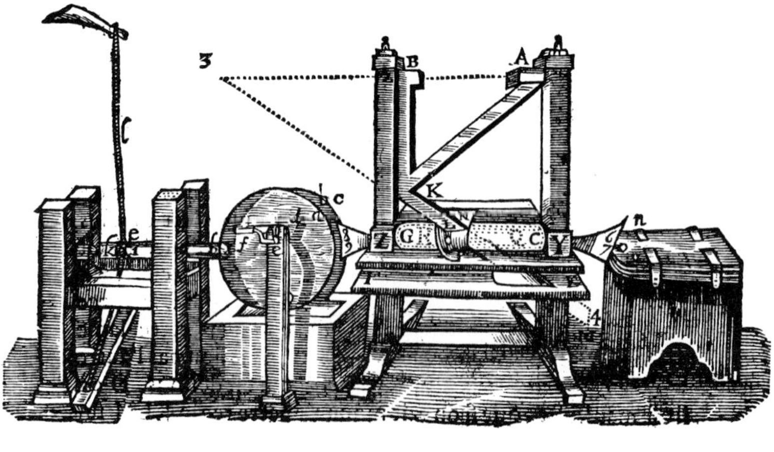

Bild 1: Die Linsenschleifmaschine von Descartes, *aus dem Beiheft seiner berühmten philosophischen Abhandlung „Discours de la Méthode ..."*

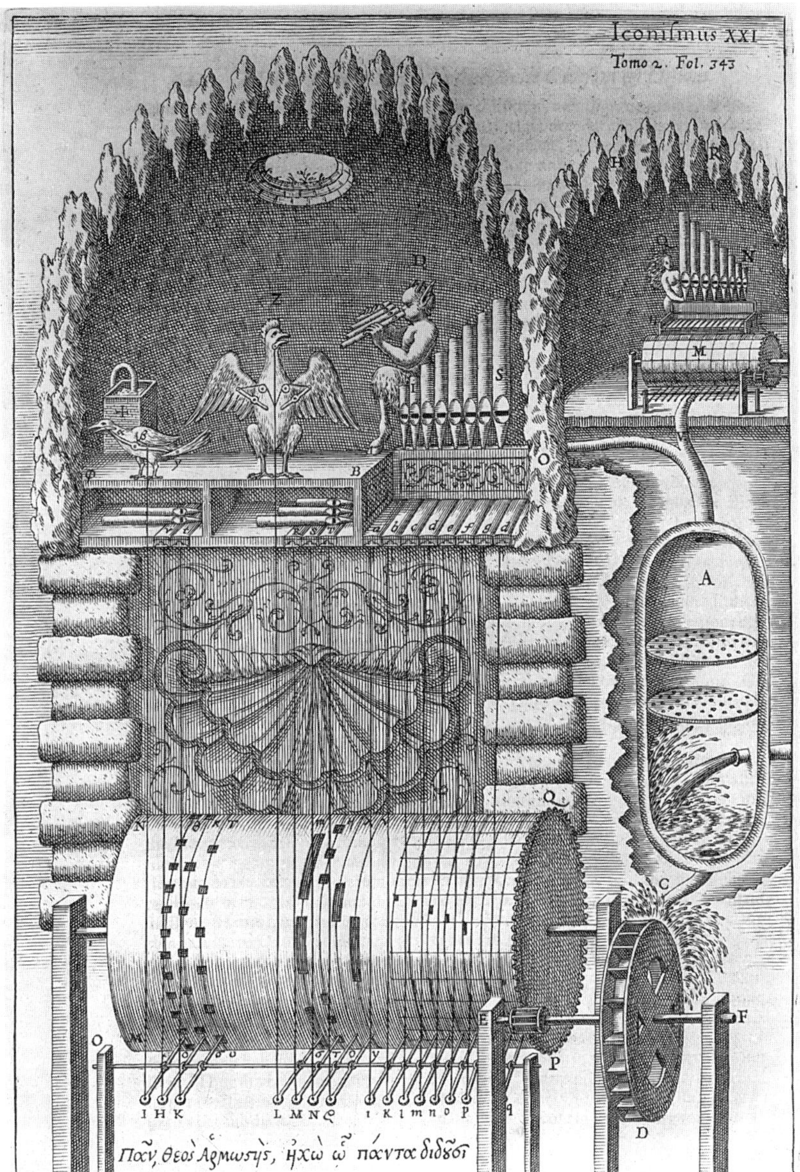

Bild 2: Technische Überraschungen in fürstlichen Gärten.

dung einer neuen Pädagogik durch Pestalozzi und andere, und sie äußerten sich natürlich auch in Experimenten. Wohlhabende Bürger begannen selbst mit der Natur zu spielen oder ließen sich Experimente vorführen. Einfache Leute hatten nur auf Jahrmärkten Gelegenheit, „Zauberkunststücke" der neuen Wissenschaft zu sehen. Für sie war die neue Bildung noch nicht bestimmt. Knechte und Dienstmägde aufzuklären, sagte Voltaire, überlasse er den Aposteln.

Ab 1700 gab es immer mehr populärwissenschaftliche Bücher – auch für eine ganz neue Zielgruppe, die Frauen [3]. Es gab umfangreiche Buchserien mit Beschreibungen unterhaltsamer Experimente zum Selbstbau.

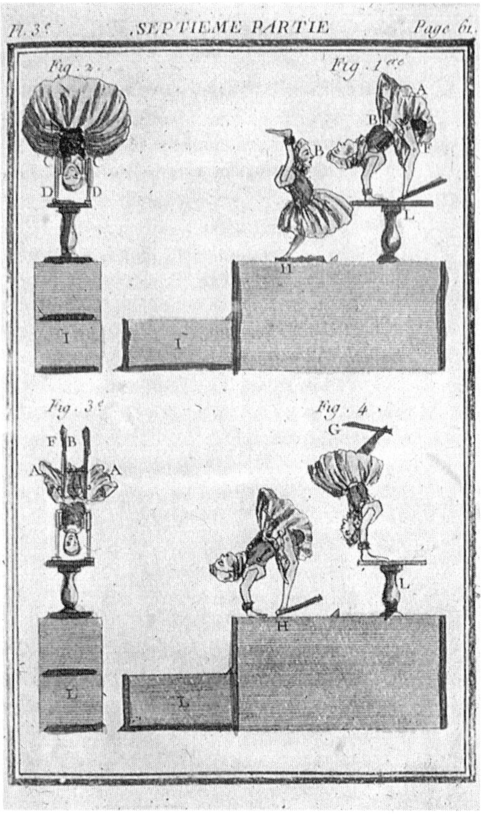

Bild 3: Der Treppenturner.
Im Körperinneren bewegt sich Quecksilber. Durch die ständige Verlagerung des Schwerpunktes kann er so mit beweglichen Armen und Beinen in Überschlägen Treppen herunterturnen (die auf ihn angepaßt wurden).

Es gab auch Handwerksunternehmen, die solche Spielexperimente vertrieben. Man konnte mit ihnen Gäste unterhalten, manchmal in grenzenloses Staunen setzen, einige „Opfer" sogar zum Vergnügen der anderen nachhaltig erschrecken. Es gab eindrucksvolle Wasserspiele in Schlössern und Schloßgärten, geheimnisvolle mechanische Automaten (**Bild 2**), die die Gäste überraschten, und optische Spielereien im großen Maßstab (wie etwa die Camera obscura). Wunder- und Raritätenkammern wurden eingerichtet, in denen der fürstliche Mäzen alles Staunenswerte aus den drei Reichen der Natur sammelte: dem menschlichen, tierisch-pflanzlichen, und dem der Steine und Mineralien. Je absonderlicher und seltener etwas war, desto interessanter erschien es, von der Mißgeburt über Elefantenstoßzähne bis zu kostbaren Edelsteinen. (Eines der schönsten Raritätenkabinette, in dem von physikalischen Experimenten bis zu vergoldeten Straußeneiern alles zu finden ist, was Habsburgische Fürsten staunenswert fanden, gibt es im öffentlich zugänglichen Schloß Amras bei Innsbruck zu sehen.)

Ein wegen seines Umfangs und seiner Darstellung besonders eindrucksvolles Werk über spielerische Experimente sind die *Erquickstunden*, eine 4-bändige Reihe, die aus dem Französischen übersetzt wurde [1]. Im französischen Original sind übrigens die Bilder besonders kunstvoll koloriert. So etwas war erst recht im 18. Jahrhundert eine besondere Augenweide. Der Übergang zwischen Vergnügen und Lernen ist auch bei diesem Werk fließend. Das merkt man schnell, wenn man nach damaliger Anleitung anfängt zu experimentieren. So kann man einen raffinierten Treppenturner (**Bild 3**) oder elektrische Glockenspiele (**Bild 4**) rekonstruieren. Bei zauberhaftem Klang lernt man, daß sich elektrische Ladung in kleinen Portionen transportieren läßt. Auch magnetische Kartentricks waren sehr beliebt, ferner die vielen Variationen mit versteckten Röhren und steigenden oder herausspritzenden Flüssigkeiten. Verzerrte optische Zeichnungen, die nur in einem Zylinderspiegel wieder entzerrt werden, verwirren und beeindrucken uns noch heute (**Bild 5**).

Ein großer Physiker des 18. Jahrhunderts, der dieses vergnügliche Spielen besonders geliebt hat, war Georg Christoph Lichtenberg in Göttingen. Er hat damit oft über 100 Zuhörer, bis zu 30 % aller Studenten seiner Universität, in seine Experimentalvorlesungen gelockt. Er ist berühmt geblieben in der Physik durch die Lichtenbergschen Figuren. Auch das war (und ist) ein Versuch, der besonders zauberhaft wirken kann. Nur wenn es wirklich vergnüglich zuging, hatte Lichtenberg übrigens großen Zulauf:

„... In Collegiis über die Experimental-Physik muß man etwas spielen; der Schläfrige wird dadurch erweckt, und der wachende Vernünftige sieht Spielereien als Gelegenheiten an, die Sache unter einem neuen Gesichtspunkt zu betrachten. ... Zu meiner Physik haben sich dieses mal 104 aufgeschrieben. Sie schwänzen aber jetzt schon, bis es blitzt und donnert ...“ [5, S. 133]

Lichtenberg liebte das Experiment auch als Aperçu. Bei einem Besuch des berühmten italienischen Experimentalphysikers Alessandro Volta kam es in seiner Wohnung zu folgender Szene:

„... Bei Volta fällt mir ein Rätsel ein, das ich ihm aufgab, als er bei mir speiste, da wir sehr lustig waren, und dergleichen Dinge mehrere vorkamen. Ich fragte ihn, ob er das leichteste Verfahren kenne, ein Glas, ohne Luftpumpe, luftleer zu machen.

Bild 5: Das zylindrisch verzerrte Bild (Anagramm) eines Reiters.

Bild 4:
Einfaches elektrostatisches Glockenspiel.

Als er sagte: Nein, so nahm ich ein Weinglas, das voll Luft war, wie alle leeren Weingläser, und goß es voll Wein. Er gestund nun ein, daß es luftleer sei, und dann zeigte ich ihm das beste Verfahren, die Luft ohne Gewalt wieder zuzulassen und trank es aus. Der Versuch mißlingt selten, wenn er gut angestellt wird. Es freute ihn nicht wenig, und er wurde von uns allen mehrmale angestellt ...“ [5, S. 142]

Noch heute dürfte dieser Versuch jeden (physikalisch ansprechbaren) Gast verblüffen.

Literatur:

[1] Guyot, E.-G.: Neue physikalische und mathematische Erquickstunden. (Nouvelles Récreations physiques et mathématiques. 4 Bände, Paris 1769–1770, ^{2}1772–1775

[2] Seiferheld, H.: Sammlung elektrischer Spielwerke für junge Elektriker. ^{2}1791 (weitere Auflagen z. B. 1796, 1799)

[3] Algarotti, F.: Il Newtonianismo per le dame. Neapel (Mailand) 1737. Deutsche Übersetzung: Newtons Weltwissenschaft für das Frauenzimmer, oder Unterredungen über das Licht, die Farben und die anziehende Kraft. Braunschweig 1745.

[4] Teichmann, J.: Wechselwirkung zwischen Wissenschaft und Technik in der Geschichte. In: Traebert, W. E. (Hrsg.): Technik als Schulfach. Band 4: Naturwissenschaft und Technik im Unterricht. Düsseldorf 1981, hier S. 137–158

[5] Lichtenberg, G. Ch.: Aphoristisches zwischen Physik und Dichtung. Hrsg. J. Teichmann. Braunschweig 1983

J. T.

Das erste elektrotechnische Gerät: Franklin und der Blitzableiter

Heute ist die Elektrizität allgegenwärtig. Aber bis zum Beginn des 17. Jahrhunderts wußte man nichts über sie, außer daß etwa der geriebene Bernstein (griechisch: Elektron) leichte Körper anzieht. Die naturwissenschaftliche Revolution des 17. Jahrhunderts mit ihrem neuen Wissenschaftsverständnis hat alle sich mit der Natur befassenden Forschungen beflügelt. Für die neue „Experimentalphilosphie“ war die Elektrizität ein Modellfall für kunstfertige Versuche mit vielerlei Demonstrationen. Bereits Otto von Guericke hatte um 1650 zur Demonstration seiner „Weltkräfte“ eine „Elektrisiermaschine“ gebaut und damit die elektrostatischen Wechselwirkungen, die elektrische Spitzenwirkung und die elektrische Influenz experimentall dargestellt, ohne diese Erscheinungen jedoch als neue Naturphänomene zu deuten (siehe S.79).

Diese Effekte wurden durch Guerickes Nachfolger noch einmal entdeckt und spezifisch elektrisch erklärt. Rund ein Jahrhundert nach Guericke brachte der Amerikaner Benjamin Franklin, ein Außenseiter in der Wissenschaft seiner Zeit, die Elektrophysik wiederum sichtbar voran. Franklin war ein engagierter Verfechter der Aufklärung und der bürgerlich-demokratischen Bewegung Nordamerikas – und ein Mann mit vielseitigen Interessen: Er war Verleger, Postmeister, Schriftsteller und Politiker, und er wurde der erste Botschafter der jungen USA in Paris, der Hochburg der europäischen Aufklärung [3]. Der Präsident der Pariser Akademie, Jean le rond d'Alembert, empfing ihn mit dem sehr zutreffenden Sinnspruch:

„Dem Himmel entriß er den Blitz und dem Tyrannen das Szepter.“ (**Bild 1**)

Zur Elektrizität kam Franklin durch einen Bericht im „Gentleman's Magazine“ über die wundervollen, europäischen, elektrischen Experimente. Ferner lernte er einen Schotten kennen, der ihm einige elektrische Versuche vorführte, die aber nicht recht gelangen. Peter Collinson, ein englischer Handelsagent und Mitglied der Royal Society, lieferte daraufhin eine Glasröhre als Elektrisiermaschine nach Philadelphia. So begann Franklin 1746 mit eigenen Experimenten und Beobachtungen, deren Ergebnisse er in 13 Briefen an Collinson nach London sandte. Hier wurden sie nach 1750 veröffentlicht. Franklin hatte jedoch kaum beeindruckende Effekte entdeckt, sondern weit mehr die Theorie bereichert. Durch Beobachtungen kam er zu folgender Ansicht über das Wesen der Elektrizität: Alle Körper besitzen eine gewisse natürliche Menge „elektrischer Materie“. Die Teilchen der elektrischen Materie werden von den Teilchen der gewöhnlichen Materie angezogen, stoßen sich aber gegenseitig ab. Bei Reibung geht elektrische Materie von einem Körper auf den anderen über. Letzerer hat dann einen Überschuß an elektrischer Materie, die über seiner Oberfläche eine „elektrische Atmosphäre“ bildet. Diesen Zustand bezeichnete Franklin „plus elektrisch“, für den anderen führte er den Begriff der „Minus-Elektrizität“ ein. Der erste Zustand entsprach der „Glaselektrizität“, letzterer der „Harzelektrizität“. In anderen Theorien wurden dafür zwei verschiedene elektrische Fluida verantwortlich gemacht. Bei Franklin ist beispielsweise mittels des „elektrischen Feuers“, des elektrischen Funkens, in einem komplizierten Prozeß ein Ladungsausgleich möglich. Denkt man an die heutige Elektronentheorie der Metalle, so mutet Franklins Auffassung schon recht modern an.

Nachdem Ampère um 1820 die Stromrichtung in metallischen Leitern willkürlich vom Plus- zum Minuspol festgelegt hatte, stellte es sich jedoch in der Elektronenforschung heraus, daß, entgegen Franklins Ansicht, am Minuspol ein Überschuß an negativen Elektronen und am Pluspol ein Mangel herrscht, also der Elektronenstrom vom Minus- zum Pluspol fließt.

Franklins Theorie vermochte die um 1746 erfundene Leidener Flasche, den Sammler oder Kondensator für elektrische Ladungen mit Glas als Dielektrikum, im Gegensatz zu den Ansichten in Europa am plausibelsten zu erläutern: Nach Franklin war das Glas für die elektrische Materie undurchlässig. Wenn das Innere der Flasche beim Laden einen Überschuß erhält, so wird auf der Außenseite eine entsprechende elektrische Materie weggetrieben, wenn letztere geerdet ist. Aber gerade diese Bedingung war für die Ladung entscheidend. Wegen dieses Erfolgs wurde Franklin auch in Europa ernst genommen und seine „Briefe von der Eletricität“ von Johann Carl Wilcke auch ins Deutsche übersetzt und 1758 veröffentlicht.

Aus diesen Briefen geht auch hervor, wie Franklin auf die Idee des Blitzableiters kam. Im zweiten Brief erörterte er die Wirkung spitzer Leiter, die besser als stumpfe eine Entladung hervorrufen, vor allem wenn sie geerdet sind. Er beschrieb darin

„... die wunderbare Kraft spitzer Körper, welche dieselben so wohl in Ableitung als Ausströmung des elektrischen Feuers beweisen ... Wenn man sich im Dunkeln mit der Spitze [einer geladenen Kugel] nähert, wird man zuweilen gewahr, daß sich schon in der Entfernung von einem Schuhe und weiter ein Licht auf derselben sammelt welches dem Lichte eines Leuchtwurmes oder Johanneswürmchens gleicht; je weniger scharf die Spitze, desto näher muß man solche hinan bringen, um dieses Licht bewirken zu können. Und so bald man in einer gewissen Entfernung das Licht wahrnimmt, so bald kann man auch in eben derselben Entfernung das elektrische Feuer ableiten ...“ [1, S. 15–16]

Bereits vor Franklin hatten verschiedene „Elektrisierer“, u. a. Johann Heinrich Winkler, vermutet, daß „Schlag und Funken der verstärkten Elektrizität für eine Art des Donners und Blitzes zu halten sind“. Zu der damals noch umstrittenen Auffassung hat Franklin das seine beigetragen, indem er immer aufs neue erörterte, auf welche Weise und durch welche Vorgänge die Wolken

Bild 1: Franklin zur Audienz bei Ludwig XVI. von Frankreich.

elektrifiziert werden. Dazu bot er auch Modellversuche an:

„Ich habe einen großen Conductor [elektrischer Leiter], der aus vielen Blättern von steifer Pappe zusammengesetzt, und wie eine Röhre gestaltet ist. Er ist beynahe zehen Fuß lang, und hält einen Fuß im Durchmesser. Ich habe denselben mit buntem Goldpapier überzogen, welches fast gänzlich vergoldet ist. Diese große Metallfläche nimmt eine viel grössere elektrische Atmosphäre [gemeint ist das umgebende elektrische Feld], als eine eiserne Stange, die fünfzig mal schwerer ist. Der Conductor ist an eine seidene Schnur aufgehangen; und wenn er geladen ist, schlägt er fast auf zween Zolle weit [als Funkenentladung], und giebt einen so starken Schlag, daß es dem Knöchel

Bild 2: Dalibards Versuchsanordnung mit Blitzstange in Frankreich.

schmerzhaft wird ... Ladet man ihn [den Conductor] erst, und hält darauf die Spitze [Nadelspitze in der Entfernung von zwölf Zoll] dagegen; so wird er schleunig entladen." [1, S. 36]

So kam es zu der Folgerung:

„Ist nun das Feuer der Elektricität [der Funke] und des Blitzes einerley ... so können diese Papprö hre und diese Waagschalen elektrisierte Wolken vorstellen. Wenn eine Röhre, die nur zehen Fuß im Durchmesser hat, in einer Entfernung von zween oder drey Zollen schlägt; so wird hingegen eine Wolke, die vielleicht die Größe von zehen tausend Morgen Landes hat, in einer proportionirten größern Entfernung gegen die Erde schlagen." [1, S. 37]

Daraus entwickelte er seine Vorstellung des Blitzableiters:

„... wenn alles dieses, sage ich, sich so verhält, würde die Kenntniß der Kraft derer Spitzen nicht denen Menschen zum Nutzen gereichen können, wenn man dadurch Häuser, Kirchen, Schiffe u. d. g. vor dem Schlage des Blitzes zu sichern suchte? Man müßte anfangen, auf die höhesten Theile der Gebäude, aufrecht stehende eiserne Stangen zu befestigen. Diese müßten so scharf als Nadeln gemacht, und, dem Roste vorzubeugen, vergoldet werden. Von dem untern Ende dieser Stange, müßte man außen an dem Gebäude einen Draht bis in die Erde herunter gehen lassen ... Diese spitzigen Stangen würden vermutlich das elektrische Feuer aus einer Wolke, schon weit eher ganz stillschweigend abführen, ehe dieselbe zum Schlagen nahe genug käme, und würde uns hierdurch vor diesem plötzlichen und erschrecklichen Unglücke in Sicherheit stellen." [1, S. 37]

Übrigens gehört es zur historischen Gerechtigkeit, daß hier auch der tschechische Priester Prokop Divis genannt wird, der unabhängig von Franklin die Idee des Blitzableiters hatte, aber längst nicht dieselbe Wirkung erzielte.

Franklins Vorstellungen führten nicht sofort zur Errichtung von Blitzableitern, sondern vorerst zu gefährlichen Ableitungsversuchen von Blitzen bzw. Wolkenelektrizität für den Nachweis, daß diese Phänomene wirklich elektrischer Natur sind. Dazu wurden zuerst in Frankreich Blitzstangen aufgerichtet, die zur Untersuchung unten auf verschiedene Weise unterbrochen und mit Nachweisgeräten, z. B. mit frühen Elektroskopen, versehen wurden (**Bild 2**).

Prominentes Opfer solch lebensgefährlicher Experimente war der St. Petersburger Physikprofessor Georg Wilhelm Richmann, nach dem die Mischungsregel der Wärmelehre benannt ist. Er nahm während eines Gewitters an einer Blitzstange mit einem beweglichen Messingdraht Messungen vor und wurde durch einen Blitz getötet, der aus der Blitzstange in seinen Kopf fuhr. Franklin unternahm die nicht weniger gefährlichen Drachenversuche (**Bild 3**):

Bild 3: Franklin beim Drachenversuch.

„Diesen Drachen läßt man steigen, wenn es das Ansehen hat, als wolle ein Gewitter entstehen. Der Mensch, welcher die Schnur hält, muß in einer Thüre, oder Fenster, oder sonst unter einer anderen Bedeckung stehen, damit das seidene Band [am Ende der Drachenschnur als Elektroskop angeknüpft] nicht naß werden kann. Auch muß hiebey in acht genommen werden, daß die Schnur den Thür- oder Fensterrahmen nicht berühre. Sobald nun Gewitterwolken über den Drachen kommen, zieht die Spitze [des Drachens] das elektrische Feuer aus denselben, und hierdurch wird der Drache und die ganze Schnur elektrisiret. Die loshängenden Fäden stehen nach allen Seiten aus einander, und werden von einem sich näherenden Finger angezogen. So bald der Regen den Drachen und die Schnur naß gemacht hat,daß selbige das elektrische Feuer freyer zuleiten können; so wird man finden, daß dasselbe bey Annäherung eures Knöchels haufenweise aus dem Schlüssel [der am Ende der Drachenschnur befestigt war] herausströmt." [1, S. 56]

Im Zeitalter der Aufklärung, in dem Vernunft und Verstand regierten, dauerte es nur wenige Jahrzehnte, bis Blitzableiter beson-

Bild 4: Landschaft mit Blitzableitern.

ders an vielen hohen Gebäuden angebracht wurden (**Bild 4**). Dabei kam es bei deren Anbringung am Buckingham Palace fast zu einem Eklat, weil die Franklinschen spitzen Stangen als blitzanziehend betrachtet wurden und besser stumpfe vorgezogen werden sollten, in die nur bei großer Nähe der „Gewitterwolke" ein Blitz fahre. Dieses Problem konnten die „Franklinisten" zu ihren Gunsten klären.

Literatur:

[1] Franklin, B.: Briefe von der Elektrizität, übersetzt und mit Anmerkungen versehen von Carl Wilcke. Eingeleitet und erläutert von John Heilbron (Reprint von 1758) Braunschweig/Wiesbaden 1983.

[2] Fraunberger, F.: Illustrierte Geschichte der Elektrizität. Köln/Gütersloh 1985

[3] Franklin, B.: Autobiographie. Hrsg. von Heinz Förster. Leipzig/Weimar 1983

[4] Fraunberger, F. u. Teichmann, J.: Das Experiment in der Physik. Braunschweig/Wiesbaden 1984

W. Sch.

Auftakt zur Starkstromtechnik:

Das elektrodynamische Prinzip von Werner von Siemens

Um die Mitte des 19. Jahrhunderts war die langsam anlaufende Starkstromtechnik in eine Sackgasse geraten. Zwar hatte der Petersburger Physiker Moritz Hermann Jacobi um 1838 das technische Verfahren der Galvanoplastik ausgearbeitet, mit dem plastische Abformungen unebener Gegenstände, z. B. Gedenkmedaillen, mittels elektrolytischen Kupferniederschlags möglich wurde. Dafür erhielt er vom Zaren als Anerkennung 2500 Silberrubel. Auch wurden erste Fabriken für „Galvanostegie" zur Herstellung von galvanischen Metallüberzügen eröffnet. Zur selben Zeit liefen Versuche, Lichtbögen zwischen Kohlestiften als „Bogenlampen" zur Beleuchtung zu nutzen. Da sich elektrochemische Batterien zu schnell erschöpften, wurden seit 1855 „magnetelektrische Maschinen", das sind elektrische Generatoren mit Permanentmagneten als Feldmagneten, als Stromversorger verwandt. Letztere erwiesen sich aber als ineffizient und unausgereift, weil insbesondere die Leistung durch das konstante Feld des Magneten begrenzt war.
Diesen Engpaß erkannte Werner Siemens (**Bild 1**) bereits 1859:

„Gute magnetelektrische Maschinen, die billig starke Ströme erzeugen können, würden technisch außerordentlich wichtig werden und viele Industriebetriebe ganz umgestalten." [1, S. 118]

Allerdings war bislang keine wissenschaftlich-technische Überlegung vorhanden, die magnetelektrischen Maschinen durchgreifend zu verbessern. Auch die theoretischen Forschungen über diese Maschinen gingen deshalb zurück.

Eine Lösung des Problems bahnte sich von einer anderen Seite an. Seit etwa 1840 hatte sich die elektromagnetische Drahttelegraphie als erstes blitzschnelles Nachrichtensystem rapid entwickelt. Auch hier wurde versucht, die teuren elektrochemischen Batterien, die nach etwa 6 Wochen ausgewechselt werden mußten, durch „Magnetinduktoren", das sind kleine magnetelektrische Maschinen für Handbetrieb, zu ersetzen. Ein Pionier auf diesem Gebiet war der Leipziger Elektriker Emil Stöhrer. Er hatte einen Zeigertelegraphen mit Magnetinduktor (**Bild 2**) für Eisenbahnen konstruiert. Diese Apparate waren seit 1847 auf der „sächsisch-bayerischen Staatsbahn Leipzig-Hof in Actitivität und ununterbrochen in Gebrauch ..."

Bild 1: Werner von Siemens im Alter von etwa 40 Jahren.

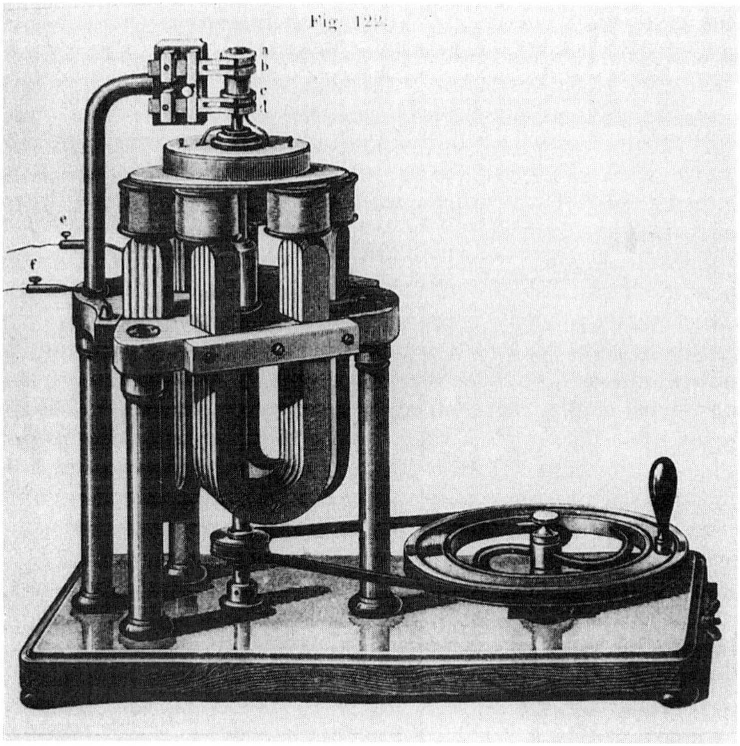

Bild 2: Eine mehrpolige magnetelektrische Maschine von Emil Stöhrer.

[2, S. 31]. Um 1850 erhielt die 1847 gegründete Telegraphenbauanstalt Siemens & Halske von der bayerischen Telegraphenbaudirektion den Auftrag, die Vorzüge des Stöhrerschen Magnetinduktors mit den Vorteilen des Zeigertelegraphen von Siemens & Halske zu vereinen. Im besonderen wurden hohe Telegraphiergeschwindigkeit und einfache Bedienung ohne Anwendung galvanischer Elemente gefordert. Da der Magnetinduktor als Geber dienen sollte, galt die Bedingung, für das Drehen des Induktors möglichst wenig Kraft aufzuwenden. So formulierte Siemens seine Konstruktionsvorgaben folgendermaßen:

„Es handelt sich für uns [Siemens & Halske] darum, das Trägheitsmoment der bewegten Theile der Maschine möglichst zu vermindern und bei hinlänglicher Stärke der erzeugten Ströme, den Wechsel derselben möglichst schnell herbeiführen zu können, ohne dadurch den magnetischen Werth der einzelnen Strömungen wesentlich zu vermindern." [3, S. 271]

Deshalb verwandte Siemens für den Stator hintereinander angeordnete kleine Dauermagnete. Als Rotor konstruierte er den langgestreckten Doppel-T-Anker, bei dem erstmals die Ankerwicklung in einer Nut des Eisenkerns eingelegt war (**Bild 3**). Damit eröffnete er 1856 die Serie der modernen Ankerformen mit einem wesentlich besseren Eisenschluß und kleinen Luftspalten zwischen Anker und Stator. So wurde der magnetische Fluß durch den Anker und somit auch der Wirkungsgrad gegenüber vergleichbaren Maschinen erhöht. Ohne es zu wissen, hatte Siemens damit den ersten Schritt zum modernen Elektromaschinenbau getan.

Nach 1860 war die Suche nach elektrischen Generatoren mit einem besseren Umwandlungsverhältnis von mechanischer in elektrische Energie und hoher Betriebssicherheit dringend geworden. Die Überlegungen verschiedener „Elektromechaniker" (das waren die Vorläufer der Elektroingenieure) richteten sich darauf, bessere Anker-

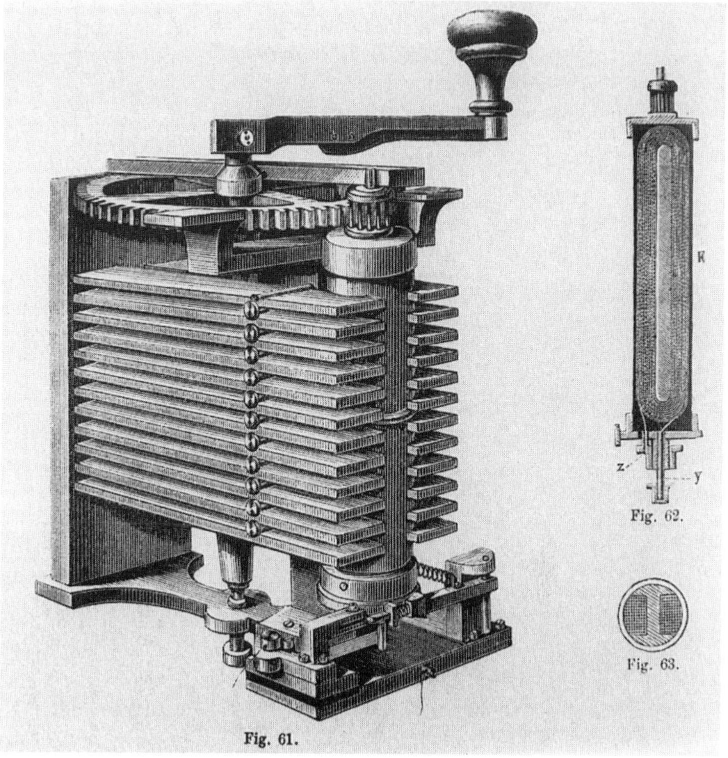

Bild 3: Magnetinduktor von Siemens mit Doppel-T-Anker

formen zu entwickeln und speziell den unzulänglichen Dauerfeldmagneten durch einen Elektromagneten zu ersetzen. Letzterer Gedanke erwuchs aus der Frühentwicklung des Elektromotors, bei dem Elektromagnete im Ständer und Läufer verwandt wurden. Der Elektromotor wurde damals durch Batterien mit Strom versorgt und war deshalb auch unrentabel. Der englische Maschinen- und Telegrapheningenieur Henry Wilde baute beispielsweise um 1863 einen elektrischen Generator mit Doppel-T-Anker und einem Elektromagneten als Feldmagneten, der durch eine Batterie oder eine kleine magnetelektrische Maschine mit Strom versorgt werden sollte. Beide Maschinen sollten durch dieselbe Dampf- oder eine andere Kraftmaschine angetrieben werden (**Bild 4**).

Der unmittelbare Erfindungsgedanke bei Siemens ging von der kurz vorher von Wilhelm Holtz erfundenen Elektrisiermaschine aus, bei der mittels wiederholter Erregung von Influenzladungen auf Stanniol- bzw. Metallteilen durch rotierende geladene Hartgummischeiben elektrostatische Ladung erzeugt und in Leidener Flaschen abgesaugt werden konnte. Von batteriegetriebenen Elektromotoren war bekannt, daß der rotierende Anker durch Induktion eine Gegenspannung erzeugt, die dem Batteriestrom entgegenwirkte. Siemens überlegte, daß bei einem Elektromotor, der mechanisch in umgekehrter Drehrichtung angetrieben wurde, Batteriestrom und „Gegenstrom" gleichgerichtet seien und einander verstärken müßten. Außerdem war bekannt, daß im Weicheisenkern eines Elektromagneten immer ein geringer „remanenter" Magnetismus zurückbleibt. Daraus folgerte Siemens nunmehr die scheinbar so naheliegende Wirkungsweise des „Dynamos":

„Wird eine solche Maschine [Elektromotor] durch eine äussere Arbeitskraft im entgegengesetzten Sinne gedreht, so muss der Strom der Kette [elektrochemische Batterie] dagegen durch die jetzt ihm gleich gerichteten inducirten Ströme ver-

Bild 4: Elektrischer Generator von Wilde mit kleiner magnetelektrischer Maschine zur Stromversorgung des Feldmagneten.

stärkt werden. Da diese Verstärkung des Stromes auch eine Verstärkung des Magnetismus des Elektromagneten mithin auch eine Verstärkung des folgenden inducirten Stromes hervorbringt, so wächst der Strom der Kette in rascher Progression bis zu einer solchen Höhe, dass man sie [die Batterie] ausschalten kann, ohne eine Verminderung wahrzunehmen. Unterbricht man die Drehung, so verschwindet natürlich auch der Strom, und der feststehende Elektromagnet verliert seinen Magnetismus. Der geringe Grad von Magnetismus, welcher auch im Weicheisenkern stets zurückbleibt, genügt aber, um bei wieder eintretender Drehung das progressive Anwachsen des Stromes im Schliessungskreise [Stromkreis] von Neuem einzuleiten." [4, S. 208–209]

Siemens schilderte hier prägnant den Vorgang des Aufschaukelns zwischen Induktionsstrom und Magnetismus im Anker und Feldelektromagneten, die er beide in Reihe schaltete. Auf die anfangs noch erwähnte „Kette", die Batterie, konnte nun für den Dynamo vollständig verzichtet werden; denn durch den remanenten Magnetismus wurde die Selbsterregung möglich. Siemens nannte diese neue effiziente Methode der Stromerzeugung das „dynamoelektrische Prinzip".

Carl Müller, damals Meister bei Siemens & Halske, berichtete, daß Siemens ihn im September 1866 beauftragt habe, eine magnetelektrische Maschine mit Elektro- statt Dauermagnet als Feldmagnet zu bauen. Im Dezember 1866 zeigte Siemens befreundeten Physikern die erste dynamoelektrische Maschine, die heute im Deutschen Museum München steht (**Bild 5**). Retrospektiv gesehen, war es von großem Vorteil, daß Siemens auf die eigene Konstruktion mit Doppel-T-Anker und somit gutem Eisenschluß zurückgreifen konnte, die für den anfangs schwachen Magnetismus günstig war (**Bild 6**). Der Physiker und Freund von Siemens, Heinrich Gustav Magnus, hatte sich sofort erboten, über diese Erfindung in der Berliner Akademie der Wissenschaften zu berichten. Wegen der Weihnachtsferien geschah das erst am 17. Januar 1867. Aus diesem Datum entwickelte sich ein Prioritätsstreit, denn der Physiker und Telegraphenerfinder Charles Wheatstone sowie der englische Telegraphentechniker Samuel Alfred Varley haben das gleiche Prinzip im selben Jahr 1866 gefunden. Wheatstone hat auch die günstige Nebenschlußschaltung von Anker und Feldmagnet eingeführt. Allerdings hat Siemens

Bild 5: Der erste Dynamo von Werner von Siemens.

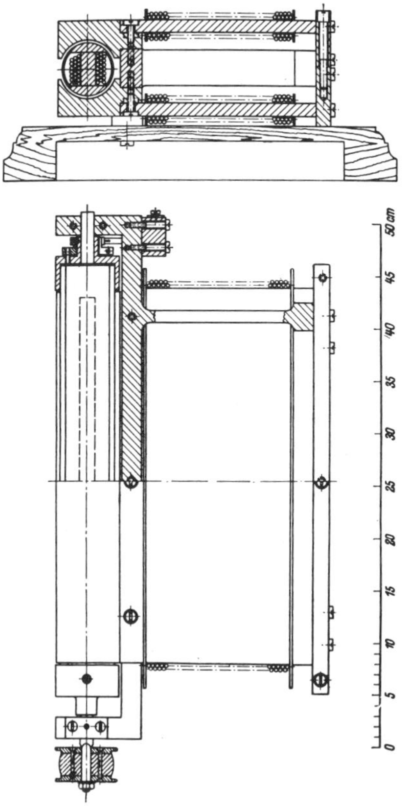

Bild 6: Schnittzeichnung des Siemens-Dynamo.

als erster die wirtschaftliche Bedeutung des elektrodynamischen Prinzips in aller Klarheit ausgesprochen:

„Der Technik sind gegenwärtig die Mittel gegeben, elektrische Ströme von unbegrenzter Stärke auf billige und bequeme Weise überall da zu erzeugen, wo Arbeitskraft disponibel ist. Diese Thatsache wird auf mehreren Gebieten derselben von wesentlicher Bedeutung werden." [4, S. 210]

Die Firma Siemens & Halske bezog schon früh Dynamomaschinen in ihre Versuchsserien ein. Allerdings hatte man anfangs mit großen wissenschaftlich-technischen Schwierigkeiten zu kämpfen. Insbesondere die sogenannten „Eisenverluste", die auf Wirbelströmen und der Ummagnetisierung in den Eisenkernen beruhten, führten zur starken Erhitzung der Maschinen. Deshalb baute Siemens zunächst kleine Dynamomaschinen wie die in großer Zahl hergestellte Minenzündmaschine mit Handantrieb. Erst die Unterteilung des Eisens brachte eine Besserung. In weiteren Versuchsprojekten wurde das Dynamoprinzip für den Großeinsatz in der Technik erprobt: 1877 wurde Elektroenergie von einem Dynamo über 60 m zu einem Elektromotor übertragen, 1879 die erste elektrische Bahn vorgeführt sowie eine Passage mit verbesserten Bogenlampen beleuchtet, 1880 ein elektrischer Aufzug konstruiert und 1881 eine erste elektrische Straßenbahnlinie in Berlin in Betrieb genommen. Thomas Alva Edison baute mit einem weiterentwickelten Siemens-Dynamo als Stromerzeuger 1882 ein erstes Gleichstromelektronetz in New York für die Glühlampenbeleuchtung.

Siemens hat die zwischen 1880 und 1890 beginnende Elektrifizierung wirtschaftlich und technisch eingeleitet. Mit seinem Vorschlag, die Fachrichtung Elektrotechnik an den Polytechnika, den späteren Technischen Hochschulen, einzuführen, hat er auch die wissenschaftliche Fundierung aller starkstromtechnischen Anlagen entscheidend gefördert.

Dennoch konnte die Perfektion und Fortentwicklung der Elektromaschinen erst durch weitere Forschungen in der Elektrophysik erreicht werden: Mit der elektromagnetischen Feldtheorie gelang es, grundlegende Prinzipien über die magnetische Durchflutung bei Elektromaschinen aufzustellen und damit exakte Berechnungsgrundlagen zu schaffen. Der Aufbau der Forschungsrichtung Ferromagnetismus ermöglichte schließlich die gezielte Auswahl von Dynamoblechen für Elektromaschinen.

Literatur:

[1] Mahr, O.: Die Entstehung der Dynamomaschine Berlin 1941

[2] Stöhrer, E.: Über die Stöhrerschen telegraphischen Apparate In: Dinglers Polytechnisches Journal 199 (1851) S. 30–37

[3] Siemens, W.: Ueber eine neue Construction magnetoelektrischer Maschinen. In: Annalen der Physik 10 (1857) S. 271–274

[4] Siemens, W.: Wissenschaftliche und Technische Arbeiten Bd. 1, Berlin 1889

W. Sch.

Die elektrische Glühlampe und der Edison-Effekt

Thomas Alva Edison erfand 1879 die gebrauchsfähige elektrische Glühlampe, und in diesem Zusammenhang entdeckte er 1883/84 auch den glühelektrischen Effekt, eben die Erscheinung, daß stromdurchflossene Glühfäden im Vakuum Elektronen emittieren. Letzteres war die wesentlich Voraussetzung für die rasante Entwicklung der Vakuumelektronik mit Elektronenröhren als Schalt- und Verstärkerelementen, die erst nach dem Zweiten Weltkrieg durch die Festkörperelektronik mit Halbleiter-Bauelementen abgelöst wurde.

Die Erfindung der elektrischen Glühlampe hat ihrerseits eine lange Vorgeschichte. Als um 1850 die elektrische Beleuchtung in den Bereich der Machbarkeit rückte, benutzte man zunächst Bogenlampen, also elektrische Lichtbögen zwischen Kohlestiften. Bald stellten sich jedoch mehrere Nachteile heraus: Abgesehen von der noch mangelnden Zuverlässigkeit und Effizienz der „magnetelektrischen Maschinen“, der damaligen elektrischen Generatoren, verbreitete jede Bogenlampe ein grelles Licht, das wohl für Straßen, aber kaum für Innenräume geeignet war. Auch meinte man damals, daß man Bogenlampen, die eine konstante Stromstärke benötigen, nur in Reihe schalten könne. Ohne weitere Schaltgeräte konnte man sie also nur gemeinsam ein- oder ausschalten. Auch das Nachschieben der abbrennenden Kohlestifte machte anfangs Schwierigkeiten.

So gab es eine Reihe von Erfindern, die sich mit anderen Möglichkeiten der elektrischen Beleuchtung befaßten. Einer von ihnen war der nach den USA ausgewanderte Uhrmacher und Optiker Heinrich Goebel. 1854 hatte er eine „Glühlampe“ mit einer verkohlten Bambusfaser in einem luftleeren Barometerrohr gebaut und beleuchtete damit sein Schaufenster und einen Wagen, mit dem er in New York umherfuhr. Die Lampen wurden von galvanischen Elementen mit Strom versorgt. Darin lag auch der Hauptgrund, daß seine Versuche in Vergessenheit gerieten: Die Elemente waren für diesen Gebrauch damals viel zu teuer und erschöpften sich rasch. Erst 1893 wurde Goebel von einem amerikanischen Gericht als Erfinder der Glühlampe anerkannt: Bei einem der Prozesse um die Edison-Glühlampenpatente wies die beklagte Partei auf den völlig vergessenen Erfinder hin.

Edison hatte Jahre später mit mehreren Konkurrenten zu tun: In England arbeitete der Chemiker Joseph W. Swan mit Platin- und Kohlefäden. Auch der Russe Alexander N. Lodygin und der Amerikaner William F. Sawyer entwickelte in den 1860 und 1870er Jahren Glühlampen mit verschiedenen Materialien als Glühfäden. All diesen Lampen war nur eine relativ kurze Brenndauer gemeinsam.

Edison war wohl der erste, der die Entwicklung einer Glühlampe als Teil eines ganzen Systems betrachtete. Er besuchte 1878 eine Fabrik zur Produktion von Dynamos und Bogenlampen. Ihn beeindruckten die elektrischen Generatoren, aber er fand, daß Lebensdauer, Wartung und Schaltung der Bogenlampen keine ökonomische Verteilung der elektrischen Energie erlaubten. Edison hatte eine eigene Idee von einem Netz mit Glühlampen, das eine „Unterteilung des Lichts“ für jedes Zimmer und Haus in Parallelschaltung ermöglichte. Außerdem sollten Glühlampen ungefährlicher als das Gaslicht sein.

Erste Versuche im September 1878 mit Platin- und Kohleglühfäden in wenig evakuierten Gasflaschen schlugen fehl. Edison brauchte Geld, um Versuchsreihen im großen Stil aufbauen zu können. Mit übertriebenen Angaben inszenierte er eine groß angelegte Pressekampagne für sein „Elektrolichtsystem". Einwänden anderer Wissenschaftler zum Trotz konnte Edison eine Unternehmergruppe für sein Projekt interessieren. Im November 1878 wurde die Edison Electric Light Company mit einem Anfangskapital von 300 000 Dollar gegründet. Sie gab ihm einen Bargeldvorschuß und übernahm für fünf Jahre die weltweite Patentvergabe und Lizenzierung der künftigen Erfindungen Edisons auf diesem Gebiet. Edison wußte, daß er hierbei einen Wettlauf insbesondere mit dem konkurrierenden Erfinder Sawyer bestehen mußte. Im Herbst 1878 wurde sein Labor in Menlo Park um ein Maschinenhaus, einen Glasbläserschuppen, ein Büro und eine Bücherei erweitert. Mit der Anstellung von Francis R. Upton kam auch ein Physiker in Edisons Mechaniker- und Ingenieurteam.

Edison hatte die Idee einer Hochohmlampe (100 Ω) für die Betriebsspannung 100 Volt, die damals für gefährlich gehalten wurde. Upton berechnete, daß man dann nur rund 1/100 der Kupfermenge gegenüber einem Niederspannungssystem (10 Volt) brauchte. Edison mußte bei dieser Entwicklung seine Abneigung gegen ein wissenschaftliches Forschungsprogramm überwinden. Schließlich wurden drei Hauptlinien festgelegt:

1. Entwicklung eines Dynamos, der eine konstante Spannung bei wechselnder Belastung lieferte.
2. Vervollkommnung der Evakuationsmethoden.
3. Prüfung jeder Art von Stoffen für die Verwendung als Glühfäden.

Versuchsreihen im April 1879 mit genau berechneten Hochohmplatinlampen, ausgepumpt mit der neuartigen, hochevakuierenden Sprengelpumpe, führten nicht zum Ziel. Die Glühfäden schmolzen in zu kurzer Zeit. Edison nutzte schließlich nach Uptons Vorausberechnungen mit Teer verknetete Kohlefäden aus Petroleumruß, für die der deutsche Glasbläser Ludwig Böhm, ein Schüler von Heinrich Geißler, Glaskolben blies und nach Einbringen des Glühfadens hoch evakuierte. Aber diese Fäden waren zu zerbrechlich. Schließlich brannte die im folgenden beschriebene Lampe rund 13 Stunden:

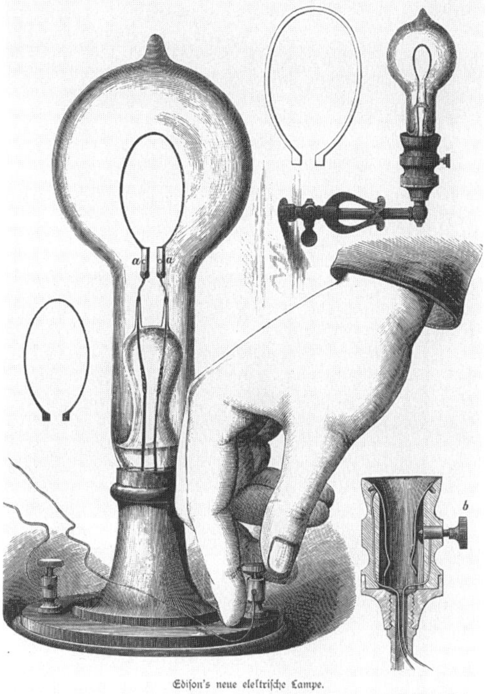

Bild 1: Nachbau der ersten Edison-Lampe

„Ich habe entdeckt, daß ein Baumwollfaden, der sorgfältig verkohlt und in einem bis auf ein Millionstel Atmosphäre evakuierten versiegelten Glaskolben eingebracht wurde, dem Strom einen Widerstand von 100 bis 500 Ohm bietet. Das System ist absolut stabil bei einer sehr hohen Temperatur." [1, S. 221] (**Bild 1**)

So plötzlich am Ziel zu sein, überwältigte Edisons Mitarbeiter, die zuletzt fast ohne Hoffnung gearbeitet hatten. Auch wurden weitere strukturierte Fasern eingesetzt; 1880 erreichte Edison mit einer Bambusfaser als Glühfaden eine Lebensdauer von 1200 Stunden. Edison hatte „Fasersucher" in alle Welt geschickt und rund 6000 Pflanzenfasern geprüft. Als der Letzte um 1883 zurückkehrte, nutzte Edison bereits gespritzte Zellulose als Glühfäden (**Bild 2**).

Mit einem verbesserten Dynamo als Kraftwerk und einem, Spannungsverluste vermeidenden Speiseleitersystem wurde 1882 ein erstes unterirdisches Kabelnetz verlegt, an

das rund 400 Lampen angeschlossen wurden. Damit begann die Elektrifizierung, und es entstanden die großen Elektrofirmen. Aus der Edison-Gesellschaft entwickelte sich in den USA die General Electric und in Deutschland die AEG, neben Siemens & Halske der zweite große deutsche Elektrokonzern.

Bild 3: Alte Metallfadenlampen.

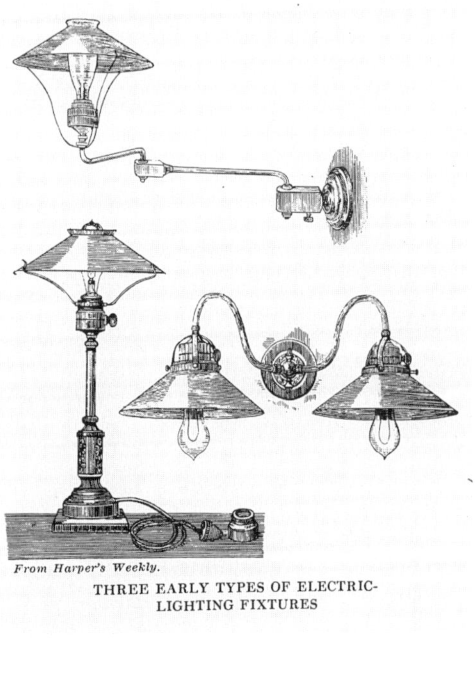

From Harper's Weekly.

THREE EARLY TYPES OF ELECTRIC-LIGHTING FIXTURES

Um die Jahrhundertwende hatte die Kohlenfadenlampe schon ausgedient: Carl Auer von Welsbach erfand die erste Metallfadenlampe, und 1906 gelang der große Fortschritt mit der Osram-Lampe, deren Glühfaden aus Osmium und Wolfram hergestellt wurde (**Bild 3**).

Mitten in seinen Anstrengungen um die Verbesserung der Glühlampe bemerkte Edison, daß vom negativen Pol des Glühfadens weggeschleuderte Kohlepartikel den Kolben schwärzten und elektrisch aufluden. Daraufhin führte er zusätzlich einen Platindraht als isolierte Elektrode in die Lampe ein und beobachtete folgende, 1883 in einer Patentschrift niedergelegte Erscheinung:

„Wenn eine leitfähige Substanz irgendwo in den Vakuumraum des Kolbens einer elektrischen Glühlampe eingebracht wird und diese außerhalb der Lampe mit einem Pol, am besten mit dem positiven des Glühfadens, verbunden wird, fließt ein Teil des Stromes, wenn die Lampe brennt, durch den so gebildeten Nebenschlußkreis, der einen Teil des Vakuums in der Lampe einschließt. Ich habe gefunden, daß der Strom proportional dem Glühgrad des Glühfadens oder der Kerzenstärke der Lampe ist." [1, S. 276] (**Bild 4**)

Edison wollte den Effekt als Indikator für Spannungsänderungen im Lichtnetz nut-

◁ **Bild 2: Laboreinrichtung von Menlo Park.**

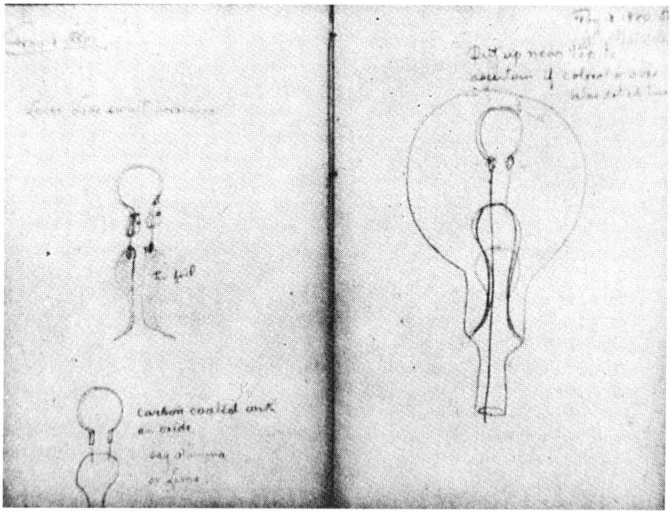

Bild 4: Zeichnungen zum Edison-Effekt in Edisons Notizbuch.

zen. So weit entfernt von der späteren Nutzung in der Elektronenröhre war er damit nicht (**Bild 5**). Der Telegrapheningenieur William Henry Preece brachte die Kunde von diesem „glühelektrischen Effekt" nach England und nannte ihn Edison-Effekt. 1897 erkannte der berühmte englische Physiker Joseph John Thomson, daß beim Edison-Effekt

Bild 5: Edison mit Lampe zum Edison-Effekt.

ebenso wie bei der Radioaktivität und bei den Kathodenstrahlen „Elektronen" emittiert werden, so daß er sicher sein konnte, daß Elektronen Bestandteile aller Stoffe sind. Das war der erste Impuls für die Aufstellung von modernen Atommodellen mit einem positiven Kern und negativen Elektronen in der Hülle.

J. Ambrose Fleming untersuchte ebenfalls den glühelektrischen Effekt und hatte schon 1888 die Idee, mit ihm normale Wechselströme, ab 1904 auch Hochfrequenzschwingungen von Funksignalen gleichzurichten. 1906 wurden von dem österreichischen Physiker Robert von Lieben unter dem Gesichtspunkt der Verstärkung von Telephonsignalen und von dem Amerikaner Lee de Forest zur Gleichrichtung hochfrequenter Schwingungen die ersten Schritte zur Dreielektrodenröhre (Triode) getan. Der Weg zur universellen Nutzung des Edisoneffekts als Grundlage der Vakuumelektronik war damit frei.

Literatur:

[1] Josephson, M.: Edison. A Biography . New York, Toronto, London 1959
[2] Runes, D. D. (Hrsg.): The Diary and sundry Observations of Thomas A. Edison. New York 1948
[3] Schreier, W. u. H.: Thomas Alva Edison. Leipzig 1987

W. Sch.

Heinrich Hertz' Entdeckung der elektromagnetischen Wellen

In der Physik war das 19. Jahrhundert das Jahrhundert der Elektrizitätslehre. Ein erster Höhepunkt war das 1846 von Wilhelm Weber aufgestellte „Grundgesetz der elektrischen Wirkung", das nach einem erweiterten Muster der Newtonschen Mechanik geformt war. Es stellte sich heraus, daß eine experimentell zu bestimmende Konstante in dieser Theorie eng mit der Lichtgeschwindigkeit zusammenhängt. Der theoretische Physiker Gustav Robert Kirchhoff zog daraus 1857 den Schluß, daß sich „elektrische Wellen in Drähten" mit Lichtgeschwindigkeit ausbreiten können.

Das machte manche Physiker hellhörig, denn in der ansonsten der Realität gut entsprechenden Lichtwellentheorie Fresnels war der Träger der Lichtwellen, der den Weltraum erfüllende „Äther", ein irreguläres Element. Es gelang nicht, den Äther mit den Gleichungen der Kontinumsmechanik zu erfassen. Sollte der Äther vielleicht etwas Elektrisches sein? Erste Ansätze, die Theorie der Elektrodynamik auch auf das Licht auszudehnen, schlugen zwar nicht gänzlich fehl, waren aber unbefriedigend.

Ein anderer Pionier der Elektrophysik war Michael Faraday. Für seine experimentellen Entdeckungen wurde ihm große Anerkennung zuteil, doch als Theoretiker galt er als Außenseiter: Seine Theorie, daß alle elektromagnetischen Wirkungen durch ebensolche Kraftfelder, auflösbar in Kraftlinien, vermittelt werden, wurde nur als Anschauungshilfe und mathematisch nicht umsetzbar oder gar als Spekulation betrachtet. Auch seine 1845 vorgetragene umstürzende Idee, daß Lichtwellen vielleicht nichts anderes als Schwingungen elektromagnetischer Kraftlinien seien, fand keine Resonanz. Nur William Thomson (Lord Kelvin) interessierte sich dafür, leitete 1850 eine Formel für die nunmehr experimentell nachgewiesenen elektrischen Schwingungen ab und stellte, angeregt durch die Probleme der submarinen Telegraphie, eine Differentialgleichung für die Ausbreitung von Signalimpulsen auf langen Kabeln auf. Dennoch war der Kraftfeldtheorie Faradays damals kein durchgreifender Erfolg beschieden.

Schließlich griff 1855 der 24jährige Physiker James Clerk Maxwell, dessen Blickfeld nicht eingeengt war von der bislang geltenden Denkweise, Faradays Ideen auf und brachte sie in ein mathematisches Gewand. Die Krönung seines Werkes war die elektromagnetische Lichttheorie, nach der laut Maxwell:

„...Licht aus den transversalen Schwingungen desselben Mediums bestehe, die die Ursache der elektrischen und magnetischen Erscheinungen sind." [1, Bd. 2, S. 500]

Der Äther, das Medium, war nun aller mechanischen Eigenschaften ledig. Aber den Physikern erschien Maxwells Theorie fremd und mathematisch undurchschaubar, obwohl Folgerungen daraus verifiziert wurden. Es war eben eine neue Lichttheorie und nichts mehr. Der Gedanke, solche dem Licht wesensähnliche Wellen mittels elektrischer Schwingungen selbst zu erzeugen, lag noch fern. Mindestens fünf Forscher erzeugten nachweislich im Rahmen der beginnenden Hochspannungsphysik solche Wellen, ohne sie aus Unkenntnis der Maxwellschen Theorie zu entdecken.

Einen direkten wissenschaftlichen Zugang zu Maxwells elektromagnetischer Theorie hatte jedoch Heinrich Hertz. Der 21jährige kam 1878 nach Berlin zu Hermann von Helmholtz, der sich bereits seit 1870 mit den rivalisierenden Theorien der Elektrophysik beschäftigte und Entscheidungsexperimente für oder wider die Maxwellsche Theorie ersann. 1879 stellte Helmholtz an der Berliner Akademie die Preisaufgabe, die Voraussetzungen der elektromagnetischen Lichttheorie Maxwells experimentell zu prüfen. Er wies auch Hertz auf dieses Problem hin. Hertz jedoch, nunmehr vertraut mit Maxwells Theorie, wußte, daß diese Aufgabe nur mit sehr schnellen elektrischen Schwingungen zu lösen war. Aber solche waren trotz der Versuche des Leipziger Physikers Berend Feddersen mit geschlossenen Schwingkreisen noch nicht beobachtet worden. So lehnte er vorerst die Bearbeitung der Preisaufgabe ab, aber seine „Aufmerksamkeit [blieb] geschärft für Alles, was mit den elektrischen Schwingungen zusammenhing." [2, S. 1]

Diese Konzentration auf einen bestimmten Gegenstand erlaubte ihm die richtige Deutung des folgenden Zusammenhangs, den andere gewiß übersehen hätten:

„Ein solcher Zufall und damit der besondere Anlaß der folgenden Untersuchungen trat mir im Herbst 1886 entgegen. In der physikalischen Sammlung der Technischen Hochschule zu Karlsruhe, wo ich diese Versuche ausführte, hatte ich zu Vorlesungszwecken ein Paar sogenannter Riess'scher oder Knochenhauerscher Spiralen vorgefunden und benutzt. Es hatte mich überrascht, dass es nicht nöthig war, grosse Batterien durch die eine Spirale zu entladen, um in der anderen Funken zu erhalten, dass vielmehr hierzu auch kleine Leydener Flaschen genügten, ja der Schlag eines kleinen Inductionsapparats, sobald nur die Entladung eine Funkenstrecke zu überspringen hatte." [2, S. 2]

Hertz hatte am Induktionseffekt zwischen beiden Kreisen mit Spulen erkannt, daß offene Schwingkreise mit Funkenstrecken zu weitaus schnelleren Schwingungen als die bisher bekannten fähig waren. Für Hertz schien dieser neue Effekt das fehlende Kettenglied zur experimentellen Prüfung der Maxwellschen Theorie. In einer ersten Untersuchung „Ueber sehr schnelle elektrische Schwingungen" wies er nach, daß er wirklich Schwingungen mit ihren charakteristischen Effekten erzeugte; er versuchte auch, ihre Schwingungsdauer abzuschätzen. Nach einigen Vorversuchen konstruierte er einen durch einen Funkeninduktor angeregten Dipol mit Funkenstrecke als Sender. Als

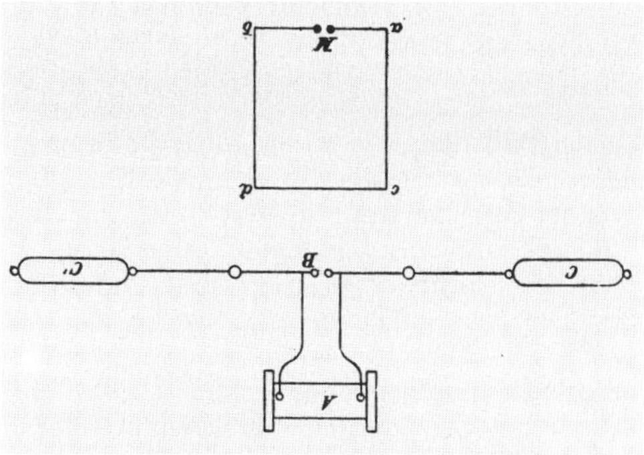

Bild 1: Erster Sender und Empfänger für Schwingungsübertragung.

Bild 2: Resonanzkurven durch Veränderung (Drahtlänge) der Schwingkreise.

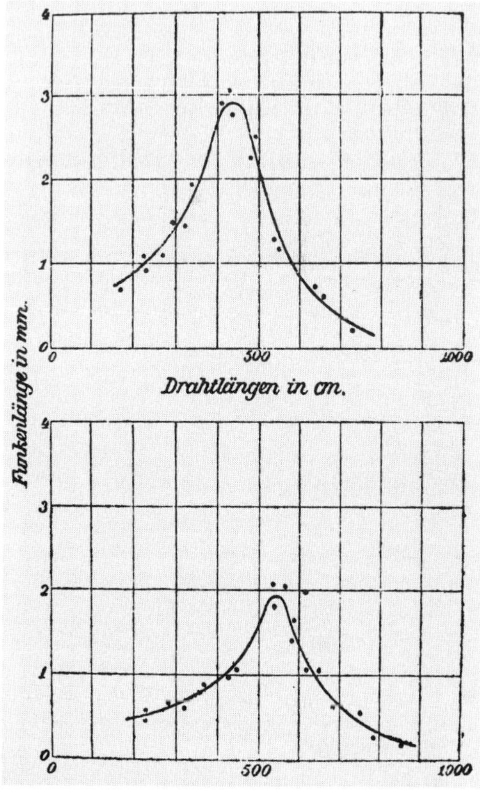

Sekundärkreis (Empfänger) diente ein veränderliches Drahtrechteck (**Bild 1**). Dazu schrieb er:

„In den bisherigen Versuchen wurde die Resonanz hergestellt zur Aenderung des Selbstpotentials und der Capacität des primären Kreises [Sender]. Die folgenden Versuche zeigen, dass die Aenderung der Selbstinduction des secundären Kreises [Empfänger] ebenfalls benutzt werden kann. Es wurde eine Reihe von Rechtecken abcd [**Bild 1**] hergestellt, in welchen den Seiten ab und cd ihre Längen gelassen wurden, in welchen aber für ac und bd immer längere Drähte, von 10 cm anfangend bis zu 250 cm eingeschaltet wurden. Es zeigte sich ein ausgesprochenes Maximum des Rechtecks von 1,8 m. Um einen Anhalt für die Beurteilung der quantitativen Verhältnisse zu geben, habe ich bei verschiedenen Längen des inducirten Kreises die grössten Funken, welche auftraten, gemessen." [2, S. 49]

Hertz erkannte, daß das Phänomen den für Schwingungen und Wellen charakteristischen Resonanzeffekt zeigte (**Bild 2**). Wie theoretisch vorausgesagt, wurde die Frequenz bzw. Schwingungsdauer aus der Induktivität und Kapazität der benutzten Kreise ermittelt. Damit konnte er unter Voraussetzung der Lichtgeschwindigkeit als Ausbreitungsgeschwindigkeit erstmals die Wellenlänge der von Maxwell angenommenen Wellen bestimmen:

„Dies ist diejenige Strecke [531 cm], welche das Licht während der Dauer einer Schwingung zurücklegt, es ist zugleich die Wellenlänge der elektrodynamischen Wellen, welche die Maxwell'sche Anschauung als Wirkung der Schwingungen nach aussen voraussetzt." [2, S. 56]

Wie kompliziert sich die weitere Aufklärung des Wesens dieser Erscheinungen gestaltete, zeigen die nächsten Versuche. Zunächst näherte Hertz dem System von Schwingungs- und Resonanzkreis Nichtleiter und konnte so qualitativ eine Beeinflussung durch die dielektrische Polarisation feststellen, wie sie die Maxwellsche Theorie voraussagte. Er experimentierte auch mit Wellen längs Drähten. Schließlich nutzte er einen

Bild 3: Die von Heinrich Hertz im Hörsaal des Polytechnikums Karslruhe erzeugten stehenden elektromagnetischen Wellen.

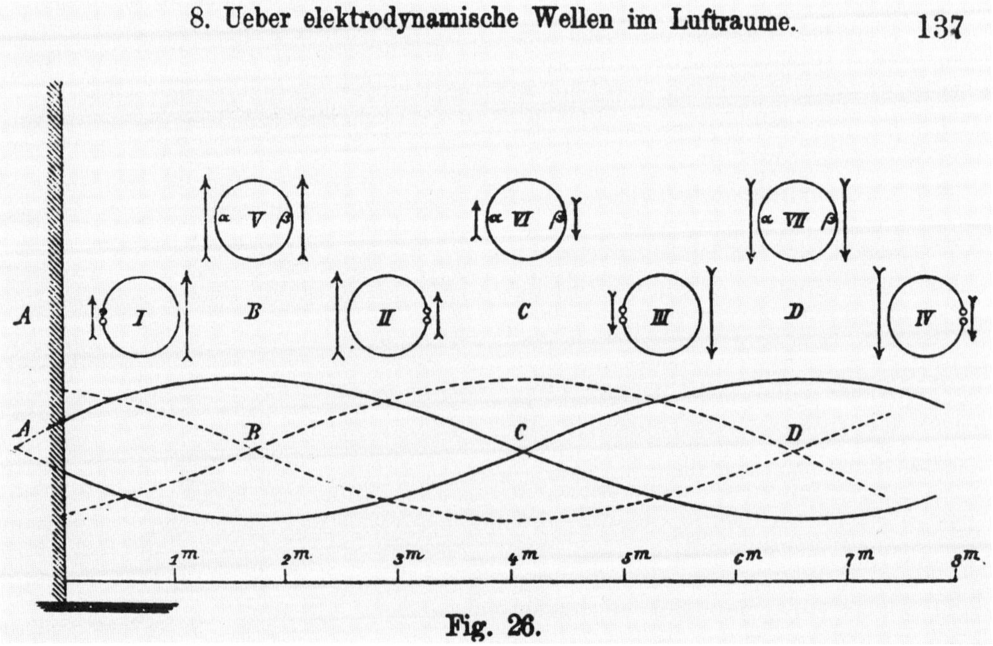

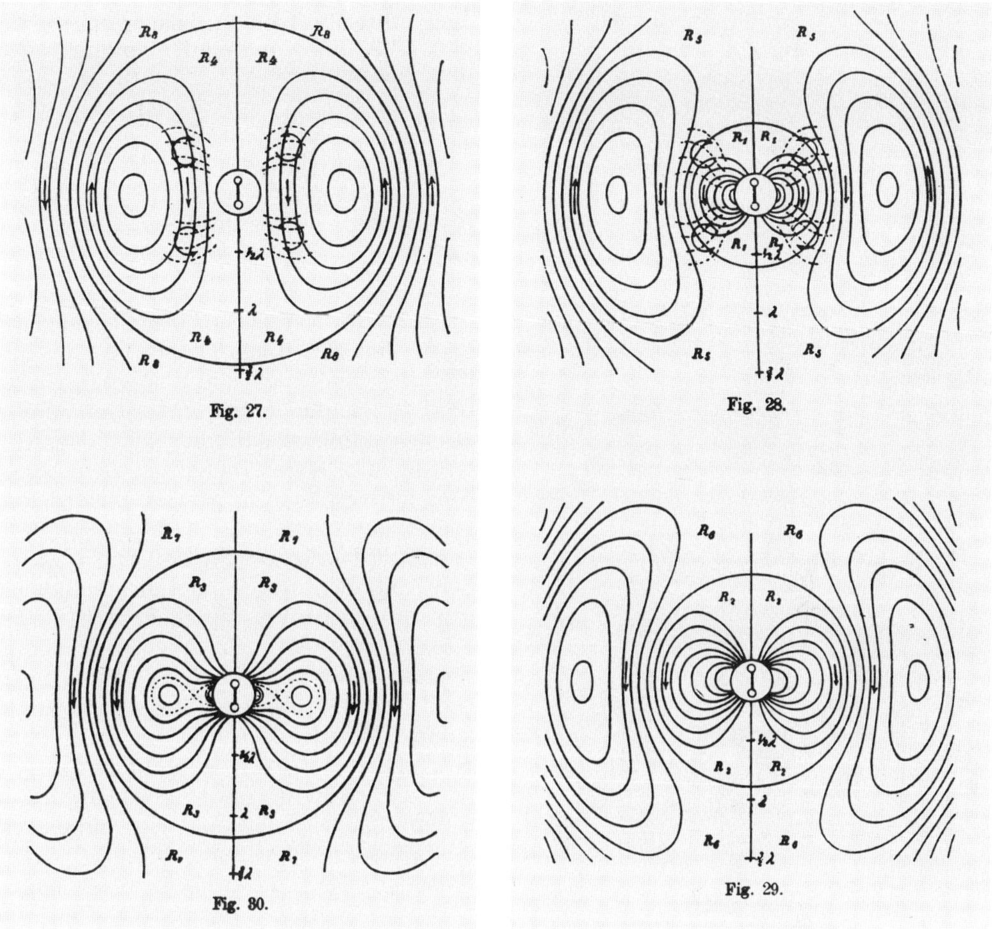

Bild 4: Abstrahlung von Feldlinien vom Dipol in vier Momentbildern

kreisförmigen Draht mit „Funkenmikrometer“ (mit einem Mikrometer herzustellende Funkenstrecke) als Empfänger und bemerkte, daß der „ganze Raum [Hörsaal] von den Schwingungen der elektrischen Kraft erfüllt“ war [2, S. 98], so daß es ihm wahrscheinlich schien, „dass hier die erste Andeutung für eine endliche Ausbreitungsgeschwindigkeit der elektrischen Fernwirkungen vorliege.“ [2, S. 100]

Diese uns heute so einfach erscheinende und folgerichtige Erkenntnis bedeutete eine Entscheidung zugunsten der Maxwellschen Feldtheorie und gegen die ursprüngliche Webersche Theorie, die die hochfrequenten Schwingungen und Wellen nicht einschloß. Daraus erwuchsen Großversuche, bei denen Hertz durch Reflexion stehende Wellen im Raum erzeugte (**Bild 3**):

„Der Hörsaal der Physik, in welchem diese Versuche angestellt wurden, ist nahe 15 m lang, 14 m breit, 6 m hoch … Aus diesem Raum liess ich die hängenden Teile der Gasleitungen und die metallenen Kronleuchter entfernen … Die eine der Stirnwände des Raumes, an welcher die Reflexion stattfinden sollte, war eine von zwei Thüröffnungen durchbrochene massive Sandsteinwand; zahlreiche Gasleitungen zogen sich an derselben

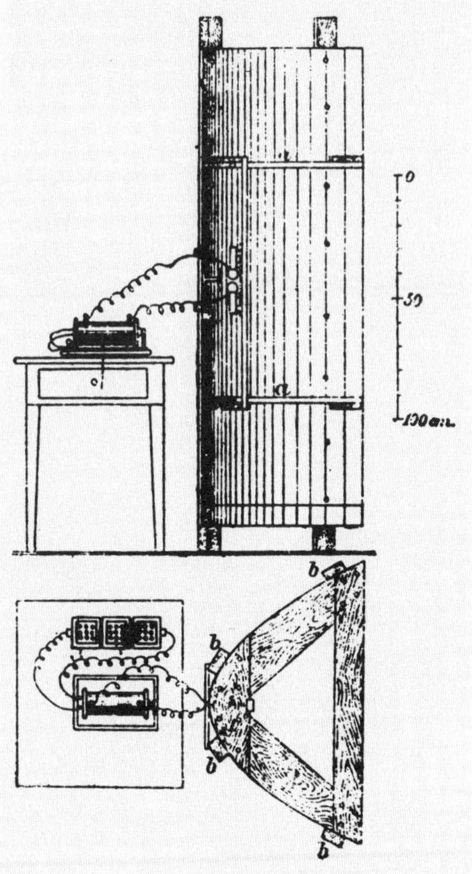

Fig. 35.

Bild 5: Hertz' Sender für Dezimeterwellen, bestehend aus Batterie, Funkeninduktor, Dipol und Reflektor.

hin. Um der Wand noch mehr den Charakter einer leitenden Fläche zu erteilen, wurde an derselben ein Zinkblech von 4 m Höhe und 2 m Breite befestigt." [2, S. 134-135]

In 13 m Abstand von der Zinkplatte wurde der „primäre Leiter" [Sender] aufgestellt und mit dem Kreisdipol die Knotenpunkte (A und C) und Bäuche (B und D) der „elektrischen Welle" und auch die um 1/4 Wellenlänge verschobene „magnetische Welle" nachgewiesen (**Bild 3**). Daraus berechnete Hertz die Wellenlängen zwischen 9 m und 10 m und die Schwingungsdauer des Senders. Abschließend wies er darauf hin, daß diese Resultate

„ohne Rücksicht auf eine besondere Theorie gewonnen wurden, aber es scheint mir [Hertz] dass auch die an jene Theorien [Maxwell-Faradaysche Theorie] geknüpfte Hypothese über das Wesen des Lichtes sich gegenwärtig dem Geiste mit noch stärkeren Gründen aufdrängt, als dies schon bisher der Fall war." [2, S. 146]

Nachdem Hertz die Abschnürung der Kraftlinien von einem Dipol und ihre Ausbreitung berechnet und dargestellt hatte (**Bild 4**), wandte er sich in der Abhandlung „Ueber Strahlen elektrischer Kraft" dem letzten, noch offenen Problem zu: Dem Nachweis der Wesensgleichheit von „elektrischen Wellen" und Licht.

Er baute einen Sender und entsprechenden Empfänger mit extrem kurzen Dipolen mit Funkenstrecke, hinterlegt von einem Zinkparabolspiegel zur Wellenbündelung (**Bild 5**). Damit konnte er in analogen Versuchen zur Optik die geradlinige Ausbreitung, Polarisation und Reflexion des Wellenbündels zeigen. Mit einem Asphaltprisma aus einem gleichschenkligen Dreieck von 1,2 m Schenkellänge und 1,5 m Basis wurde auch die Brechung des Wellenbündels veranschaulicht. Nach dieser Versuchsserie konnte Hertz entschieden verkünden:

„Wir haben die von uns untersuchten Gebilde als Strahlen elektrischer Kraft eingeführt. Nachträglich dürfen wir dieselben vielleicht auch als Lichtstrahlen von sehr grosser Wellenlänge bezeichnen. Mir wenigstens erschienen die beschriebenen Versuche in hohem Grade geeignet, Zweifel an der Identität von Licht, strahlender Wärme und elektrodynamischer Wellenbewegung zu beseitigen." [2, S. 196]

Das war der Triumph seiner Forschung; die Phänomene des Lichts und der Elektrodynamik waren in Maxwells elektromagnetischer Feldtheorie vereint. Damit war für Hertz die Untersuchung abgeschlossen.
Als Ende 1889 ein Elektroingenieur namens Huber bei Hertz anfragte, „ob es nicht möglich wäre, nach Ihrer Theorie, die magnetischen Kraftlinien ... in die Ferne übertra-

gen?" und den ahnungsvollen Zusatz machte: „Ich habe hier Transformatoren & das Telephon in erster Linie in Betracht gezogen" [3], antwortete Hertz, daß deren Schwingungen viel zu langsam seien, um abgestrahlt zu werden. Das war zwar wissenschaftlich einwandfrei, aber auch ohne einen Hintergedanken an eine technische Verwertbarkeit. Hertz wandte sich wieder der theoretischen Elektrodynamik zu. Seine Abhandlung mit dem Titel „Ueber die Grundgleichungen der Elektrodynamik für bewegte Körper" (1890) zählt zu den Ausgangspunkten von Einsteins spezieller Relativitätstheorie.

Anfang der 1890er Jahre wurden erste Stimmen laut, die die elektromagnetischen Wellen zur drahtlosen Übertragung von Signalen nutzen wollten. Nach Experimenten von Oliver Lodge in England begannen Guglielmo Marconi in Italien und Alexander Popov in Rußland 1895 mit ersten Versuchen zur drahtlosen Telegraphie. Diesen Anfang der Funktechnik hat Hertz leider nicht mehr erlebt: Er starb 37jährig am 1. Januar 1894.

Literatur:

[1] Maxwell, J. Clerk: Lehrbuch der Electricität und des Magnetismus 2 Bände, Berlin 1883

[2] Hertz, H.: Gesammelte Werke Band 2: Untersuchungen über die Ausbreitung der elektrischen Kraft. Leipzig 1914

[3] Manuskript Nr. 2939, Deutsches Museum München

W. Sch.

Brauns Bildröhre: Erfindung und frühe Entwicklung

1897 veröffentlichte der Physiker Ferdinand Braun den Aufsatz „Ueber ein Verfahren zur Demonstration und zum Studium des zeitlichen Verlaufes variabler Ströme". Hinter diesem Verfahren verbarg sich eine neuartige Vakuumbildröhre, die als Braunsche Röhre weltbekannt wurde. Noch heute, fast 100 Jahre später, ist diese Röhre nach etwa den gleichen Prinzipien aufgebaut, obwohl sie für viele Zwecke abgewandelt und vervollkommnet wurde. Als Fernseh- und Oszillographenröhre hat sie eine damals nicht absehbare weite Verbreitung gefunden.

Ferdinand Braun stammte aus einer kleinbürgerlichen, nicht gerade wohlhabenden Familie. Dennoch ermöglichten ihm die Eltern, die noch drei weitere Söhne zu versorgen hatten, ein naturwissenschaftliches Studium. Nach der Promotion und dem Erwerb der Lehrbefugnis für „höhere Schulen" wurde Braun Lehrer an der Thomasschule zu Leipzig. Hier schrieb er das populärwissenschaftliche Jugendbuch *Der junge Mathematiker und Naturforscher*. Bald darauf schaffte er den Sprung zum Universitätslehrer. Als Professor in Marburg, Karlsruhe, Tübingen und Straßburg entfaltete er sein Talent. Sein wohl bekanntester Schüler, der Hochfrequenzphysiker Jonathan Zenneck, unterstrich das wie folgt:

> „Braun war ein eleganter Experimentator, der die experimentellen Hilfsmittel der Physik ausgezeichnet beherrschte ..." [1, S. 37–38]

Bereits 1874, noch in Leipzig, machte er eine epochale Entdeckung: Er fand an bestimmten „Mineralien" in einer Spitzenhalterung den Gleichrichtereffekt an Halbleitern. Um 1905 nutzte er diesen „Kristalldetektor" als Hochfrequenzgleichrichter zur „Anzeige elektrischer Schwingungen". Allerdings wurde dieses Element durch die betriebssichereren Elektronenröhren zunächst verdrängt. Erst um 1940, nach einer Periode der intensiven Halbleiterforschung, wurden Halbleiterdioden und später Transistoren in der Funktechnik zu unverzichtbaren Bauelementen.

Brauns bedeutendste Leistung lag auf dem Gebiet der Funktechnik: 1897 wurde er mit der „drahtlosen Telegraphie" des Italieners Guglielmo Marconi und des Russen Alexander Popov konfrontiert. Er betrachtete diese Anfänge nicht als isoliertes technisches Verfahren, sondern griff auf die physikalischen Resultate von Heinrich Hertz über elektromagnetischen Wellen zurück. So wurde er zum Schöpfer der Hochfrequenzphysik. Die zugehörige anwendungsorientierte Grundlagenforschung spiegelt sich vor allem in den rund 20 von Braun betreuten Dissertationen wider. Er führte 1898 die induktive Kopplung zwischen Schwing- und Antennenkreis ein und erreichte damit sofort wesentlich größere Reichweiten der Funksignale als etwa Marconi. Weitere Untersuchungen über Meßverfahren in Schwingkreisen, Richtfunkanlagen, Frequenzabstimmung und neue Formen der Schwingungserzeugung leiteten die wissenschaftlich-technische Entwicklung der Funktechnik ein. Die mit Kapitalgebern gegründete Firma „Telebraun" gab die Finanzen für umfangreiche Untersuchungen zur Ausbreitung der „Funkwellen". 1901 ging die Firma im Siemenskonzern auf, und 1903 fusionierten die beiden funktechnischen Tochterfirmen von Siemens & Halske und der AEG zur „Telefunken AG", die noch heute existiert.

Braun ließ sich bei seiner Arbeit von dem Grundsatz leiten:

> „Glückliches Herausfühlen des Wesentlichen – welches wir als Intuition bezeichnen – geschicktes Combiniren der Tatsachen, das ist für den An-

griffspunkt aller Untersuchungen, auf welchem Gebiet sie sich immer bewegen mögen, das Entscheidende: so bei Lessing, so bei Kant, so bei Galilei und Newton." [2, S. 12]

Ein besonderes Charakteristikum von Brauns Intuition ist es, daß sie nicht nur der Erforschung des eigentlichen Phänomens, sondern auch der Entwicklung neuer wissenschaftlicher Geräte zugute kam, die auf der untersuchten Erscheinung beruhten. Dafür ist die Erfindung der Braunschen Röhre ein Paradebeispiel. In der zweiten Hälfte des 19. Jahrhunderts bildete sich die Gasentladungsphysik heraus.

Dank der Erfindung der hochevakuierten „Geißlerschen Röhren" und des „Funkeninduktors", eines Hochspannungserzeugers, wurden von Johann Wilhelm Hittorf 1869 die Kathodenstrahlen entdeckt, die zu einem bevorzugten Untersuchungsobjekt wurden (siehe S. 138). Braun nimmt in der langen Reihe der über die Kathodenstrahlen forschenden Physiker einen besonderen Platz ein. Gemäß seinem Forschungsverständnis wollte er ein Gerät schaffen, mit dem man den Verlauf „variabler Ströme", beispielsweise der Wechselströme, wirklich „sehen" oder demonstrieren konnte. Denn er wußte, daß sich Kathodenstrahlen geradlinig ausbreiten, magnetisch und elektrisch trägheitslos ablenken lassen und auf einem fluoreszierenden Schirm einen Leuchtfleck hervorrufen. Zu diesem Zweck bestellte er bei „Dr. Geisslers Nachfolger" Franz Müller in Bonn eine spezielle Röhre.

Das Prinzip der Braunschen Röhre geht schon aus der ersten Seite (**Bild 1**) des ersten Artikels hervor, mit dem er eine Reihe von Versuchen beschrieb.

In einem ersten Versuch wurde der Wechselstrom der Straßburger „Centrale" dargestellt; überraschenderweise ergab das Bild dieses Stromes eine fast ideale sinusförmige Kurve. Dagegen waren die Kurven des Primärkreises eines Funkeninduktors als „zerhackter Gleichstrom" zu deuten, also ent-

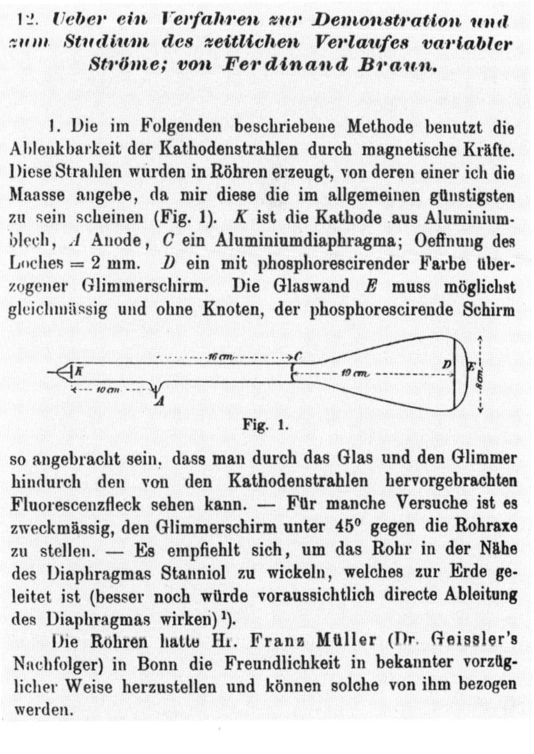

12. ***Ueber ein Verfahren zur Demonstration und zum Studium des zeitlichen Verlaufes variabler Ströme; von Ferdinand Braun.***

1. Die im Folgenden beschriebene Methode benutzt die Ablenkbarkeit der Kathodenstrahlen durch magnetische Kräfte. Diese Strahlen wurden in Röhren erzeugt, von deren einer ich die Maasse angebe, da mir diese die im allgemeinen günstigsten zu sein scheinen (Fig. 1). *K* ist die Kathode aus Aluminiumblech, *A* Anode, *C* ein Aluminiumdiaphragma; Oeffnung des Loches = 2 mm. *D* ein mit phosphorescirender Farbe überzogener Glimmerschirm. Die Glaswand *E* muss möglichst gleichmässig und ohne Knoten, der phosphorescirende Schirm

Fig. 1.

so angebracht sein, dass man durch das Glas und den Glimmer hindurch den von den Kathodenstrahlen hervorgebrachten Fluorescenzfleck sehen kann. — Für manche Versuche ist es zweckmässig, den Glimmerschirm unter 45° gegen die Rohraxe zu stellen. — Es empfiehlt sich, um das Rohr in der Nähe des Diaphragmas Stanniol zu wickeln, welches zur Erde geleitet ist (besser noch würde voraussichtlich directe Ableitung des Diaphragmas wirken)[1].

Die Röhren hatte Hr. Franz Müller (Dr. Geissler's Nachfolger) in Bonn die Freundlichkeit in bekannter vorzüglicher Weise herzustellen und können solche von ihm bezogen werden.

Bild 1: Erste Seite von Brauns erstem Artikel über seine Röhre.
Mit dem Diaphragma C wurde die Fokussierung der Strahlen erreicht. Die Kathodenstrahlen wurden mit einer „20plattigen Töpler'schen Influenzmaschine" oder einem „rasch spielenden Inductionsapparat" erzeugt. Eine „Magnetisirungsspule" als „Indicatorspule", senkrecht zur Rohrachse in der Nähe des Diaphragmas C, nutzte Braun zur vertikalen Ablenkung der Kathodenstrahlen. Mit einem Drehspiegel erzielte er auch eine horizontale Ablenkung. Als Vorteile dieser Methode nannte Braun die trägheitslose, von Eigenschwingungen freie Ablenkung und die Beweglichkeit des Kathodenstrahls in allen Richtungen einer Ebene.

sprechend verzerrt; bei geschlossenem Sekundärkreis war die induktive Rückwirkung auf den Primärkreis durchaus zu erkennen (**Bild 2a**). Bei einer zweiten Gruppe von Versuchen wurden bereits mittels Spulen eine vertikale und horizontale Ablenkung erzielt. Durch die Überlagerung von Schwingungen entstanden die bislang aus der Akustik und Mechanik bekannten „Lissajousschen Figuren". Wenn verschiedene Wechselströme an die Spulen gelegt wurden, konnte aus der Form der Figuren auf die Stärke des induktiven und kapazitiven Widerstandes in einem Kreis und entsprechende Phasenverschiebungen geschlossen werden (**Bild 2b**). So wurden bereits in der ersten Veröffentlichung vielfältige Anwendungsgebiete des Kathodenstrahloszillographen als Stromverlaufs- und insbesondere Schwingungsaufzeicher erkannt.

Sehr schnell folgten weitere Vervollkommungen. Hermann Ebert führte 1898 statt der Spulen Kondensatorplatten für die elektrostatische Ablenkung durch das elektrische

2a

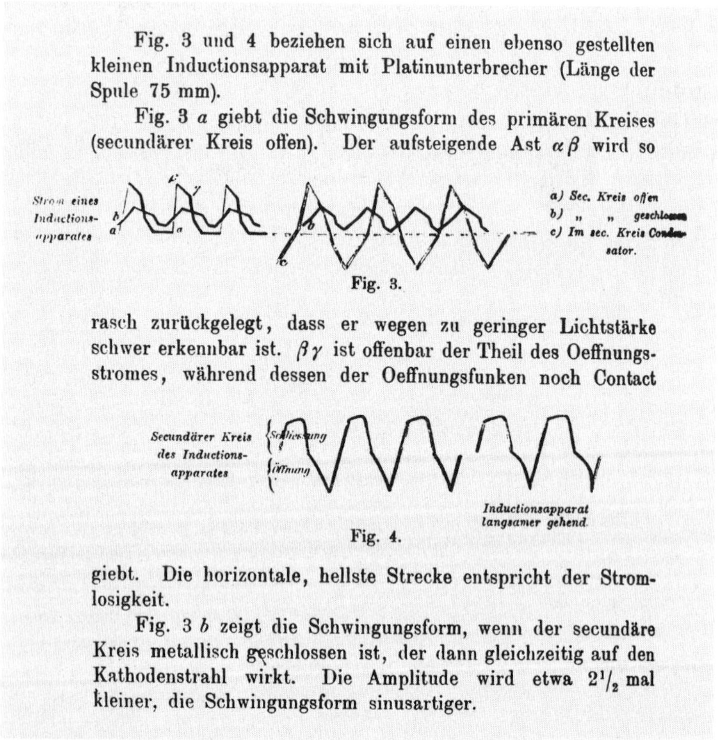
Fig. 3 und 4 beziehen sich auf einen ebenso gestellten kleinen Inductionsapparat mit Platinunterbrecher (Länge der Spule 75 mm).

Fig. 3 *a* giebt die Schwingungsform des primären Kreises (secundärer Kreis offen). Der aufsteigende Ast $\alpha\beta$ wird so

Fig. 3.

rasch zurückgelegt, dass er wegen zu geringer Lichtstärke schwer erkennbar ist. $\beta\gamma$ ist offenbar der Theil des Oeffnungsstromes, während dessen der Oeffnungsfunken noch Contact

Fig. 4.

giebt. Die horizontale, hellste Strecke entspricht der Stromlosigkeit.

Fig. 3 *b* zeigt die Schwingungsform, wenn der secundäre Kreis metallisch geschlossen ist, der dann gleichzeitig auf den Kathodenstrahl wirkt. Die Amplitude wird etwa $2^1/_2$ mal kleiner, die Schwingungsform sinusartiger.

Bild 2: Stromkurven von Induktionsapparaten (2a) sowie Lissajoussche Figuren, entstanden durch Anlegen von Wechselströmen an die Vertikal- und Horizontalspulen (2b)

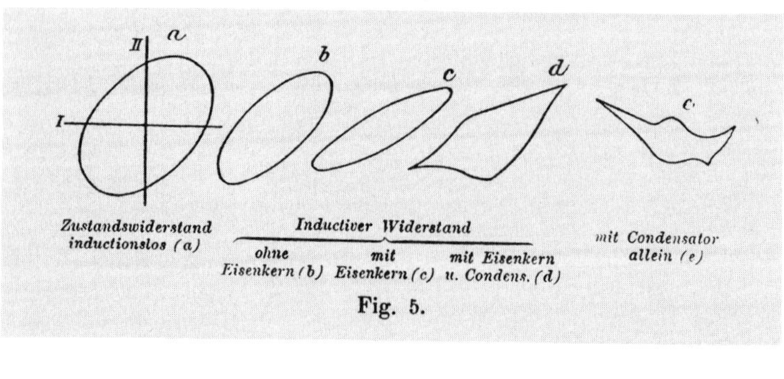

Fig. 5.

2b

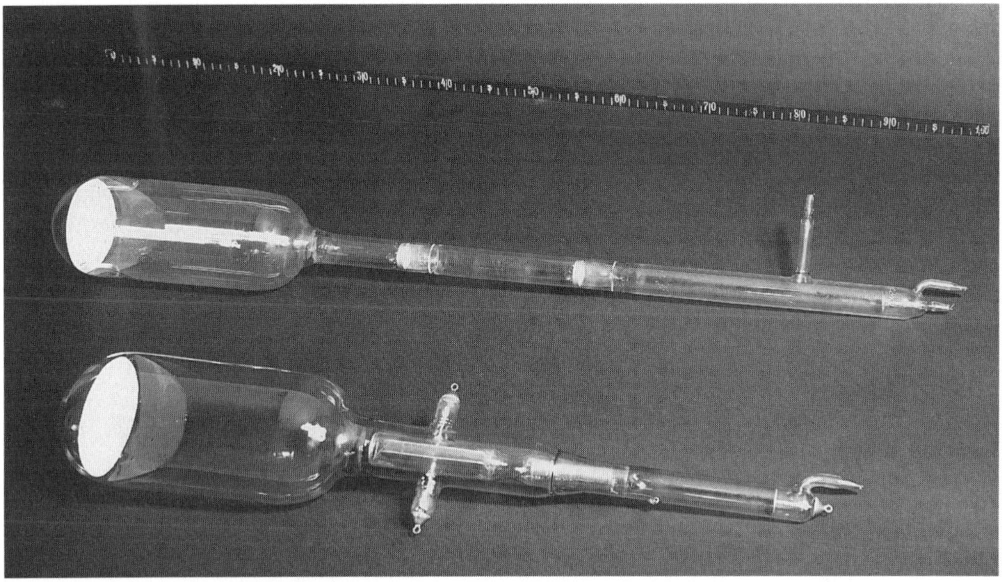

Bild 3: Zwei Kathodenstrahlröhren von Ferdinand Braun aus dem Jahre 1898

Feld ein und konnte beispielsweise Hochfrequenzschwingungen darstellen, die wieder mit dem Drehspiegel auseinandergezogen wurden. Die elektrischen Kippschwingungen eines Kondensators für die elektrostatische horizontale Ablenkung wurde aber erst später eingeführt.

Jonathan Zenneck wurde 1897 der „Strahlen-Referent" des Straßburger Physikalischen Instituts. Er wurde der eigentliche „Experte" für die Braunsche Röhre. 1899 erschien sein Artikel mit dem Titel „Eine Methode zur Demonstration und Photographie von Stromcurven" [4]. Darin wurde als wichtigste Verbesserung eine Spule für die horizontale Ablenkung angegeben, die von einer linear steigenden Stromstärke durchflossen wurde. Letzteres wurde durch ein automatisch rotierendes Potentiometer mit Rücksprung zum Anfangspunkt erreicht. Auf diese Weise konnte der Drehspiegel entfallen, und „die Stromcurve [kam] auf dem Luminescenzschirm selbst zur Darstellung" [4, S. 839]. So konnten die Kurven photographiert und „durch Aenderung in der Construction der Röhre die Expositionsdauer auf wenige Secunden" herabgedrückt werden. Dafür konstruierte Zenneck eine Röhre mit einer neuen Kathode für höhere Spannungen, zwei Diaphragmen zur Fokussierung und einem neuen besseren Glasschirm, bestrichen mit „Calciumwolframat", der ein helleres Bild ergab. Er hat auch mit Hilfe der „Firma Geißler" in Bonn weitere „Phosphore" als Leuchtstoffe ausprobiert. Damit wurden erstmals Wechselstromkurven mit Phasenverschiebungen von Wechselstrommaschinen und Funkeninduktoren photographiert (**Bild 4**). Weiterhin wurde eine „Hysteresisschleife" aufgezeichnet, indem der linear steigende Strom parallel durch das vertikale und das horizontale Spulenpaar geschickt wurde. In die letztere Spule wurde dabei ein Bündel aus feinen Eisendrähten eingeschoben. So erhielt man unmittelbar Auskunft über das Verhalten bestimmter Ferromagnetika bei einer periodischen Magnetisierung. Auf ähnliche Weise untersuchte Zenneck auch die Oberschwingungen eines Drehstromes. Im gleichen Jahr erzielten Arthur Wehnelt und Bruno Donath mit einer schwingenden Blende zur horizontalen Ab-

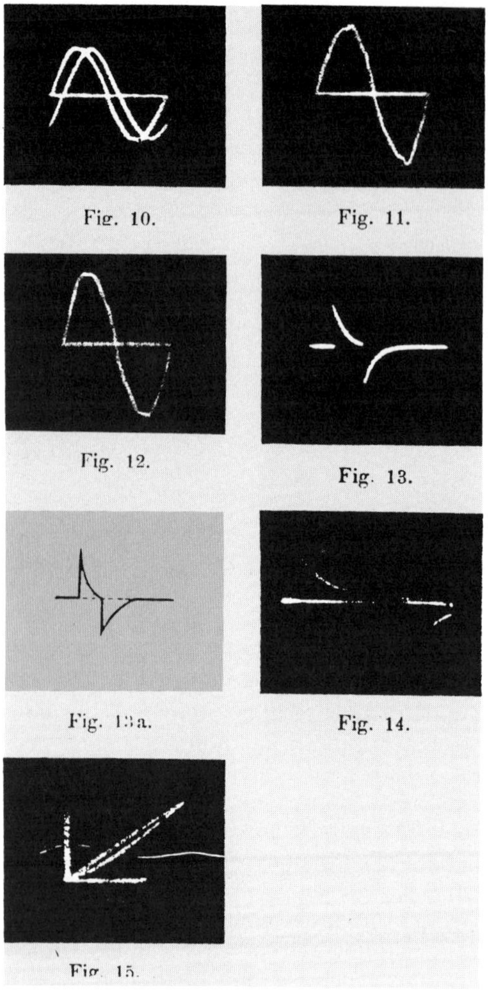

Bild 4: Bilder von Stromkurven.
Zenneck fotografierte erstmals Stromkurven von Wechselstrommaschinen (Fig. 10 bis 12) und Funkeninduktoren (Fig. 13, 14) sowie Lissajoussche Figuren (Hysteresisschleife Fig. 15) direkt vom Bildschirm.

lenkung aussagekräftige Photoaufnahmen über Stromkurven bei verschiedenen Unterbrechern, von gedämpften Schwingungen und von pulsierendem Gleichstrom (**Bild 5**). Als großen Vorteil der Braunschen Röhre hat Zenneck schon früh hervorgehoben, daß man mit ihr eine zeitabhängige Größe unmittelbar als Funktion einer anderen abbilden könne, beispielsweise Strom-Spannungskennlinien bei beliebiger Frequenz.

Im ersten Jahrzehnt des 20. Jahrhunderts wurde mit der Entwicklung der Elektronenröhren auch bei der Braunschen Röhre die geheizte Oxydkathode von Wehnelt eingeführt und die Hochspannungsversorgung verbessert. Letzterer erfand auch den „Wehneltzylinder", mit dem der Elektronenstrom aus der Glühkathode gesteuert wurde.

In derselben Zeit wurden aber bereits weitere Anwendungsgebiete erprobt. Braun suchte um 1900 mittels einer besonders konstruierten Röhre durch eine Rückkopplungsschaltung ungedämpfte Schwingungen für die Funktechnik zu erzeugen. Auch Heinrich

Bild 5: Von Wehnelt und Donath vom Bildschirm 1899 fotografierte Stromkurven

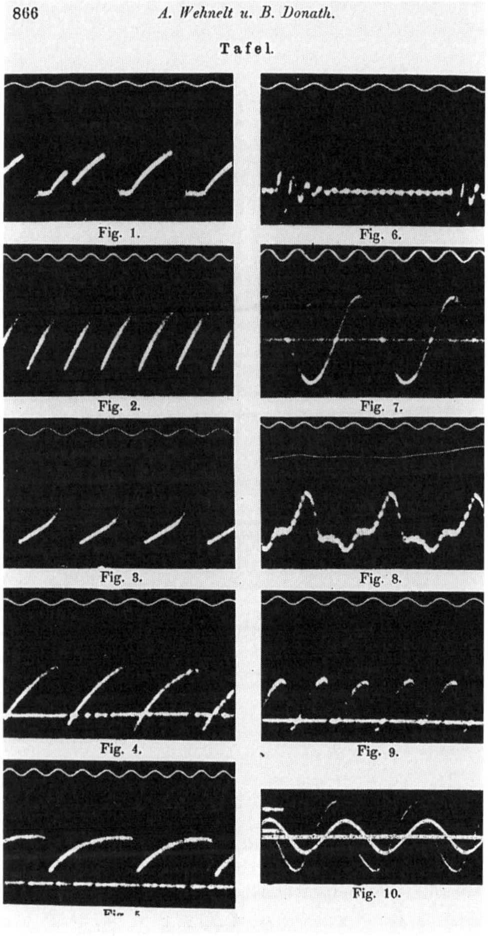

Barkhausen hat um 1907 versucht, mittels einer Braunschen Röhre ungedämpfte Lichtbogenschwingungen zu erhalten. Beides mißlang jedoch; erst Alexander Meißner erreichte – fußend auf ähnlichen Gedankengängen wie Braun – 1913 mit der Dreielektrodenröhre in Rückkopplungsschaltung die Erzeugung von ungedämpften Hochfrequenzschwingungen.

Die Braunsche Röhre hat auch schon frühzeitig eine Rolle in der Entwicklung des Fernsehens gespielt. Zwei Assistenten von Braun, Max Dieckmann und Gustav Glage reichten bereits 1906 ein Patent auf ein „Verfahren zur Übertragung von Schriftzeichen und Strichzeichnungen mit der Kathodenstrahlröhre" ein. Ihre Überlegungen bezogen sich jedoch nur auf die Sichtbarmachung unbewegter Schwarzweißbilder mittels der Braunschen Röhre, eine Frühform der Bildtelegraphie. Braun selbst hielt nichts von diesem „Hokuspokus"; offensichtlich war diese Anwendung technisch verfrüht, aber die Idee keineswegs so abseitig, wie das Braun meinte.

Erst rund 30 Jahre später rückte durch den Aufstieg der Elektronik das elektronische Fernsehen mit der Braunschen Röhre in den Bereich der Machbarkeit. Vladimir Kosma Zworykin erfand in den USA das Ikonoskop als photoelektronische Nachbildung des Auges. 1930 entwickelte Manfred von Ardenne das vollelektronische Fernsehen mit Braunschen Röhren: Mittels eines Elektronenstrahls und einer Photozelle wurde ein Bild abgetastet und in Stromimpulse umgesetzt. Diese wurden der Bildröhre zugeleitet und synchron wieder zu einem Bild zusammengesetzt. 1931 wurde dieses 100zeilige elektronische Fernsehen auf der Berliner Funkausstellung vorgestellt. 1935 strahlte der erste UKW-Fernsehsender der Welt vom Brocken im Harz ein Programm aus. Erste Fernsehübertragungen von der Berliner Olympiade 1936 zeigten die künftigen immensen Möglichkeiten des neuen Mediums.

Heute ist die Braunsche Röhre, sei es nun in der Computer-, Radar- oder Videotechnik, nicht mehr wegzudenken. Und noch heute erreicht man mit der Braunschen Kathodenstrahlröhre ein weitaus helleres Bild als etwa mit einer Flüssigkristallanzeige (LCD = Liquid Crystal Display). Die rasche Entwicklung der Röhre für verschiedene Anwendungen hatte auch einen weiteren Grund: Wie Röntgen hatte auch Braun auf seine Röhre kein Patent genommen, und zwar in der Absicht, daß sich jeder der Röhre bedienen und so Wissenschaft und Technik rascher vorankommen könne.

Literatur:

[1] Zenneck, J.: Zum 50jährigen Jubiläum der Braunschen Röhre. In: Die Naturwissenschaften 35 (1948). S. 33–38

[2] Braun, F.: Ueber physikalische Forschungsart. Rede zum Kaisergeburtstag 1899. Straßburg 1899

[3] Braun, F.: Ueber ein Verfahren zur Demonstration und zum Studium des zeitlichen Verlaufs variabler Ströme. In: Ann. Phys. u. Chem., Bd. 60 (1897), S. 552–559

[4] Zenneck, J.: Eine Methode zur Demonstration und Photographie von Stromcurven. In: Ann. Phys. u. Chem., Bd. 69 (1899), S. 838–853

[5] Wehnelt, H. u. B. Donath: Photographische Darstellung von Strom- und Spannungscurven mittels der Braun'schen Röhre. In: Ann. Phys. u. Chem., Bd. 69 (1899), S. 861–870

[6] Kurylo, F.: Ferdinand Braun. München 1965

W. Sch.

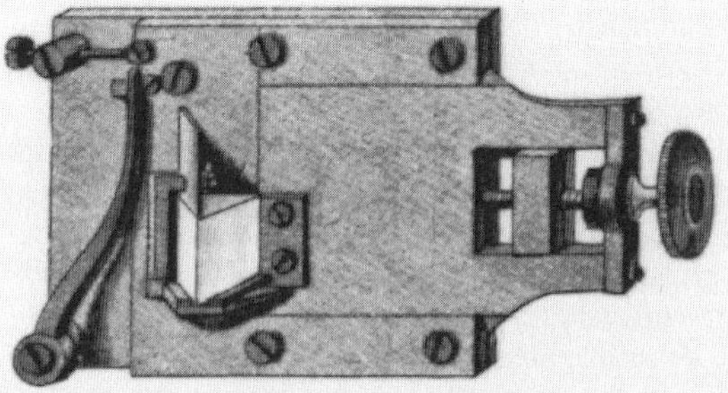

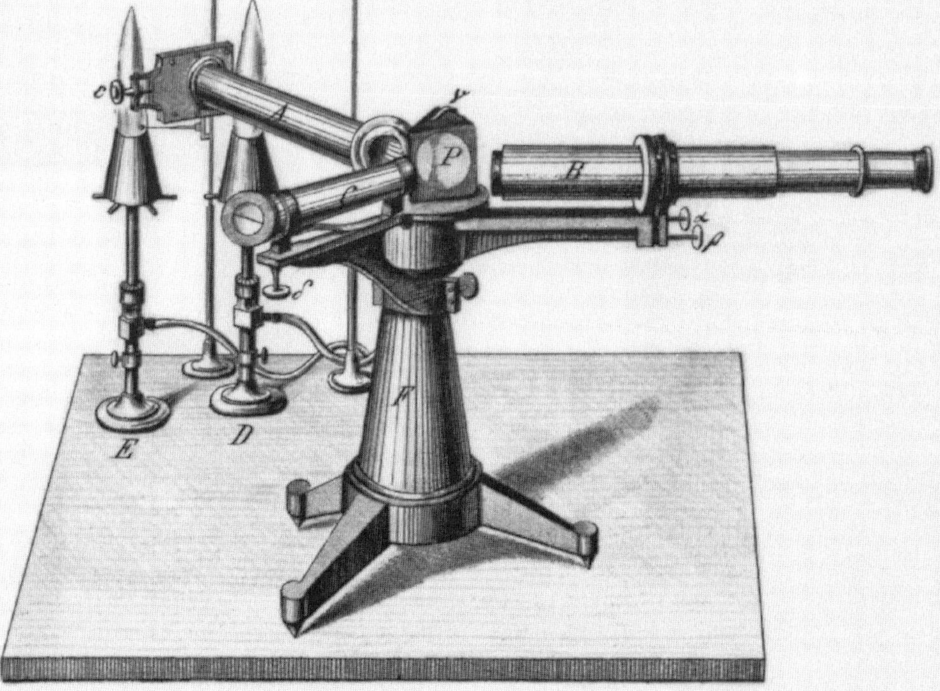
c
A
P
B
C
α
β
δ
E
D
F

Ein optisches Problem von altersher:

Nach welchem Gesetz wird das Licht gebrochen?

Die Optik war schon in der Antike ein bevorzugtes Arbeitsgebiet, und das Reflexionsgesetz des Lichts bereits damals bekannt. Weitaus erstaunlicher ist es, daß der Schöpfer des geozentrischen Weltbildes, Klaudios Ptolemaios, im 2. Jahrhundert v. Chr. auch die Lichtbrechung durch verschiedene Medien untersuchte und dabei das messende Experiment als Erkenntnismittel nutzte. Das war ein erster Ansatz zur physikalischen Optik. Für Astronomen war damals wie heute die Strahlenbrechung in der Atmosphäre wichtig, da dadurch Sternenörter verfälscht wurden.

Bild 1: Vorrichtung von Ptolemaios zur Messung des Einfalls- und Brechungswinkels.
„Ptolemaios tauchte einen in 360 Grad geteilten Kreis, der zwei um eine Achse drehbare, mit Öffnungen versehene Lineale trug, bis zur Mitte in Wasser und rückte das untere Lineal so, dass die Stifte b,c und g eine gerade Linie b c h zu bilden schienen." [1, S. 57]

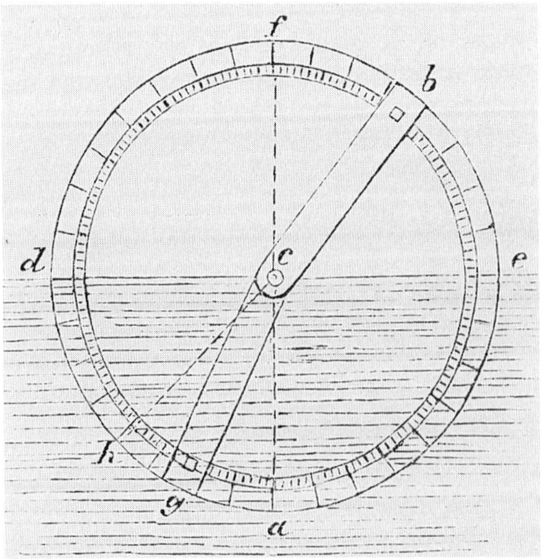

Ein seinerzeit lange bekannter Versuch bildete das Vorbild für Ptolemaios: Eine Münze wird so in ein Gefäß gelegt, daß sie durch den Gefäßrand gerade verdeckt wird. Füllt man Wasser in das Gefäß, wird sie wieder sichtbar. Die Technik der Winkelmessung war den Astronomen geläufig; daraus entwickelte Ptolemaios seine von Ernst Gerland und Friedrich Traumüller beschriebene Meßmethode (**Bild 1**).

Für Ptolemaios ging vom Auge ein „Sehstrahl" aus, der den Gegenstand abtastete. Der Bildort lag im Schnittpunkt vom Lot des Bildes auf die Grundfläche und Sehstrahl. Die Ergebnisse legte er in Tafeln für die Übergänge Luft/Wasser und Luft/Gas nieder.

Erstere hatte folgende Werte in Grad:

α	10	20	30	40	50	60	70	80
β	8	15,5	22,5	29	35	40,5	45,5	50

α: Einfallswinkel; β: Brechungswinkel

Berechnet man mit dem heute bekannten Brechungsgesetz und Ptolemaios' Werten für $\alpha = 60^\circ$ die Brechungsverhältnisse, so erhält man zwischen Luft und Wasser n = 1,33 und zwischen Luft und Gas n = 1,53, also hinreichend genaue Werte. Die Fehler der Brechungswinkel liegen bis auf die Ausnahme bei α = 80 Grad nur zwischen 0,5° und 0,75° [2, S. 61–62].

In der Nachfolge von Ptolemaios beschäftigte sich der islamische Arzt und Naturforscher Ibn al-Haitam (latinisiert: Alhazen) mit dem Strahlengang durch eine Glaskugel und so auch mit der Lichtbrechung. Seine Berechnungen und physikalischen Begründungen über die unterschiedlichen Lichtgeschwindigkeiten in verschiedenen Medien bildeten einen Ausgangspunkt für neue Erklärungsansätze von Descartes und Kepler. Im Mittelalter haben der deutsch-polnische Naturforscher Witelo und der Verfasser der Magia Naturalis, Giambattista della Porta, die antiken und islamischen Traditionen in der Optik, auch hinsichtlich des Brechungsgesetzes, fortgeführt.

Das richtige Brechungsgesetz hat um 1600 der englische Mathematiker und Astronom Thomas Harriot als erster formuliert, ohne es zu veröffentlichen. Erst um 1960 konnte dies der norwegische Wissenschaftshistoriker Johannes Lohne mit den nachgelassenen Manuskripten Harriots' im British Museum und in weiteren Archiven belegen. Johannes Kepler bemühte sich sehr um Harriots Gesetz, nachdem besonders englische Wissenschaftler dessen Manuskripte eingesehen hatten. Er konnte es jedoch nicht erfahren. Kepler hat ein eigenes Gesetz aufgestellt, das für kleine Einfallswinkel bei Linsen annähernd richtige Werte ergab. Er nutzte es für seine geometrische Optik mit der Konstruktion der Bildentstehung in Fernrohren auf der Basis des Strahlenganges.

Die Erfindung des Fernrohrs hat die Suche nach dem präzisen Brechungsgesetz beschleunigt. Der Holländer Willebrord Snellius formulierte 1621 – höchstwahrscheinlich durch die Beobachtung eines Stabes im Wasser, ähnlich der scheinbar gehobenen Münze im Wasser – die wichtige Proportion des Brechungsgesetzes mit Hilfe von trigonometrischen Funktionen (**Bild 2**): Er schrieb

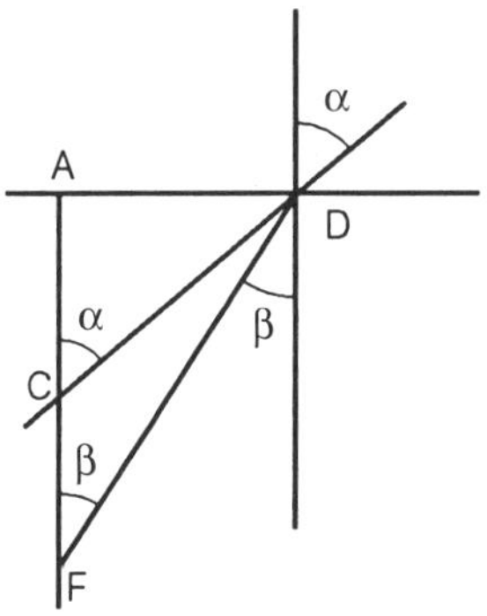

Bild 2: Nachgestaltete Versuchsanordnung von Snellius.

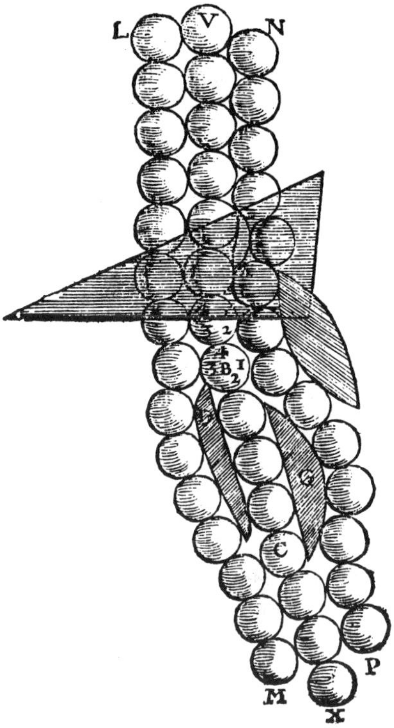

Bild 3: Descartes' Darstellung der Lichtbrechung aus der Stoßwirkung der Lichtteilchen.

$\frac{\text{cosec}\,\beta}{\text{cosec}\,\alpha}$ = const. Um 1626 tauchte das heutige Sinusgesetz $\frac{\sin\alpha}{\sin\beta} = n$ auf. Es entstand aus der mathematischen Umformung $\frac{1}{\text{cossec}\,\alpha}$ = sin α. Diese Formulierung wird häufig Descartes zugeschrieben. Es war also offenbar nur über mehrere historische Stufen möglich, aus Meßdaten dieses Naturgesetz endgültig mathematisch zu fassen.

Das vorerst phänomenologisch formulierte Gesetz stellte für die Naturforscher einen Anreiz dar, es auf der Basis der unterschiedlichen Lichtgeschwindigkeiten im dünneren und dichteren Medium theoretisch zu deuten.

Zu jener Zeit wurde die Endlichkeit der Lichtgeschwindigkeit von einigen, aber nicht von allen Naturforschern anerkannt. Erst um 1850 konnte terrestrisch die Lichtgeschwindigkeit in verschiedenen Medien bestimmt werden (siehe S. 130). Im 17. Jahrhundert waren solche Angaben nur hypothetisch. Descartes leitete unter der falschen Voraussetzung, daß die Lichtgeschwindigkeit im dichteren Medium größer sei als im dünneren, aber die horizontale Geschwindigkeitskomponente ungeändert bleibe, aus der Stoßwirkung von Lichtteilchen das richtige Brechungsgesetz her (**Bild 3**). (Später kehrte er zu der Annahme zurück, daß sich Licht im Äther bzw. in Luft instantan, also augenblicklich, ausbreite.) Pierre Fermat verwarf Descartes' Ableitung als vernunftwidrig, da er von der Voraussetzung ausging, daß die Lichtgeschwindigkeit im dünneren Medium größer sei als im dichteren. Mit der Annahme, daß der Weg zwischen einem Quellpunkt über die Grenze der optischen Medien hinweg bis zu einem Aufpunkt ein Minimalweg sei, d. h. ein Weg der kürzesten Zeit, entwickelte Fermat das Brechungsgesetz auf neue Weise. Es lautete in einer modern geschriebenen Form:

$$\frac{\sin \alpha}{\sin \beta} = \frac{v_{\text{dünn}}}{v_{\text{dicht}}}$$

($v_{\text{dünn}}$, v_{dicht}: Lichtgeschwindigkeit im dünneren bzw. dichteren Medium.)

Das erweiterte Fermatsche Extremalprinzip des Lichtweges gewann in der geometrischen Optik erhebliche Bedeutung.

Auch Christiaan Huygens' kinematische Wellentheorie ging von einer geringeren Lichtgeschwindigkeit im dichteren Medium aus. Er behauptete:

„Und überdies, man mag annehmen, daß die Ausbreitung dieser Wellen [des Lichts] im Innern der Körper etwas langsamer sei, infolge der Ablenkungen, die durch die Körperpartikel verursacht werden. Ich werde anhand dieser unterschiedlichen Geschwindigkeit zeigen, daß darin die Ursache der Brechung besteht." [4, S. 202]

Aus diesem mechanischen Programm mit der geringeren Lichtgeschwindigkeit im dichteren Medium als Kern entwickelte Huygens seine Erklärung der Brechung und seine gesamte Lichttheorie. Was darin noch unbearbeitet und unerklärt blieb, war die Dispersion des Lichts. Genau an diesem Punkt setzten Isaac Newtons Untersuchungen zur Brechung und zur Lichttheorie ein.

Literatur:

[1] Gerland, E. u. Traumüller, F.: Geschichte der physikalischen Experimentierkunst. Leipzig 1899
[2] Schreier, Wolfgang: Geschichte der Physik – ein Abriß. Berlin 1991. darin Ehlers, D.: Physik in der Antike S. 14–6
[3] Lohne, J.: Zur Geschichte des Brechungsgesetzes In: Sudhoffs Archiv 47 (1963) S. 152–172
[4] Shapiro, A.E.: Huygens' kinematic theory of light In: Studies on Christiaan Huygens, Lisse 1980, S. 200–220

W. Sch.

Die Zerlegung des weißen Lichts: Newtons Theorie der Spektralfarben

Von Aristoteles, dem großen Naturphilosophen der Antike, sind weitgehende Anschauungen über die Entstehung, Ausbreitung und Wirkungen des Lichts und der Farben überliefert, die bis weit ins Mittelalter als gültig angesehen wurden und noch Goethe zu seiner Farbenlehre anregten. Im Kern sah Aristoteles Mischungen von Licht und Schatten als Ursache der Farbvariationen an. Seiner Farbenlehre lag der Gegensatz zwischen Schwarz und Weiß zugrunde, aus dem alle übrigen Farben hervorgehen sollten.

Auch hat die Naturforscher bereits im Altertum und Mittelalter eine himmlische Farberscheinung, der Regenbogen, tief beeindruckt. Daraus bahnte sich allmählich eine vorläufige Unterscheidung zwischen den Licht- und Körperfarben an. Johannes Marcus Marci beobachtete um 1630 das durch ein Prisma erzeugte Spektrum, und Descartes wies auf die Gleichheit der Regenbogen- und Prismenfarben hin. Bei den um 1600 erfundenen Fernrohren störten die Spektralfarben als farbige Säume, weil sie das Bild unscharf erscheinen ließen. Aber die Entstehung dieser Farben blieb umstritten. Waren die Farben bereits im weißen Licht vorhanden oder wurden sie erst im Prisma erzeugt? Isaac Newton wurde durch diese offenen Fragen zu Forschungen angeregt, deren Ergebnisse er 1672 in seiner „Neuen Theorie des Lichtes und der Farben" in einem Brief an die Royal Society in London niederlegte, aber erst 1704 in seinem Werk *Opticks* zusammenfassend veröffentlichte. Manche meinen, daß er die Publikation bis nach dem Tode seines aggressiven wissenschaftlichen Gegenspielers Robert Hooke hinauszögerte.

Newtons Werk ist systematisch aufgebaut; Schritt für Schritt wird durch Lehrsätze, fundiert durch Versuche, seine Auffassung dargelegt. Manches davon scheint uns heute selbstverständlich oder gar trivial, doch damals war es neuartig und mußte bis ins einzelne belegt werden. Der erste Lehrsatz lautet:

„Licht von verschiedenen Farben besitzt auch einen verschiedenen Grad von Brechbarkeit." [1, S. 15]

Zum Beweis nutzte Newton einen originellen Versuch (**Bild 1**).
Die eigentliche Bedeutung dieses Lehrsatzes wird erst aus dem zweiten deutlich:

Bild 1: Verschiebung von Farben bei Betrachtung durch ein Prisma.
Schwarze Papierstreifen, die auf einer Hälfte DG intensiv blau, auf der anderen FE rot eingefärbt waren, lagen vor dem Fenster MN. Betrachtete er diese Streifen durch ein Prisma, so erschien die blaue Hälfte nach oben verschoben gegenüber der roten; bei Umkehr des Prismas trat die entgegengesetzte Verschiebung ein.

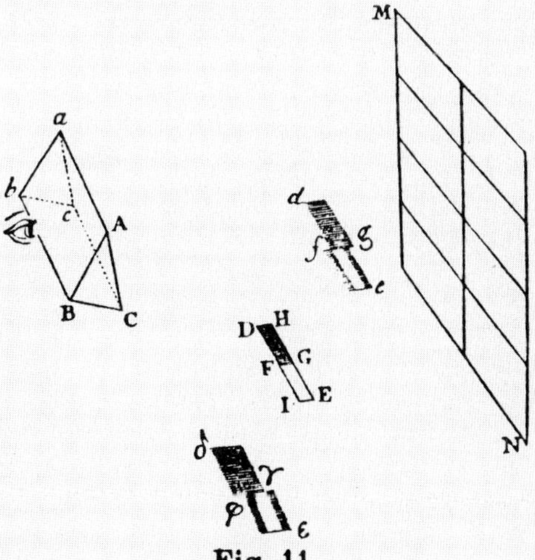

Fig. 11.

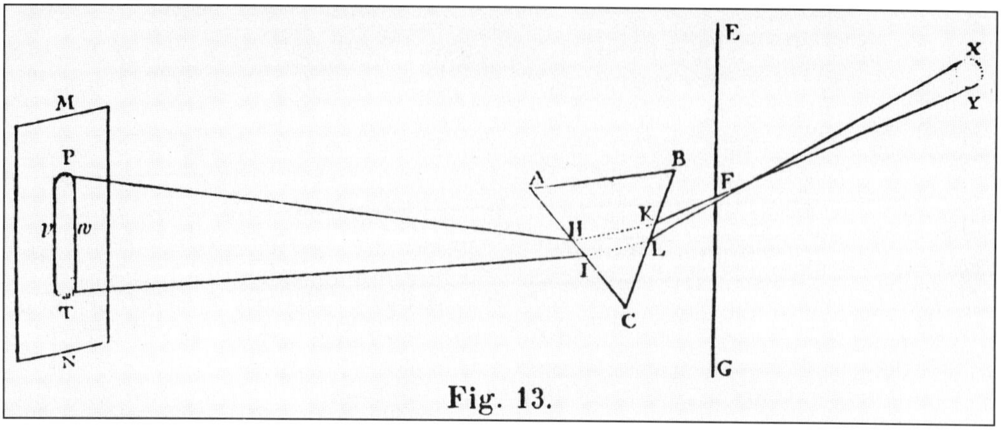

Bild 2: Mittels des Prismas ABC wird das Sonnenlicht in das Spektrum PT zerlegt.

„Das Licht der Sonne besteht aus Strahlen verschiedener Brechbarkeit.“ [1, S. 19]

Dieser grundlegende Satz besagt, daß weißes Licht ein zusammengesetztes Licht ist, das zerlegt werden kann. Dazu wurden eine Reihe von Versuchen angeführt. Beim ersten Experiment wurde mittels Prisma ein Spektrum abgebildet (**Bild 2**). Schon beim folgenden Versuch (**Bild 3**) mit einem zweiten Prisma stellte Newton fest, daß das Spektrum nicht weiter zerlegt wird:

„Da nun die Breite des Spectrums PT durch die seitliche Brechung nicht wächst, so steht fest, dass die Strahlen durch diese Brechung [durch das zweite Prisma] nicht gespalten oder sonstwie unregelmäßig zerstreut werden …“ [1, S. 28]

Bild 3: Wirkung eines zweiten Prismas in Kreuzlage DH auf das Spektrum.
„Das Bild PT wurde durch die Brechung des zweiten Prismas nicht breiter sondern lieferte nur ein schräg stehendes Bild.“ [1, S. 26]

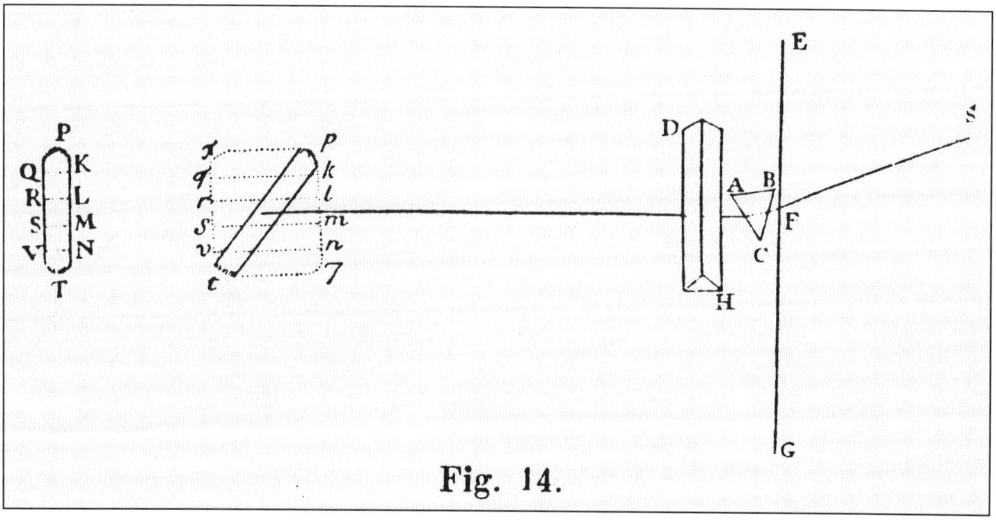

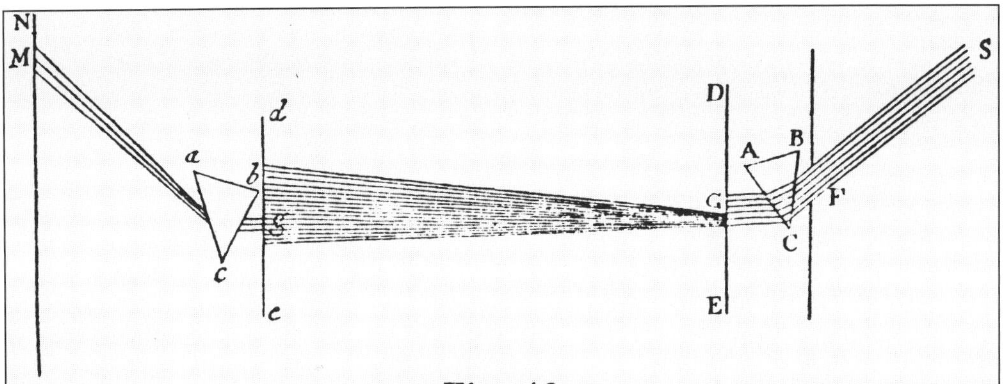

Fig. 18.

Bild 4: Ausblendung bestimmter Spektralbereiche bewirken nur stärkere Ablenkung, aber keine weitere Zerlegung des Lichts.

Das wurde durch den nächsten Versuch noch unterstrichen (**Bild 4**): Durch Ausblendung bestimmter Spektralbereiche entstand keine weitere Zerlegung oder Verlängerung des Bildes, sondern nur eine stärkere Ablenkung durch das zweite Prisma entsprechend der Brechkraft der jeweiligen Farbe. Im nächsten Versuch wurde mittels Totalreflexion das weiße Licht in zwei Strahlenbündel aufgespalten und beide wurden durch Prismen zerlegt (**Bild 5**).

So wurde nachgewiesen, daß eine Zerlegung des Lichts auch durch Totalreflexion möglich ist und dabei Mischfarben entstehen. Newton hat mit diesen Versuchen allgemein verifiziert, „dass das Licht der Sonne aus einer heterogenen Mischung verschieden brechbarer Strahlen besteht" [1, S. 43]. Die folgenden Versuche befassen sich damit, die verschiedenen Spektralfarben voneinander zu trennen und mittels einer Sammellinse das spektral zerlegte Licht wieder zu weißem Licht zu vereinen. Schließlich wandte Newton das Brechungsgesetz auf die verschiedenen Farben an und verwertete seine Erkenntnisse für den Bau von Fernrohren. Er behauptete folgerichtig:

„Die Vollkommenheit der Fernrohre wird durch die verschiedene Brechbarkeit der Lichtstrahlen beeinträchtigt." [1, S. 55; dabei kam er zu fol-

Bild 5: Zerlegung des Lichts bei Totalreflexion.
„Nachdem aber die brechbarsten Strahlen anfangen, total reflectiert zu werden, und dadurch aus dem austretenden Lichte MO ausgeschieden sind, verändert diese seine Farbe von Weiss zu einem verwaschenen und schwachen Gelb, einem reinen Orange, hierauf allmählich zu einem ausgeprägten Roth, und verschwindet endlich ganz." [1, S. 40]

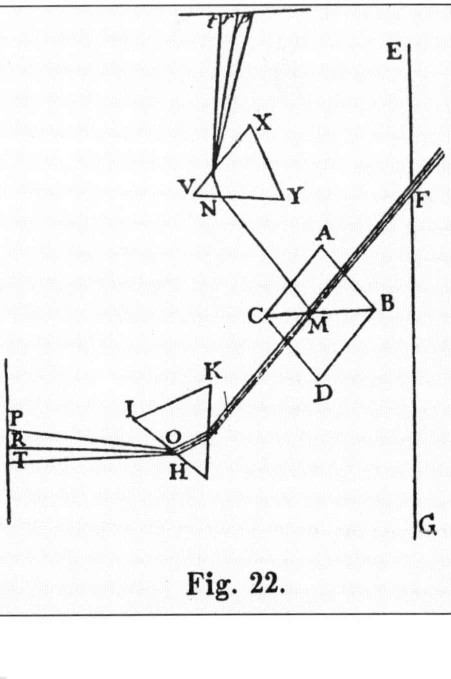

Fig. 22.

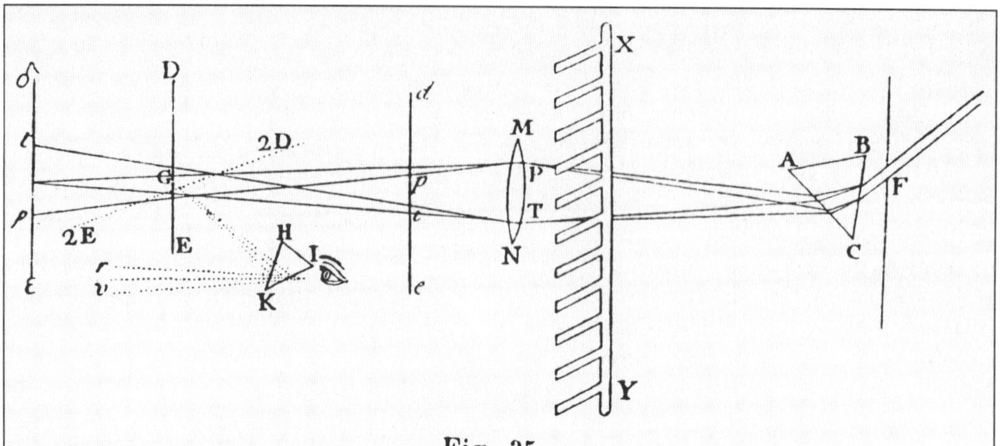

Fig. 35.

Bild 6: Sonnenlicht wird durch das Prisma ABC zerlegt, und bestimmte Farben werden durch den Kamm XY ausgeblendet.
Die verbleibenden Farben werden durch die Sammellinse MN im Brennpunkt G zur Komplementärfarbe auf dem Schirm DE vereint.

gendem Schluß:] „Da ich also sah, dass es eine verzweifelte Sache ist Fernrohre von gegebener Länge durch die Brechungen verbessern zu wollen, so habe ich früher einmal ein auf Reflexion beruhendes Perspectiv ersonnen, indem ich anstatt eines Objectivglases ein concaves Metall [Spiegelteleskop] anwandte ." [1, S. 68]

Allerdings konnte Newton damals noch nicht wissen, daß die chromatische Aberration schließlich auch bei Linsenfernrohren durch die Kombination von Kron- und Flintglas ausgeschaltet werden konnte.

Schließlich setzte sich Newton noch vehement mit der von Aristoteles überkom-

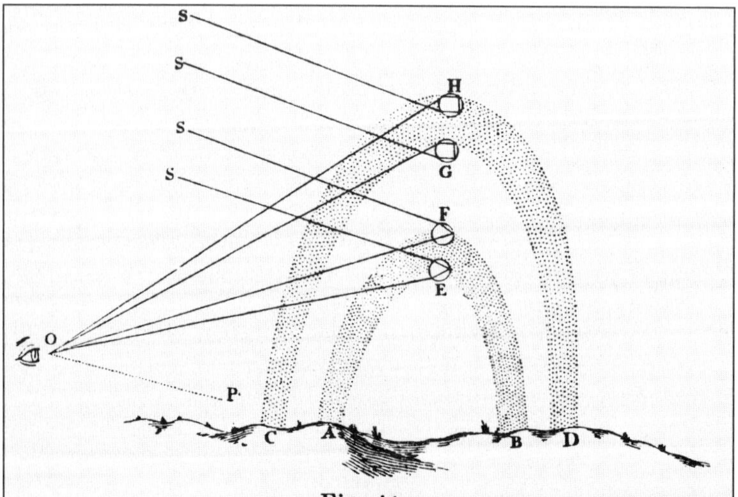

Fig. 44.

Bild 7: Brechung des Lichts im Regenbogen nach Newton.

menen Lehrmeinung auseinander und prägte den sehr klaren Lehrsatz:

„Die Farbenerscheinungen bei gebrochenem oder reflectirtem Lichte entstehen nicht durch neue Modifikationen des Lichts, die ihm gemäss den verschiedenen Begrenzungen von Licht und Schatten in verschiedener Weise aufgeprägt werden." [1, S. 74]

Demgegenüber kam Newton aus einer Serie von weiteren Versuchen zu dem fundamentalen Satz seiner Farbenlehre, die auch Ansätze zu einer Theorie der Körperfarben enthält:

„Durch Zusammensetzung können Farben entstehen, die zwar dem Augenschein nach den Farben von homogenem [monochromatischem] Lichte gleichen, aber nicht hinsichtlich der Unveränderlichkeit der Farbe und der Constitution und Natur des Lichts. Je zusammengesetzter diese Farben sind, um so weniger sind sie rein und intensiv, und bei zu viel Zusammensetzung können sie bis zum Verschwinden verwaschen und geschwächt werden, und die Mischung erscheint dann weiss oder grau. Durch Zusammensetzung können auch Farben entstehen, welche keiner homogenen Farbe ganz gleichen." [1, S. 85]

Mittels der Anordnung mit dem Kamm (**Bild 6**) konnte Newton auch Komplementärfarben nachweisen. Wichtig erschien auch, daß er das alte Problem der Regenbogenfarben mit seiner Farbtheorie endgültig gelöst hat (**Bild 7**).

Gewissermaßen als Zusammenfassung erläuterte Newton den Versuch, bei dem ein Lichtbündel durch nacheinander angeordnete Prismen und eine Sammellinse zerlegt, wieder vereint und schließlich noch einmal zerlegt wurde (**Bild 8**).

Für die physikalische Lehre der Spektralfarben hat Newton Grundsätzliches geleistet. Daraus und aus weiteren Versuchen entwickelte er seine Theorie der Optik. Jedoch waren seine Forschungen auch Ausgangspunkte für die verschiedenen Lehrmeinungen über das Farbsehen, über die physiologischen und Körperfarben und ihre Mischungen. Thomas Young, Hermann von Helmholtz, James Clerk Maxwell, Ewald Hering, Wilhelm Ostwald, Johann Wolfgang von Goethe und andere haben dazu beigetragen.

Goethe polemisierte in seiner 3bändigen, mehr als 1000 Seiten umfassenden „Farbenlehre" gegen die Newtonsche Theorie der Spektralfarben. Was Goethe gegen Newton physikalisch vorbrachte, ist bestenfalls als Mißverständnis zu betrachten. Die physika-

Bild 8: Zerlegung und Sammlung des Lichts durch zwei Prismen und eine Sammellinse sowie Zerlegung durch ein drittes Prisma.
Das Lichtbündel wird durch das Prisma AC zerlegt, aber durch die Sammellinse MN zum Prisma DG so konvergiert, daß infolge der Abstände die Brechung beider Prismen aufgehoben wird und das parallele weiße Lichtbündel XY schließlich auf das dritte Prisma HK trifft. Danach entsteht das Spektrum PT auf LV.

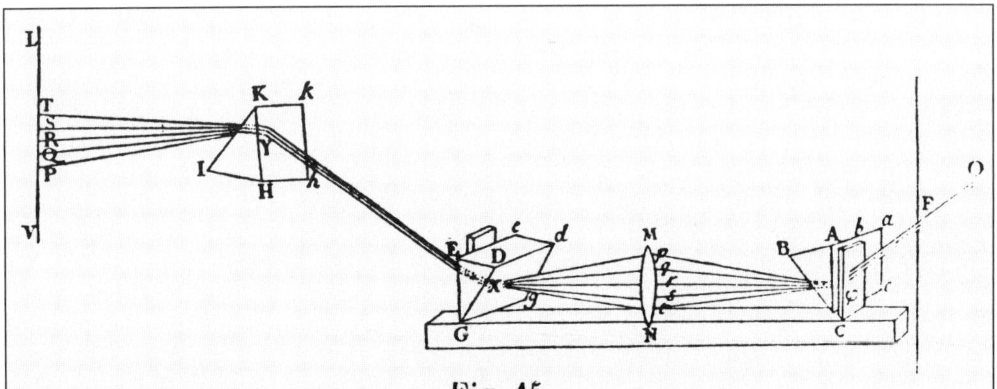

Fig. 45.

lische Theorie der Spektralfarben ließ sich eben nicht, wie Goethe meinte, „aus der Lehre von den trüben Mitteln gar bequem ableiten“. Laut Max Planck war „der Lichtstrahl des Physikers“ für Goethe ein viel zu enges Forschungsobjekt. Goethe hatte für das Phänomen Farbe weniger Einzelfragen im Sinn, sondern das ganze Spektrum von der Kunst, der Physiologie bis hin zur Ästhetik und Harmonie der Farben. Auch Kontrasteffekte und farbige Nachbilder im Auge bewegten ihn. Gothe ging von „Urphänomenen“ aus, die in zwei ganz reinen Farben bestanden: Gelb erschien ihm als das gedämpfte Weiß und „die schwarze Finsternis lichtete sich zu Blau“. Daß aber die „Farbenlehre“ für Goethe kein Nebenprodukt war, hat er selbst gegen Ende seines Lebens gegenüber Eckermann bezeugt:

„Daß ich die Farbenlehre geschrieben, gereut mich keineswegs, obgleich ich die Mühe eines halben Lebens hineingesteckt habe. Ich hätte vielleicht ein halb Dutzend Trauerspiele mehr geschrieben, das ist alles, und dazu werden sich noch Leute genug nach mir finden.“[3, S. 259]

Sollte man ihm zustimmen?

Literatur:

[1] Sir Isaac Newton's Optik. Übers. u. hrsg. von William Abendroth. 1. Buch. Ostwalds Klassiker der exakten Wissenschaften Nr. 96. Leipzig 1898

[2] Sir Isaac Newton's Optik. Übers. u. hrsg. von William Abendroth 2. u. 3. Buch. Ostwalds Klassiker der exakten Wissenschaften Nr. 97. Leipzig 1898

[3] Buchwald, E.: Goethes Naturschau. In: Die Naturwissenschaften 33 (1946) S. 259–265

W. Sch.

Wie schnell ist das Licht?

Im Altertum behauptete beispielsweise Heron, daß die Geschwindigkeit des Lichtes so groß sei, daß man sie nicht messen könne; denn das Licht pflanze sich geradliniger fort als der schnellste Pfeil, der die größte irdische Geschwindigkeit habe. Dagegen vertraten andere die Meinung, daß sich das Licht instantan, d. h. ohne daß Zeit vergehe, ausbreite.

Eine vorläufige Klärung dieses Problems bahnte sich erst im 17. Jahrhundert an. Im Zusammenhang mit der Erklärung des Brechungsgesetzes wurde u. a. von René Descartes, Christiaan Huygens und Pierre Fermat die Frage diskutiert, ob sich das Licht im optisch dichteren Medium schneller als im dünneren Medium oder umgekehrt fortpflanze. Allerdings kamen Descartes und mit ihm andere zu der allgemeinen Annahme zurück, das Licht breite sich im „Äther“ instantan, also mit unendlich großer Geschwindigkeit, aus. Galilei, der von der Endlichkeit der Lichtgeschwindigkeit überzeugt war, gab bereits einen Versuch an, wie diese Größe zu messen sei: Zwei Männer stehen mit abgeschirmten Laternen in zwei Meilen Entfernung. Gibt der erste das Licht frei, so sollte der zweite das auch tun, sobald er das Licht sah; der erste sollte dann den Zeitunterschied zwischen der Öffnung der ersten und der zweiten Lampe messen. Bei dieser Entfernung konnte natürlich kein Zeitunterschied festgestellt werden, aber abgewandelt bewährte sich die Methode bei der Messung der Schallgeschwindigkeit.

Die erste geglückte Messung gelang dem dänischen Astronomen Olaf Römer in Paris. Er und der Astronom Giovanni Domenico Cassini beobachteten im November 1676, daß der erste Jupitermond um 10 Minuten später aus dem Schatten des Planeten Jupiter hervortrat als im August, also zu einer Zeit, in der sich die Erde beim Umlauf um die Sonne vom Jupiter entfernt hatte. Daraus folgerte Römer, daß das Licht zum Durchlaufen des Erdbahndurchmessers 22 Minuten benötige (**Bild 1**). Mit dem damals noch ungenauen Wert des Durchmessers errechnete sich die Lichtgeschwindigkeit zu etwa 230 000 km/s, ein Ergebnis, das Römer jedoch nicht veröffentlichte. Cassini, der sich an den Beobachtungen beteiligte, bezweifelte unter dem Einfluß von Descartes die Erklärung Römers und hielt an der augenblicklichen Lichtausbreitung fest. Nachdem aber James Bradley ab 1728 an der Sternwarte

Bild 1: Beobachtung des Jupitermondes von der Erde aus

A: Sonne; B: Jupiter; E, F, G, H, L, K: Beobachtungspunkte von der Erde aus.

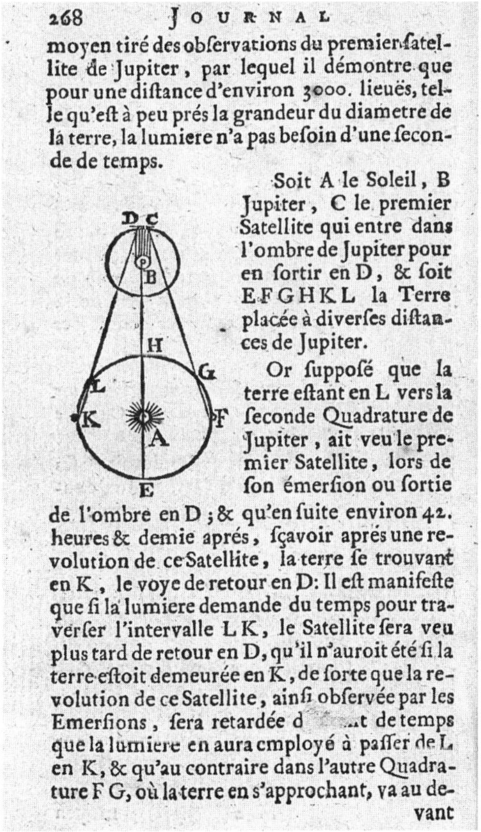

268 JOURNAL

moyen tiré des obſervations du premier ſatellite de Jupiter, par lequel il démontre que pour une diſtance d'environ 3000. lieuës, telle qu'eſt à peu prés la grandeur du diametre de la terre, la lumiere n'a pas beſoin d'une ſeconde de temps.

Soit A le Soleil, B Jupiter, C le premier Satellite qui entre dans l'ombre de Jupiter pour en ſortir en D, & ſoit E F G H K L la Terre placée à diverſes diſtances de Jupiter.

Or ſuppoſé que la terre eſtant en L vers la ſeconde Quadrature de Jupiter, ait veu le premier Satellite, lors de ſon émerſion ou ſortie de l'ombre en D; & qu'en ſuite environ 42. heures & demie aprés, ſçavoir aprés une revolution de ce Satellite, la terre ſe trouvant en K, le voye de retour en D: Il eſt manifeſte que ſi la lumiere demande du temps pour traverſer l'intervalle L K, le Satellite ſera veu plus tard de retour en D, qu'il n'auroit été ſi la terre eſtoit demeurée en K, de ſorte que la revolution de ce Satellite, ainſi obſervée par les Emerſions, ſera retardée d[illegible]t de temps que la lumiere en aura employé à paſſer de L en K, & qu'au contraire dans l'autre Quadrature F G, où la terre en s'approchant, va au devant

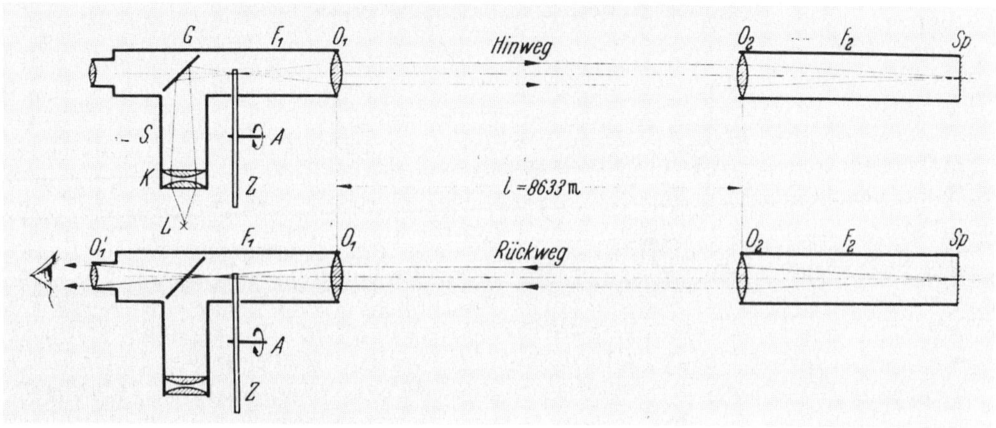

Bild 2: Darstellung der Zahnradmethode von Fizeau nach C. Ramsauer.
Das Licht einer hellen Lichtquelle L wird im 1. Fernrohr F_1 über einen halbdurchlässigen Spiegel G durch die Zähne des Zahnrades Z geführt und im 2. Fernrohr F_2 reflektiert. Trifft der zurückkehrende Strahl auf den nächsten Zahn, verschwindet im Okular der Lichtpunkt [1].

Greenwich aus der scheinbaren Bewegung der Fixsterne bezüglich der Erde, der sogenannten Aberration, einen ähnlichen Wert für die Lichtgeschwindigkeit berechnete, war ihre Endlichkeit kaum mehr umstritten. Jedoch stand eine Bestimmung der Lichtgeschwindigkeit auf der Erde, d. h. ohne Rückgriff auf astronomische Daten, noch aus.

Erst über ein Jahrhundert später ersannen zwei französische Physiker, Armand-Hippolyte-Louis Fizeau und Léon Foucault, mit den technischen Mitteln ihrer Zeit Methoden zur terrestrischen Bestimmung der Lichtgeschwindigkeit. Diese Versuche wurden auch zur experimentellen Bestätigung der von Fresnel wiederbelebten Wellentheorie des Lichts angelegt, weil Lichtwellen im dichteren Medium eine geringere Geschwindigkeit als im dünneren haben sollten. Auch Charles Wheatstones' Bemühungen um die Bestimmung der Geschwindigkeit der Elektrizität (1835) regten neue Experimente an. François Arago entwarf eine Methode, bei der ein Lichtstrahl geteilt und auf gleich langen Strecken durch Wasser und Luft geleitet wurde; mittels eines Drehspiegels sollte schließlich ihre Winkelablenkung beobachtet werden. Damit wollte er endgültig zwischen Emissions- und Wellentheorie entscheiden. Aber Arago hinderte seine Augenschwäche an der Ausführung des Experiments.

Zuerst bestimmte 1849 Fizeau mittels eines schnell laufenden Zahnrades die Lichtgeschwindigkeit in Luft (**Bild 2 und 3**). Ohne ein Bild anzugeben, kommentierte Fizeau seine Methode und das Ergebnis wie folgt:

„Das erste Fernrohr befand sich im Belvedere eines zu Suresnes gelegenen Hauses, das andere auf der Höhe des Montmartre, in einer Entfernung von beiläufig 8633 Metern. Die Scheibe mit siebenhundert Zähnen versehen, ward von einem durch Gewichte getriebenen Räderwerk, das Hr. Froment angefertigt hat, in Bewegung gesetzt, und mittelst eines Zählers die Umdrehungsgeschwindigkeit gemessen. Das Licht war das einer Lampe von großer Helligkeit. Diese ersten Versuche lieferten für die Geschwindigkeit des Lichtes einen Werth, der wenig von dem von den Astronomen angenommenen abweicht. Das Mittel aus 28 bisher angestellten Beobachtungen, gab nämlich diesen Werth zu 70948 Lieues [Meilen], von 25 auf den Grad." [2, S. 169]

Das entsprach einem Wert der Lichtgeschwindigkeit von 315 300 km/s.

Die Spiegelmethode von Foucault lehnte sich an Aragos Vorschlag an (**Bild 4**). Ein schnell rotierender Spiegel lenkt einen Lichtstrahl, der zwischen ihm und einem Hohlspiegel hin- und herläuft, um einen bestimmten Winkel ab. Daraus berechnete Foucault die Lichtgeschwindigkeit:

„Schließlich fand sich die Geschwindigkeit des Lichts beträchtlich verringert. Nach den gewöhnlichen Daten wäre diese Geschwindigkeit 308 Millionen Meter in der Sekunde, während der neue Versuch mit dem rotierenden Spiegel, in runder Zahl, 298 Millionen gab. Man kann, wie mir scheint, sich so weit auf die Genauigkeit dieser Zahl verlassen, daß die Berichtigungen, welche sie etwa erleiden möchte, nicht über 500 000 Meter hinausgehen." [3, S. 186]

Obwohl die Fehlergrenze zu gering angenommen war, kam der Wert den späteren Präzisionsmessungen recht nahe: 1947 wurde die Lichtgeschwindigkeit zu 299793,1± 025 km/s bestimmt, und 1974 konnte sie mit Laserstrahlen zu 299792,458 km/s korrigiert werden.

Das weiterführende Ziel dieser Versuche aber war es, die Lichtgeschwindigkeit in einem Medium, beispielsweise Wasser, zu bestimmen. Nach Foucaults Methode wurde der Zeitverlust für den Weg in Luft mit dem Weg in Wasser mittels eines zweiten Hohlspiegels verglichen (**Bild 4**). Fizeau nutzte eine andere Methode, aber beide erhielten das Ergebnis, daß die Geschwindigkeit des Lichts in einem ruhenden Medium mit der Brechungszahl n durch die Formel $\frac{c}{n}$ dargestellt wird (c: Vakuumlichtgeschwindigkeit). Dieses Resultat bestätigte die Wellentheorie des Lichts, wurde aber erst durch Maxwells elektromagnetische Lichttheorie (1863) in einen größeren Zusammenhang gestellt.

Bild 3: Versuchsapparatur von Fizeau.
Lichtquelle (rechts), erstes Fernrohr mit Zahnradapparatur (links) und zweites Fernrohr (rechts oben)

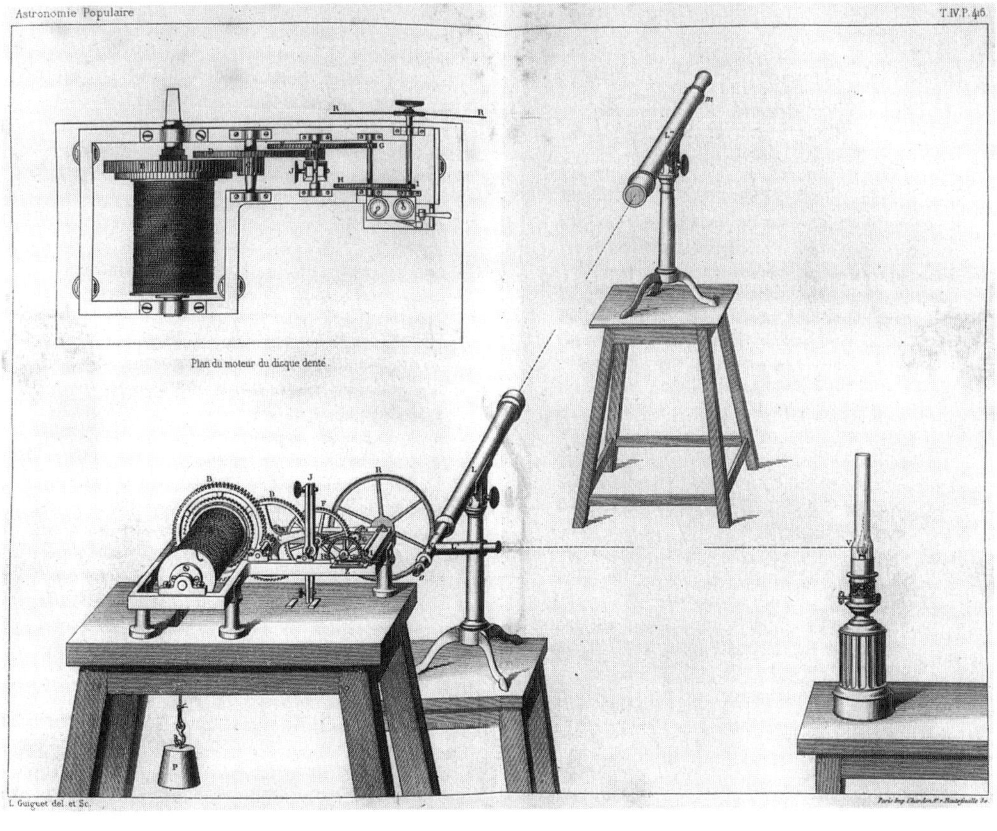

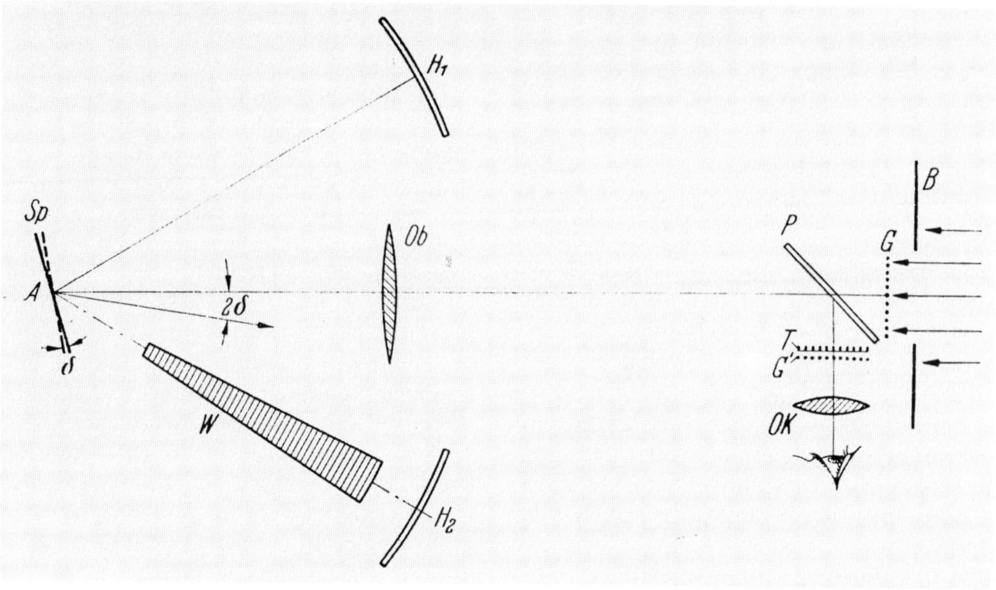

Bild 4: Darstellung der Drehspiegelmethode von Foucault nach C. Raumsauer.
Das beleuchtete Gitter G wird durch ein Objektiv Ob über einen Spiegel Sp auf einem Hohlspiegel abgebildet. Durch Reflexion wird schließlich bei geeigneter Anordnung im Okular Ok ein gleichgroßes Bild G' des Gitters entworfen. Bei schneller Rotation des Spiegels Sp wird der rücklaufende Strahl um den Winklel 2 δ abgelenkt. Der Hohlspiegel H_2 mit dem Wasserrohr W ist für folgende Versuche wichtig [1].

Bild 5: Schema zum Mitführungsversuch von Fizeau nach E. Buchwald.
Sonnenlicht läuft durch die Blenden I und II in zwei Strahlenbündeln mit bzw. gegen die Wasserstromrichtung, und zwar beim Hin- und Rückweg. In der Ebene S_2 interferieren beide Strahlenbündel, und aus der Verschiebung des Beugungsstreifensystems läßt sich die Übereinstimmung mit dem berechneten „Fresnelschen Mitführungskoeffizienten" nachprüfen [4].

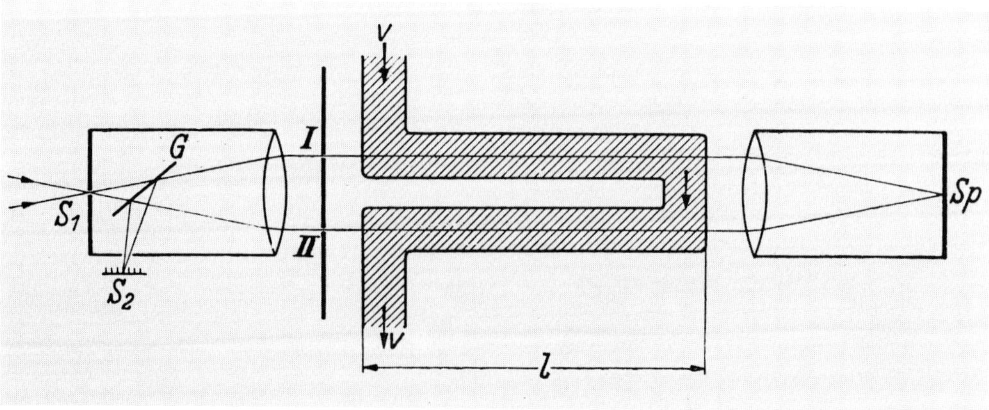

Schließlich spielte ein darauf aufbauender Versuch Fizeaus zur Lichtgeschwindigkeit im bewegten Medium noch eine herausragende Rolle in der Theorienentwicklung. Fizeau wollte die „Mitführungshypothese“ Fresnels aus dem Jahre 1818 nachprüfen, wonach der zur Übertragung der Lichtwellen angenommene Äther nur teilweise an der Bewegung eines Körpers teilnehmen sollte, und zwar nur der Äther, der im bewegten Körper als Überschuß gegenüber der Menge im Vakuum vorhanden sei. Dazu entwarf er den 1851 erstmals ausgeführten Versuch (**Bild 5**). Bei ihm wurde ein Lichtbündel in zwei Strahlen geteilt, die mit bzw. gegen die Wasserstromrichtung laufen und dann zur Interferenz gebracht werden. Die Messung schien Fresnels Hypothese des teilweise mitgeführten Äthers zu bestätigen, so daß die Annahmen eines ruhenden bzw. eines vollkommen mitgeführten Äthers verworfen wurden.

Eine neue Lösung dieses Problems bahnte sich schließlich auf einem ganz anderen Wege an: Mit einem von ihm konstruierten Spiegelinterferometer stellte Albert Abraham Michelson 1881 in Potsdam und 1887 mit erhöhter Präzision in Cleveland (USA) fest, daß die Lichtgeschwindigkeit im Vakuum unabhängig vom Bewegungszustand der Lichtquelle ist, also ein „Ätherwind“ nicht wahrgenommen wird. Albert Einstein machte diesen Befund 1905 zu einem Ausgangspunkt seiner Speziellen Relativitätstheorie:

„Beispiele ähnlicher Art [aus der Elektrodynamik] sowie die mißlungenen Versuche, eine Bewegung der Erde relativ zum ‚Lichtmedium‘ zu konstatieren, führen zu einer Vermutung, daß dem Begriff der absoluten Ruhe nicht nur in der Mechanik, sondern auch in der Elektrodynamik keine Eigenschaften der Erscheinungen entsprechen ...“ [5, S. 891]

1907 leitete Max von Laue den Fresnelschen Mitführungskoeffizienten in Übereinstimmung mit der Lorentzschen Elektronentheorie für bewegte Körper aus der Speziellen Relativitätstheorie her. Damit wurde endgültig die über Jahrhunderte so fruchtbare Ätherhypothese aus der Physik verbannt und die Vakuumlichtgeschwindigkeit als größtmögliche Signalgeschwindigkeit erkannt.

Literatur:

[1] Ramsauer, C.: Grundversuche der Physik in historischer Darstellung. Berlin, Göttingen, Heidelberg 1953

[2] Fizeau, H.: Versuch, die Fortpflanzungsgeschwindigkeit des Lichts zu bestimmen. In: Ann. Phys. u. Chem. (Pogg.) 79 (1850) S. 167–169

[3] Foucault, L.: Experimentelle Bestimmung der Geschwindigkeit des Lichts; Parallax der Sonne. In: Ann. Phys. u. Chem. (Pogg.) 118 (1863) S. 485–588

[4] Buchwald, E.: Hundert Jahre Fizeauscher Mitführungsversuch. In: Die Naturwissenschaften 38 (1951) S. 519–524

[5] Einstein, A.: Zur Elektrodynamik bewegter Köper Ann. Phys. 17 (1905) S. 891–921

W. Sch.

Spektralanalyse und Kirchhoffsches Strahlungsgesetz

Um 1670 zerlegte Isaac Newton mittels eines Prismas das weiße Sonnenlicht in die Spektralfarben. Aber erst zu Beginn des 19. Jahrhunderts waren die Untersuchungsgeräte so verbessert worden, daß neue Erscheinungen in den Spektren entdeckt wurden. Nachdem William Hyde Wollaston 1802 auf dunkle Linien im Sonnenspektrum hingewiesen hatte, erhielt der frühere Spiegelschleifer und Optiker Joseph von Fraunhofer mit dem von ihm entworfenen Sechs-Lampen-Apparat mit Prismenspektroskop zur genauen Bestimmung der Brechungszahlen von Glassorten überraschende Ergebnisse (**Bild 1**): Als er mit dem Spektroskop das Sonnenlicht untersuchte, fand er 1813 im Spektrum „fast unzählig viele starke und schwache vertikale Linien, die aber dunkler sind als der übrige Theil des Farbenbildes, einige scheinen fast ganz schwarz zu seyn". [1, S. 10]

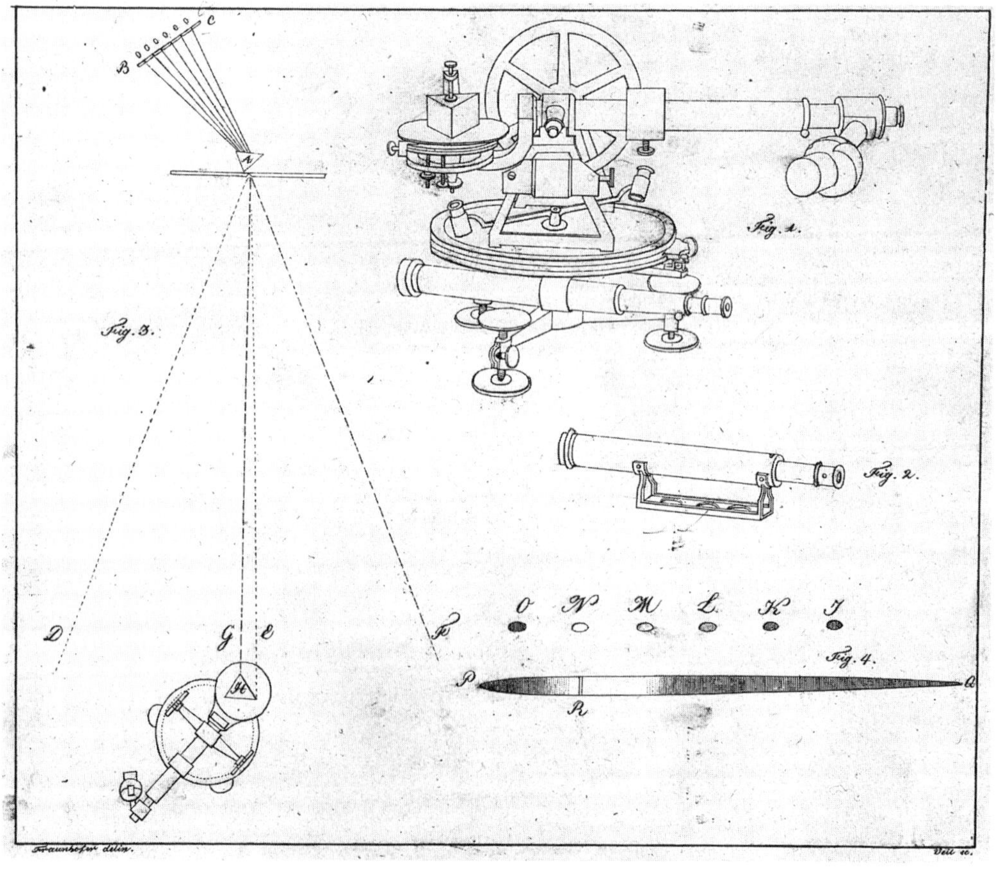

Bild 1: Fraunhofers Spektralapparat.
In Figur 1 ist Fraunhofers Prismenspektroskop dargestellt, mit dem er die dunklen Linien im Sonnenspektrum entdeckte.

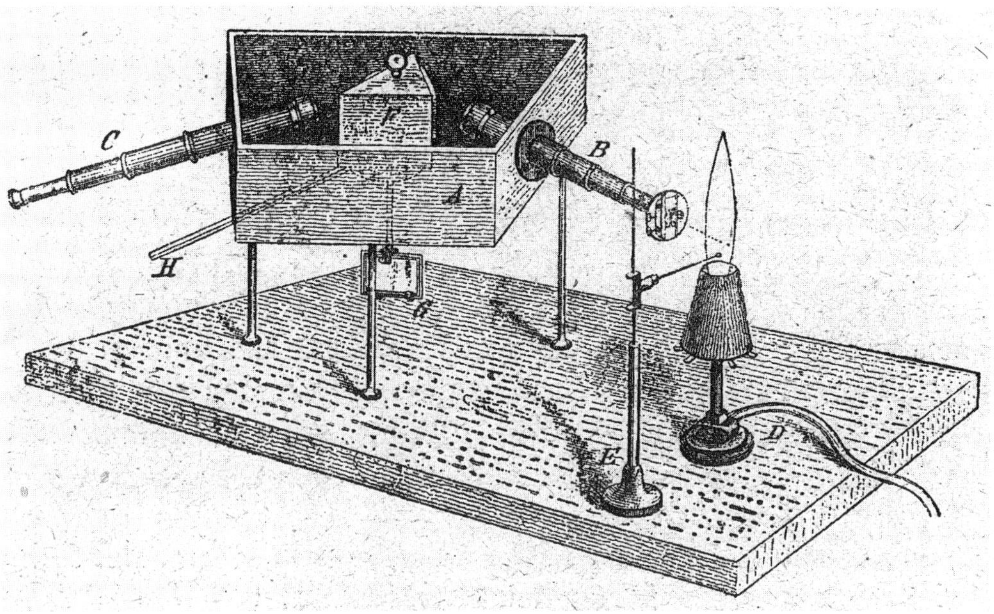

Bild 2: Bunsen und Kirchhoffs Prismenspektrometer.
Damit untersuchten Bunsen und Kirchhoff die Flammenspektren: Das mit Schwefelkohlenstoff gefüllte Hohlprisma (F) wird mit dem Fernrohrokular (C) mit einem Faden beobachtet, in das mit einem Spiegel (G) eine Skala über ein zweites nicht abgebildetes Fernrohr zur Festlegung der Lage der Linie in bezug auf diesen Faden eingeblendet wurde. Vor dem Objektiv mit Spalt (B) steht ein Bunsenbrenner (D) mit einem Träger (E) für den zu untersuchenden Stoff.

Er zählte schließlich 574 solcher später nach ihm benannten dunklen Linien und wies bereits auf die Möglichkeiten der astronomischen und chemischen Spektralanalyse sowie die Lageübereinstimmung zwischen den dunklen Linien im Sonnenspektrum und den hellen Linien gewisser Flammen hin [2, S. 158].

Aber Fraunhofer verfolgte vorrangig Ziele der „praktischen Optik". So meinte er, daß dem Auftreten der dunklen Linien „geübte Naturforscher Aufmerksamkeit schenken möchten". Der Durchbruch zur Spektralanalyse kam durch die Freundschaft und Zusammenarbeit des Chemikers Robert Wilhelm Bunsen und des Physikers Kirchhoff zustande. In Breslau entwickelte sich der fruchtbare wissenschaftliche Austausch zwischen dem Chemiker und dem Physiker. Als Bunsen nach Heidelberg berufen wurde, holte er Kirchhoff 1854 ebenfalls dorthin. Der Junggeselle Bunsen wurde der engste Hausfreund der Familie Kirchhoff. Bunsen war um diese Zeit mit der Bildung von Chlorwasserstoff unter Lichteinfluß beschäftigt. Mit dem von ihm erfundenen Bunsenbrenner ließen sich die verschiedenfarbigen Flammen bestimmter Stoffe sehr schön darstellen, und er dachte daran, den Brenner für optische Analyseverfahren zu nutzen. Kirchhoff, der wohl auch eine 1856 erschienene Arbeit von William Swan über die Lage der „hellen Linien" bezüglich der dunklen Fraunhofer-Linien gelesen hatte, machte Bunsen den Vorschlag, das Flammenlicht mittels Prismen zu zerlegen. Gemeinsam entwickelten beide einen vorzüglichen Spektralapparat für diesen Zweck (**Bild 2**): Als Resultat der Flammenbeobachtungen mit Metallverbindungen führten sie an:

„Bei dieser umfassenden und zeitraubenden Untersuchung, deren Einzelheiten wir übergehen zu

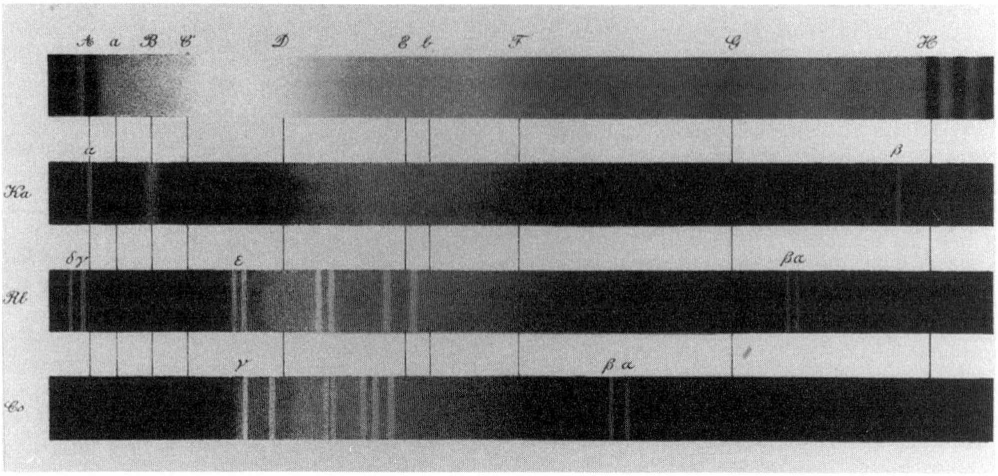

Bild 3: Von Bunsen und Kirchhoff angegebene Linienspektren mit dem neuen Element Caesium (letztes Spektrum).

dürfen glauben, hat sich herausgestellt, daß die Verschiedenheit der Verbindungen, in denen die Metalle angewandt wurden, die Mannigfaltigkeit der chemischen Processe in den einzelnen Flammen und der ungeheure Temperaturunterschied dieser letzteren keinen Einfluß auf die Lage der den einzelnen Metallen entsprechenden Spectrallinien ausübt." [3, S. 6]

Bei elektrisch angeregten Funkenspektren mittels „Induktorien" zeigten sich dieselben Linien wie bei Flammenspektren, außerdem traten dabei neue Linien auf. Auch die Empfindlichkeit der Methode wurde nun deutlich:

„Man kann daher aus einer der beim Natrium ausgeführten ähnlichen Rechnung schließen, daß durch die Reaction noch weniger als ungefähr 1/1000 Milligramm mit völliger Deutlichkeit angezeigt wird." [3, S. 22]

Natürlich wurde auch die Möglichkeit erwähnt, daß damit „bisher noch nicht aufgefundene Elemente", die nur „sparsam in der Natur verbreitet sind", entdeckt werden könnten. Bei der Spektralanalyse der „Mutterlauge des Dirkheimer Mineralwassers" konnte nach verschiedenen chemischen Fällungen ein neues Element gefunden werden:

„Da kein einziger der bisher bekannten einfachen Stoffe an der bezeichneten Stelle des Spectrums zwei solche Linien hervorbringt, so konnte die Existenz eines bisher unbekannt gebliebenen, der Alkaligruppe angehörigen Elementes als erwiesen betrachtet werden." [3, S. 30]

Bunsen nannte es nach dem Himmelsbau seines glühenden Dampfes „Cäsium" (**Bild 3**).

Hatte so die Spektralanalyse ihre Bedeutung für die Chemie erwiesen, ergab sich während der Untersuchungen überraschend auch eine Erklärung für die Herkunft der Fraunhofer-Linien.

Wilhelm Ostwald, der als Herausgeber der „Ostwalds Klassiker der exakten Wissenschaften" 1895 die Originalarbeiten von Kirchhoff und Bunsen zur Spektralanalyse nachdrucken ließ, erinnerte sich als Zeitzeuge:

„Vollkommen unerwartet war dagegen eine Erscheinung, welche Kirchhoff gelegentlich dieser Arbeiten beobachtete, als er die eine mit Natrium gefärbte Alkoholflamme vor den Spalt des Spectralapparates brachte, während gleichzeitig Sonnenlicht hineinfiel; die Natriumlinie erschien auffallend dunkel und stark, während doch eher eine helle Linie an der Stelle der dunklen zu erwarten war. Kirchhoff vermochte im Augenblick keine Erklärung zu geben; nach 24 Stunden hatte er indessen das Princip gefunden, welches seinen Namen trägt, und nach welchem ein Körper gerade die Strahlen stark absorbiert, welche er vorzugsweise aussendet. Damit hatte er gleichzeitig die wissenschaftliche Unterlage für die astronomische Anwendung der Spektralanalyse, welche vorwiegend mit den Absorptionslinien zu thun hat, gewonnen." [3, S. 72]

Diesen Sachverhalt hatte Kirchhoff 1859 in seiner ersten Originalarbeit „Über die Fraunhoferschen Linien" so beschrieben:

„Ich schliesse aus diesen Beobachtungen, daß farbige Flammen, in deren Spectrum helle scharfe Linien vorkommen, Strahlen von der Farbe dieser Linien, wenn dieselben durch sie hindurchgehen, so schwächen, dass an Stelle der hellen Linien dunkle auftreten, sobald hinter der Flamme eine Lichtquelle von hinreichender Intensität angebracht wird, in deren Spectrum diese Linien sonst fehlen. Ich schliesse weiter, daß die dunklen Linien des Sonnenspectrums, welche nicht durch die Erdatmosphäre hervorgerufen werden, durch die Anwesenheit derjenigen Stoffe in der glühenden Sonnenatmosphäre entstehen, welche in dem Spectrum einer Flamme helle Linien aus demselben Orte erzeugen." [4, S. 4]

In zwei weiteren Artikeln „Über den Zusammenhang zwischen Emission und Absorption von Licht und Wärme" machte Kirchhoff noch einen gewaltigen Schritt vorwärts in der Theorie:

„Gibt man dieses zu und betrachtet überdies einen Spiegel, der alle Strahlen vollständig reflectiert, als möglich, so kann man aus den allgemeinen Grundsätzen der mechanischen Wärmetheorie sehr leicht beweisen, dass für Strahlen derselben Wellenlänge bei derselben Temperatur das Verhältnis des Emissionsvermögens zum Absorptionsvermögen bei allen Körpern dasselbe ist." [4, S. 7]

Um den Gesetzen der Ausstrahlung von Körpern näherzukommen, definierte Kirchhoff den „schwarzen Körper":

„Der Beweis, welcher für die ausgesprochene Behauptung [das Verhältnis von Emissions -und Absorptionsvermögen sei nur von der Temperatur und Wellenlänge abhängig] hier gegeben werden soll, beruht auf der Annahme, dass Körper denkbar sind, welche bei unendlich kleiner Dicke alle Strahlen, die auf sie fallen, vollkommen absorbieren, also Strahlen weder reflektieren noch hindurchlassen. Ich will solche Körper vollkommen schwarze, oder kürzer schwarze, nennen." [5, S. 133]

Daraus entwickelte Kirchhoff eine für die kommenden 40 Jahre problemträchtige Aufgabe:

„Die mit I [Strahlungsintensität] bezeichnete Größe ist eine Funktion der Wellenlänge und der Temperatur. Es ist eine Aufgabe von hoher Wichtigkeit, diese Funktion zu finden. Der experimentellen Bestimmung derselben stehen große Schwierigkeiten im Wege; trotzdem scheint die

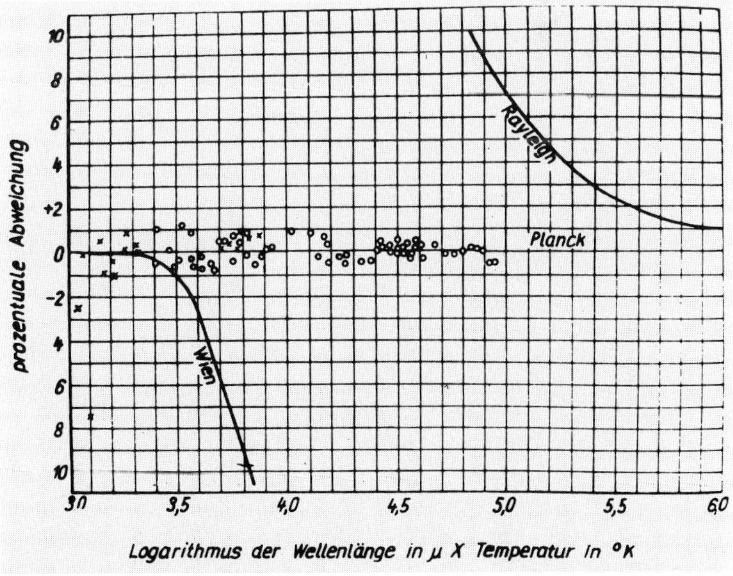

Bild 4: Das Versagen der klassischen Strahlungstheorie. *Gezeigt werden die Abweichungen der Messungen vom Wienschen und Ragleighschen Gesetz und die geringe Abweichung der Meßpunkte vom Planckschen Gesetz.*

Hoffnung begründet, sie durch Versuche ermitteln zu können, da sie unzweifelhaft von einfacher Form ist, wie alle Funktionen es sind, die nicht von den Eigenschaften einzelner Körper abhängen, und die man bisher kennengelernt hat." [5, S. 148]

Teilergebnisse dazu wurden unter anderen von Ludwig Boltzmann und Wilhelm Wien erzielt. Schließlich stellte W. Wien 1896 ein vermeintlich umfassendes Strahlungsgesetz auf. Zugleich beeinflußte der Aufstieg der Technik die experimentellen Strahlungsuntersuchungen: 1879 hatte Thomas Alva Edison die gebrauchsfähige Glühlampe erfunden, die in Konkurrenz zu dem 1892 von Carl Auer von Welsbach erfundenen Gasglühlicht stand. Daraufhin entwickelten die Physiker an der Physikalisch-Technischen Reichsanstalt eine neue komplexe Meßtechnik für genaue Strahlungsmessungen. Damit wurde das Wiensche Gesetz im wesentlichen bestätigt, aber im ultraroten Bereich ergaben sich bei höheren Temperaturen erhebliche Abweichungen. Das ermunterte Max Planck, das Wiensche Gesetz kritisch zu analysieren und am 19. Oktober 1900 in der Sitzung der Physikalischen Gesellschaft eine – wie er sagte – „glücklich erratene Interpolationsformel" vorzustellen, die mit den experimentellen Ergebnissen übereinstimmte (**Bild 4**). Darin wurde mit Hilfe der Forschungsergebnisse von Heinrich Hertz die „Oszillatorenenergie" aus Energieelementen der Größe $E = h \cdot \nu$ (ν: Frequenz) zusammengesetzt. Erstmals trat darin das Plancksche Wirkungsquantum h als Naturkonstante auf. Im Dezember 1900 gab Planck seinem Strahlungsgesetz auch ein theoretisches Fundament. Damit hatte er Kirchhoffs Aufgabe endgültig gelöst. Es war die Geburtsstunde einer neuen physikalischen Teildisziplin, der Quantenphysik.

Literatur:

[1] Fraunhofer, J.: Joseph von Fraunhofers gesammelte Schriften, hrsg. von E. Lommel München 1888

[2] Fraunberger, F. u. Teichmann, J.: Das Experiment in der Physik, Braunschweig/Wiesbaden 1984

[3] Kirchhoff, G. u. Bunsen, R.: Chemische Analyse durch Spektralbeobachtungen. In: Ostwalds Klassiker der exakten Wissenschaften Nr. 72, Leipzig 1921

[4] Kirchhoff, G.: Abhandlungen über Emission und Absorption. hrsg. von M. Planck. In: Ostwalds Klassiker der exakten Wissenschaften Nr. 100, Leipzig 1921

[5] Schöpf, H.-G.: Von Kirchhoff bis Planck (darin kommentierte Originalabhandlungen von Kirchhoff, Boltzmann, Planck. Lord Rayleigh). Berlin 1978

[6] Hearnshaw, J. B.: The analysis of starlight. 150 years of Astronomical Spectroscopy. Cambridge 1986

W. Sch.

ATOM- UND FESTKÖRPERPHYSIK

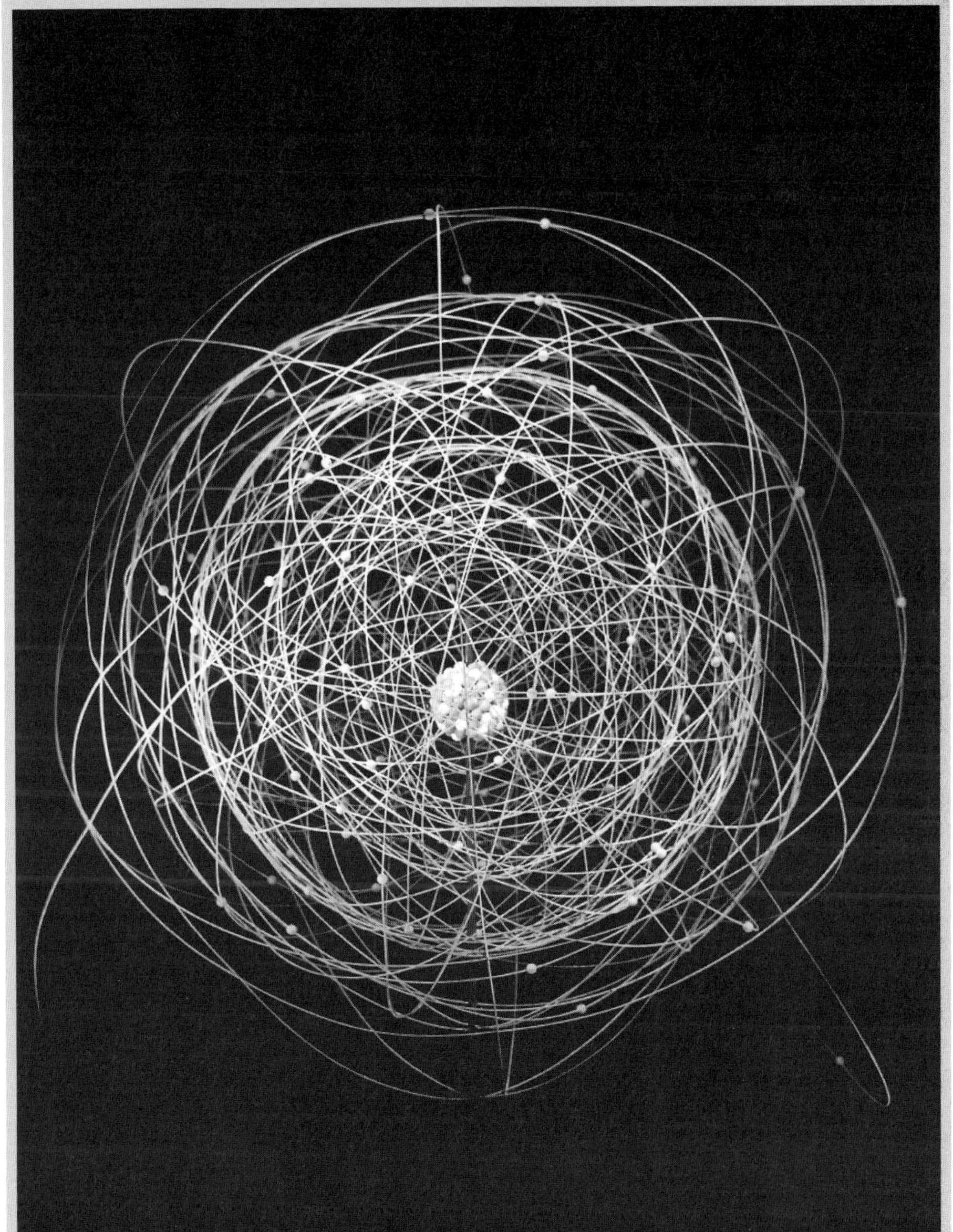

Die langwierige Entdeckung der elektrischen Materie:

Vom Kathodenstrahl zum Elektron

Daß es eine besondere, von der gewöhnlichen sich unterscheidende elektrische Materie gebe, war bereits im 18. Jahrhundert eine verbreitete Hypothese: Benjamin Franklin vertrat die unitarische Theorie; er meinte, es gebe nur *ein* elektrisches Fluidum, dessen Überschuß die positive und dessen Mangel die negative Ladung ausmache. Dagegen stellten Robert Symmer und andere eine dualistische Theorie mit zwei Arten des elektrischen Fluidums auf. Diese Auffassung vertrat auch Wilhelm Weber, der 1846 sein „Grundgesetz der elektrischen Wirkung" auf der Fernwirkung der im Leiter vermeintlich fließenden positiven und negativen „elektrischen Massen" aufbaute. Aber auch zu jener Zeit war experimentell noch nicht zu entscheiden, woraus die Elektrizität eigentlich bestehe.

Ein um 1850 entstehender ganz neuer Zweig der Elektrophysik, die elektrische Gasentladungsphysik, wies schließlich einen neuen Weg zur Erforschung der „elektrischen Materie". Die Vorgeschichte wurde durch Michael Faraday eingeleitet, der 1838 in teilweise evakuierten Röhren mit elektrostatischer Hochspannung die Verschiedenheit des Anoden- und Kathodenlichts genauer beschrieb.

Einen neuen Impuls für die Erforschung der Elektrizität brachten einige Erfindungen um die Mitte des 19. Jahrhunderts: Der aus Thüringen stammende Glasbläser Heinrich Geißler stellte als Universitätsmechaniker in Bonn hervorragende Glasröhren mit Elektroden her, die er mit seiner 1855 von ihm erfundenen Luftpumpe mit Quecksilber als Dichtungsmaterial weitaus stärker evakuierte als dies früher möglich war. Diese „Geißlerschen Röhren", gefüllt mit verschiedenen verdünnten Gasen, sind noch heute in Physiksammlungen zu finden. Sie spielten zuerst bei der Aufklärung der Spektren von Gasen eine Rolle.

Auch der um 1850 von Daniel Ruhmkorff erfundene „Funkeninduktor" war bald eine verläßlichere Hochspannungsquelle als die auch weiterhin benutzten elektrostatischen Generatoren. Beim Funkeninduktor wurde eine Primärspule mit zerhacktem Gleichstrom versorgt, so daß in einer Sekundärspule mit sehr hoher Windungszahl Spannungen von weit über 20 000 Volt induziert wurden. Diese Geräte spielten auch in der frühen elektromedizinischen Therapie eine Rolle.

Am Anfang des 19. Jahrhunderts war man überzeugt, daß der Durchgang der Elektrizität durch den leeren Raum unterbunden

Bild 1: Durch einen untergelegten Magneten wird das Glimmlicht abgelenkt, *gezeichnet von J. Plücker.*

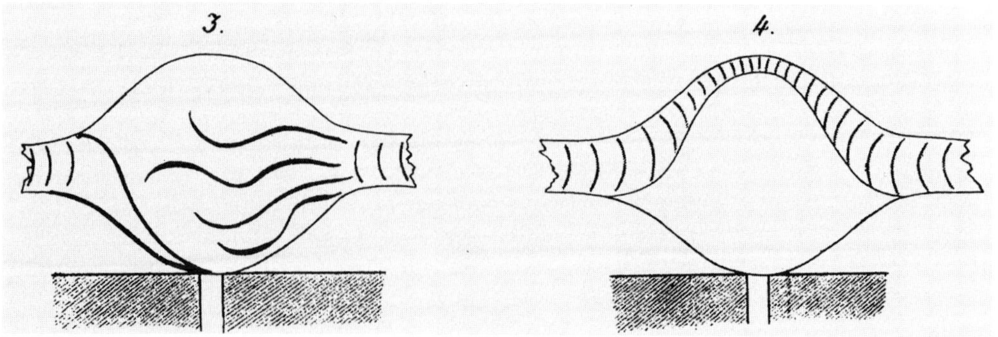

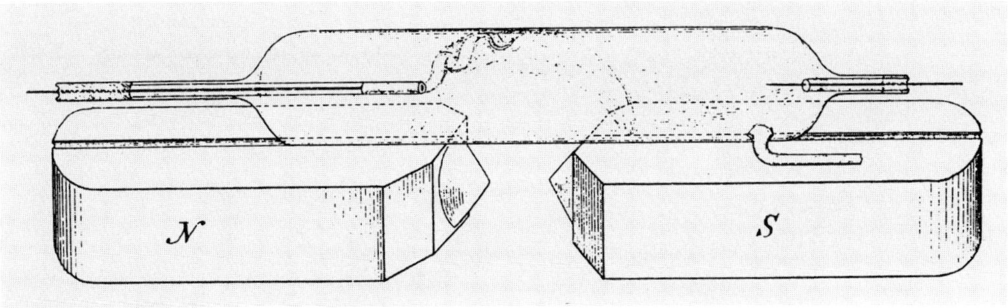

Bild 2: Spiralförmige Ablenkung von Kathodenstrahlen durch einen Magneten, *gezeichnet von W. Hittorf.*

würde, aber nun zeigten Versuche, daß der Stromdurchgang bei steigender Luftverdünnung eher zu- als abnahm. Der Physiker Julius Plücker in Bonn, der die Geißlerschen Röhren nutzte, kam über die elektrische Spektroskopie zur Untersuchung der „Lichtströme" bei stark vermindertem Druck. Er bemerkte, daß der „Lichtstrom" durch Magnetismus „verschoben" wurde und einen Schatten bildete. So folgerte er, „daß Licht unter den fraglichen Verhältnissen magnetisch ist". (**Bild 1**)

Wilhelm Hittorf leitete 1868 an der Universität Münster die eigentliche Kathodenstrahlungsforschung ein, obwohl den Begriff „Kathodenstrahlen" erst Eugen Goldstein 1876 prägte. Hittorf gelang es mit einer verbesserten Quecksilberluftpumpe, den Druck unter 1/20 mm Quecksilbersäule zu senken. Dabei stellte er bei Stromdurchgang fest:

„Der Glimmstrahl [Kathodenstrahl] verhält sich nämlich wie ein unendlich dünner, geradliniger, gewichtsloser, steifer Stromfaden, der bloß an dem Ende, welches den negativen Querschnitt [der Elektrode] berührt, fest bleibt. Mit seinem anderen Ende und der ganzen biegsamen Länge folgt er den Kräften, welche zwischen seinen Theilchen und dem Magneten bestehen, ohne Rücksicht darauf, welche Lage er in Bezug auf die Anode gewinnt ..." [1, S.215]

Hittorf wies die geradlinige Ausbreitung des seiner Meinung nach „gewichtslosen Glimmstrahls" nach, der durch ein Magnetfeld abgelenkt werden konnte und Glas zum Fluoreszieren und teilweise auch zum Schmelzen brachte (**Bild 2**). Über die Natur dieser Strahlung kam Hittorf zu einem mehrdeutigen Schluß: Er charakterisierte die Strahlen in Richtung auf die Kathode als den eigentlichen Strom, ähnlich der Leitung in Metallen und Elektrolyten. Aber dazu komme folgendes:

„Die zweite [Fortpflanzung] dagegen, welche das Glimmlicht bildet, gehört den Gasen eigentümlich an und verdient eine größere Beachtung, als ihr bis jetzt zugewandt wurde. Bei derselben sind die Theilchen der negativen Oberfläche Ausgangspunkte einer Bewegung, welche im gasförmigen Medium gleichmäßig nach allen Seiten, strahlenartig sich ausbreitet und darin mit der Wellenbewegung übereinstimmt." [1, S. 222/223]

Offenbar waren Deutungsmöglichkeiten – Teilchen oder Welle – bei Hittorf bereits angelegt. Er hatte richtig vorausgesehen, daß das Wesen des elektrischen Stromes mit Kathodenstrahlversuchen erkannt werden könne.

Der Berliner Physiker Eugen Goldstein fand 1876, daß die Strahlen im allgemeinen senkrecht zur Kathode emittiert werden, ihre Eigenschaften unabhängig vom Kathodenmaterial sind und auch chemische Reaktionen hervorrufen können. Außerdem beschrieb er, wie eine negativ geladene Elektrode in der Röhre die Kathodenstrahlen ablenkt. Seine theoretischen Folgerungen daraus blieben jedoch im Zusammenhang mit der magnetischen Ablenkung unzulänglich. So blieb seine Entdeckung ohne Einfluß auf die weitere Entwicklung. Allerdings hatte er seine Ergebnisse nicht in einer der gängigen physikalischen Zeitschriften veröffentlicht,

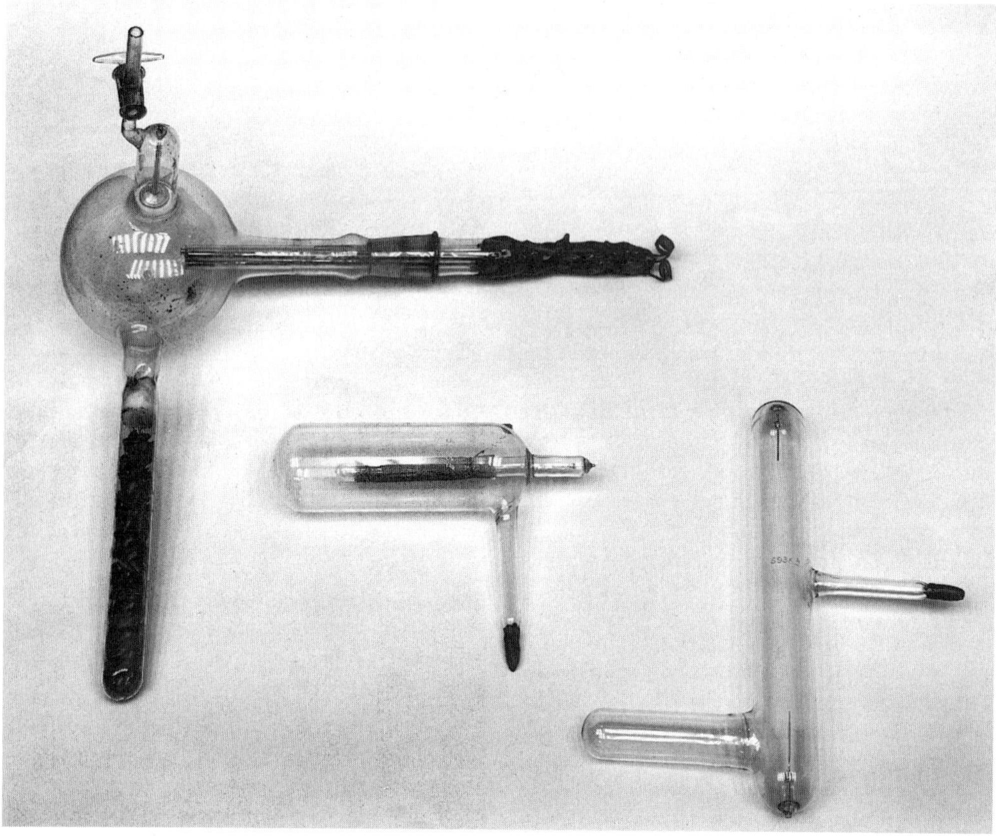

Bild 3: Entladungsröhren von Eugen Goldstein um 1886

sie wurden also kaum zur Kenntnis genommen. Goldstein entdeckte 1886 die durch eine durchlöcherte Kathode hindurchgehenden „Kanalstrahlen" mit positiver Ladung, die schließlich um 1900 als Strom positiver Gasionen identifiziert wurden. Für seine Versuche konstruierte Goldstein komplizierte Entladungsröhren (**Bild 3**).

Eine besondere Linie der Kathodenstrahlforschung verfolgte ab 1878 der englische Privatgelehrte Sir William Crookes. Er hatte zusätzlich bei sehr hoher Evakuierung die Wärmewirkung fokussierter Strahlen und auch deren mechanische Wirkung auf ein drehbares Rädchen demonstriert (**Bild 4**). Crookes stellte die Behauptung auf, daß bei hoher Evakuation die freie Weglänge der Gasmoleküle von der Größenordnung des sich ausdehnenden dunklen Kathodenraumes sei, und so das stark verdünnte Gas einen neuen, vierten Aggregatzustand annehme, den er nach einem Ausdruck Faradays als „strahlende Materie" bezeichnete. Diese zeichne sich durch die an Kathodenstrahlen gefundenen Eigenschaften aus.

Diese erste Hypothese, Kathodenstrahlen als ionisierte Gasmoleküle anzusehen, rief sofort Gegner auf den Plan. Goldstein kritisierte, daß die große Reichweite der Kathodenstrahlen mit der freien Weglänge der Gasmoleküle nicht zu vereinbaren sei. Heinrich Hertz favorisierte 1883 die Hypothese der Wellennatur der Kathodenstrahlen, wohl beeinflußt durch seine Arbeiten zur Theorie der elektromagnetischen Wellen. Eine gewisse Voreingenomenheit lag beispielsweise darin, daß er aus der von ihm nicht festgestellten Ablenkung der Magnetnadel durch die Kathodenstrahlen folgerte, daß die magnetische Ablenkung des Kathodenstrahls eine Erscheinung sei, die der Drehung der Polarisationsebene des Lichts im magnetisierten Medium analog sei. Hertz konnte auch keine elektrostatische Ablenkung der Kathodenstrahlen durch Elektroden in oder außerhalb der Entladungsröhre feststellen. Hier spielten ihm Nebeneffekte einen Streich: Die aufgeladenen Elektroden im Rohr wurden durch die Ionen des nicht genügend verdünnten Gases schnell entladen, und die Elektroden außerhalb hatten offenbar eine zu geringe Spannung, die von den Glaswänden noch abgeschirmt wurde. Hertz räumte wohl ein, daß nach Hittorfs Versuchen angenommen werden könne, daß der Kathodenstrahl aus „einem Strome elektrisierter materieller Teilchen" bestehe. Dagegen könne man

„fragen, wie groß die Geschwindigkeit elektrisierter Teilchen sein müsse, damit eine senkrecht zur Bahn derselben wirkende magnetische Kraft von der absoluten Intensität Eins stärker ablenkend wirke als eine elektrostatische Kraft von einem Dan [Danielle] auf 1 mm [11 Volt/cm]. Man findet, daß jene Geschwindigkeit 11 Erdquadranten in der Sekunde [rund 110 000 km/s] übersteigen müsse ... Aber eine solche Geschwindigkeit wird man nicht für wahrscheinlich halten..." [2, S. 275]

Die Wellenhypothese wurde noch vertieft durch die von H. Hertz angeregten Versuche seines Schülers Philipp Lenard im Jahre 1892: Er brachte am Ende der Kathoden-

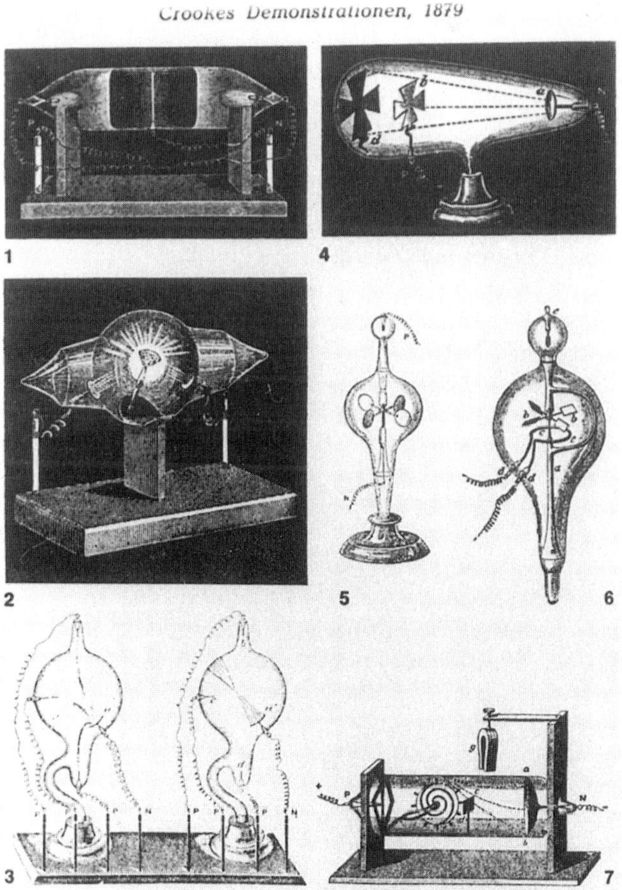

Bild 4: Demonstration mit Kathodenstrahlen von Crookes: *Fig. 1: Kathode in der Mitte mit beidseitigem Dunkelraum zur Stützung der Gasmolekülhypothese der Kathodenstrahlen. Fig. 2: Fluoreszenzeffekt der Kathodenstrahlen an einem Diamant. Fig. 3: Fokussierung der Kathodenstrahlen und Unabhängigkeit ihrer Ausbreitungsrichtung von der Lage der Anode bei steigender Evakuation. Fig. 4: Schattenwurf als Folge geradliniger Ausbreitung der Kathodenstrahlen. Fig. 5, 6: Wärmewirkung. Fig. 7: Magnetische Ablenklung der Kathodenstrahlen und deren mechanischen Wirkung auf ein Rädchen.*

strahlröhre eine winzige Öffnung von weniger als 2 mm Durchmesser an, die mit Aluminiumfolie (Dicke 3/1000 m) luftdicht abgedeckt wurde (**Bild 5**). Die Kathodenstrahlen drangen durch das „Lenard Fenster", und er beobachtete:

„Kathodenstrahlen bringen die Luft zu mattem Leuchten. Ein Schimmer bläulichen Lichtes umgibt das Fenster; er ist am hellsten in der Nähe des Fensters selbst, nach außen hin ohne deutliche Begrenzung; weiter als etwa 5cm vom Fenster reicht er nicht ... Mit zunehmender Entfernung nimmt die Erscheinung an Intensität rasch ab, sie verschwindet in einem Abstand von 6 oder 8 cm ..." [3, S. 229-230]

Für Lenard bedeutete dieses Ergebnis eine Stützung der Wellenhypothese:

„Nach dem hier beobachteten Verhalten der Gase zu schließen müssen die Äthervorgänge, welche das Wesen der Kathodenstrahlen ausmachen, Vorgänge von so außerordentlicher Feinheit sein, daß Dimensionen von molekularer Größenordnung in Betracht kommen. Selbst gegen Licht von kleinster bekannter Wellenlänge verhält sich die Materie noch wie stetig den Raum erfüllend, den Kathodenstrahlen gegenüber ist dagegen das Verhalten selbst elementarer Gase das nichthomogener Medien; es scheint hier schon jedes einzelne Molekül als gesondertes Hindernis aufzutreten." [3, S. 267]

Lenard legte das Resultat also so aus, daß Kathodenstrahlen kürzeste Lichtwellen seien, die mit den Gasmolekülen wechselwirken. Auch merkte er an, daß die magnetische Ablenkung unabhängig von der Gasart im Entladungsrohr war. Das sprach gegen Crookes Hypothese der „strahlenden Gasmoleküle". Aus der Absorption der Kathodenstrahlen entwickelte Lenard seine fruchtbare „Dynamidenhypothese", daß das Kraftzentrum des Atoms viel kleiner sei als das Atomvolumen der Gastheorie, ein wichtiger Impuls für die künftigen Atommodelle.

Lenard hat die Kathodenstrahlforschung als wesentliches Gebiet etabliert. Die Entdeckung der Röntgenstrahlen (1895), die davon ausging, wirkte überaus anregend. Lenard blieb aber vor allem deshalb in der Wellenhypothese befangen, weil er sich nicht vorstellen konnte, daß die Kathodenstrahlteilchen viel kleiner und leichter als Wasserstoffionen sein könnten. War ein

Bild 5: Versuch von Lenard:
Die Kathodenstrahlen K dringen durch das Aluminium-Fenster (links) in den Luftraum ein.

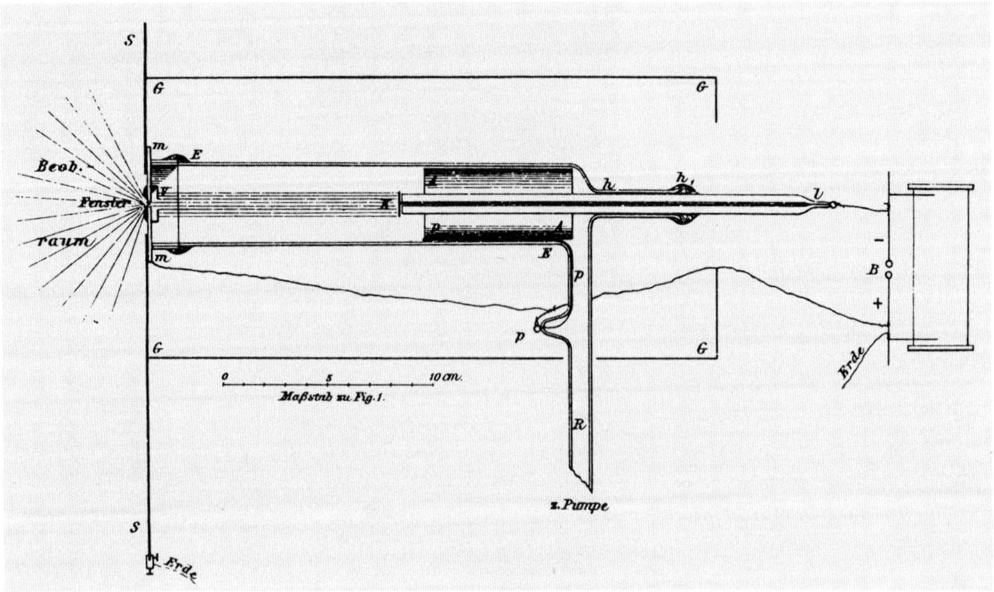

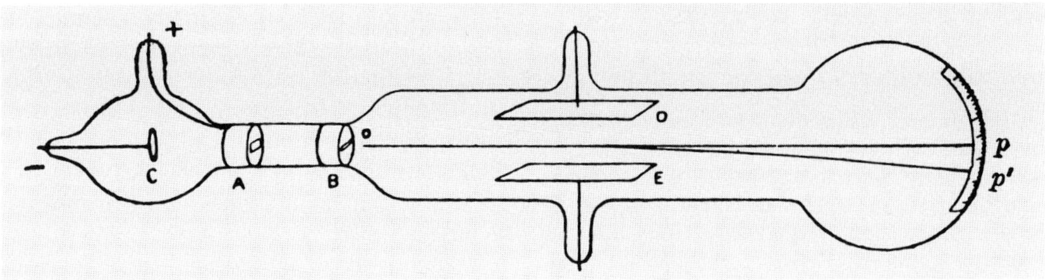

Bild 6: J.J. Thomsons Kathodenstrahlröhre.
Die Elektroden DE bewirken eine elektrostatische Ablenkung auf dem Schirm (p,p'). Die Spulen für die magnetische Ablenkung sind nicht gezeichnet: „In einer weit ausgepumpten Röhre, wie sie in Fig. 28 dargestellt ist, sei C Kathode, A Anode, B eine dicke Metallscheibe, die an Erde gelegt ist." [5, Fig.28] Er legte an die Elektroden DE eine elektrische Kraft, die den Kathodenstrahl von p nach p' ablenkte. Mit der magnetischen Kraft wird die Ablenkung aufgehoben. Daraus ließ sich die spezifische Ladung des Elektrons berechnen.

kleineres „elektrisches Atom" physikalisch nicht zumutbar?

Die verhärteten Fronten zwischen Wellen- und Teilchenauffassung wurden von Emil Wiechert und Joseph John Thomson aufgebrochen. Nachdem Jean Perrin 1895 mit einer günstigen Versuchsanordnung (Auffangbecher in der Anode) die negative Ladung der Kathodenstrahlen nachgewiesen hatte, setzte sich nach Ansätzen von Sir Arthur Schuster 1884 zögernd die Ansicht durch, daß kleinere „Elektrizitätsatome" verträglich mit den bisherigen Ergebnissen sein könnten. Wiechert schrieb:

„Der Umstand, daß die elektrischen Atome in den Kathodenstrahlen eine so vielmals kleinere Masse haben als chemische Atome, wirft auf die Lenardsche Erfahrung über die Absorption der Kathodenstrahlen ein sehr interessantes Licht und rückt sie unserem Verständnis bedeutend näher. So brauchen wir z. B. nur der sehr viel kleineren Masse entsprechend auch die Dimensionen sehr viel kleiner anzunehmen, um es begreiflich zu finden, daß die chemischen Atome den elektrischen gegenüber nicht die gleiche Undurchdringlichkeit zeigen wie unter einander, daß vielmehr ihre Masse allein entscheidend ist." [4, S.262]

Wiechert kam – wie bereits Schuster – für die magnetische Ablenkung aus der Gleichsetzung von elektromagnetischer Lorentz und Zentrifugalkraft zu einer Formel für die spezifische Ladung des Elektrons, in der die Geschwindigkeit des Elektrons einging.

Für die Geschwindigkeitsmessung wandte er 1897 ein Verfahren an, das auf dem Vergleich der Frequenz eines Schwingkreises mit der Strahlengeschwindigkeit beruhte und das von der Teilchenhypothese der Strahlen unabhängig war. Unter der noch unbewiesenen Voraussetzung, daß die Ladung des Kathodenstrahlteilchens gleich der des Wasserstoffions sei, ergab sich eine Masse, die etwa 1000 bis 1500 mal kleiner als die eines Wasserstoffatoms war.

Joseph John Thomson, Direktor des berühmten Cavendish-Labors in Cambridge, hatte die Lenardschen Resultate genau studiert. 1896 ließ er in seiner entscheidenden Versuchsanordnung das magnetische und elektrische Feld in entgegengesetzter Richtung wirken (**Abb. 6**). Daraus konnte er die spezifische Ladung der Elektrons berechnen.

Unter der gleichen Voraussetzung wie Wiechert, daß die Elementarladung konstant sei (wie das schließlich Robert Andrews Millikan um 1910 nachwies) schloß er daraus auf eine „Korpuskel", die überraschenderweise nur etwa 1/2000 der Masse des Wasserstoffions besaß. Als Name setzte sich die bereits 1891 für die elektrische Elementarladung von Georg Johnstone Stoney vorgeschlagene Bezeichnung Elektron durch, die 1897 erstmals für das Kathodenstrahlteilchen verwendet wurde. Nachdem Elektronen auch bei der Radioaktivität und dem fotoelektrischen Effekt nachgewiesen worden waren, schrieb J.J. Thomson um 1936 in seinen autobiographischen Aufzeichnungen:

„Nach langen Erwägungen schien es mir, daß aus den Versuchen die folgenden Schlußfolgerungen zu ziehen sind: Erstens, daß Atome nicht unteilbar sind, denn negativ elektrische Partikel können von ihnen weggerissen werden durch die Wirkung elektrischer Kräfte ... Zweitens, daß die Partikel alle von derselben Masse sind und die gleiche Ladung negativer Elektrizität tragen, aus welcher Art von Atomen sie auch stammen , und daß sie Bestandteile aller Atome sind. Drittens, daß die Masse dieser Teilchen geringer ist als der tausendste Teil eines Wasserstoffatoms." [7, S. 323]

Daß mit der Entdeckung des Elektrons ein Schnittpunkt vieler Entwicklungen erreicht war, wurde schon bald klar: Ausgehend von Faradays elektrochemischen Gesetzen bildete sich die Ionentheorie heraus, und Hermann von Helmholtz folgerte 1881 daraus, daß es „Elektrizitätsatome" geben müsse. Hendrik Antoon Lorentz erweiterte ab 1892 die Maxwellsche elektromagnetische Feldtheorie um eine „Elektronentheorie" der Materie; gewissermaßen wurden Webers Vorstellungen fließender Elektrizitätsatome auf höherer Ebene wieder aufgegriffen. Er führte die in der Maxwellschen Theorie mit der Dielektrizitätskonstanten und der Permeabilität in Körpern erfaßten Effekte auf die Bewegung elektrisch geladener Teilchen zurück. Höhepunkt war 1897 die Erklärung der Aufspaltung der Spektrallinien (Zeeman-Effekt) mittels der Elektronentheorie von Lorentz, wobei die spezifische Ladung des gebundenen „Elektrons" in die Größenordnung der spezifischen Ladung des freien Elektrons fiel. Damit war der elektrische Atomismus auf allen Gebieten zum Durchbruch gelangt.

Das positive Gegenstück zum Elektron, das Positron, wurde, nach der Vorhersage von Paul Adrien Maurice Dirac, von Carl David Anderson 1932 in der kosmischen Strahlung entdeckt.

Literatur:

[1] Hittorf, W.: Über die Electricitätsleitung der Gase. In: Ann. der Physik und Chemie Bd. 136 (1869) S. 1–31, 197–234

[2] Hertz, H.: Versuche über Glimmentladung. In: Gesammelte Werke von Heinrich Hertz. Bd. 1. Leipzig 1895, S. 242–276

[3] Lenard, P.: Über Kathodenstrahlen in Gasen von atmosphärischem Druck im äußersten Vacuum. In: Annalen der Physik und Chemie Bd. 51(1894) S. 225–267

[4] Wiechert, E.: Über das Wesen der Elektricität. In: Naturwissenschaftliche Rundschau Bd. 12 (1897)

[5] Thomson, J. J.: Elektrizitäts-Durchgang in Gasen. Leipzig

[6] Teichmann, J.: Kathodenstrahlen und Elektron. In: Fraunberger, F. und Teichmann, J.: Das Experiment in der Physik. Braunschweig/Wiesbaden 1984, S. 203–220

[7] Fraunberger, F.: Illustrierte Geschichte der Elektrizität. Köln 1985

[8] Schreier, W. (Hrsg.): Geschichte der Physik – ein Abriß. Berlin 1991

W. Sch.

Eine Frage – immer neu gestellt: Was ist Licht? Welle oder Teilchen?

Im Altertum war die Lehre vom Licht eng mit der Theorie des Sehens verknüpft. Die Pythagoreer nahmen an, daß vom Auge ausgehende „Sehstrahlen" einen Gegenstand abtasten und ins Auge zurückkehren. Solche Vorstellungen spielten bis ins 17. Jahrhundert eine große Rolle. Dagegen meinten Atomisten wie Demokrit, daß sich atomistische Abbilder vom Gegenstand lösen und ins Auge gelangen. Als weiterwirkend erwies sich die Ansicht von Aristoteles, daß das Licht zur Ausbreitung eines Mediums bedürfe, das „Äther" genannt wurde.

In der beginnenden Neuzeit erregte eine rätselhafte Entdeckung des Italieners Francesco Maria Grimaldi Aufsehen: Er brachte um 1650 in ein Lichtbündel einen dünnen Metalldraht und beobachtete, daß auf einem Schirm außer dem Kernschatten des Drahtes farbige Streifen erschienen. Diesen Effekt nannte er Diffraktion (Beugung) und konstatierte, daß Licht plus Licht auch Dunkelheit ergeben könne. Ähnliche farbige Effekte, wie etwa die Farben dünner Blättchen oder die zwischen einer plangeschliffenen Platte und einer Konvexlinse auftretenden Newtonschen Ringe, komplizierten die Erklärungssituation noch weiter.

Aus diesen Unsicherheiten heraus entstanden zwei vorläufige Auffassungen über die Natur des Lichts. Christiaan Huygens entwickelte im Anschluß an René Descartes eine kinematische Theorie der Längswellen des Lichts, die zur Erklärung der Reflexion und Brechung (auch der kurz vorher entdeckten Doppelbrechung), aber nicht für die Deutung der Dispersion und Beugung geeignet war. Auch waren ihr heute unverzichtbare Begriffe wie die Wellenlänge und Frequenz fremd. Die Elementarwellen, die sich in einem Äther ausbreiten sollten, setzten sich – laut Huygens – zu einer Wellenfront zusammen, die senkrecht auf dem Lichtstrahl stand. Das war das für die Zukunft wesentliche Huygenssche Prinzip.

Dagegen blieben Newtons Ansichten über das Wesen des Lichts vieldeutig und verschieden auslegbar. Trotz Ansätzen zu einer Wellentheorie, wie sie auch Robert Hooke vertrat, rang er sich angesichts seiner Gravitationstheorie zu einer Emissions- bzw. Korpuskulartheorie des Lichts durch, bei der Lichtteilchen angenommen wurden, die je nach Farbe eine verschiedene Größe und Brechbarkeit besitzen. Sie sollten, analog zur Newtonschen Ansicht, ohne Vermittlung eines Äthers in die Ferne wirken.

Über das gesamte 18. Jahrhundert dominierte wegen der Erfolge der Newtonschen Gravitationstheorie die Korpuskulartheorie. Allein der Mathematiker Leonhard Euler meinte um 1750, das Licht bestehe aus longitudinalen Wellen in einem Äther. Als neues Element führte er die Schwingungszahlen und die Wellenlängen ein, die für Licht verschiedener Farben unterschiedlich seien.

Einen ersten scharfen Angriff auf die Korpuskulartheorie unternahm Thomas Young, der neben der Physik sein Talent auch als Arzt, Techniker und Sprachforscher entfaltete. Ab 1800 widmete er sich der Lichttheorie. Er betonte die Vorzüge von Huygens Wellentheorie und entdeckte 1801 das von ihm so benannte Interferenzprinzip: Beim Nachdenken über die Entstehung der Farben dünner Blättchen und der Newtonschen Ringe kam er zu dem Schluß:

„Wenn zwei Wellenbewegungen, die von verschiedenen Zentren ausgehen , in ihrer Richtung entweder vollständig oder in sehr guter Näherung übereinstimmen, stellt ihre vereinigte Wirkung eine Kombination der zu den beiden Teilwellen gehörigen Bewegungen dar." [1, S. 160]

Young behandelte Licht wie Schallwellen, also als Längswellen; akustische Schwebungen sah er als eine den Beugungsstreifen verwandte Erscheinung: Die Überlagerung von zwei an einem Punkt in entgegengesetzter Richtung schwingenden Wellen könne diese zum Verschwinden bringen; so wäre zu verstehen, daß Licht plus Licht im Beugungsstreifen Dunkelheit erzeuge. Ferner klärte Young auch die Erscheinung der Newtonschen Ringe mittels der Wellentheorie auf, indem er die Interferenz der reflektierten Wellen am dünneren und dichteren Medium betrachtete. Jedoch blieben Youngs Arbeiten weithin unbeachtet: Sie schienen zu unvollkommen, um die scheinbar so festgefügte Korpuskulartheorie des Lichts zu überwinden.

Ohne anfangs die Untersuchungen Youngs zu kennen, hat sich der Verkehrsbauingenieur Augustin Jean Fresnel von 1815 bis zu seinem frühen Tod 1827 (er starb 39jährig) der Lichtwellentheorie gewidmet, und zwar neben seiner Berufsarbeit „als Inspector für die Pflasterung der Hauptstadt so wie als Secretär der Commission für die Leuchtthürme." [2, 142/143]

Fresnel ging bereits in seiner ersten Arbeit (1816) über Youngs Auffassungen hinaus: Er diskutierte die Beugung an einem schmalen Körper (Haar), indem er nach dem Huygensschen Prinzip die Beugung aus der Überlagerung von Elementarwellen, die von den Kanten des schmalen Körpers ausgehen, und der von der Lichtquelle kommenden Welle konstruierte. Er schrieb (**Bild 1**):

„S ist der leuchtende Punkt, A und B sind die äußersten Punkte des schattenwerfenden Körpers. Um die Punkte S, A und B als Mittelpunkt habe ich eine Reihe Kreise gezogen, indem ich stets den Radius um das gleiche Stück vergrößert habe, das, wie ich annehme, der Länge einer halben Welle sei. Die voll ausgezogenen Kreislinien stellen beispielsweise die Knoten dar in jedem Wellensystem und die punktierten Kreise die Bäuche. Die Schnitte von Kreisen verschiedener Gattung ergeben die Stellen vollkommener Diskordanz und infolge dessen die dunkelsten Stellen der Fransen [Beugungsstreifen]. Ich habe die Hyperbeln nachgezogen, welche diese Schnittpunkte bilden." [3, S. 6, 7]

Diese Zeichnung stimmte hervorragend mit der Realität überein. Fresnel konnte auch die Farben der Beugungsstreifen dadurch erklären, daß die Strahlen aus Lichtwellen verschiedener Länge bestehen, so daß sich die Punkte der Verstärkung und Auslöschung für unterschiedliche Wellenlängen verschieben.

Allerdings fehlte der Wellentheorie für die 1808 von Etienne-Louis Malus entdeckte Polarisation eine zulängliche Erklärungsmöglichkeit. Hier schien die Korpuskulartheorie durchaus erfolgreich. Sie nahm an, daß die Lichtteilchen beim polarisierten Licht, ähnlich wie beim Magnetismus, nach einem System ausgerichtet, d. h. polarisiert sind, so daß das beobachtete Verhalten zustandekommt. Fresnel und Arago, überzeugte Anhänger der Wellentheorie, suchten nun auch Interferenzerscheinungen im polarisierten Licht zu entdecken. Mit umfangreichen und sehr präzisen Versuchen prüften sie das Verhalten des polarisierten Lichts bei Interferenz und kamen zu folgendem Schluß: Zwei in derselben Richtung polarisierte Lichtstrahlen interferieren wie gewöhnliches Licht, aber zwei rechtwinklig zueinander polarisierte Strahlen interferieren unter keinen Umständen. Aus diesen Versuchsergebnissen kam Young in seinem berühmten Brief an Arago vom 12. Januar 1817 zu der umstürzenden Idee, daß Licht nicht aus longitudinalen, sondern aus Transversalwellen bestehe. Diese Annahme schien den meisten Physikern als eine Absurdität, weil man in unbegrenzten homogenen Medien wie dem Äther – ähnlich einem Gas – nur mechanische Längswellen kannte. Auch Fresnel konnte sich nur allmählich mit dieser Idee anfreunden. Aber er konnte sehr genau die Interferenzeffekte bei der Beugung berechnen und für polarisiertes Licht das Verhältnis von Reflexion und Brechung mit den „Fresnelschen Formeln" mathematisch fassen.

Jedoch bewährte sich das Interferenzprinzip hauptsächlich bei den Beugungserscheinungen, so daß auch letztlich die Anerkennung der Wellentheorie von einem Effekt abhing, bei dem die Interferenz nur durch reine Reflexion oder Brechung erzeugt wurde. Zu diesem Zweck konstruierte Fresnel

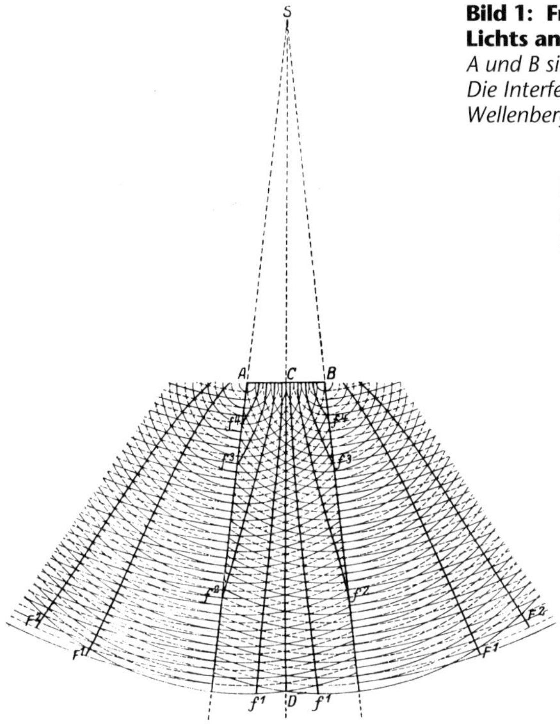

Fig. 1.

Bild 1: Fresnels Konstruktion der Beugung des Lichts an einem schmalen Körper (Haar).
A und B sind Ausgangspunkte von zwei Wellensystemen. Die Interferenzlinien werden durch die Schnittpunkte von Wellenbergen und Wellentälern gezogen.

Bild 2: Fresnels Winkelspiegelversuch mit den Interferenzlinien des von beiden Spiegeln reflektierten Lichts.

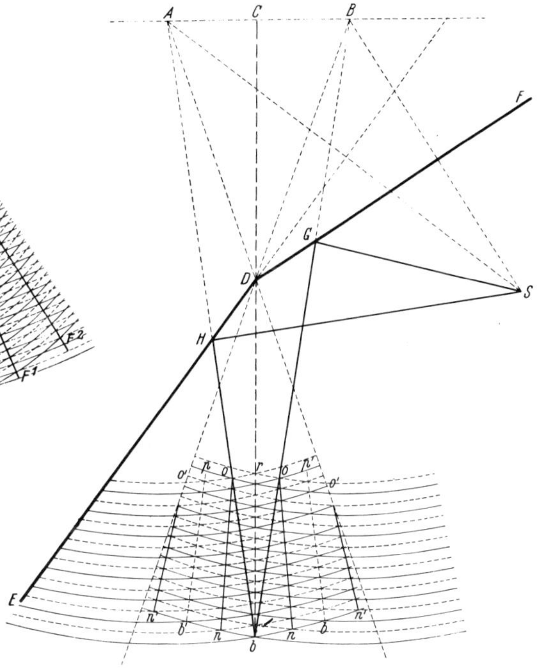

den außerordentlich aufschlußreichen Winkelspiegelversuch, der eine hohe mechanische Geschicklichkeit voraussetzte (**Bild 2**): FD und DE sind zwei Spiegel, die mit Wachs auf einer Unterlage befestigt sind und mit Fingerdruck einreguliert werden können. Sie stoßen unter einem sehr stumpfen Winkel (z. B. 179°) aufeinander, wobei ihre Kanten nicht um 1/100 mm in D gegeneinander vorspringen dürfen. Das von der punktförmigen Lichtquelle S ausgehende Licht legt bis zu den Spiegeln ungleiche Wege zurück, wird reflektiert und überlagert sich in dem abgesteckten Raum. Mit Kreisen um A und B erhält man das Wellensystem und daraus die hellen (rb, pb', p'b) und dunklen (on, o'n') Interferenzstreifen. Dieser Versuch war für die endgültige Anerkennung der Lichtwellentheorie um 1825 ausschlaggebend.

Seit dieser Zeit bewegte theoretische Physiker wie etwa Augustin Louis Cauchy und Franz Neumann das Problem, den zur Übertragung der transversalen Lichtquellen offenbar notwendigen Äther mit den Gleichungen und Begriffen der mechanischen Elastizitätstheorie zu erfassen. Der Entwurf immer komplizierterer Äthermodelle war Ausdruck der vorherrschenden mechanischen Naturauffassung; dennoch blieb der Widerspruch zwischen der durch die Fresnelschen Gleichungen erfaßten physikalischen Realität und der mechanischen Interpretation bestehen.

Den Ausweg aus diesem Dilemma brachte

erst die Faraday-Maxwellsche Feldtheorie. Aus Maxwells Gleichungen ließ sich die Wellendifferentialgleichung des Lichts herleiten und zeigen, „... daß Licht aus den transversalen Schwingungen desselben Mediums bestehe, die die Ursache der elektrischen und magnetischen Erscheinungen sind" [4, Bd. 2, S. 500). Maxwells Lichtmedium war nun aller mechanischen Eigenschaft ledig. Die physikalische Realität des elektromagnetischen Feldes kristallisierte sich über mehrere Entwicklungsstufen bis zu Einsteins Arbeiten heraus.

Dennoch war damit die Entwickung noch immer nicht abgeschlossen: 1905 erschien von dem 26jährigen Albert Einstein, neben seiner Arbeit zur Speziellen Relativitätstheorie, ein Artikel mit dem eigentümlichen Titel „Über einen die Erzeugung und Verwandlung des Lichtes betreffenden Gesichtspunkt". Darin konfrontierte Einstein die elektromagnetische Lichttheorie mit Plancks Quantenkonzept. Er verglich die Strahlungsentropie mit der Entropie eines idealen Gases, und kam zu dem Schluß:

„Monochromatische Strahlung von geringer Dichte (innerhalb des Gültigkeitsbereiches der Wienschen Strahlungsformel) verhält sich in wärmetheoretischer Beziehung so, wie wenn sie aus voneinander unabhängigen Energiequanten von der Größe Rß/N [= h · v, h: Wirkungsquantum,v: Frequenz] bestünde." [5, S. 131]

Damit hatte Einstein den Welle-Teilchen-Dualismus wiederbelebt: Licht verhielt sich unter bestimmten Bedingungen wie ein Gas von Teilchen.

Obwohl Einstein die Lichtquantenlehre zur Berechnung der Elektronenenergie auf den von Philipp Lenard erforschten äußeren Photoeffekt anwandte, führte die Theorie der Lichtquanten, die auch Photonen genannt wurden, ein Schattendasein, bis Louis de Broglie 1924 das Elektron mit Welleneigenschaften ausstattete und Erwin Schrödinger die „Wellenmechanik" schuf. Mit der Erkenntnis der Dualität von Wellen und Teilchen in der modernen Physik fand auch Einsteins Lichtquantenlehre volle Anerkennung. Es fragt sich, ob diese Versöhnung von Wellen- und Korpuskulartheorie auf dem Erkenntnisniveau des 20. Jahrhunderts der letzte Schritt in dem alten Streit war.

Literatur:

[1] Roditschew, W. I. u. Frankfurt, U. J. (Hrsg.): Die Schöpfer der physikalischen Optik. Berlin 1977
[2] Franz Arago's sämtliche Werke. Bd. 1. Hrsg. von W. G. Hankel. Leipzig 1854
[3] Fresnel, A. J.: Abhandlung über die Beugung des Lichts. In: Ostwalds Klassiker der exakten Wissenschaften Nr. 215, Leipzig 1926
[4] Maxwell, J. Clerk: Lehrbuch der Elektrizität und des Magnetismus, Berlin 1883
[5] Haar, D. (Hrsg.): Quantentheorie. Berlin, Oxford, Braunschweig 1969
[6] Weinmann, E.: Die Natur des Lichts. Einbeziehung eine physikgeschichtlichen Themas in den Physikunterricht. Erträge der Forschung Bd. 128. Darmstadt 1980

W. Sch.

Der Franck-Hertz-Versuch: Beweis für die Bohrsche Atomtheorie?

Im Vorfeld der modernen Atomphysik kristallisierte sich in der Gasentladungsphysik das Problem heraus, welcher Zusammenhang zwischen der Geschwindigkeit stoßender Elekronen und der Farbe des emittierten Lichts in elektrisch angeregten verdünnten Gasen vorliege. Diese Fragen mündeten zusammen mit anderen spektroskopischen Forschungen in das noch kaum entwickelte Gebiet der Quantenphysik.

Als Niels Bohr sein quantentheoretisches Atommodell entwarf, wurden die Spektren zum Testfall seiner Atomtheorie. Bohr hatte, aufbauend auf dem planetarischen Atommodell von Ernest Rutherford, zunächst den einfachsten Fall eines Atoms untersucht, das Wasserstoffatom. Nach Bohrs Vorstellung konnte darin ein Elektron auf bestimmten Bahnen um den Atomkern kreisen, ohne Strahlung auszusenden. Die im Wasserstoffspektrum sichtbaren Linien (Balmerserie) erklärte Bohr als Übergänge der Elektronen zwischen diesen stabilen Bahnen, deren Energiedifferenz er als Vielfache von $h\nu$ (h = Plancksches Wirkungsquantum; ν = Frequenz der emittierten Spektrallinie) ansetzte. So erzielte Bohr Übereinstimmung zwischen gemessenen und aus der Theorie berechneten Frequenzen. Das war das gewichtigste Argument für die Richtigkeit der Bohrschen Theorie. Allerdings stand ein direkter experimenteller Beweis, daß „Elektronensprünge" bzw. „Elektronenstöße" für die Frequenz des ausgesandten Lichts verantwortlich sind, noch aus.

Doch das Bohrsche Atommodell war keineswegs der Anlaß zu den Versuchen von James Franck und Gustav Hertz. Ein Schüler von Hertz, Wilhelm Walcher, hatte 1933 Studenten im Fortgeschrittenen-Praktikum den Franck-Hertz-Versuch mit folgenden Worten erläutert:

„Im Jahre 1913 schuf Bohr sein Atommodell, daraus folgt, daß man durch Elekronenstoß Atome anregen und ionisieren kann, Franck und Hertz taten dies 1914 und erhielten dafür 1925 den Nobelpreis! Hertz stand zufällig hinter dem Sprecher, klopfte ihm auf die Schulter und sagte: ‚So war es nicht.' Es ist eben ein Irrtum, wenn man glaubt, ‚Geschichte' müsse logisch ablaufen." [2, S. 622]

Dazu berichtete Franck:

„In Deutschland wurde Bohrs Arbeit im ersten Jahr nach ihrem Erscheinen nicht allzuviel gelesen ..., da man ... ein ausgesprochenes Mißtrauen hatte gegen ... Atommodelle ... Auch Gustav Hertz und der Schreiber dieser Zeilen waren anfänglich unfähig ..., die große Bedeutung von Bohrs Arbeit zu verstehen ... Wir lasen Bohrs Arbeit, bevor wir unsere Manuskripte zum Druck einschickten, beschlossen aber, sie abzusenden, ohne Bohrs Arbeit zu erwähnen." [2, S. 623]

Wie war es wirklich? John Townsend hatte 1910 eine Theorie der Stoßionisation als Erklärung der Gasentladung aufgestellt. Er nahm an, daß durch Gasionen von der Kathode ausgelöste Elektronen nach Durchlaufen einer freien Weglänge durch Stoßionisation Ionen und Elektronen erzeugen oder aber ihre ganze Energie ohne Ionisation anderweitig an das Atom abgeben, so daß sich eine Lawine von Ladungsträgern ausbildet. Letztere Annahme fand Franck absurd. Franck und Hertz bestimmten deshalb 1912/13 die freien Weglängen und die Ionisierungsenergien in Edelgasen und in Gasen mit größerer Elektronenaffinität. Sie stellten fest, daß Elektronen elastische Stöße mit Atomen der Edelgase ohne Energieverlust ausführen und dabei die zur Ionisation nötige Energie beim Durchlaufen des elektrischen Feldes auf vielen freien Weglängen aufnehmen können.

Diese „Ionisierungsspannung", so konnten Franck und Hertz bereits annähernd zeigen,

Fig. 1.

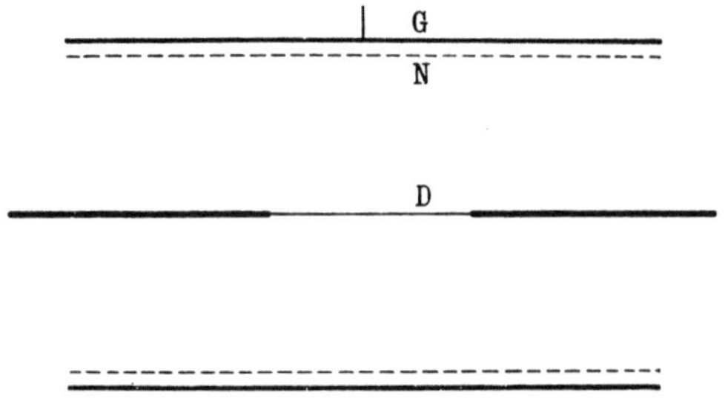

Bild 1: Schnittzeichnung der Apparatur zum Franck-Hertz-Versuch:
„D ist ein Platindraht, dessen mittleres Stück dünner ist und durch einen elektrischen Strom zum Glühen gebracht werden kann. N ist ein feines Platindrahtnetz, welches den Draht D im Abstand von vier Zentimetern zylindrisch umgibt, und G eine zylindrische Platinfolie, welche von N einen Abstand von 1 bis 2 mm hatte." [3, S. 459]

Bild 2: Spannung – Stromstärke – Diagramm beim Franck-Hertz-Versuch.
Es gibt in den Maxima die „Ionisierungsspannung" (eigentlich Anregungsspannung) (4,9 V) und ihre Vielfache für Quecksilberdampf wieder [3].

Fig. 3.

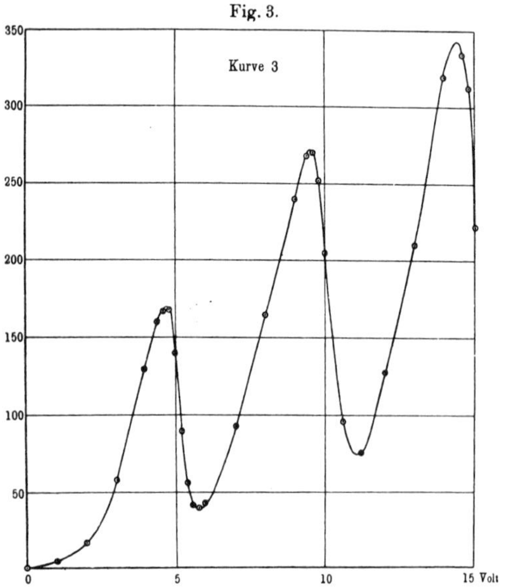

sei eine für jedes Gas charakteristische Größe.

Um die angebliche „Ionisierungsspannung" genau zu messen, hatten beide ein originelles Gerät entwickelt (**Bild 1**). Der Apparat befand sich in einem Heizbad, war immer mit der Evakuationspumpe verbunden und hatte im unteren Teil einen Tropfen Quecksilber, so daß sich ein Quecksilberdampfdruck von etwa einem Millimeter Quecksilbersäule (das ist ca. 1,3 hPa) einstellte:

„Um diesen Punkt [Ionisierungsspannung] noch genauer festzulegen, wurde nunmehr so verfahren, daß bei konstanter verzögernder Spannung zwischen N und G der am Galvanometer [zwischen G und Erde] gemessene Strom in seiner Abhängigkeit von der zwischen D und N angelegten beschleunigenden Spannung gemessen wurde." [3, S. 461]

Die Erwartung, daß der Strom nach Erreichen der „Ionisierungsspannung" wegen der Gegenspannung zwischen N und G auf Null absinkt, bewahrheitete sich. Schließlich wurde ein zweites Maximum bei der doppelten „Ionisierungsspannung" erreicht. Also erleiden die Elektronen erstmals bei der „Ionisierungsspannung" (4,9 Volt) unelastische Stöße, so daß ihre Geschwindigkeit fast auf Null sinkt und sie nicht gegen das bremsende Feld zwischen dem Drahtnetz und dem Platinblech anlaufen können (**Bild 2**). Aber beide zogen noch eine aus dem Quantenkonzept hervorgehende Folgerung:

„Die meisten Ansätze [u. a. von Stark und Sommerfeld] laufen darauf hinaus, daß die Frequenz einer bestimmten Eigenschwingung eines Elektrons multipliziert mit der Konstante h gleich der zur Ionisation benötigten Energie gesetzt wird. Beim Quecksilberdampf liegt es nahe, an die äußerst ausgesprochene Eigenfrequenz der von Wood gefundenen Resonanzlinie des Quecksilberdampfes $\lambda = 253{,}6\ \mu\mu$ [Druckfehler: $\mu\mu \mathrel{\widehat{=}} m\mu = 10^{-9}$m) zu denken. Rechnet man das Produkt hν für diese Frequenz aus, so erhält man die Energie, die ein Elektron besitzt, das 4,84 Volt durchlaufen hat. [Nach der Relation $e \cdot U = h \cdot \nu$ mit e: Ladung des Elektrons, U: Spannung, ν: Frequenz der Resonanzlinie]. Das ist eine so gute Übereinstimmung mit dem von uns erhaltenen Wert, daß man wohl kaum an einen Zufall glauben kann." [3, S. 465]

Ein Jahr später (1915) gab Bohr zu bedenken:

„Franck und Hertz nehmen an, daß 4,9 Volt der Energie entspricht, die zur Entfernung eines Elektrons aus dem Quecksilberatom erforderlich ist, aber es scheint, daß ihre Versuche möglicherweise mit der Annahme in Einklang zu bringen sind, daß diese Spannung nur dem Übergang vom Normalzustand zu irgend einem anderen stationären Zustand des neutralen Atoms entspricht." [2, S. 623]

Bohr folgerte also, daß im Franck-Hertz-Versuch nicht die „Ionisierungsspannung", sondern eine „Anregungsspannung" für einen Elektronenübergang zwischen stationären Bahnen gemessen wurde, so daß die Versuche eine sehr starke Stütze für seine Theorie seien. 1923 machte Gustav Hertz mit Blick auf die Relation $E_1 - E_2 = h \cdot \nu$ (E_1 und E_2: Energie des Atoms im Anfangs- bzw. Endzustand) darauf aufmerksam, daß es dabei gar nicht auf spezielle Modellannahmen wie die Bohrschen Elektronenbahnen ankam:

„Diese Grundhypothesen sind völlig unabhängig von speziellen Vorstellungen über die Bahnen der Elektronen im Atom, ja überhaupt unabhängig von irgendwelchen Vorstellungen über den Bau des Atoms." [4, S. 564]

Denselben Artikel beschloß G. Hertz mit folgender Information:

„Es kann jedoch bei dieser Gelegenheit mitgeteilt werden, daß es dem Verfasser neuerdings gelungen ist, das Auftreten der einzelnen Linien bei bestimmten charakteristischen Anregungsspannungen für Helium, Neon und Queckesilberdampf auch für die höheren Serienlinien einwandfrei nachzuweisen. Die Anregungsspannungen ergaben sich dabei, soweit sie bisher gemessen worden sind, in genauer Übereinstimmung mit den im Sinne der Bohrschen Theorie aus den Serientermen zu berechnenden Werten." [4, S. 566, 567]

Franck und Hertz haben schließlich klar erkannt, daß sie „Anregungsspannungen" gemessen haben und ihre Ergebnisse vorzüglich die Bohrsche Theorie bestätigten. Jedoch hat es den Anschein, daß Gustav Hertz vermutete, daß seine experimentellen Ergebnisse mit der Planckschen Energieformel schon über das Bohrsche Atommodell mit den Elektronenbahnen hinauswiesen.

Literatur:

[1] Hermann, A.: Frühgeschichte der Quantenheorie (1899–1913). Mosbach 1969

[2] Walcher, W.: Gustav Hertz an der Technischen Hochschule zu Berlin 1928–1935. In: Wiss. Z. der Univ. Leipzig, Math.-Naturwiss. R. 36 (1987) S. 612–625

[3] Franck, J. u. Hertz, G.: Über Zusammenstöße zwischen Elektronen und den Molekülen des Quecksilberdampfes und die Ionisierungsspannung desselben. In: Verh. der DPG 16 (1914) S. 457–467

[4] Hertz, G.: Bohrsche Theorie und Elektronenstoß. In: Die Naturwissenschaften 11 (1923) S. 564–567

W. Sch.

Die Urankernspaltung

Mit dem Eingangsdatum vom 22.12. 1938 wurde eine Arbeit von Otto Hahn und Fritz Straßmann bei der Zeitschrift „Naturwissenschaften" angenommen, die Weltgeschichte gemacht hat. Sie erschien im ersten Januarheft 1939 und enthielt die detaillierte Beschreibung einer großen Zahl von speziellen radiochemischen Versuchen, Präzisionsmessungen und Diagrammen von Strahlungsaktivitäten. Gegen Schluß der Arbeit standen die Sätze, die schnell internationales Aufsehen erregten:

„... wir kommen zu dem Schluß: Unsere [Radiumisotope] haben die Eigenschaften des Bariums; als Chemiker müßten wir eigentlich sagen, bei den neuen Körpern handelt es sich nicht um Radium, sondern um Barium; denn andere Elemente als Radium oder Barium kommen nicht in Frage ... Als der Physik in gewisser Weise nahestehende [Kernchemiker] können wir uns zu diesem, allen bisherigen Erfahrungen der Kernphysik widersprechenden Sprung noch nicht entschließen. Es könnten doch noch vielleicht eine Reihe seltsamer Zufälle unsere Ergebnisse vorgetäuscht haben." [1, S.14–15]

Was war geschehen?

Bei der Bestrahlung von Uran mit langsamen Neutronen glaubten Otto Hahn und Fritz Straßmann ursprünglich, Radium erhalten zu haben, das mit 88 Protonen im Kern dem Ausgangselement Uran mit 92 Protonen recht nahe lag. In ihrer Veröffentlichung vom Januar 1939 sprachen sie nun – zögernd – davon, daß aus dem Uran nicht benachbarte Elemente entstanden, etwa durch Alpha-Strahlung, sondern Elemente sehr viel niedrigeren Atomgewichts: Barium mit 56 Protonen. Und doch wurde nichts von Zerplatzen, Spaltung oder Zertrümmerung des Urankerns gesagt! Diese These schien so unglaublich, daß Otto Hahn sogar wieder schwankend wurde, bis ihm Lise Meitner und Otto Robert Frisch in einem Brief die physikalische Erklärung für seinen Befund mitteilten. Was hatte zu dieser Entdeckung geführt?

Im „Wunderjahr" der Kernphysik 1932 hatten fünf wichtige physikalische Ergebnisse die weitere Entwicklung angefacht: die Entdeckung des Neutrons, des Positrons, des Deuteriums, die erste Atomumwandlung mit künstlich beschleunigten Wasserstoffkernen und die Erfindung des Zyklotrons. Besonders wichtig war das Neutron gewesen. Erst damit konnte man den Aufbau der Atomkerne befriedigend erklären.

Werner Heisenberg und Dimitri Iwanenko schlugen unabhängig voneinander die Zusammensetzung des Kerns aus Protonen und Neutronen vor. Bisher hatte man geglaubt, Atomkerne bestünden aus Protonen und Elektronen, die zusammen mit den Elektronen der Atomhülle die elektrische Neutralität der Elemente herstellten. Neutronen sind elektrisch neutral und können daher in die Atomkerne eindringen und sie verändern. Enrico Fermi bestrahlte damit fast alle Elemente des Periodensystems und erhielt in den meisten Fällen Folgeprodukte, die Beta-Strahlung emittierten. Er fand, daß in Wasser oder Paraffin abgebremste Neutronen 100 mal so intensiv wirken wie schnelle Neutronen. Erklären ließ sich die Beta-Strahlung durch Zerfall eines Neutrons im Kern in ein Proton (das Atomgewicht und Kernladungszahl um 1 erhöhte) und ein ausgestoßenes Elektron. Aus Uran entstand so nach Fermis Meinung ein vermeintliches „Transuran" mit der Kernladungszahl 93. Physiker wie Fermi konnten hierbei nur physikalische Meßmethoden zur Energiebestimmung der Beta-Strahlung und zur Bestimmung der Halbwertzeit einsetzen. Unmittelbar vor Fermi übrigens hatte das Ehepaar Irène Curie und Frédéric Joliot die künstliche Radioaktivität gefunden – am Bor (noch mit Bestrahlung durch Alpha-Teilchen). Beides geschah im Jahr 1934. Im September 1934 zweifelte die Physikerin Ida Noddak die Transuraninterpretation Fermis an:

„Man kann ebensogut annehmen, daß bei dieser neuartigen Kernzertrümmerung durch Neutronen erheblich andere [Kernreaktionen] stattfinden, als man sie bisher bei der Einwirkung der Protonen- und Alpha-Strahlen auf Atomkerne beobachtet hat. Bei den letztgenannten Bestrahlungen findet man nur Kernumwandlungen unter Abgabe von Elektronen, Protonen und Heliumkernen, wodurch sich bei schweren Elementen die Masse der bestrahlten Atomkerne nur wenig ändert, da nahe benachbarte Elemente entstehen. Es wäre denkbar, daß bei der Beschießung schwerer Kerne mit Neutronen diese Kerne in mehrere *größere* Bruchstücke zerfallen, die zwar Isotope bekannter Elemente, aber nicht Nachbarn der bestrahlten Elemente sind :
Man muß noch weitere Untersuchungen abwarten, ehe man behaupten darf, daß hier das Element 93 wirklich gefunden ist." [4, S. 654]

Sie begründete diese Zweifel auch, befaßte sich aber in der Folge nicht weiter mit dieser Thematik. Kein anderer Wissenschaftler griff diese Überlegung auf. Die These eines solch radikalen Zerfalls schwerer Kerne schien damals unnötig, denn die Transuran-Vorstellung war mit Beobachtungen und Theorie in Einklang. Lise Meitner, als Physikerin theoretischer Kopf der Gruppe um Hahn am damaligen Kaiser-Wilhelm-Institut für Chemie, lehnte es ab, Noddaks Überlegung zu diskutieren.

Irène Curie veröffentlichte nun ab 1937 zusammen mit Paul Savitch Ergebnisse von Uranexperimenten, die Hahn, Straßmann und Meitner zu ihren entscheidenden letzten Forschungen anregten. Curie/Savitch fanden bei Uranbestrahlung mit langsamen Neutronen eine Substanz mit 3 1/2 Stunden Halbwertszeit, die sie zunächst für ein Thorium-Isotop hielten, das dem Lanthan ähnlich war und sich nur durch fraktionierte, (d. h. stufenweise) Kristallisation von der Trägersubstanz Kalium-Lanthan-Sulfat trennen ließ. Fraktionierte Kristallisation war eine Methode, die auch Otto Hahn und insbesondere Fritz Straßmann blendend beherrschten. So reicherte sich Radium bei fraktionierter Kristallisation mit Bariumsalzen in den ersten Fällungsstufen besonders an. (Durch eine etwas geänderte Methode konnte man es auch gezielt abreichern.)

Die geringe absolute Menge von Folgeprodukten des bestrahlten Urans – laut Hahn einige Tausend Atome – konnte aber nur über ihre radioaktive Strahlung nachgewiesen werden. Wir wissen seit den Ergebnissen der Gruppe um Otto Hahn, daß bei den Neutronenbestrahlungen wirklich Lanthan entstand und nicht nur ein „ähnliches" Isotop. Doch ein solches Folgeprodukt hätte man nur akzeptieren können, wenn man auch bereit war, die bisherigen Kernumwandlungstheorien radikal in Frage zu stellen. Also ist Curie und Savitch eine große Entdeckung entgangen, obwohl sie – wie wohl als erster schon Fermi – Urankerne gespalten hatten.

Im Hahn-Institut wurde die Curie'sche Substanz „Curiosum" getauft. Sie erwies sich als sehr komplex. Eine ganze Anzahl von Beta-Strahlern verschiedener Halbwertszeiten war entstanden. Nach Aussonderung der bekannten „Transurane" erwiesen sich drei weitere als Produkte mit niedrigerer Kernladungszahl als Uran. Als Untersuchungsmethode wurde die Fällung mit $BaCl_2$ benutzt – ein Vorschlag von Straßmann. Es wurden zu den bekannten drei Transuranreihen drei neue Umwandlungsreihen des Uran postuliert, mit drei verschiedenen Radiumisotopen, die durch unterschiedliche Halbwertszeiten gekennzeichnet waren.
Schließlich wurden noch weitere Zusatzannahmen gemacht, um die experimentellen Befunde zu klären. Die Theoretiker – auch Niels Bohr bei einem Besuch Otto Hahns in Kopenhagen im Spätherbst 1938 – schüttelten den Kopf.

Die letzte Phase begann, als Hahn und Straßmann versuchten, die Radiumisotope im $BaCl_2$ anzureichern – mit fraktionierter Kristallisation. Lise Meitner war nicht mehr in Berlin. Als österreichische Jüdin mußte sie nach dem „Anschluß" ihres Landes an das nationalsozialistische Deutschland die rassistischen Gesetze des NS-Staates auch für ihre Person fürchten. Eine legale Ausreise war schon verweigert worden. So wurde sie im Juli 1938 heimlich über die holländische

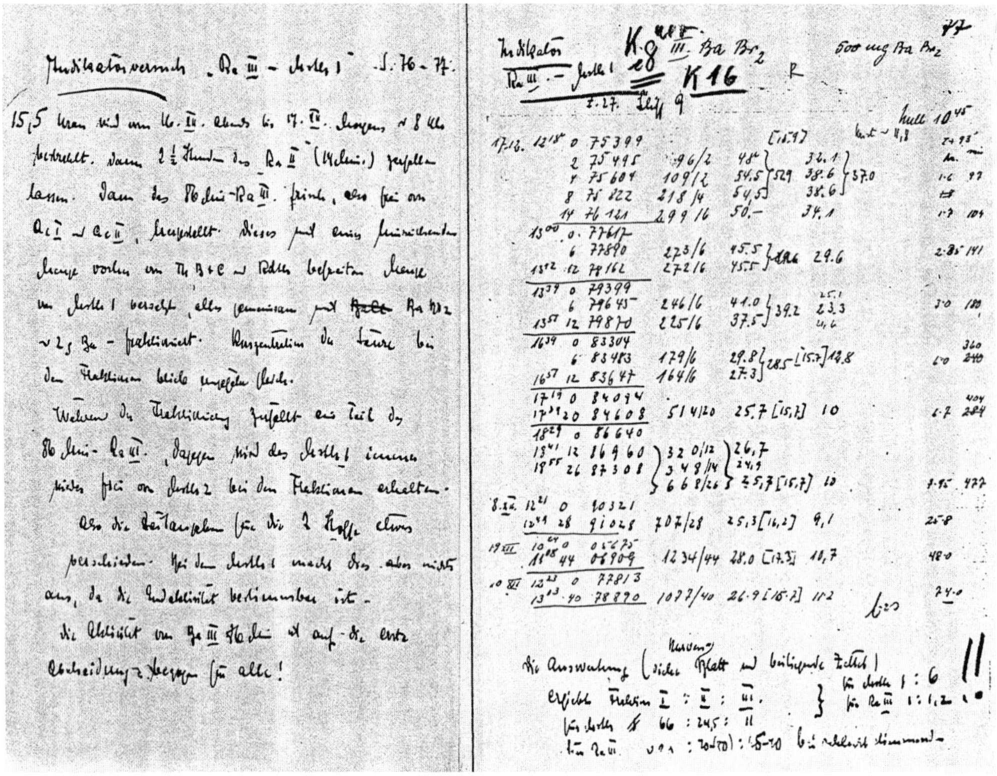

Bild 1: Aus Uran entsteht wirklich Barium –
2 Seiten aus dem Protokollheft „Chemie II" des Kaiser-Wilhelm-Instituts für Chemie in Berlin, 17.12.1938.

Die Ausführung und Eintragung der Meßreihen (rechts) stammte an diesem Tag von Fritz Straßmann. Die Versuchsbeschreibung (links) wurde von Otto Hahn später nachgetragen. „Indikatorversuch Ra III – Msth I" heißt, daß eines der angeblichen Radiumisotope zusammen mit langlebigem radioaktiven Mesothorium 1 (das war als Radiumisotop bekannt – nach heutigem Wissen ist es 228 Ra mit der Halbwertszeit 5 3/4 Jahre) als Indikator „versetzt" wurde. Bei fraktionierter Kristallisation mit $BaBr_2$ reicherte sich nur das Mesothorium ab (es war garantiert etwas anderes als Barium), das „Ra III" aber nicht! Die Zahlenkolonnen rechts beschreiben die Zählerstände (z. B. 75399), die Differenzen daraus die Teilchen pro entsprechende Minuten (z. B. 96/2) und die tatsächlichen Teilchen pro Minute bei Abzug des Null-Effekts (z. B. 96/2 –15,9 = 32,1). Das hier gezeigte Meßblatt gibt schon den Versuch mit der dritten Fraktionierung wieder (ab 17. Dez. 12.18 Uhr). Er endete mit einer Strahlung von 11,2 Teilchen pro Minute. Der starke Abfall der Strahlung am 17.12. rührt von „Ra III" her, das eine Halbwertszeit von 83 Minuten hatte. Der langsame Wiederanstieg (von 9,1 auf 11,2) ist durch die Bildung von Mesothorium II (es ist 228 Ac, mit einer Halbwertszeit von 6,13 Stunden) aus Mesothorium I verursacht.
„Die Auswertung" unten ergibt bei der „Abreicherung" von Mesothorium von Fraktion I:II:III ein Verhältnis von 6:1. Für „Ra III" wurde dagegen nur 1,2 zu 1 erhalten, also praktisch kaum eine Veränderung (siehe auch Bild 2). Es mußte sich um – bisher unbekanntes – radioaktives Barium (139 Ba, wie wir wissen) handeln. [Protokollheft, Deutsches Museum München].

Grenze gebracht und emigrierte nach Schweden. Die Briefe, die sie nach ihrer Flucht mit Otto Hahn wechselte, spiegeln diese beklemmende Zeit wider und bescheren uns gleichzeitig einmalige Momentaufnahmen zur Entdeckungsgeschichte der Kernspaltung [4], siehe auch [5, S. 75-129]:

„Liebe Lise. – Montagabend, 19.[12.1938], im Labor …
Ich hoffe noch immer, die Dinge werden sich zu Deinem Besten entwickeln; aber was man weiter dazu tun kann, weiß ich im Augenblick nicht … Mein Name in der Ausstellung [Der ewige Jude] macht der Verwaltung auch plötzlich Sorgen [in dieser Hetz-Austellung war fälschlich auch Otto Hahns Name unter den 1933 in Berlin entlassenen jüdischen Professoren aufgeführt]…
Zwischendurch arbeite ich, soweit ich dazu komme, und arbeitet Straßmann unermüdlich an den Urankörpern, unterstützt von Lieber und Bohne. Es ist jetzt gleich 11 Uhr abends; um 1/4 12 will Straßmann wiederkommen, so daß ich nach Hause kann allmählich. Es ist nämlich etwas bei den [Radiumisotopen], was so merkwürdig ist, daß wir es vorerst nur Dir sagen. Die Halbwertszeiten der drei Isotope sind recht genau sichergestellt; sie lassen sich von allen Elementen außer Barium trennen; alle Reaktionen stimmen. Nur eine nicht – wenn nicht höchst seltsame Zufälle vorliegen: die Fraktionierung funktioniert nicht. Unsere Ra-Isotope verhalten sich wie Ba …

Bild 2: Der endgültige Nachweis der Urankernspaltung –
in der zweiten Veröffentlichung von Otto Hahn und Fritz Straßmann 1939.
Hier wurde das Abklingverhalten der drei Fraktionen mit unterschiedlichem Mesothorium I-Gehalt (wie es im Labor Dezember 1938 untersucht worden war – Bild 1) graphisch aufgetragen. Das ergab die Kurven I, II und III.
„Die Kurven I, II, und III des Teils A der Figur geben die direkt gefundenen Aktivitäten, mehr als 70 Stunden lang, also bis zum Gleichgewicht des Msth 1 + Msth 2 gemessen. Die Verteilung des Radiumisotops Msth1 in den Fraktionen I, II, III verhält sich wie 67,6 zu 25 zu 11. Die erste Fraktion ist also 6mal stärker als die dritte. Im Teil B der Fig. 1 ist der Anfang der Aktivitätskurven im vergrößerten Maßstab über die ersten 500 Minuten dargestellt. Außerdem ist für jede Kurve der aus dem Maximum des Teils A bestimmte Anstieg des Msth 2 für jedes der 3 Präparate gestrichelt eingezeichnet. Der Teil C der Figur schließlich bringt die ausgeglichenen Abklingkurven für das Ba III als Differenzen der Kurven I, II, III und der dazugehörigen Msth-Zunahme. Die Neigung der Geraden entspricht den 8-Minuten-Abfall des Ba III."
Das „Ba III" war im Protokollheft Chemie vom Dezember 1938 (Bild 1) noch „Ra III" genannt worden. Die Geraden des Ba III werden als innerhalb der Versuchsfehler identisch angesehen.
Hahn und Straßmann schließen deshalb:
„Gegenüber einer Anreicherung von 6:1 beim Radiumisothop Msth 1 hat also für das Ba III keinerlei Anreicherung stattgefunden: Ein Beweis für seine Verschiedenheit von Radium und ein starker Hinweis für seine Gleichheit mit Barium."
Diese komplizierte Prozedur mit der Mischung des vermuteten Barium-Isotops mit dem gut bekannten Radiumisothop Mesothorium wurde vorgenommen, um ganz sicher zu sein, daß für den bekannten Vorgang (Anreicherung von Radium) und den unbekannten (keine Anreicherung des vermuteten Barium) genau gleiche Verhältnisse vorlagen. Die Sorgfalt dieser Experimente wurde noch Jahrzehnte später uneingeschränkt bewundert [2].

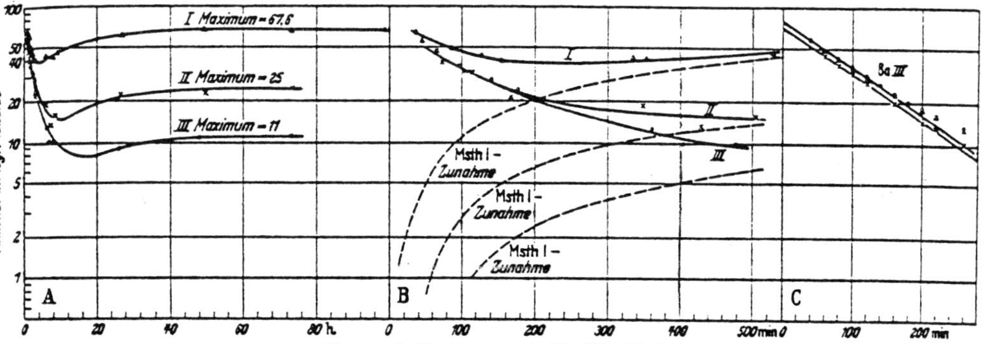

Fig. 1. Indikatorversuch Ba III – Msth 1.

Es könnte noch ein höchst merkwürdiger Zufall vorliegen. Aber immer mehr kommen wir zu dem schrecklichen Schluß: unsere Ra-Isotope verhalten sich nicht wie Ra, sondern wie Ba. Wie gesagt, andere Ele.[mente], Trans-Urane, U, Th, Ac, Pa, Pb, Bi, Po kommen nicht in Frage. Ich habe mit Straßmann verabredet, daß wir vorerst nur Dir dies sagen wollen. Vielleicht kannst Du irgendeine phantastische Erklärung vorschlagen. Wir wissen dabei selbst, daß es eigentlich nicht in Ba zerplatzen kann. Nun wollen wir noch prüfen, ob sich die aus dem [Ra] entstehenden Ac-Isotope nicht wie Ac, sondern wie La verhalten. Alles recht heikle Versuche! Aber wir müssen doch klarwerden".

Lieber Otto! – 21.12.1938
Herzlichen Dank für Deinen lieben Brief und alle Deine Mühe. Du kannst mir glauben, daß ich verstehe, daß Du allerlei im Kopf hast. Ist die Unterredung mit Bosch zu Deiner Zufriedenheit ausgefallen? Wie war die Weihnachtsfeier? Und Ediths Geburtstagsfeier [Otto Hahns Frau]. Hat sie sie gut vertragen oder hat es sie aufgeregt? Diese Ausstellungssache ist wirklich dumm. Hast Du eine Ahnung, wer sich diesen Witz geleistet hat? Eure Radiumresultate sind sehr verblüffend. Ein Prozeß, der mit langsamen Neutronen geht und zum Barium führen soll! Seid Ihr übrigens ganz sicher, daß die Radiumisotope vor den Actiniumisotopen stehen? Ich glaube mich ja zu erinnern, daß Du einmal geschrieben hast, Ihr hättet die Zunahme des Actiniums aus dem Ra beobachtet, ist es so? Und wie ist es mit den daraus entstehenden Thorisotopen? Aus Lanthan müßte ja Cer entstehen. Mir scheint vorläufig die Annahme eines so weitgehenden Zerplatzens sehr schwierig, aber wir haben in der Kernphysik so viele Überraschungen erlebt, daß man auf nichts ohne weiteres sagen kann: es ist unmöglich. Sind übrigens höhere Transurane, etwa Eka-Au oder noch höhere, unbedingt ausgeschlossen? ..."

„Liebe Lise – 21. Dezember, abends
... Nach unseren Ra-Beweisen schließen wir, daß wir als [Chemiker] den Schluß ziehen müssen, daß die drei genau studierten Isotope gar kein Ra sind, sondern vom Standpunkt des Chemikers aus Ba ... Auch das aus den Isotopen entstehende Ac ist kein Ac, sondern offensichtlich La!! Wir können unsere Ergebnisse nicht totschweigen, auch wenn sie physikalisch vielleicht absurd sind. Du siehst, Du tust ein gutes Werk, wenn Du einen Ausweg findest".

„Lieber Otto – 18.01.1939
Dank für Deinen lieben ausführlichen Brief ...
Theoretisch ist der Hauptwitz der, daß zwar eine oder mehrere Alpha-Abspaltungen energetisch unmöglich sein können, dagegen ein Zerfallen in 2 leichtere Kerne – wegen des tiefen Tales in der Massendefektkurve von etwa Z = 40 bis Z = 60 – energetisch möglich ist und aufgrund des Tröpfchenmodells des Kerns auch verständlich wird. Ich bitte Dich, das aber noch nicht weiterzuerzählen. Ich bin ziemlich überzeugt, daß die Transuranreihen zu leichten Kernen gehören bis auf den Resonanzprozeß, der vielleicht zu einem Alphastrahlenden Eka-Re führt ..."

Bild 3: Wie untersuchte man 1938 radioaktives Uran?

Otto Hahn und Fritz Straßmann haben an diesem Tisch (er steht heute im Deutschen Museum, München) die Radioaktivität ihrer bestrahlten und chemisch weiterbehandelten Uranproben gemessen. Bestrahlung, Chemie und Strahlungsmessung mußten aber in verschiedenen Räumen stattfinden. Die Objekte 1, 2, 3 (und der Erlenmeyer-Glaskolben) wurden also nie auf diesem Tisch eingesetzt!

1. *Neutronenquelle, die aus bis zu 6 Glasröhrchen bestand, in denen Radium mit Beryllium eng vermischt war. Sie wurden mit der Zange (Vordergrund rechts) eingeführt – das war die einzige Sicherung der Hände vor der Neutronenstrahlung.*
2. *Papiertütchen mit Uran*
3. *Paraffinblock zur Verlangsamung der Neutronen aus der Neutronenquelle (1). An ihn wurde das Papiertütchen (2) zur Bestrahlung mit thermischen Neutronen gestellt. Während der Bestrahlung wurden – in der Größenordnung – 10–15 Gramm Uran gespalten! Das Meßgestell hinter dem Paraffinblock wurde gebraucht, wenn man ungebremste Neutronen wirken ließ.*
4. *Präparate und Absorptionsfolien, die in das „Bleischiffchen" links davon kamen. Diese Bleischiffchen wurde dann in das Bleigehäuse eines Geiger-Müller-Zählrohrs eingeschoben. Man sieht dieses Bleigehäuse links vom Bleischiffchen geschlossen, rechts von den Präparaten und Absorptionsfolien geöffnet liegen.*
5. *Elektrische Zusatzgeräte und Verstärker, die die vom Geiger-Müller-Zählrohr gelieferten Stromimpulse übertrugen.*
6. *Ein mechanisches Zählwerk, das die Stromimpulse maß.*
7. *Batterien für die Zählrohrspannung von 1200 Volt.*

PERTRIX
PERTRIX
PERTRIX
PERTRIX
PERTRIX
PERTRIX
PERTRIX

Bild 3

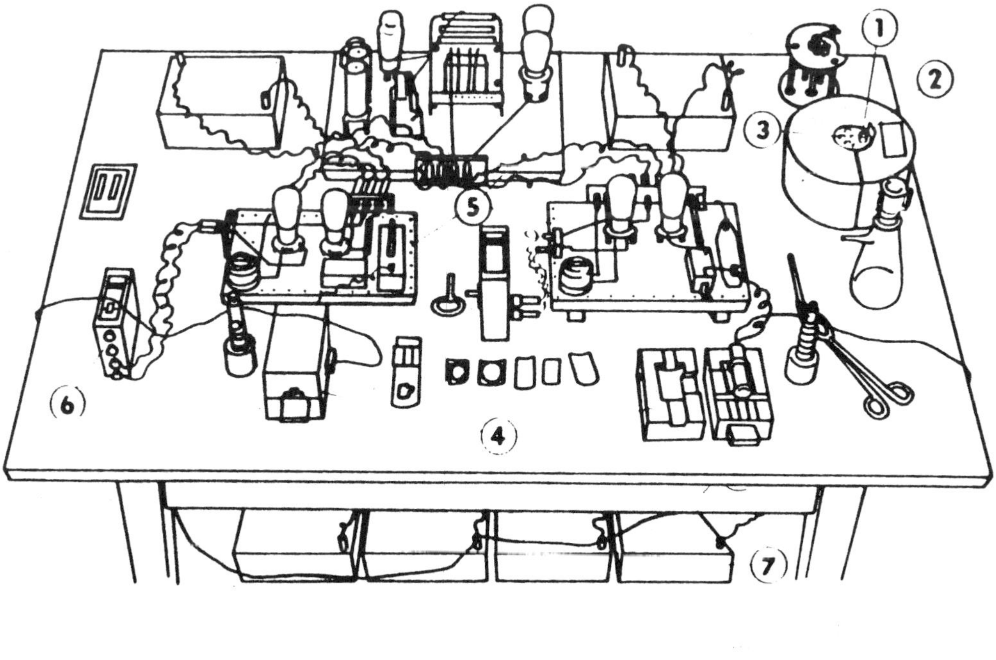
1
2
3
4
5
6
7

Bild 4: Fritz Straßmann und Otto Hahn (nach 1945)

Das letzte war eine der drei Radium-Umwandlungsreihen, die zu Transuranen führen sollten, bei der aber die Ausbeute nicht durch immer geringere – thermische – Neutronenenergie verbessert wurde, sondern nur Neutronen ganz bestimmter Energie zum Ziel führten. Lise Meitner hatte hier recht. Das war der einzige Prozeß, bei dem wirklich unbekannte Elemente jenseits des Urans entstanden: 93 Neptunium (damals Eka-Rhenium genannt), das sich in 94 Plutonium umwandelte.

Wäre übrigens die Urankernspaltung nicht radiochemisch in Berlin entdeckt worden, hätte die charakteristische Röntgenstrahlung von angeblichen Transuranen diese als Isotope von Elementen weit unterhalb des Urans ausgewiesen.

Die Urankernspaltung erhielt schnell politische Brisanz, nachdem die Energie- und Neutronenfreisetzung – und damit die Möglichkeit einer Kettenreaktion – aufgezeigt worden war. Die Atombombe wurde – aus Furcht vor entsprechenden Entwicklungen in Deutschland – in den USA unter Hochdruck entwickelt, selbst von dem Pazifisten Albert Einstein mit angeregt. In Deutschland entstand jedoch wenig militärische Entwicklungsarbeit dazu. Kompetenzstreitigkeiten und wissenschaftliches Desinteresse nationalsozialistischer Politik sowie die horrenden Kosten bei offensichtlich zu langer Planung (im Verhältnis zum erwarteten „Blitzkrieg") gelten als Hauptgründe dafür. Es wurde vor allem an der Entwicklung eines Kernreaktors mit schwerem Wasser als Moderatorsubstanz gearbeitet.

Atomwissenschaftler wie Werner Heisenberg und Carl Friedrich von Weizsäcker haben möglicherweise direkte Waffenforschung auch gar nicht angestrebt. Das ist aber nicht mehr eindeutig zu klären. Die Tonbänder, auf denen die Gespräche der in Farm Hall in England nach 1945 inhaftierten Wissenschaftler, darunter Otto Hahn und Werner Heisenberg, insgeheim aufgenommen wurden, als sie vom ersten Abwurf der amerikanischen Atombombe in Japan erfuhren, sind – in Zusammenfassungen des Geheimdienstes – erst 1992 zugänglich geworden und zeigen unter anderem, daß diese Wissenschaftler an eine so schnelle Entwicklung von Bomben auf jeden Fall nie geglaubt hatten. Erst nach dem Zweiten Weltkrieg war andererseits offener Widerstand gegen militärischen Mißbrauch von Atomwissenschaft möglich.

Aus der Diskussion um die gesellschaftlichen Konsequenzen der Atomtechnik soll hier eine wichtige Episode angefügt werden, die uns Deutsche besonders betrifft. Als die Bundesregierung die Bundeswehr in den späten 50er Jahren mit taktischen Atomwaffen ausrüsten wollte, protestierten 18 deutsche Atomforscher dagegen. Ihre „Göttinger Erklärung" vom 12. April 1957 (120 Jahre nach der berühmten Erklärung der „Göttinger Sieben" gegen den Bruch der damaligen Hannoverschen Verfassung – auch damals war ein Physiker dabei: Wilhelm Weber) zeigte die durch bittere Erfahrung gewonnene Bereitschaft, gesellschaftliche Verantwortung zu übernehmen:

„Die Pläne einer atomaren Bewaffung der Bundeswehr erfüllen die unterzeichneten Atomforscher mit tiefer Sorge. Einige von ihnen haben dem zuständigen Bundesminister ihre Bedenken schon vor mehreren Monaten mitgeteilt. Heute ist die Debatte über diese Frage allgemein geworden. Die Unterzeichneten fühlen sich daher verpflichtet, öffentlich auf einige Tatsachen hinzuweisen, die alle Fachleute wissen, die aber der Öffentlichkeit noch nicht hinreichend bekannt zu sein scheinen.

1. Taktische Atomwaffen haben die zerstörende Wirkung normaler Atombomben. Als „taktisch" bezeichnet man sie, um auszudrücken, daß sie nicht nur gegen menschliche Siedlungen, sondern auch gegen Truppen im Erdkampf eingesetzt werden sollen. Jede einzelne taktische Atombombe oder -granate hat eine ähnliche Wirkung wie die erste Atombombe, die Hiroshima zerstört hat. Da die taktischen Atomwaffen heute in großer Zahl vorhanden sind, würde ihre zerstörende Wirkung im ganzen viel größer sein. Als „klein" bezeichnet man diese Bomben nur im Vergleich zur Wirkung der inzwischen entwickelten [strategischen] Bomben, vor allem der Wasserstoffbomben.

2. Für die Entwicklungsmöglichkeiten der lebensausrottenden Wirkung der strategischen Atomwaffen ist keine natürliche Grenze bekannt. Heute kann eine taktische Atombombe eine kleinere Stadt zerstören, eine Wasserstoffbombe aber einen Landstrich von der Größe des Ruhrgebiets zeitweilig unbewohnbar machen. Durch Verbreitung von Radioaktivität könnte man mit Wasserstoffbomben die Bevölkerung der Bundesrepublik wahrscheinlich heute schon ausrotten. Wir kennen keine technische Möglichkeit, große Bevölkerungsmengen vor dieser Gefahr sicher zu schützen.
Wir wissen, wie schwer es ist, aus diesen Tatsachen die politischen Konsequenzen zu ziehen. Uns als Nichtpolitikern wird man die Berechtigung dazu abstreiten wollen. Unsere Tätigkeit, die der Tätigkeit der reinen Wissenschaft und ihrer Anwendung gilt und bei der wir viele junge Menschen unserem Gebiet zuführen, belädt uns aber mit einer Verantwortung für die möglichen Folgen dieser Tätigkeit. Deshalb können wir nicht zu allen politischen Fragen schweigen.
Wir bekennen uns zur Freiheit, wie sie heute die westliche Welt gegen den Kommunismus vertritt. Wir leugnen nicht, daß die gegenseitige Angst vor den Wasserstoffbomben heute einen wesentlichen Beitrag zur Erhaltung des Friedens in der ganzen Welt und der Freiheit in einem Teil der Welt leistet. Wir halten aber diese Art, den Frieden und die Freiheit zu sichern, auf die Dauer für unzulässig, und wir halten die Gefahr im Falle eines Versagens für tödlich.
Wir fühlen keine Kompetenz, konkrete Vorschläge für die Politik der Großmächte zu machen. Für ein kleines Land wie die Bundesrepublik glauben wir, daß es sich heute noch am besten schützt und den Weltfrieden noch am ehesten fördert, wenn es ausdrücklich und freiwillig auf den Besitz von Atomwaffen jeder Art verzichtet. Jedenfalls wäre keiner der Unterzeichneten bereit, sich an der Herstellung, der Erprobung oder dem Einsatz von Atomwaffen in irgendeiner Weise zu beteiligen.
Gleichzeitig fordern wir, daß es äußerst wichtig ist, die friedliche Verwendung der Atomenergie mit allen Mitteln zu fördern, und wir wollen an dieser Aufgabe wie bisher mitwirken.

Fritz Bopp, Max Born, Rudolf Fleischmann, Walther Gerlach, Otto Hahn, Otto Haxel, Werner Heisenberg, Hans Kopfermann, Max von Laue, Heinz Maier-Leibnitz, Josef Friedrich, Adolf Paneth, Wolfgang Paul, Wolfgang Riezler, Fritz Straßmann, Wilhelm Walcher, Carl Friedrich von Weizsäcker, Karl Wirtz." [16]

Bild 5: Lise Meitner (1949)

Die Wissenschaftler zogen sich heftige Angriffe konservativer Politiker zu, insbesondere Konrad Adenauers, der ihnen jede Kompetenz absprach, zu solchen politischen Fragen Stellung zu nehmen. – Die Bundeswehr wurde dann doch nicht mit Atomwaffen ausgerüstet.

Man sollte diese Debatte nicht mit der Diskussion um die friedliche Nutzung der Kernenergie heute vergleichen (sie war 1957 noch kaum umstritten), obwohl sich – etwa in der Beurteilung von Äußerungen politischer „Laien" durch konservative Politiker – Parallelen aufdrängen. Die zivile Kerntechnik ist auch ein Ergebnis von Otto Hahns, Fritz Straßmanns und Lise Meitners Entdeckung und kann wie die militärische Verwendung nicht aus dem Verantwortungsbereich der Wissenschaft für die gesellschaftliche Wirkung ihrer Resultate herausgenommen werden.

Die Anteile der drei Forscher Hahn, Meitner und Straßmann, sind schwer auseinanderzudividieren. Auf jeden Fall war Lise Meitner die Expertin für die physikalische Deutung und Fritz Straßmann der spezialisierte Chemiker. Der „Chef" Otto Hahn, den man vielleicht als Kernphysikochemiker bezeichnen könnte, erhielt, zeitgemäß, die meisten Lorbeeren. Ihm alleine wurde der Nobelpreis dafür nachträglich für das Jahr 1944 verliehen. Aber er war auf beide Kollegen wesentlich angewiesen gewesen, wie auch die zitierten Briefe beweisen. Vielleicht haben Fritz Straßmann und Lise Meitner sogar noch mehr zu diesen Entdeckungen beigetragen. Dazu gab und gibt es einige Kontroversen [8, 9, 10].

Literatur:

[1] Hahn, O. und F. Straßmann: Über den Nachweis und das Verhalten der bei der Bestrahlung des Urans mittels Neutronen entstehenden Erdalkalimetalle. In: Die Naturwissenschaften 27 (1939) S. 11–15

[2] dieselben: Nachweis der Entstehung aktiver Bariumisotope aus Uran und Thorium durch Neutronenbestrahlung; Nachweis weiterer aktiver Bruchstücke bei der Uranspaltung. In: Die Naturwissenschaften 27 (1939) S. 89–95

[3] Hahn, O.: Vom Radiothor zur Uranspaltung. Nachdruck der ersten Auflage 1962, Braunschweig/Wiesbaden 1989

[4] derselbe: (Briefwechsel mit Lise Meitner). Archiv des Churchill College, Cambridge und Archiv zur Geschichte der Max-Planck-Gesellschaft, Berlin

[5] derselbe: Erlebnisse und Erkenntnisse. Hrsg. D. Hahn. Düsseldorf, Wien 1975

[6] Noddack, I.: Über das Element 93. In: Angewandte Chemie 47 (1934) S. 653–65

[7] Gerlach, W. (ergänzt und herausgegeben von D. Hahn): Otto Hahn. Stuttgart 1984

[8] Krafft, F.: Im Schatten der Sensation: Leben und Wirken von Fritz Straßmann. Weinheim u. a. 1981

[9] Sime, R. L.: Lise Meitner und die Kernspaltung: „Fall out" der Entdeckung. In: Angewandte Chemie 103 (1991) S. 956–967

[10] Krafft, F.: Ein frühes Beispiel interdisziplinärer Teamarbeit. Zur Entdeckung der Kernspaltung durch Hahn, Meitner und Straßmann. In: Physikalsische Blätter 36 (1980) S. 85–89, 113–118

[11] Wohlfarth, H. (Hrsg.): 40 Jahre Kernspaltung. Eine Einführung in die Originalliteratur. Darmstadt 1979

[12] Keller, C.: Die Geschichte der Radioaktivität – Unter besonderer Berücksichtigung der Transurane. Stuttgart 1982

[13] Krafft, F.: An der Schwelle zum Atomzeitalter: In: Berichte zur Wissenschaftsgeschichte 11 (1988) S. 227–251

[14] Herrmann, G.: Vor 5 Jahrzehnten: von den „Transuranen" zur Kernspaltung. In: Angewandte Chemie 2 (1990) S. 469–496

[15] Walker, M.: Die Uranmaschine. Mythos und Wirklichkeit der deutschen Atombombe. Berlin 1990

Es gibt viel weitere Literatur zu diesem Thema. Hier wurden vor allem Veröffentlichungen zusammengestellt, die sich stärker mit der physikalisch-chemischen Seite der Entdeckung befassen. Zur Göttinger Erklärung deutscher Atomforscher 1957 siehe

[16] Mitteilungen aus der Max-Planck-Gesellschaft 4 (1957)

Wegen der guten Erreichbarkeit sei noch auf zwei Artikel in „Bild der Wissenchaft" 1988, Heft 12, hingewiesen.

J. T.

Der ewig fließende elektrische Strom – die Supraleitung

Die Entdeckung der Supraleitung durch den Niederländer Heike Kamerlingh-Onnes 1911 wäre nicht möglich gewesen ohne drei wesentliche Voraussetzungen: die Entwicklung der

- Tieftemperaturtechnik, die sowohl aus wissenschaftlichen Interessen (Verflüssigung der Gase – im Zusammenhang mit der Entwicklung der Thermodynamik) als auch aus technischen Interessen (Kühlapparaturen in der Brauindustrie, den Schlachthöfen, den Molkereien u. a.) gegen Ende des 19. Jahrhunderts entstand. Nach 1890 begann auch das Interesse an flüssiger Luft für Schweißapparaturen etc. wichtiger zu werden.
- Thermodynamik, wo sich die Begriffe „absolute Temperatur" und „absoluter Nullpunkt" nach 1850 etabliert hatten und unterschiedliche Aussagen über das Verhalten von Stoffen in der Nähe dieses Punktes gemacht wurden. Die Theorie der Wärmekraftmaschinen hatte hier großen Einfluß.
- Nachrichtentechnik, d. h. die Telegraphie des 19. Jahrhunderts, die genauere Untersuchungen des elektrischen Widerstandes brauchte (z. B. zur Installation von Interkontinentalkabeln im Atlantik). Dabei spielte die Temperaturabhängigkeit des Widerstands eine wichtige Rolle.

1852 hatten James Prescott Joule und William Thomson (später Lord Kelvin) die Entdeckung des „Joule-Thomson-Effekts" veröffentlicht: Ein reales Gas kühlt sich bei seiner Ausdehnung auch ohne äußere Arbeitsleistung ab. Dieses Prinzip sollte für die Kühlmaschinenherstellung bedeutsam werden. Der Ingenieur Carl von Linde hatte 1878 seine Professur an der Münchner Polytechnischen Schule (der heutigen Technischen Universität) aufgegeben, um eine „Gesellschaft für Lindes Eismaschinen" zu gründen, die bald großen geschäftlichen Erfolg mit ihren Kühlapparaturen – den Vorgängern unserer heutigen Kühlschränke – hatte. Sie wurden zunächst vor allem von Dampfmaschinen angetrieben. 1892 trat Linde von diesem Manager-Job wieder zurück und begab sich erneut in die wissenschaftliche Arena. Er versuchte, Gase zu verflüssigen. Schon 1877 hatten französische Wissenschaftler durch Expansion von Gasen, die unter hohem Druck standen, einige Tropfen flüssiges Acetylen und flüssigen Sauerstoff erzeugt. Auch der polnische Physiker Zygmunt Florenty von Wrobleski (der später bei einer Explosion in seinem Labor getötet wurde) verflüssigte zusammen mit dem Chemiker Carl von Olszewski auf diese Weise in den achtziger Jahren einige Kubikzentimeter Sauerstoff. Carl von Linde sorgte 1895 mit der Verflüssigung großer Mengen von Luft mit Hilfe des Gegenstromverfahrens und des Joule-Thomson-Effektes für eine neue Ausgangsbasis bei der Erzeugung tiefer Temperaturen (**Bild 1**). Die dabei anfallenden Mengen von flüssigem Sauerstoff und Stickstoff interessierten auch bald die Industrie, denn damit wurde die Herstellung von Düngemitteln, Sprengstoffen u. a. in größerem Umfang möglich. Die Erzeugung niedriger Temperaturen wurde zur Industrie. Schon kurz nach 1900 wurde so aus Laborwissenschaft technische Großforschung.

Wie seine polnischen Kollegen hatte auch der englische Wissenschaftler James Dewar Sauerstoff traditionell durch Expansion verflüssigt. Er verfügte aber über die ungleich reichere Ausstattung der Laboratorien der berühmten Royal Institution in London (an der u. a. auch Michael Faraday gewirkt hatte). Allen Tieftemperaturforschern dieser Epoche ging es vor allem darum, die letzten permanenten Gase Wasserstoff und Helium

Bild 1: Die erste Luftverflüssigungsanlage von Carl von Linde 1895.
Sie arbeitete zum ersten Mal nach dem Joule-Thomson-Effekt mit Gegenstromverfahren. Dieses Original steht im Deutschen Museum, Abteilung Physik. Von rechts nach links sind Antriebsmotor, Kompressor und Gegenstromanlage mit Kühlapparat zu sehen.

zu verflüssigen. Bei Helium begannen diese Bemühungen erst ab 1895, als seine Existenz auf der Erde nachgewiesen worden war.
Mit der Linde-Luftverflüssigungsapparatur entstand eine neue Situation, die Dewar als erster erkannte. 1898 erhielt er nach diesem Prinzip etwa 20 Kubikzentimeter flüssigen Wasserstoff. Er glaubte dabei, auch Helium verflüssigt zu haben, und schickte ein Telegramm an seinen Konkurrenten Heike Kamerlingh-Onnes in Leiden: „Liquefied Hydrogene and Helium" („Verflüssigte Wasserstoff und Helium"). Doch es waren nur gefrorene Verunreinigungen im Helium gewesen, die er beobachtet hatte.

Heike Kamerlingh-Onnes, Sohn eines Fabrikbesitzers, war 1882 mit 29 Jahren auf den ersten holländischen Lehrstuhl für reine Experimentalphysik berufen worden. Seine Grundüberzeugung war: Theorie kann unentbehrliche Leitlinien für das Experiment vorlegen, aber die Messung selbst muß über deren Gültigkeit entscheiden. Er wandte nun Planung und Organisation fast im Stil eines Industriebetriebs auf die Entwicklung seines Großlabors an, wie es vorher in der Physik unbekannt war (**Bild 2**). Darüber hinaus gründete er eine Schule für Instrumentenbauer und Glasbläser. Seine Studenten mußten auch praktische Arbeiten in der zum Labor gehörenden Werkstätte durchführen. Er beschäftigte spezialisierte Mitarbeiter: drei Chemiker zur Gewinnung reinsten gasförmigen Heliums, einen Physiker für die Elek-

Bild 2: Heike Kamerlingh-Onnes (rechts) in seinem Labor.
Die komplexen Apparaturen seines berühmten Tieftemperaturlabors geben auch optisch den Eindruck einer Wissenschafts-„Fabrik" wider.

trik und einen Physiker für die Tieftemperaturanlage selbst. Kamerlingh-Onnes' Mitarbeiter waren schließlich auch in der Industrie sehr begehrt. So hatte der erste Forscher, den die amerikanische Niederlassung von Linde 1923 einstellte, ein Jahr bei Kamerlingh-Onnes gearbeitet. Dessen rigorose Anforderungen an praktisch-technische Tätigkeiten lassen es auch verständlich erscheinen, daß er eine Bewerbungspostkarte 1901 aus Mailand nicht beantwortete:

„Durch einen Studienfreund erfahre ich, daß bei Ihnen eine Assistenten-Stelle frei ist. Ich erlaube mir, mich um dieselbe zu bewerben. Ich studierte vier Jahre an der Abteilung für Mathematik und Physik des Polytechnikums in Zürich, wobei ich mich für Physik spezialisierte. Dort erwarb ich mir letzten Sommer das Diplom. Meine Zeugnisse stehen Ihnen natürlich gern zu Diensten. Auch beehre ich mich, Ihnen mit gleicher Post einen Abdruck meiner jüngst in den Annalen der Physik erschienenen Abhandlung zu unterbreiten." [5, S. 217]

Der Absender dieser erfolglosen Bewerbung war Albert Einstein, der seine Karriere als Physiker später bekanntlich mit einer Stelle am Patentamt in Bern begann.

Auch wenn Kamerlingh-Onnes seine Untersuchungen zwei Jahre aussetzen mußte, weil eine Kommission die Sicherheit seines Labors untersuchte (nicht ganz zu unrecht, wie Unfälle in anderen Labors zeigten), war er schließlich der Gewinner im Wettlauf zu immer tieferen Temperaturen. 1908 zog sich Dewar, vor allem wegen der hohen Kosten, die die Royal Institution nicht mehr bezahlen konnte oder wollte, aus der Tieftempera-

Bild 3: Die Heliumverflüssigungs-Apparatur von Heike Kamerlingh-Onnes.
Mit ihr verflüssigte er 1908 als erster Helium.

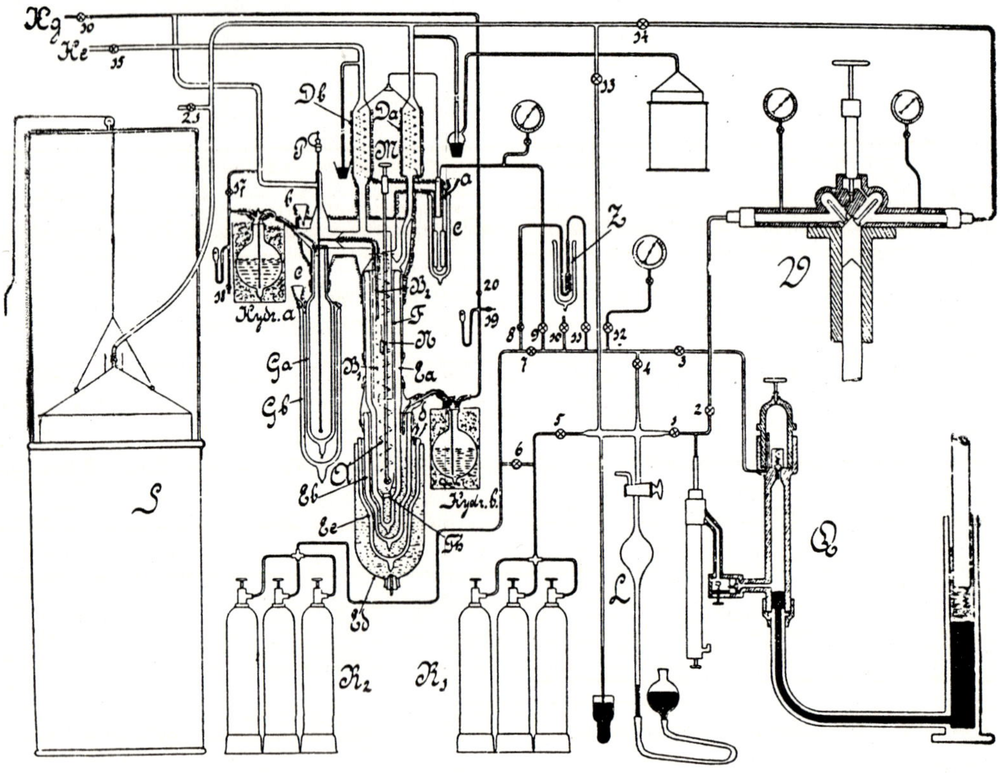

turphysik zurück. Ein halbes Jahr später, im Juli 1908, gelang Kamerlingh-Onnes die Verflüssigung von Helium (mit 75 Litern flüssiger Luft und 20 Litern flüssigem Wasserstoff zur Vorkühlung des Heliums). Dies bedeutete eine Annäherung an den absoluten Nullpunkt bis auf weniger als 5 K (**Bild 3**).

Kamerlingh-Onnes und die Tieftemperaturforscher vor ihm waren insbesondere auch an Untersuchungen der Leitfähigkeit von Metallen bei immer tieferen Temperaturen interessiert. Das hatte teilweise technische Wurzeln: So schlugen kurz nach 1850 die ersten Versuche mit einem Atlantikkabel für Telegraphie fehl. William Thomson konnte dafür unterschiedliche spezifische Widerstände einzelner Kabelstücke (bedingt durch unterschiedliche Reinheit des verwendeten Kupfers) verantwortlich machen. Deshalb beauftragte die britische Regierung den deutschen Chemiker Augustus Matthiessen, der in London ein Privatlabor unterhielt, den elektrischen Widerstand aller erhältlichen Kupfersorten zu untersuchen. Er fand bei 0 Grad Celsius und bei 100 Grad Celsius, daß der spezifische Widerstand additiv aus zwei Beiträgen zusammengesetzt ist, von denen nur einer von der Temperatur abhängt. Durch Messung des Temperaturverlaufs kann man beide Teile voneinander trennen. Es zeigte sich bald, daß der temperaturunabhängige „Restwiderstand" von Verunreinigungen verursacht wird, also den Reinheitsgrad des Metalls charakterisiert. So konnte man nun ausreichend reine Kupfersorten bestimmen, was zu einer erfolgreichen Transatlantik-Verbindung per Kabel zwischen New York und London wesentlich beitrug. Da der Restwiderstand nach der Matthiessen-Regel um so genauer bestimmt werden kann, je tiefer die Meßtemperatur liegt, begünstigte das auch das Interesse an immer tieferen Temperaturen.

Auf der anderen Seite hatten Thermodynamiker (wie Rudolf Clausius) Aussagen über das Verhalten des elektrischen Widerstandes von reinen Metallen analog zur Ausdehnung permanenter Gase, d. h. proportional zur absoluten Temperatur, gemacht. Am absoluten Nullpunkt sollten danach reine Metalle einen unendlich kleinen Widerstand besitzen. Zunächst schien es in den 1880er Jahren, daß der elektrische Widerstand viel stärker als proportional zur absoluten Temperatur sank, doch Dewars Messungen bis hinunter zur Temperatur flüssiger Luft (um –190 Grad Celsius) schienen den linearen Temperaturverlauf zu bestätigen (insbesondere bei Platin). Wenn die Messungen jedoch bis zur Temperatur des flüssigen Wasserstoffs (um –253 Grad Celsius) ausgedehnt wurden, wichen die Ergebnisse von der Linearität ab; sie schienen sich sogar einem konstanten Restwert zu nähern. Das wurde durch Kamerlingh-Onnes bestätigt. Er vertrat die Theorie William Thomsons von 1902, der glaubte, daß bei sehr niedrigen Temperaturen die Elektronen an den Atomrümpfen „festfrieren" würden, so daß der Widerstand beim absoluten Nullpunkt sogar unendlich groß werden sollte (mit einem Minimum bei wenigen Grad). Doch zeigten weitere Messungen von Kamerlingh-Onnes schließlich, daß

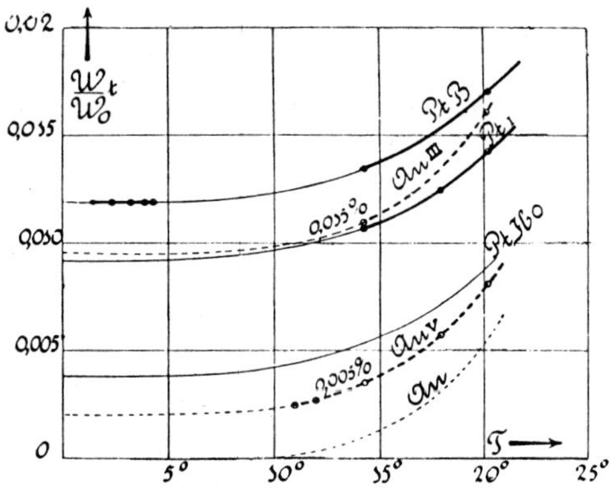

Bild 4: Der elektrische Widerstand von Platin und Gold bei niedrigen Temperaturen. *Man sieht den Verlauf des Widerstands von einigen Grad über dem absoluten Nullpunkt bis etwa 20 K (er nennt es „20°"), wie ihn Kamerlingh-Onnes 1911 veröffentlichte. Das war kurz vor seiner Entdeckung der Supraleitung an Quecksilber. Die Widerstände scheinen einem konstanten Grenzwert zuzustreben. Doch vermutete er als Ursache Verunreinigungen. Die gestrichelte Kurve Au zeigt, daß er bei ganz reinen Metallen ein allmähliches Verschwinden des Widerstandes annahm [1, Bd. 119, III, Fig. 3].*

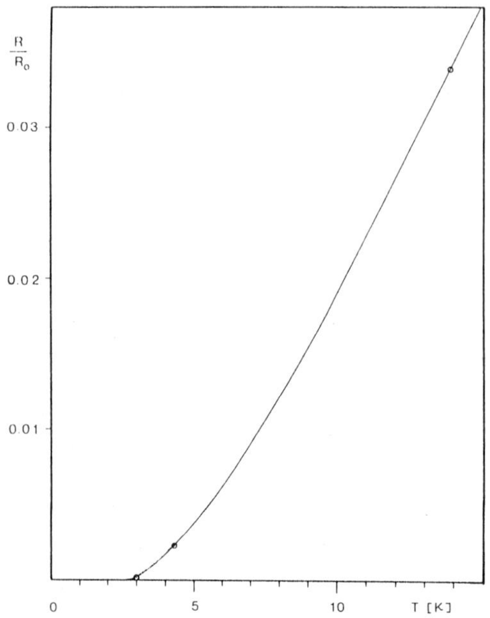

Bild 5: Die ersten Meßergebnisse von Kamerlingh-Onnes auf dem Weg zur Supraleitung.
Die Meßpunkte zeigen das Verhalten von Quecksilber bei Temperaturen des flüssigen Heliums, d. h. unter 5 Grad. Die Genauigkeit ist noch gering – es gibt nur drei Meßpunkte. Sie datieren von April 1911 (gezeichnet von H. Schubert 1989 nach Originalwerten) [5].

dem nicht so war. Bei Platin z. B. näherte sich der Widerstand eindeutig einem konstanten Wert. Doch konnte das ja – nach der Matthiessen-Regel – an den Verunreinigungen liegen, wie niedrigere Grenzwerte bei reineren Proben nahelegten (**Bild 4,** verschiedene Kurven Pt). Bei reinerem Gold schien der Widerstand in der Tat weiter abzusinken (siehe Kurven Au im Bereich unter „10°"). Er griff nun, getreu seinem Leitspruch, man brauche die Theorie als Leitlinie für experimentelle Forschung, eine Überlegung auf, die Albert Einstein 1907 zur Erklärung der Anomalie der spezifischen Wärme entwickelt hatte und in der das Plancksche Quantenkonzept von 1900 mit den dort postulierten Oszillatoren verwendet wurde. Kamerlingh-Onnes setzte zur Berechnung der elektrischen Leitfähigkeit statt der kinetischen Energie der Elektronen die Energie der Quantenoszillatoren ein. Das war revolutionär (das Plancksche Quantenkonzept war noch nicht allgemein anerkannt), entbehrte andererseits einer physikalischen Grundlage und erwies sich schließlich als falsch.

Immerhin erzielte Kammerlingh-Onnes das gewünschte Ergebnis, wonach der elektrische Widerstand reiner Metalle bei Temperaturen des flüssigen Heliums unmeßbar klein sein würde. Das einzige Metall, das aufgrund dieser Berechnungen noch einen meßbaren Widerstand aufweisen sollte, war Quecksilber. Es ließ sich auch besonders rein darstellen. Also konzentrierte er sich auf dessen Untersuchung. Die ersten Messungen im April 1911 schienen seine Überlegungen voll zu bestätigen. Doch erhielt er bei Quecksil-

Bild 6: Die Entdeckung der Supraleitung im Mai 1911.
Messungen an Quecksilber mit hundertmal größerer Genauigkeit zeigen ein ganz plötzliches Abfallen des Widerstandes unter 5 K auf kaum noch meßbare Werte [Abhandlungen der Bunsen-Gesellschaft 7 (1913), S. 247].

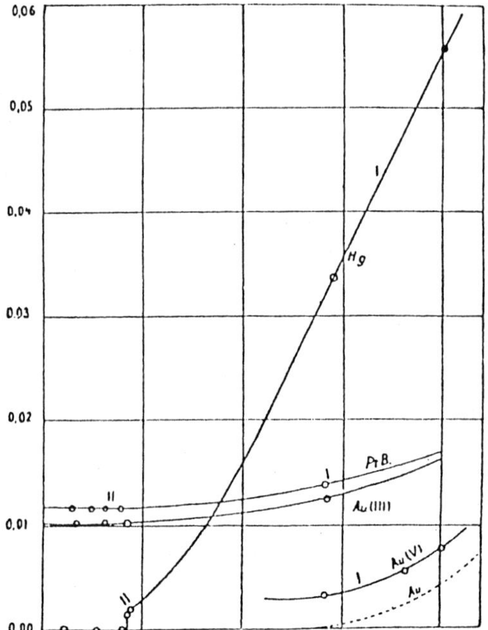

ber unter 15 K nur drei Meßpunkte; nur die letzten zwei entsprachen Temperaturen unter 5 K; die dazugehörigen Widerstandswerte waren auf weit unter ein Hundertstel des ursprünglichen Widerstandswerts abgefallen (**Bild 5**). Im Mai 1911 zeigte eine 100 mal bessere Genauigkeit in diesem Temperaturbereich etwas ganz und gar Unerwartetes: unterhalb von 4,2 K war ein sehr plötzlicher starker Abfall der Widerstands (mindestens um das 350fache des unmittelbar vorhergehenden Wertes) zu beobachten (**Bild 6**). Einen solch abrupten Abfall konnte seine Quantenformel nicht erklären:

„Je weiter die obere Grenze sinkt, die dem bei Heliumtemperaturen übrigbleibenden Widerstand zugeschrieben werden kann, desto wichtiger wird das beobachtete Phänomen, daß der Widerstand praktisch null wird. Wenn der spezifische Widerstand eines Stromkreises eine Million Mal kleiner wird als der der besten Leiter bei normalen Temperaturen, wird es in der Mehrzahl der Fälle so sein, als ob er unter diesen Bedingungen überhaupt nicht mehr existiert. " [1, S. 14]

Seine endgültige Kurve größter Genauigkeit zeigte diesen plötzlichen Sprung des Widerstands bei Quecksilber noch deutlicher: Innerhalb eines Temperaturbereichs von etwa 0,03 K fiel der spezifische Widerstand bei 4,2 K, der „kritischen Temperatur" oder „Sprungtemperatur", von etwas über 0,1 Ohm auf einen Wert, der auf jeden Fall unter 10^{-5} Ohm liegen mußte (**Bild 7**). Kamerlingh-Onnes dachte auch schon an die praktische Bedeutung dieses Null-Widerstands, z. B. für Ströme in Spulen ohne Joulesche Wärmeverluste. Er induzierte auch schon bald einen Strom in einem supraleitenden Ring und stellte fest, daß er mehrere Stunden konstant floß. Er zog daraus den Schluß, daß der Widerstand millionenmal kleiner als bei den besten bekannten Leitern sein mußte. Die „Supraleitung", wie sie Kamerlingh-Onnes 1913 nannte, war entdeckt und wurde im gleichen Jahr 1913 mit dem Nobelpreis gewürdigt.

Die von Kamerlingh-Onnes angebotenen Erklärungen für dieses Phänomen waren allerdings falsch. Bis in die fünfziger Jahre scheiterten die besten Theoretiker bei dem

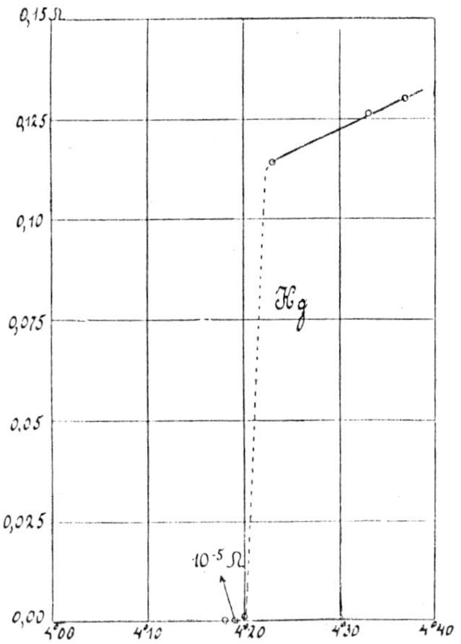

Bild 7: Die nochmals in der Genauigkeit verbesserten Werte zum Supraleitungssprung des Quecksilbers.
So trug Kamerlingh-Onnes sie auf dem berühmten Solvay-Kongreß 1911 vor den erlauchtesten Physikern vor. Dieses Diagramm ist noch heute in den Lehrbüchern der Tieftemperatur-Physik zu finden [1, Bd.124c, S.23].

Versuch, die Supraleitung zu erklären. John Bardeen, John Robert Schrieffer und Leo N. Cooper entwickelten schließlich 1957 die nach ihnen genannte BCS-Theorie mit den in „Cooper-Paaren" auftretenden Elektronen. Sie erklärten die Supraleitung zunächst zufriedenstellend und wurden ebenfalls (1972) mit dem Nobelpreis ausgezeichnet.

Einen neuen Einschnitt im Bereich der Tieftemperatur-Physik brachte 1986 die Entdeckung der Hochtemperatur-Supraleitung, die nur ein Jahr später mit dem Nobelpreis für Johannes Georg Bednorz und Karl Alexander Müller ausgezeichnet wurde. Sie stellte der Theorie wieder – bis heute – ungelöste Fragen und hat der Entwicklung der Supraleitungstechnik noch einmal einen immensen Schub gegeben. Auch hier zeigte es sich, daß technische Vorgaben (die Entwicklung von Keramik-Materialien) wichtiger für neue

Entdeckungen waren als theoretische Leitlinien (die allerdings Bednorz und Müller, ähnlich wie Kamerlingh-Onnes, auch besaßen).

Schon die Supraleitung vor 1986, die im allgemeinen Temperaturen unter 20 K erforderte (der höchste erreichbare Wert der kritischen Temperatur lag damals bei 23,3 K), wurde und wird noch technisch genutzt (z. B. bei Beschleunigerspulen, die mit flüssigem Helium unter die Sprungtemperatur gekühlt werden). Die neue Hochtemperatur-Supraleitung, die Sprungtemperaturen in der Nähe von 100 K ermöglicht und damit billige flüssige Luft als Kühlmittel zuläßt, eröffnet ganz neue Perspektiven. Doch sind die supraleitenden Keramikoxide sehr spröde und für technische Stromleiter bis heute recht ungeeignet.

Literatur:

[1] Kamerlingh-Onnes. H.: Further Experiments with Liquid Helium. On the Change of Electric Resistance of Pure Metals at very low Temperatures. V. The Disapperance of the Resistance of Mercury. In: Communications from the Physical Laboratory of the University of Leiden 122 b (1911), S. 11–15

[2] Helden, A. c. van: The coldest spot on earth: Kamerlingh Onnes and low temperature research, 1882–1923. Leiden, Museum Boerhaave 1989

[3] Bednorz, J. G. und K. A. Müller: Oxide mit Perowskitstruktur – Der neue Weg zur Hochtemperatur-Supraleitung. (Nobel-Vortrag am 8. 12. 1987 in Stockholm). In: Physikalische Blätter 22 (1988), S. 347–359

[4] Dahl, P. F.: Superconductivity: Its historical roots and development from Mercury to the ceramic oxides. New York 1992

[5] Schubert, H.: Das Verschwinden des elektrischen Widerstandes. In: Centaurus 31 (1989), S. 259–299

[6] Mendelssohn, K.: Die Suche nach dem absoluten Nullpunkt. München 1966

J. T.

Von Salzkristallen zum Transistor – Der Beginn der Festkörperelektronik

Wissenschaftlich stammt die heutige Mikroelektronik aus der Erkenntnis, daß mit ganz geringen Zusätzen (Dotierung) von Fremdstoffen in Fehlstellen des Kristallmaterials entscheidende Eigenschaften, d. h. besonders die elektrische Leitfähigkeit, wesentlich verändert werden. Die Forschung dazu startete kurz nach 1900. Technisch begann die Mikroelektronik mit der Entwicklung von Halbleiterdioden aus Germanium und Silizium. Das fand erst in den vierziger Jahren im Zusammenhang mit der kriegswichtigen Radartechnik statt.

Beginnen wir mit der wissenschaftlichen Vorgeschichte:
Im Jahre 1908 berichtete der Physiker Karl Baedeker, daß Kupferjodid erhöhte elektrische Leitfähigkeit zeigte, wenn man es unter Joddampf erhitzte. Er maß „minimale Konzentrationen" davon im Kristall (das Jod war also in das Innere diffundiert), die je nach Menge den elektrischen Widerstand des Kristalls unterschiedlich und immer sehr stark verringerten. Offenbar gab das Iod Elektronen ab, denn die im Kristall fließenden Ströme waren eindeutig auf frei bewegliche Elektronen zurückzuführen, wie er über den Hall-Effekt nachwies.

Schon im 19. Jahrhundert hatte man sich gewundert, warum im Bergbau gewonnene Kochsalz-Kristalle (NaCl) – als Steinsalz bezeichnet – nicht nur farblos, sondern auch blau-violett gefunden wurden. Man konnte diese Farben auch künstlich erzeugen, zum Beispiel elektrolytisch oder chemisch, und vermutete deshalb „niedrigere Chlorverbindungen" als Ursache. Das heißt, es sollten weniger Chlor- als Natriumionen im Kristall vorhanden sein. Bei Kochsalz konnte man auch zarte gelbe Färbungen erzeugen, wenn man Kristalle mit einem Kügelchen Natrium oder Kalium zusammenbrachte und erhitzte, also wie bei Kupferjodid Natriumdampf oder Kaliumdampf eindiffundieren ließ. Warum da unabhängig von Natrium oder Kalium immer die gleiche Färbung Gelb im Salzkristall entstand, wurde jedoch noch nicht problematisiert. Um die gleiche Zeit, Ende des 19. Jahrhunderts, fand man übrigens auch, daß die gerade entdeckte Röntgenstrahlung solch transparente gelbe Färbung erzeugte.

Kurz nach 1900 interessierte sich die Firma Zeiss für diese Erscheinungen – das Färben von Gläsern war ein einträgliches Geschäft geworden. Der Zeiss-Physiker Henry Siedentopf hatte gerade das sog. „Ultramikroskop" erfunden, mit dem noch sehr kleine Details bis zu einer Größe von etwa einem Nanometer (1 nm = 1 Millionstel Millimeter, das ist nur rund das Zehnfache des Atomdurchmessers!) sichtbar gemacht werden konnten. Er stellte fest, daß blaue Färbung in den Kochsalzkristallen eindeutig von Natrium-Kolloiden (also von zusammengeballten Atomkomplexen) verursacht wurde und nicht von „niedrigeren Chlorverbindungen". Doch bei gelb gefärbten Kristallen fand er nichts unter dem Mikroskop. Verantwortlich für diese Färbung konnten also höchstens noch kleinere Teilchen in atomaren Dimensionen sein. Um die gleiche Zeit, 1905, begann der russische Physiker Abram Fedorovich Joffe bei Wilhelm Conrad Röntgen in München Experimente über die äußerst geringe elektrische Leitfähigkeit von Isolatorkristallen wie Quarz, Diamant und auch Kochsalz. Er stellte fest, daß mit Röntgenstrahlen gelbgefärbtes Kochsalz 40 000 mal besser elektrisch leitete als unbestrahltes, wenn man gleichzeitig Licht durchschickte. (Der beobachtete Strom erreichte trotzdem nicht mehr als etwa 10^{-12} A, gemessen durch Elektrometeraufladungen.) Joffe fand sogar scharf ausgeprägte Strommaxima bei be-

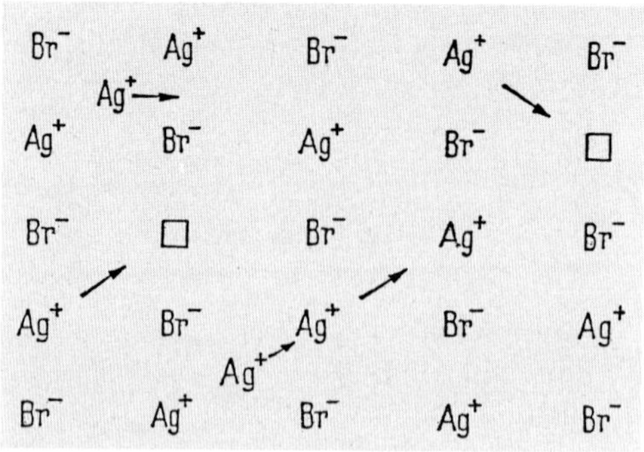

Bild 1: Frenkel-Defekte in Festkörpern.
Es handelt sich dabei um nicht unbedingt benachbarte Paare von jeweils einer Leerstelle und einem Zwischengitteratom (Ag). Solche „Punkt"-Fehler spielen zum Beispiel in Silberhalogeniden, d. h. auch bei der photographischen Schicht eine Rolle.

stimmter Wellenlänge des eingestrahlten Lichtes. Die Ergebnisse dieser Arbeiten wurden allerdings erst 1921 veröffentlicht.

1912 war durch Röntgenbeugung nachgewiesen worden, daß Kristalle aus einem regelmäßigen Atomgitter aufgebaut sind. Joffe versuchte ab 1916 zu erklären, warum trotz dieser anscheinend perfekten Regelmäßigkeit elektrische Leitung, wenn auch geringe, in Kristallen überhaupt möglich war. Elektronenleitung konnte man sich in einem regelmäßig dicht gepackten Kristall eventuell im Zwischengitter, also zwischen den regelmäßigen Reihen der übrigen Atome, noch vorstellen. In Isolatoren schienen jedoch auch Ionen zu wandern. Chemische Diffusion in Festkörpern war ein ähnliches Problem. Joffe schlug vor, daß einzelne Atome aufgrund der Wärmebewegung von ihrem angestammten Platz in das Zwischengitter „verdampfen" sollten. In den regulären Reihen der Atome würden dann Löcher zurückbleiben, in die andere Atome von außen einrücken könnten. Joffes Überlegungen wurden zunächst kaum beachtet. Erst sein Kollege Jakov Ilic Frenkel griff diese These 1926 auf und konzipierte seine – heute noch sogenannten – Frenkel-Defekte. Es war das erste konsequent durchdachte Konzept von Kristallfehlern: Paare von jeweils einer Leerstelle und einem Zwischengitteratom (**Bild 1**).

Nach dem Ersten Weltkrieg setzte der deutsche Experimentalphysiker Robert Wichard Pohl in Göttingen die Forschung – mit Halogenid-Salzen – fort und schuf die ersten wissenschaftlichen Voraussetzungen für die spätere Halbleiterelektronik. Beeindruckt von den Erfolgen der jungen Atomphysik versuchte er, auch im Festkörper als „Riesenmolekül" einfache Gesetzmäßigkeiten zu finden, wie sie anscheinend für das Atom galten. Er suchte nach einem möglichst einfachen Festkörper-Beispiel, so wie es der Wasserstoff im Fall der Atomphysik darbot. Deshalb wählte er unter den Kristallen die Gruppe der Alkalihalogenide aus (NaCl, KCl, KBr etc.), die sowohl chemisch wie kristallographisch sehr einfach gebaut waren. Technisch bedeutsame Substanzen wie Selen, das im photographischen Belichtungsmesser verwendet wurde, untersuchte er nicht, da sie wesentlich komplizierter waren. Alkalihalogenide konnte man außerdem elektrisch und optisch (da transparent) gut untersuchen. Die beiden Eigenschaften waren miteinander verknüpft. Letztlich entscheidend für seine Erfolge war, daß er es ab 1923 schaffte, sie chemisch besonders rein – durch Kristallzüchtung aus ihrer Schmelze – herzustellen. Salzkristalle aus den Bergwerken waren dagegen immer mehr oder minder stark verunreinigt.

In einem spannenden, bis in die dreißiger Jahre andauernden Forschungsfeldzug – fast ganz isoliert von der großen experimentellen und theoretischen Entwicklung der Atomphysik dieser Zeit – wiesen Pohl und seine Mitarbeiter durch geniale, hartnäckige und für damalige Verhältnisse äußerst genaue Experimente nach, daß es wirklich einfache und sehr wichtige Gesetzmäßigkeiten im Festkörper gibt, daß zum Beispiel die gelbe Farbe bei Kochsalz keine Fremdverunreinigung, aber auch keine Zusammenballung mehrerer kristalleigener Atome ist. Es handelt sich tatsächlich um Störungen in atomarer Größe. Er nannte sie „Farbzentren", und so heißen sie heute noch. Dabei kommt

z. B. im Kochsalz ein einziges Störzentrum auf 1 Million oder noch viel mehr Chloratome. Pohl glaubte, daß diese Farbzentren überschüssige Natriumionen wären, die, wie Joffe 1916 vermutet hatte, ins Zwischengitter gerieten. Das konnte etwa durch Natriumdampf oder Röntgenbeschuß bewirkt werden. An diese Ionen konnte ein Elektron leicht gebunden werden (**Bild 2**). Wenn man Licht zuführte, würde das Elektron in einen höheren Energiezustand versetzt, indem es die dazu benötigte Energie aus dem eingestrahlten weißen Licht absorbierte. Übrig blieb die Restfarbe Gelb. Die Bewegung dieses Elektrons – oder auch des von ihm getrennten, positiv geladenen Natriumions – im Gitter sei als Strom beobachtbar.

Für Pohl blieb diese Interpretation allerdings nur ein „Bild". Sein Wahlspruch lautete: „Theorien kommen und gehen, Phänomen bleiben." Diese konsequent „experimentalistische" Haltung erlaubte ihm bis Ende der dreißiger Jahre weltweit eine Vorreiterrolle in der Festkörper- und Halbleiterphysik – auch wenn die Alkalihalogenidisolatoren nur ein Modell für Halbleiterkristalle abgaben! Die physikalischen Vorgänge in diesem Bereich waren zu kompliziert, um schon von den ersten quantenmechanischen Theorien in den zwanziger Jahren erklärt werden zu können. Pohls experimentalistische Haltung war aber der Grund, warum er den Anschluß verlor, als die Theorie langsam für Lösungen brauchbar wurde. Das begann schon kurz vor dem Zweiten Weltkrieg. Nach dem Krieg verlief die Entwicklung der Halbleitertechnik und -physik dann so rasant, daß dieser frühen Kristallforschung bald nur noch historische Bedeutung zukam. Die Experimente von Pohl und Mitarbeitern bleiben jedoch ein herausragendes Beispiel für das Entstehen einer neuen Physikdisziplin im 20. Jahrhundert. Pohl selbst experimentierte übrigens in den dreißiger Jahren nicht mehr (sein wichtigster Mitarbeiter wurde bald Rudolf Hilsch). Er blieb jedoch der Anreger, der oft patriarchalisch herrschende Institutsleiter und berühmte Hochschullehrer. Er war es auch, der die Ergebnisse wissenschaftlich und populär verbreitete.

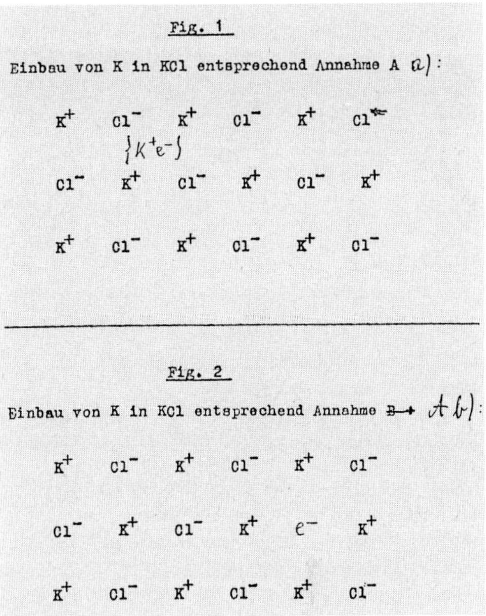
Fig. 1

Einbau von K in KCl entsprechend Annahme A a):

K+ Cl- K+ Cl- K+ Cl-
{K+e-}
Cl- K+ Cl- K+ Cl- K+

K+ Cl- K+ Cl- K+ Cl-

Fig. 2

Einbau von K in KCl entsprechend Annahme ~~B~~ A b):

K+ Cl- K+ Cl- K+ Cl-

Cl- K+ Cl- K+ e- K+

K+ Cl- K+ Cl- K+ Cl-

Bild 2: Thesen zu einer atomistischen Erklärung eines Farbzentrums.
Die Pohl-These eines Farbzentrums in Kaliumchlorid (oben) und die These, wie sie sich ab Juli 1937 durchsetzte (unten) sind hier dargestellt. Ein positives Ion mit Elektron im Zwischengitter ist, als Ganzes betrachtet, identisch mit der Leerstelle eines Chlor-Ions, in der sich ebenfalls ein Elektron befindet. Diese zwei Thesen erörterte hier ein Kollege des Physikers Walter Schottky, der Physiko-Chemiker Carl Wagner, im Mai 1937 [Manuskript, 17. 5. 1937, Siemens-Museum, München].

Es gibt in der Entwicklung dieser Farbzentrenphysik keine so sensationelle Entdekkung wie die der Röntgenstrahlen 1895, die auch Pohl – noch als Schüler – entscheidend beeindruckt hatte. Doch gibt es eine „ausführliche Serie von Experimenten", wie es der amerikanische Physiker Frederick Seitz 1946 formulierte, die man als Grundlage der gesamten atomaren Festkörperforschung bezeichnen kann.

Während die Strommessung in der Pohl-Schule sehr traditionell blieb (hier wurde nur mit – allerdings perfekt gehandhabten – Elektrometern gearbeitet, elektronische Verstärkung lehnte Pohl ab), führten die optischen Messungen auch zu Spitzeninnovatio-

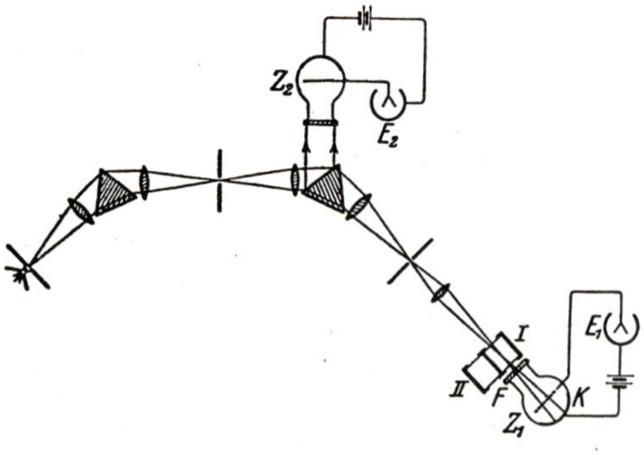

Bild 3: Ein Spektralphotometer mit doppelter Lichtzerlegung.
Das Institut von Robert Wichard Pohl in Göttingen entwickelte dieses berühmte Experiment und benutzte es vor allem zur Untersuchung von Kristallen. Durch Drehung der Lichtquelle zusammen mit dem ersten Prisma konnten gezielt andere schmale Lichtwellenbereiche in das Versuchsfeld I gelenkt werden. (Das Versuchsfeld II diente zur Kontrollmessung der Lichtintensität ohne Absorption; die Photozelle im Strahlengang rechts diente zur Überprüfung der Konstanz der Lichtquelle) In dieses Versuchsfeld I konnten natürlich auch Flüssigkeiten zur Untersuchung ihrer Lichtabsorption gestellt werden. Das tat Pohl, als er 1927 bei der Entdeckung des Vitamins D half. Aus dieser Arbeit („Zum optischen Nachweis eines Vitamines") stammt diese Abbildung [Die Naturwissenschaften 15 (1927), S. 433].

nen in der Instrumententechnik. Das war insbesondere die Absorptionsspektroskopie (**Bild 3**). Pohl war einer der ersten, die die um 1900 entwickelten Photozellen (Vakuumphotozellen auf Alkalibasis, kombiniert aber wiederum mit Elektrometern) einsetzte, wobei er ihre Probleme sorgfältig studiert hatte. Er zerlegte das Licht in sehr schmale Wellenlängenbereiche und untersuchte die Absorption in Kristallen bis in den ultravioletten Bereich von etwa 160 Nanometern hinein. Die Kristalle wurden bei Temperaturen bis zu minus 250 Grad Celsius untersucht, wobei Pohl mit Tieftemperaturexperten von der Physikalisch-Technischen Reichsanstalt in Berlin zusammenarbeitete. Die dabei verwendeten Proben waren selbstgezüchtete, möglichst reine Einkristalle. Jeder Assistent oder Doktorand, der bei ihm arbeiten wollte, mußte erst einmal monatelang Kristalle züchten lernen! Die übrigen Randbedingungen der damaligen Kristallforschung erscheinen uns heute nicht weniger ungewöhnlich: So mußte man zur Bestrahlung von Kristallen mit diesen in einem dampfenden Isoliergefäß (flüssige Luft!) mit dem öffentlichen Nahverkehr in die nächste Klinik fahren, dort neben dem Behandlungsraum für Kranke seine Kristalle der Röntgenstrahlung aussetzen lassen und dann auf demselben Weg, neben mißtrauischen Mitfahrern sitzend, das dampfende Isoliergefäß möglichst schnell heil und kühl wieder ins Institut zurückbringen.

Wesentliche Ergebnisse dieser Forschungen waren nun: Jedes Kristallmaterial absorbiert einen ganz bestimmten Wellenlängenbereich – die „Farbzentrenbande". Dieser Bereich ist charakteristisch für das jeweilige Material; so ist die Absorption für Natriumchlorid anders als beispielsweise für Kaliumchlorid (**Bild 4**). Das sprach auch dafür, daß das entsprechende Farbzentrum ganz spezifische Energiezustände besitzt. Aus der Halbwertbreite und der Höhe des Absorptionsmaximums konnte mit Hilfe der klassischen Optik die Anzahl der absorbierenden Zentren berechnet werden, die eben, im Vergleich zu ihrer makroskopischen Wirkung, sehr gering war. Die Farbzentrenbande wurde mit abnehmender Temperatur (bis zum flüssigen Wasserstoff) immer schmäler (**Bild 5**). Es existierte also ein thermischer Gittereinfluß, der, wie vergleichbare Einflüs-

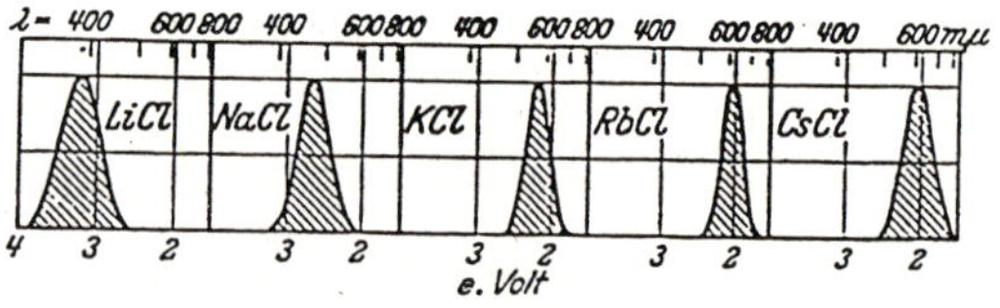

Bild 4: Farbzentrenbanden.
Die charakteristische Farbzentren-Absorption, wie sie sich aus Messungen mit dem Spektralphotometer aus Bild 3 ergab, ist hier für unterschiedliche Chlorid-Kristalle gezeichnet. (Die Einheit mμ = Millimikron ist heute durch nm = Nanometer ersetzt.) [Physikalische Zeitschrift 39 (1938), S. 38]

se auf die Absorptions- und Emissionslinien von gasförmigen Elementen in der Atomphysik, die einfachen Verhältnisse komplizierte.

Eine besonders eindrucksvolle Demonstration von Ergebnissen aus der Farbzentrenforschung war 1932 die „Stasiw-Wolke". Ostap Stasiw fand 1932, daß in einem blauen Kaliumchlorid-Kristall bei einer angelegten Spannung von 1000 V und einer Temperatur von 400° C die Wolke von blauen Farbzentren zur Anode wegwanderte und den Kristall schließlich farblos zurückließ. Wurde umgepolt, wanderte die blaue Färbung wieder in den Kristall hinein. Man konnte sie auch direkt durch Anlegen eines Feldes an einer spitzen Kathode in kleinen farblosen Kristallen erzeugen. Die Wolke wanderte dann zur (flachen) Anode. Der Kristall mit Farbwolke hatte dabei erheblich größere elektrische Leitfähigkeit als der farblose. Ein Solcher „Stasiw-Kristall" mit spitzer und flacher Elektrode verhielt sich also wie ein elektrischer Gleichrichter mit Durchlaß- und Sperrrichtung, je nach Polung. Das interessierte auch halbleitertechnisch orientierte Wissenschaftler, von denen es allerdings vor dem Zweiten Weltkrieg nur sehr wenige gab. Einer von ihnen war Walter Schottky, der als Physiker bei Siemens mit den Problemen eines Halbleitergleichrichters aus dem Material Kupferoxyduls (Cu_2O) beschäftigt war. Cu_2O-Gleichrichter waren (wie Selen-Gleichrichter bei AEG) ab 1926 bei Siemens als Fortschritt in der Schwachstromgleichrichtung gegenüber den bisherigen Gasgleichrichtern eingeführt worden. Aber niemand wußte genau, wie sie funktionierten. Schottky hatte eine erhöhte elektrische Leitfähigkeit bei Cu_2O registriert, wenn ein Überschuß von Sauerstoff im Cu_2O-Kristall erzeugt wurde. Auch die blaue Färbung im KCl-Kristall ließ sich durch Erhitzen in K (oder Na) – Dampf erzeugen, wie man seit langem wußte. Schottky trat nun in Briefverkehr mit Pohl. Unglücklicherweise war er primär Theoretiker und schrieb auch noch unendlich lange und recht komplizierte Briefe! Pohl dagegen war Experimentalphysiker und haßte jede Umständlichkeit. So ent-

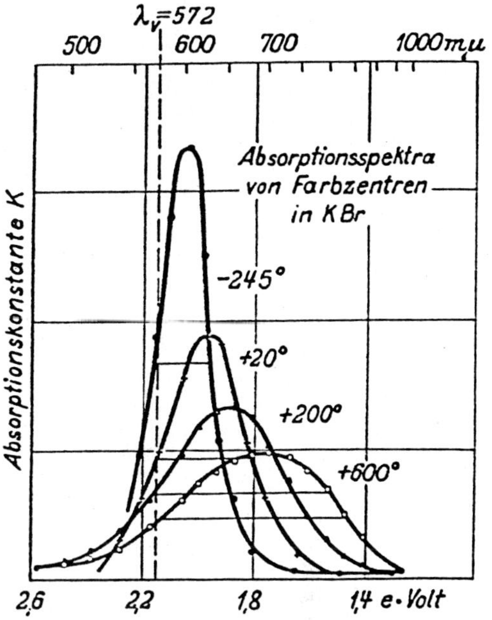

Bild 5: Farbzentrenbande bei unterschiedlicher Temperatur.
Am Beispiel Kaliumbromid zeigt sich die starke Verschmälerung der Lichtabsorption eines Alkalihalogenid-Kristalls bei sehr niedrigen Temperaturen [Zeitschrift für Physik 85 (1933), S. 62].

stand aus dem Kontakt keine besonders fruchtbare Wechselwirkung.

Schottky konzipierte als erster das richtige Atommodell des Farbzentrums: Bei NaCl zum Beispiel war es kein zusätzliches Na-Atom zwischen den Gitterplätzen (wie Pohl dachte), sondern ein Cl-Atom fehlte an einem Gitterplatz. Es gab also eine Leerstelle, die mit einem Elektron kombiniert war. Die gesamte Umgebung blieb wiederum elektrisch neutral.

Mit dem Konzept von Chlor-Leerstellen konnte er nun auch erklären, warum ein kristallfremder Dampf (z. B. Kaliumdampf bei NaCl) die gleiche Färbung erzeugte wie kristalleigener Natriumdampf. Ob Kalium oder Natrium, sie diffundierten beide nicht tief in das Gitter hinein. Sie „lockten" nur Chloratome an den Rand des Kristalls und bildeten hier mit diesen weitere äußere Kristallschichten, während im Inneren des Kristalls

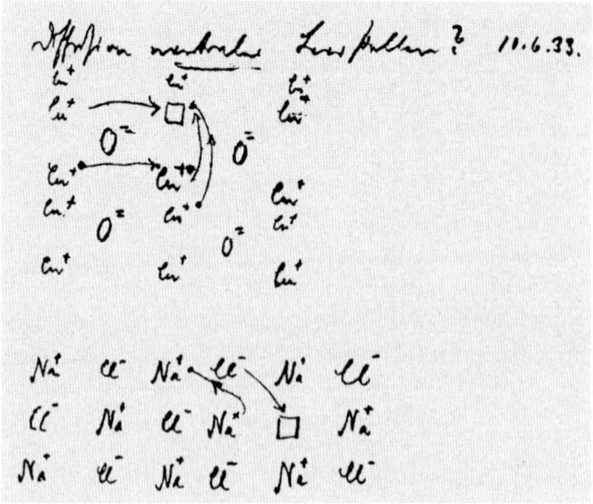

Bild 6: Erste Überlegungen von Walter Schottky zu Punktfehlern (Leerstellen) in Kristallen.
Schottky verglich schon 1933 das von ihm behandelte, technisch interessante Cu_2O mit dem optisch-elektrisch viel einfacher zu untersuchenden NaCl von Pohl. Zum ersten Mal in der Geschichte finden wir das Konzept von Leerstellen im Kristall, an die ein Elektron gebunden ist. Dieses Elektron wurde allerdings noch an das benachbarte Natrium-Ion angelagert: Na^x (d. h. neutrales Natrium-Atom). Die mögliche Wanderung solcher Farbzentren wird auch angedeutet: Ein benachbartes Chlor-Ion kann in eine Leerstelle springen, das Elektron von Na^x springt parallel dazu zum nächsten Na^+ [Manuskript von Walter Schottky, 10. 6. 1933, Siemens-Museum, München].

Chlor-Leerstellen zurückblieben. Analog dazu konzipierte Schottky im Cu_2O Kupfer-Leerstellen (**Bild 6**). Schottky weitete diese Vorstellung 1935 zum Konzept der „Schottky-Defekte“ aus. Es sind Paare von je einer positiven und einer negativen Leerstelle in einem Kristall. Sie sind bis heute mit den „Frenkel-Defekten“ die einfachsten Lehrbeispiele für „Punktfehler“ in einem Realkristall geblieben. (Neben den Punktfehlern gibt es auch lineare Fehler, wie die Versetzungen, sowie ganze Flächenunregelmäßigkeiten.)

Die Kristallfehlerthesen standen 1937 bei einer internationalen Konferenz in Bristol (England) zur Debatte. Die kompetentesten Physiker, insbesondere der spätere Nobelpreisträger Nevill Mott und seine Schule, zogen den Pohlschen Experimenten die „theoretischen Kleider“ der Quantenmechanik an. Hier wurde nun auch endgültig akzeptiert, daß ein Farbzentrum ein Elektron in der Mitte einer Halogenleerstelle sein sollte.

Farbzentren bekamen schon bald größere Bedeutung bei der Erforschung der Vorgänge im Inneren der photographischen Schicht, also für die Entstehung eines latenten Bildes, die immer noch geheimnisvoll war. So nahm Mott Kontakte zur Firma Kodak auf. Ein faszinierender Versuch aus dem Jahre 1938 von Hilsch und Pohl, der auf Anregung der Halbleiterindustrie zustande kam, zeigte eine ganz andere Stoßrichtung auf, die bald nach dem Krieg zu einer Revolution der Elektronik führte: Hilsch und Pohl schmolzen in eine Stasiw-„Diode“ aus Kaliumbromid in die Nähe der Spitzenelektrode eine dritte Elektrode ein, analog zu einer Drei-Elektroden-Röhre, wie sie als gasgefüllte Verstärkerröhre seit drei Jahrzehnten benutzt wurde. In der Tat konnten sie nun auch die Stasiw-Wolke steuern und sogar den Strom verstärken (**Bild 7**). Doch war diese Anordnung technisch nicht brauchbar. Die Farbzentren diffundierten viel zu langsam, und die beteiligten Ionenströme veränderten den Kristall so schnell, daß er nach ein paar Versuchen nicht mehr verwendbar war. Im technisch interessanten Cu_2O-Kristall dagegen war die Schicht, in der sich Ladungen bewegten, sehr dünn, nur 1 Zehntausendstel cm, wie Schottky nachgewiesen hatte. Hier ließ sich keine Steuerelektrode so einfach unterbringen. Schottky hielt deshalb noch 1941 einen Kristallverstärker für unmöglich. Seine Erklärung für die Funktionsweise einer solchen Leitungs- bzw. Sperrschicht zwischen Kupfer und Kupferoxid ab 1938, d. h. die lange gesuchte Erklärung der Gleichrichter-Wirkung (**Bild 8**), bekam trotzdem bald große technische Bedeutung. Das war bei einem Forschungsprogramm, das zum ersten funktionierenden Kristallverstärker der Geschichte führte, zum Spitzentransistor 1947 in den Bell Laboratories des Nachrichtenriesen AT&T in den USA.

Seit Kriegsende hatten William Shockley, George Brattain und John Bardeen mit einer ganzen Gruppe von Metallurgen, Physikern,

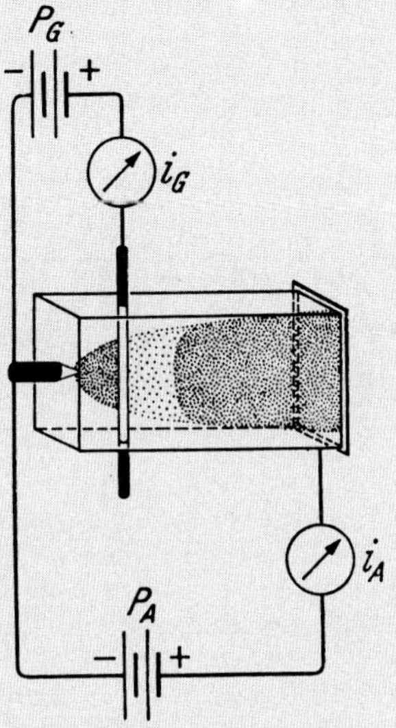

Fig. 6. Schema und Schaltung eines Dreielektrodenkristalles. Gezeichnet ist die durch Farbzentren sichtbar gemachte Elektronenverteilung während einer Abnahme des Anodenstromes. Die negative Aufladung des Gitters ist vergrößert worden, der Anodenstrom hat aber noch nicht seinen stationären Wert erreicht. (Kristallabmessungen 2 × 5 × 10 mm).

Fig. 7.

Fig. 8.

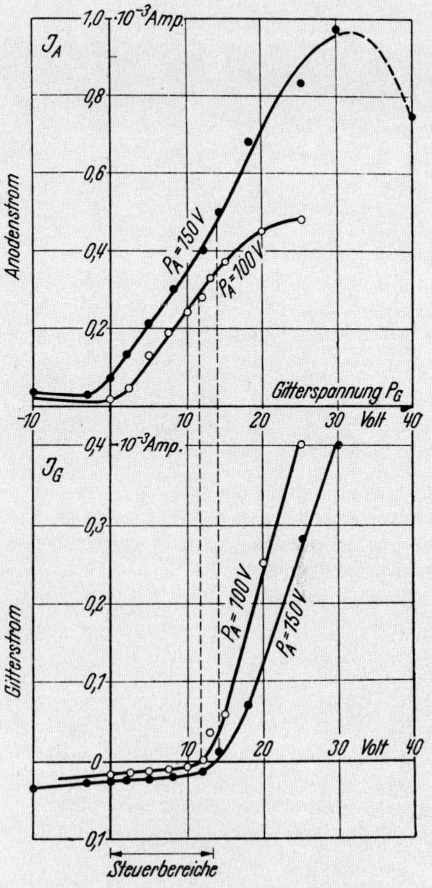

Fig. 7 und 8. Die beiden Kennlinien eines Dreielektrodenkristalles mit 20facher Verstärkung. $T = 490^0$ C.

Bild 7:
Versuch zu einem Kristallverstärker, 1938.
Das ist der berühmte Versuch von Rudolf Hilsch im Pohl-Institut in Göttingen, mit dem zum ersten Mal ein elektrischer Strom in einem Festkörper gesteuert (nicht nur gleichgerichtet) und auch – allerdings wahrscheinlich nur gering – verstärkt werden konnte [Zeitschrift für Physik 111 (1938), S. 407].

Chemikern und Technikern am Ziel eines Kristallverstärkers gearbeitet. Im Krieg war die Radartechnik eine primäre Aufgabe gewesen. Hier waren zum Beispiel empfindliche Germanium- und Siliziumdioden als Empfangselemente für Zentimeterwellen entwickelt worden. Shockley, der führende Theoretiker der Gruppe, glaubte, man könnte die Elektronen in der Germaniumdiode durch äußere elektrische Felder beeinflussen, d. h. abschwächen oder verstärken. Es war die Idee des späteren Feldeffekt-Transistors. Er wurde aber erst ab 1952 realisiert. So kurz nach dem Krieg öffnete sich dieser Weg nicht. Die elektrischen Felder zeigten keinerlei Einfluß auf die im Inneren des Kristalls fließenden Ströme. Offenbar wurden in den Grenzflächen Abschirmladungen influenziert, die das Innere gegen die Feldwirkung von außen immun machten. Doch gab es auch noch andere Probleme. So begann man

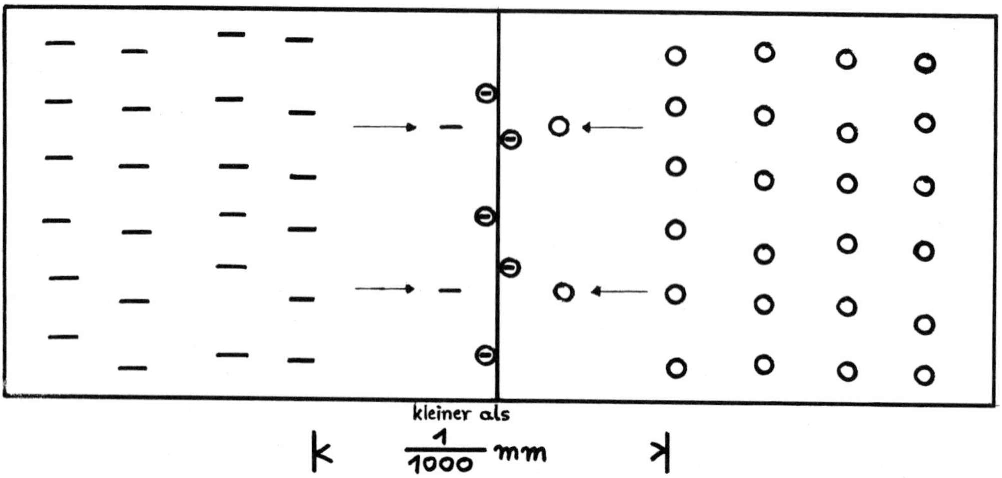

Bild 8: Sperrschichtwirkung in einer Diode aus n-leitendem Kristall (Elektronenüberschuß) und p-leitendem Kristall (Defektelektronenüberschuß).

So wird eine Sperrschicht heute üblicherweise qualitativ erklärt. Elektronen (–) und Löcher (o) können sich an der Berührungsfläche neutralisieren (⊖) und damit eine schmale Isolatorschicht von weniger als 1/1000 mm Breite erzeugen. Sie kann, je nach Polung einer Spannung im Kristall (Elektrode links und rechts), vergrößert (Sperrichtung) oder verringert (Durchlaßrichtung) werden. Die Elektronen bzw. Defektelektronen kommen von bestimmten Störatomen, die gezielt dotiert wurden. Sie geben diese Ladungen leicht ab und bleiben entsprechend umgekehrt geladen zurück. Schottky hatte in den dreißiger Jahren statt n-leitenden Kristallen eine Metallschicht (Kupfer) zur Verfügung. Das Analogon zum p-leitenden Kristall war Cu_2O (Kupfer-I-Oxid). Die Erklärung Schottkys 1938 entsprach im Qualitativen der hier gegebenen. Im Kupfer-I-Oxid lassen die positiven Defektelektronen aber negativ wirkende Kupferleerstellen zurück.

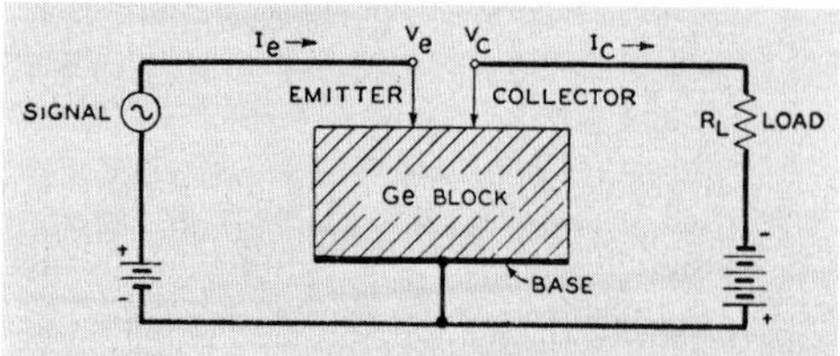

FIG. 1. Schematic of semi-conductor triode.

Bild 9: Der erste Transistor der Welt (Dezember 1947) und seine Schemazeichnung aus der Veröffentlichung 1948.

Auf die Schmalseiten eines Kunststoffdreiecks war eine Goldfolie (nach Bardeen 1956 war sie nur goldbedampft) aufgebracht, die an der unteren Dreiecksspitze so scharf geteilt wurde, daß die zwei Enden weniger als 1/20 mm Abstand erhielten. Die Drähte links und rechts sind die Zuleitungen zu diesem Emitter- bzw. Kollektorende. Der Griff in der Mitte diente zum festen Aufdrücken auf dem Germanium-Block darunter [Phys. Rev. 74 (1948) I, S. 230] nun, die Kristalloberflächen genauer zu untersuchen. Durch Lichtbestrahlung konnte man die influenzierten Ladungen beeinflussen, und mit Isolierflüssigkeiten, die zunächst nur zum Schutz der Oberfläche vor Luftfeuchtigkeit aufgetropft wurden, konnte man die durch Lichtbestrahlung erzeugte Spannung variieren. Das war der gesuchte Feldeffekt! Aber er wirkte viel zu langsam und reagierte nur bis zu 8 Hertz. Vielleicht waren die langsamen Ionen in den Flüssigkeiten der Grund? Also nahm man statt Isolierflüssigkeiten Metall – und davon gleich das allerbeste: Gold. Es wurde auf die Oberflächen aufgedampft. Ganz nahe neben diese Aufdampfstelle wurde ein zweiter Kontakt gesetzt, von dem der Strom zum dritten Kontakt an der Basisfläche des Kristalls fließen konnte. Wurde nun eine geringe Spannung an das Gold gelegt, wuchs der Strom zwischen Kontakt 2 und 3 stark an. Der Effekt war erstaunlicherweise gerade umgekehrt, als aufgrund des Feldeffekts erwartet. Es gab also eine unerwartete Entdeckung! Um eine funktionierende Anordnung zu erhalten, mußten zwei elektrische Kontakte in sehr kleinem Abstand voneinander (etwa ein zwanzigstel Millimeter) auf die Oberfläche des Germanium-Kristalls gedrückt werden. Diese beiden Kontakte nannte man bald Emitter und Kollektor, den dritten Kontakt an der unteren Seite des Kristalls die Basis. Der große Strom, der vom Emitter zur Basis floß, konnte durch einen kleinen Strom vom Kollektor verstärkt und geschwächt werden, so schnell wie man wollte. Der erste Kristallverstärker funktionierte. Das war Weihnachten 1947 (**Bild 9**).

Der Spitzentransistor, wie man diesen Kristallverstärker nannte, wurde bald durch den Flächentransistor abgelöst, dieser durch den Planartransistor und dieser durch die integrierte Schaltung. Das begann in den sechziger Jahren. In dieser Zeit begann auch das Silizium das Germanium als Halbleitermaterial zu überflügeln. Siliziumoxid-Schichten waren perfekte Grenzschichten, die keine freien Plätze für Störladungen zuließen. So konnten äußere Felder direkt ins Innere wirken. Da dieses Material äußerst stabil und leicht zu bearbeiten war, konnte der Feldeffekt-Transistor als MOS-FET (Metal Oxid Semiconductor Field Effect Transistor) ab 1970 seinen Siegeszug antreten.

Punktfehler (z. B. Leerstellen) spielten in all diesen Halbleiterkristallen eine wichtige Rolle. Sie konnten gezielt beeinflußt werden, z. B. durch Dotierung von Fremdatomen in Leerstellen hinein. Man erhielt bei ganz geringen Veränderungen erhebliche Beeinflussungen der elektrischen Leitfähigkeit. Allerdings mußte das Ausgangsmaterial extrem rein hergestellt werden. (Besonders gefürchtet war das sog. „Bor-Problem“: Nur 1 Boratom durfte auf einige Milliarden Siliziumatome vorhanden sein).

Shockley, Bardeen und Brattain erhielten 1956 für die Entdeckung des Transistor-Effekts den Nobelpreis für Physik, obwohl es sich eigentlich um eine Erfindung handelte. Wie zwischen Beobachtung und Experiment (siehe Seite 186), so ist auch zwischen Erfindung und Entdeckung in der neuzeitlichen Physik oft kein Unterschied mehr zu machen.

Literatur:

[1] Teichmann, J.: Zur Geschichte der Festkörperphysik – Farbzentrenforschung bis 1940. Stuttgart 1988

[2] Hoddeson, L.: The discovery of the point contact transistor. In: Historical Studies in the Physical Sciences. (1981) S. 41–76

[3] Braun, E. und St. MacDonald: Revolution in miniature. Cambridge, ^{2}1982

[4] Deger, H.: Aus dem Fundus der Physikgeschichte: Modelle zur Demonstration mechanischer Festkörpereigenschaften. In: W. B. Schneider (Hrsg.): Wege in der Physikdidaktik. Erlangen 1989. Hier S. 124–146

[5] Kuhn, W. und J. Seibert: Die Behandlung von Farbzentren im Unterricht. Praxis der Naturwissenschaften 29, (1980) S. 3–12

[6] Teichmann, J.: Moment mal, Herr Galilei. Stuttgart 1992 (ein Jugendbuch), darin S. 193–229

J. T.

Maser und Laser

Der Laser (light amplification by stimulated emission of radiation) entstand aus dem Maser (microwave usw.), und der Maser aus der Mikrowellentechnik, die im Zweiten Weltkrieg für die Radartechnik entwickelt worden war. Hier hatte man schon – für Wellenlängen von einigen Zentimetern – kohärente Verstärker gefunden (das Magnetron; Kohärenz heißt: die Wellen waren für brauchbare Zeitabschnitte und Raumbereiche immer in Phase). Der Maser ist eine Variante des Magnetrons. Er arbeitet bei noch kürzeren Wellenlängen, in der Nähe von einem Zentimeter, und weist ein extrem geringes Rauschen und hohe Monochromasie auf.

Obwohl der Laser als logische Fortsetzung des Masers erscheint – eben zu den noch kürzeren Lichtwellenlängen –, war er doch etwas ganz Neues: Zum ersten Mal verfügte man damit über eine Quelle für kohärentes und monochromatisches Licht mit hoch gebündelter Energie.

Der wichtigste Name bei der Entdeckung des Maserprinzips ist der von Charles H. Townes. Er hatte in den Bell Laboratories an Radarleitsystemen für Bomben gearbeitet. Die Entwicklung des Radar ging, um den gleichzeitig verbesserten Störgeräten auszuweichen, auch innerhalb des Zentimeter-Bereiches zu immer kürzeren Wellenlängen über. Hier sollte Townes bei Bell ein Gerät für 1,25 cm-Strahlung (entsprechend 24 000 MHz) entwickeln. Doch diese Strahlung wurde stark von atmosphärischem Wasserdampf absorbiert. Townes untersuchte in diesem Zusammenhang auch die Absorption durch Ammoniak. 1947 wechselte er zur Columbia-Universität im Staat New York. Hier wurde er ein Spezialist für Mikrowellen-Spektroskopie und die damit zu untersuchende Wechselwirkung von Mikrowellenstrahlung und Molekülen. Er schrieb später: „Der Maser war eigentlich nichts anderes als eine Mischung aus Elektronik und Molekülspektroskopie."

1950 befaßte sich Townes in einer Marine-Kommission mit den Problemen bei der Erzeugung von Millimeter- und Submillimeterwellen. Er schilderte später, wie ihm dabei eines Morgens im Jahr 1951 die Idee des Ammoniak-Masers kam: Wie konnte man einen kleinen, präzisen Resonator von Molekülen herstellen, dessen Energie an ein elektromagnetisches Feld gekoppelt werden konnte? Die Lösung war: in einem Molekülstrahl Moleküle höherer Anregung von den anderen zu trennen und in einen Hohlraum zu schikken. Dieser enthielt Strahlung, die die Emission der angeregten Moleküle stimulierte. Ob solche Ideen wirklich historisch so konzentriert stattfinden, mag zweifelhaft sein. So wollte Townes ja zunächst Generatoren für Wellenlängen unter 1 cm entwickeln. Das war damals verlockendes Neuland. Realisieren ließ sich dann doch nur die Ammoniakwellenlänge von 1,25 cm. An die Induzierung einer Mikrowellenemission durch Zusatzstrahlung im Hohlraum war zunächst gar nicht gedacht, und auch nicht an die Kohärenz der gesuchten Oszillationen. Die Entwicklung des Masers war vielmehr auf einen späteren Patentanspruch gerichtet, wie auch aus den Notizbucheinträgen von Townes hervorgeht. Doch das Wesentliche der von Townes später veröffentlichten Idee war in der Tat: Mikrowellenintensität nicht wie in den bekannten Oszillatoren (z. B. in dem so kriegswichtigen Magnetron) in immer kleineren Hohlräumen aufzubauen, sondern in Atomen oder Molekülen selbst.

Bei Ammoniak konnte Townes folgende Situation nutzen. Im Ammoniak-Molekül NH_3 sind zwei Lagen des beteiligten Stickstoff-Moleküls (N) möglich (**Bild 1**). Das Molekül konnte sich von der einen Ecke des Tetraeders zur anderen „durchdrücken" und damit den Tetraeder umstülpen, wenn eine

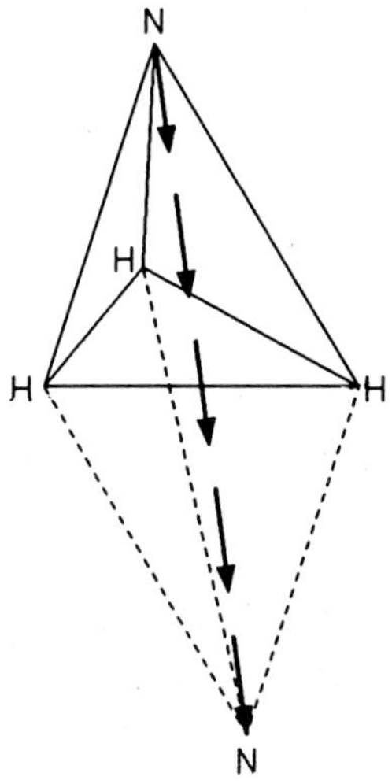

Bild 1:
Ammoniak-Molekül und erster Maser.
Diese „Umstülpung" des Ammoniak-Tetraeders benutzte Townes, um den ersten Maser zu konstruieren. Die Differenz zwischen beiden Energieniveaus entspricht einer Mikrowellenfrequenz von 24 000 MHz. Nur die Moleküle der höher angeregten Zustands sollten den Hohlraumresonator seines Masers erreichen.

Frequenz von 24 000 MHz (1,25 cm Wellenlänge) eingestrahlt und absorbiert wurde. Wenn nun die umgestülpten Tetraeder – als angeregte Moleküle – von den übrigen abgetrennt würden, bevor sie durch spontane Emission wieder in den Grundzustand zurückkehrten, wäre kein thermisches Gleichgewicht mehr vorhanden. Der Anregungszustand wäre überbesetzt. Die Abstrahlung dieser Energie ergäbe den gesuchten Mikrowellen-Generator. Im Dezember 1951 lieferte Townes die theoretische Durchrechnung, aber erst 1953 funktionierte der erste Maser, gebaut von einer Arbeitsgruppe, der auch James P. Gordon und Herbert J. Zeiger angehörten.

In der Veröffentlichung dazu wird seine Funktionsweise so beschrieben (**Bild 2**):

„Ein Strahl von Ammoniak-Molekülen geht von der Quelle aus und tritt in ein System fokussierender Elektroden ein. Diese Elektroden erzeugen ein elektrostatisches Quadrupolfeld von zylindrischer Form, dessen Achse in der Richtung des Strahls liegt. Von den Inversionszuständen erfahren die oberen eine (fokussierende) Kraft radial nach innen, die unteren eine radial nach außen. Die Moleküle, die den Hohlraumresonator erreichen, gehören dann eigentlich alle zu den oberen Energiezuständen. Im Hohlraumresonator werden Übergänge induziert, die eine Änderung im Energiezustand des Hohlraums zur Folge haben, solange der Molekularstrahl vorhanden ist. Energie veränderlicher Frequenz [aus einem Klystron] wird durch einen Hohlraumresonator geschickt, und man sieht eine Emissionslinie, wenn die Klystron-Frequenz die Molekülübergangsfrequenz erreicht. Wenn die Energie, die der Strahl emittierte, ausreicht, die Feldstärke im Hohlraum auf einem genügend hohen Niveau zu halten, um Übergänge im folgenden Strahl zu erzeugen, werden sich selbst erhaltende Oszillationen entstehen (und Mikrowellen abgestrahlt). Solche Oszillationen sind erzeugt worden. Obwohl die Leistung bisher nicht direkt gemessen wurde, wird sie auf 10^{-8}W geschätzt. Die Frequenzstabilität der Oszillationen verspricht, sehr gut vergleichbar mit der von anderen möglichen Arten von „Atomuhren" zu sein. Unter Bedingungen, die keine Oszillation zulassen, arbeitet die Anordnung wie ein Verstärker von Mikrowellen-Energie nahe der molekularen Resonanz. Solch ein Verstärker kann einen Rauschfaktor nahe 1 haben." [1]

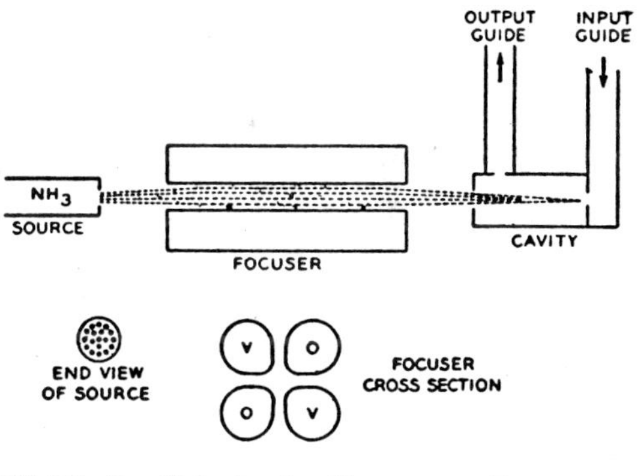

Bild 2: Das Prinzip des Masers von Townes, wie er es 1954 veröffentlichte.
Ein Ammoniak-Molekularstrahl wird (von links) durch Elektroden geschossen, die teilweise auf hohes Potential gelegt (V), teilweise geerdet (0) sind. Die höher angeregten Energieniveaus der Ammoniak-Moleküle werden dadurch von den anderen getrennt. Im Hohlraumresonator rechts wird somit eine Überbesetzung dieser hohen Niveaus erreicht. Bei Einstrahlung einer entsprechenden Frequenz von 24 000 MHz findet im darauf abgestimmten Resonator stimulierte Emission statt [1].

a)

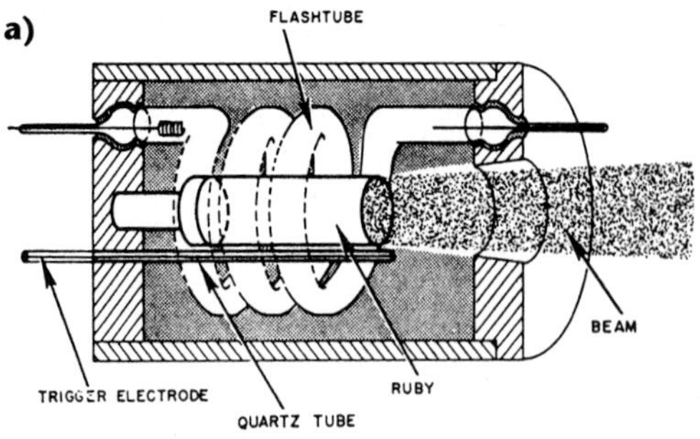

b)

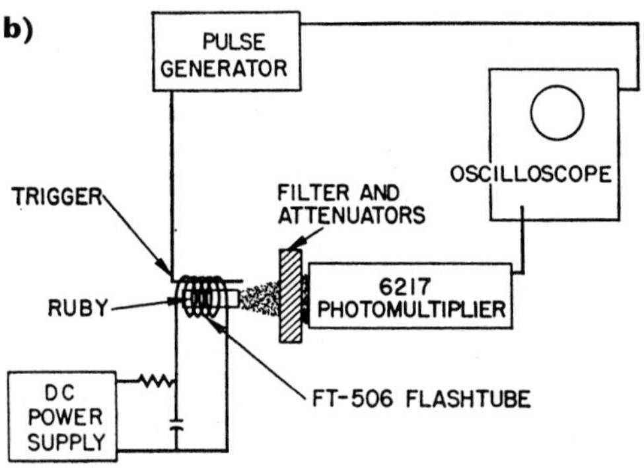

Bild 3a + b: Der Rubin-Laser von Maiman.
*Um den Rubin-Kristall von etwa 1 cm Länge ist die gewendelte Blitzlampe gut zu erkennen (**a**), die die Pumpenenergie liefert. Aus der halbverspiegelten Grenzfläche rechts des Rubins kann die verstärkte Lichtwelle emittiert werden. Das Blockdiagramm (**b**) zeigt die Schaltung des Versuchs [3].*

Der Trick war also, einen feinen Strahl aus Ammoniakmolekülen in ein Hochvakuum-Rohr (von 12 cm Länge) zu schießen. Das System aus Elektroden erzeugte ein starkes inhomogenes elektrostatisches Feld. Die dadurch aussortierten angeregten Moleküle flogen in einen Hohlraumresonator, der in seiner Länge auf 24 000 MHz abgestimmt war. Strahlte man diese Frequenz in sehr geringer Energie ein, kam es zu induzierter Emission der angeregten Moleküle und damit zur Verstärkung der eingestrahlten Welle. Als Oszillator war diese Anordnung äußerst frequenzstabil. Für eine Atomuhr war diese Frequenzstabilität sehr erwünscht. Die Genauigkeit dieser Uhr war es zunächst, die die Öffentlichkeit beeindruckte. An diese Oszillatorfrequenz war man aber gebunden, was für einen Verstärker ungünstig war. Hier brachten ab 1956 die Festkörper-Maser (bald mit Rubin-Kristallen) Abhilfe. Als extrem rauscharme und monochromatische Vorverstärker eigneten sie sich hervorragend für die Radartechnik und die Radioastronomie.
Townes selbst dachte vor allem an ein exzellentes Mikrowellen-Emissionsspektrometer und hatte die hohe Frequenzstabilität (und auch die Kohärenz) gar nicht erwartet. Übrigens erkennt man in der Erstveröffentlichung nichts von den großen Schwierigkeiten des Experiments, das ja zum endgültigen Erfolg einige Jahre brauchte (so mußte der Teilchenfluß der angeregten Moleküle in den Hohlraumresonator hinein mehr als eine Million mal stärker sein als die bis dahin in Molekularstrahlexperimenten erreichten Flüsse).

Townes ließ nun die Frage nach noch kürzeren Wellenlängen bis zum Infrarot nicht los. Doch hätte hier der Resonatorhohlraum entsprechend der viel kürzeren Wellenlänge winzig klein sein müssen, um die nötige Verstärkung und Gegenkopplung für die Konstanz der Schwingung zu erhalten. Also versuchte Townes, nun zusammen mit seinem Schwager Arthur L. Schawlow von den Bell Laboratories, nicht vom Maser aus sich immer kleinere Resonatoren vorzustellen, sondern umgekehrt von der sehr kleinen Lichtwellenlänge aus mögliche Anordnungen zu ersinnen. Ein „optischer Maser", wie sie ihre Idee zunächst nannten, mußte im Resonatorraum eine große, genau ganze Anzahl von Lichtwellenlängen fassen. Das konnte durch Hin- und Herreflexion zwischen zwei exakt justierbaren Spiegeln geschehen. Es entstand eine stehende Welle, die die im Hohlraum befindlichen angeregten Atome genau auf ihrer Wellenlänge zur Emission stimulierte. Waren die Reflexionsverluste geringer als der Energiegewinn durch die stimulierte Emission, fand eine Lichtverstärkung statt. Die entstehende Welle mußte zeitliche und räumliche Kohärenz haben. In ihrer Veröffentlichung 1958 schlugen sie dazu auch mögliche Verwirklichungen vor. Insbesondere sollte ein Aufbau mit atomaren Kaliumdampf arbeiten. Auch Festkörper wurden erwähnt. Den Hohlraum konzipierten sie als Fabry-Perot-Interferometer, mit einer Folge dielektrischer Schichten als Spiegel an den beiden Enden.

Doch bauen konnte Townes diesen Kaliumdampf-Laser nicht. Die Reflexionseigenschaften seiner Spiegelbeschichtungen verschlechterten sich schnell und drastisch, offenbar wegen des Ionenbeschusses aus der Gasentladung. Schawlow hat dann 1959 in der Tat schon an den Rubin gedacht, da bei einem Kristall das Problem der Spiegel als geschliffene und beschichtete Endflächen einfach zu lösen war (wobei eine Endfläche etwas durchlässiger bleiben mußte, um die verstärkte Lichtenergie herauszulassen; die Längsseiten des Kristalls konnten dabei klar bleiben, um die benötigte Lichtenergie „einzupumpen"). Aber leider kam er zu dem Schluß, daß die Niveaus des Rubins für diese Zwecke nicht brauchbar waren.

Viele hatten sich nach der Veröffentlichung von Townes und Schawlow auf die Suche nach einem „optischen Maser" gemacht. So gab es schließlich Mehrfachentdeckungen, die zu einem langwierigen Patentstreit führten. Das erste erfolgreiche Laser-Experiment stammt jedoch eindeutig von Theodore W. Maiman im Juli 1960 in Malibu in Kalifornien. Auch seine Arbeit war durch die Veröffentlichung von Townes und Schawlow angeregt worden. Maiman war Elektroingenieur und Physiker. Er hatte Erfolg mit einer sehr einfachen Anordnung um den von Schawlow verschmähten Rubin, so wie sie dieser schon ins Auge gefaßt hatte. Die renommierten Physical Review Letters, die Schnellmeldungen annehmen (vornehmlich, um Prioritäten zu sichern), bevor ausführliche Arbeiten in der Zeitschrift Physical Review selbst erscheinen, verweigerten die Annahme des Artikels, weil sie meinten, zu Masern habe es nun so viel Entwicklung gegeben, daß eiliges Neues doch nicht mehr zu erwarten sei. So veröffentlichte Maiman seiner Arbeit in der britischen Zeitschrift „Nature". Darin heißt es:

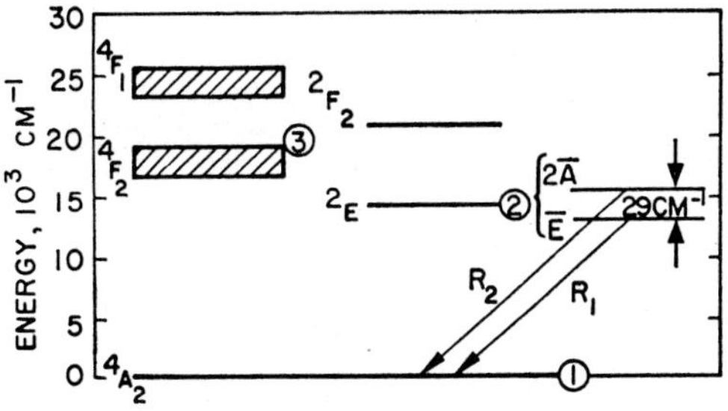

Bild 4: Die Energieniveaus im Rubin-Kristall nach Maiman [3].

„Schawlow und Townes haben eine Technik für die Erzeugung sehr monochromatischer Strahlung im infrarotoptischen Bereich des Spektrums vorgeschlagen, unter Benutzung eines Alkalidampfes als aktives Medium. Javan [der dann auch wirklich den Gas-Laser erfand] und Sanders haben Vorschläge erörtert, die elektronenangeregte Gassysteme beinhalten. In diesem Labor wurde eine optische Pumptechnik erfolgreich auf einen fluoreszierenden Festkörper angewendet, um negative Temperaturen und stimulierte optische Emissionen bei einer Wellenlänge von 6943 Å zu erhalten; das benutzte aktive Material war Rubin (Chrom in Korund).

In Fig. 1 [**Bild 4**] ist ein vereinfachtes Energiestufendiagramm für 3fach ionisiertes Chrom in diesem Kristall gezeigt. Wenn das Material mit einer Wellenlänge von etwa 5500 Å bestrahlt wird, werden Chrom-Ionen in den $^4F_2$-Zustand gehoben und verlieren dann schnell ihre Anregungsenergie durch nicht strahlende Übergänge in den ^2E-Zustand [innerhalb von etwa 10^{-7}s]. Dieser Zustand zerfällt dann langsam [in etwa 10^{-3} s] durch spontane Emission eines scharfen Dubletts, dessen Komponenten bei 300° K die Wellenllängen 6943 Å und 6929 Å haben (Fig. 2a), [**Bild 5 oben**]. Bei sehr intensiver Anregung kann die Besetzung dieses metastabilen Zustands (^2E) größer werden als die des Grundzustands; das ist die Bedingung für negative Temperaturen [wie sie aus der Theorie der Thermodynamik folgt] und ergibt folglich Verstärkung über stimulierte Emission.

Um diesen Effekt zu demonstrieren, wurde ein Rubin-Kristall von 1 cm Länge, der an den zwei parallelen Endflächen mit Silber beschichtet war, durch eine Hochenergie-Blitzlampe bestrahlt; das Emissionsspektrum, das unter diesen Bedingungen erhalten wurde, ist in Fig. 2b [**Bild 5 unten**] gezeigt. Diese Ergebnisse können erklärt werden, wenn man die Erzeugung negativer Temperatu-

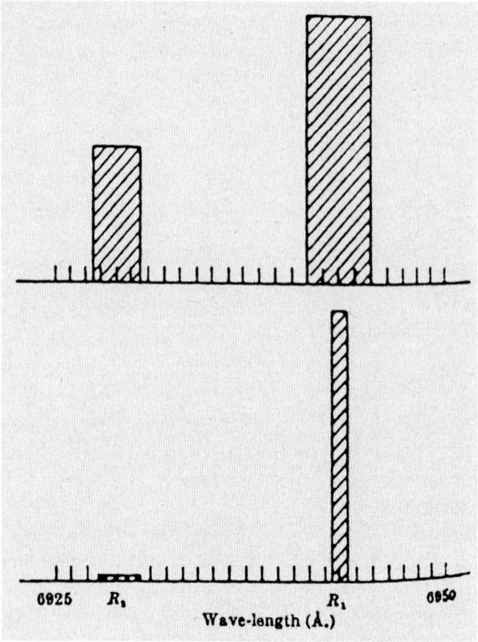

Bild 5: Das Emissionsspektrum des Rubin-Kristalls nach Maiman – oben bei schwacher Anregung, unten bei starker Anregung (wie sie die Blitzlampe erzeugte) [2].

ren und eine rückgekoppelte Verstärkung annimmt. Ich erwarte im Prinzip eine bemerkenswert größere (≈ 10^8) Verringerung der Linienbreite, wenn Mode-Auswahl-Techniken benutzt werden ...“ [2]

In einer nachfolgenden Veröffentlichung wurde auch die Apparatur genauer beschrieben:

„Die Materialbeispiele waren Rubinzylinder, ungefähr 3/8 in. [ches = 0,95 cm] Durchmesser und 3/4 in. [ches = 1,9 cm] lang, mit Enden, die innerhalb λ/3 bei 6943 Å eben und parallel waren. Die Rubine waren innerhalb der Spirale der Blitzröhre befestigt, während diese in einem polierten Aluminiumzylinder eingeschlossen war (siehe Fig. 7) [**Bild 3a**]; starke Kühlung durch Luft war vorgesehen. Die Rubine waren an jedem Ende mit aufgedampftem Silber beschichtet; ein Ende war opak, das andere war entweder halbdurchlässig oder opak mit einem kleinen Loch in der Mitte. Ein Blockdiagramm des Experiments zeigt Fig. 8 [**Bild 3b**]. Die Energie für die Blitzröhre bekamen wir aus der Entladung eines 1350-μF-Kondensatorsatzes. Die Energie wurde durch Veränderung der Ladespannung variiert. Die R1-Ausgangsstrahlung [**Bild 5 unten**] wurde durch eine Photomultiplier-Röhre vom Typ 6217 aufgenommen, die bei 6943 Å durch Vergleich mit einer Eppley-Thermosäule, für Strahlung bei dieser Wellenlänge in einer Bandbreite von 200 Å kalibriert worden war ...“ [3, S. 1153–1154].

Maiman erörterte auch unmittelbar mögliche Anwendungen seines Lasers: als Lichtradar, zur Nachrichtenübertragung, zur punktuellen Verdampfung von Materie (in der Medizin, in der Werkstoffbearbeitung).

Dieser erste Laser mit Rubin als Lasersubstanz gab noch keinen Dauerstrahl, sondern nur kurze Lichtimpulse ab. Schon 1960 wurde von einer Forschergruppe an den Bell Laboratories um Ali Javan auch der Gas-Laser erfunden. Hier genügte ein kleiner Funksender, um in einer mit einem Gemisch von Helium und Neon gefüllten Quarzröhre eine elektrische Entladung auszulösen. Dadurch wurden die Helium-Atome angeregt, die diese Anregung (eines metastabilen Niveaus) auf die Neon-Atome übertrugen. Höher angeregte Neon-Niveaus wurden dadurch häufiger als mittlere. Stimulierte Emission konnte einsetzen. Dieser Gas-Laser strahlte kontinuierlich – allerdings nur nahe dem sichtbaren Licht, im Infraroten – und ließ sich schließlich sehr gut steuern.

Im Herbst 1962 schließlich folgte der Injektionslaser. Hier wird die Inversion der Besetzungsniveaus durch den Transport von Elektronen und Löchern in einer Halbleiterdiode (Galliumarsenid) erreicht. Dieser Lasertyp wurde gleichzeitig von mehreren US-amerikanischen Forschungszentren angekündigt. Er arbeitete zunächst auch nur im Impulsbetrieb. Die Halbleiterdiode mußte dabei tiefgekühlt werden (auf 77 Grad über dem absoluten Nullpunkt).

Inwieweit sind solche technischen Entwicklungen überhaupt noch „Experimente“? Für die Arbeiten zum Maserprinzip erhielten der US-Amerikaner Charles Townes und die zwei Russen Nikolai Basov und Alexander Prokhorov – die eine theoretische Arbeit über Gas-Molekularverstärker publiziert hatten – 1964 den Nobelpreis für Physik. War dann die Konstruktion des Lasers (als

Rubin-Laser) 1960 durch Theodore H. Maiman und im gleichen Jahr durch Ali Javan und Kollegen (als Helium-Neon-Gas-Laser) keine Nobelpreis-würdige Physik mehr? Alle Beteiligten waren Physiker – Townes an der Universität, die Russen in staatlichen Forschungsinstituten, die anderen in der Industrie. Die Verwirklichung eines in der Physik wichtigen Prinzips, nämlich der stimulierten Emission von Strahlung, wie sie Albert Einstein 1917 vorhergesagt hatte, geschieht durch physikalische Experimente, auch wenn das Ergebnis (und schon das Ziel der Experimente – das ist aber nicht einfach zu klären) gleichzeitig technisch ausgerichtet ist. So wurde auch die Verleihung des Nobelpreises für die Entdeckung des Transistor-„Effekts" begründet. Ähnlich kann man heute viele Grundlagenexperimente, insbesondere in der Festkörperforschung, beurteilen – zum Beispiel auch die Entdeckung der Hochtemperatur-Supraleitung im Jahre 1987 (siehe S. 167).

Literatur:

[1] Gordon, J. P., Zeiger, H. J und Ch. H. Townes: Molecular Microwave Oscillator and New Hyperfine Structure in the Microwave Spectrum of NH_3. In: Physical Review 95 (1954) S. 282–284

[2] Maiman, Th. H.: Stimulated Optical Radiation in Ruby. In: Nature 187 (1960) S. 493

[3] (derselbe u. a.): Stimulated Optical Emission in Fluorescent Solids. II. Spectroscopy and Stimulated Emission in Ruby. In: Physical Review 123 (1961) S. 1151–1157

[4] Bromberg, J. L: The Laser in America 1950–1970. Cambridge/Mass. 1991

[5] (dieselbe): The Birth of the Laser. In: Physics Today 41 (1988) Heft 10, S. 26–33

[6] Forman, P.: Inventing the Maser in Postwar America. In: Osiris, 2nd series 7 (1992) S. 105–134.

[7] Bertolotti, M.: Masers and Lasers – an historical approach. Bristol 1983

[8] Lemmerich, J.: Zur Geschichte der Entwicklung des Lasers. Berlin 1987

[9] Carroll, John M.: Todesstrahlen? Die Geschichte des Laser. Berlin u. a. 1965

[10] Lessing, H.E.: Die Geburt des Lasers. In: Bild der Wissenschaft 13 (1976) Heft 3, S. 80–87

J. T.

ASTRONOMIE

Mondgebirge, Milchstraße und Sonnenflecken – das Fernrohr Galileis

In einem Buch über *Experimente* erwartet men eigentlich nicht, *Beobachtungen* – und seien es noch so berühmte – zu finden. Experiment und Beobachtung sind im Alltagsverständnis von Wissenschaft, und insbesondere in der Schulphysik, noch immer zwei ziemlich getrennte Dinge. Doch beweist die Entwicklung der neuzeitlichen Astronomie, angefangen bei Galileis Fernrohr 1609, über die Fraunhoferschen Linien 1814, über die Entdeckung der Spektralanalyse 1859 bis zum GALLEX-Experiment von 1990 (es heißt wirklich Experiment) unter dem Gran Sasso in Italien, mit dem der Neutrinostrom der Sonne „beobachtet" wird, daß sich die Betrachtung von Naturphänomenen auch in der Astronomie irgendwann zum Experiment wandelte. Es gibt einen wichtigen Grund, diese Wandlung schon – oder erst – bei Galileis Fernrohr anzusetzen.

Als Galilei 1609 sein Fernrohr auf den Himmel richtete und bisher unbekannte und völlig ungedachte Dinge wie Mondgebirge, Jupitermonde und Milchstraßensterne sah, waren diese neuen Erfahrungen zum ersten Mal nicht mehr mit bloßem Auge zu überprüfen. Alles, was man durch eine Brille sah – die es ab 1300 gab –, konnte dagegen durch einfache Beobachtung eines Normalsichtigen kontrolliert werden. (Dennoch begründete Galilei den Einsatz des Fernrohrs gegen die Aristoteliker, die an die „Überlistung" der Natur durch jedes technische Instrument glaubten, indem er es gerade mit der Brille verglich. Dieses Hilfsinstrument würde ja auch nur den schwachen Sehsinn des Menschen verbessern. Niemand käme auf die Idee, daß durch die Brille Wirklichkeit vorgetäuscht würde; und so gelte es eben auch für das Fernrohr).

In Brechts Schauspiel *Das Leben des Galilei* weigern sich die Anhänger der Aristotelischen Physik, durch Galileis Fernrohr zu schauen, weil ein Instrument keine Wahrheit bringen könne. In der wirklichen Geschichte haben sich zumindest die führenden – späteren – Kontrahenten Galileis, die Jesuiten, nicht geweigert, obwohl es wirklich schwierig war, mit Galileis selbstgeschliffenen einfachen Linsen (die mit chromatischen und sonstigen Fehlern behaftet waren) etwa die Pünktchen der Jupitermonde gut zu sehen. Die Renaissance hatte in der Tat ein neues Wissenschaftsbewußtesein gebracht, in dem Beobachtung, Experiment und Technik nicht mehr – wie bei Aristoteles – schroff voneinander getrennt wurden.

Es wurde nun sogar ein wesentliches Merkmal der mit Galilei anbrechenden wissenschaftlichen Revolution, daß Instrumente als selbständige Vermittler von Wahrheit galten. Das Mikroskop ist sogar kurz vor dem Fernrohr erfunden worden. Selbst wenn man alle Fernrohr- und Mikroskopentdeckungen noch als reine Beobachtungserfolge wertet – mit Newtons Zerlegung des Sonnenlichts in Spektralfarben war der Wandel von der bloßen Betrachtung zum analysierenden Experiment spätestens vollzogen. Demgegenüber begreift die übliche Kurzdefinition das Experiment als Veränderung eines Naturphänomens durch den Einsatz von Instrumenten. Streng genommen wäre dann die Astrophysik keine experimentelle Wissenschaft, auch das GALLEX-Experiment von 1990, das doch den fest gegebenenNeutrinostrom der Sonne nur „beobachtet", wäre kein Experiment, und erst recht nicht Newtons Zerlegung des Sonnenlichts, die dessen spektrale Zusammensetzung ja nicht verändern konnte.

Unabhängig davon, wie man Galileis Forschungen mit dem Fernrohr ab Herbst 1609 nennen mag, sie waren auch eine epochemachende Wende in der damaligen Physik, weil sie zeigten, daß Instrumente unseren Erfahrungskreis wesentlich erweitern können.

Eine unmittelbare Folge davon war die Einsicht, daß die aristotelische Trennung von Erdphysik und Himmelphysik unsinnig war: Der Mond war kein vollkommener Himmelskörper, sondern ein gebirgiger Materieklumpen, so wie die Erde. Die Venus zeigte Phasen wie der Mond. Vielleicht war sie auch ein Materieklumpen? Die 1610 von verschiedenen Forschern beobachteten und eingehend untersuchten Sonnenflecken zeigten, zumindest für Galilei, daß selbst die Sonne nicht makellos war. Von diesen Folgerungen ging der Weg über Kepler, Descartes, Huygens zu Newton, der schließlich Himmels- und Erdphysik mit Hilfe seines Konzepts der allgemeinen Schwerkraft zu einer einheitlichen Mechanik verschmolz.

Wie kam nun Galilei zu seinen Entdeckungen am Himmel? Er hatte sich bis zum Jahre 1609 immer intensiver mit dem freien Fall befaßt, auch in Experimenten, wie wir aus Manuskripten und Briefen wissen. Da kam im Frühjahr die Nachricht aus Holland,

„es sei ein Augenglas entwickelt worden, durch dessen Hilfe man sichtbare Gegenstände, mochten sie auch weit vom Auge des Betrachters entfernt sein, so deutlich wahrnahm als sähe man sie aus der Nähe" [1, S. 78].

Galilei wußte nichts Genaueres. In der Tat hatte in Holland Jan Lipperhey 1608 ein Patent auf die Erfindung eines solchen Instruments mit zwei Linsen beantragt. Wer es aber nun wirklich als erster konstruiert hat, wissen wir nicht. Sehr wahrscheinlich geschah das in Holland, das damals eine junge, aufstrebende See- und Handelsmacht war, irgendwann zwischen 1600 und 1608.

Galilei erfand das Fernrohr sofort nach. Er benutzte eine Plankonvexlinse schwacher Krümmung als Objektiv und eine Plankonkavlinse starker Krümmung als Okular; man bezeichnet noch heute diese Anordnung als Galileisches Fernrohr. Die Linsen schliffen sich die Fernrohrbauer damals natürlich selbst. Da Galilei im Glasschleifen Meister war, wurden seine Fernrohre schnell berühmt. Im August 1609 erreichte er neunfache Vergrößerung. Er verstand es gut, diese neuen Instrumente zu vermarkten.

Erstaunlich bleibt, wie schnell er seine wichtigen Arbeiten zur Mechanik liegen ließ und sich ganz dem Fernrohr, seiner technischen Verbesserung und seinem praktischen Nutzen widmete. Um diese Zeit ging es Galilei auch um die Aufbesserung seiner Universitätsstellung in Padua. Wie andere Professoren mußte er im Abstand von ein paar Jahren neu um diese Stelle kämpfen und auch um die Höhe seines Gehalts. So benutzte er das Fernrohr, um seinen Dienstherren zu imponieren. Am 21. August 1609 führte er das Fernrohr den Senatoren von Venedig (Padua gehörte zur Republik Venedig) auf dem Markusturm vor. Die Vergrößerung der Schiffe, die weit draußen auf der Adria schwammen, war für alle beeindruckend. Die fernsten Schiffe, die das Fernrohr Galileis gerade noch erkennen konnte, waren erst zwei Stunden später mit dem bloßen Auge zu erkennen. Das hieß im Kriegsfall: Zwei Stunden mehr Vorwarnzeit bei einem gegnerischen Angriff. Galilei erhielt für diese so staatswichtige Erfindung doppeltes Gehalt, und das auf Lebenszeit.

Bild 1:
Das Prinzip des Galileischen Fernrohrs.
In dieser späteren Darstellung werden aber, im Unterschied zu Galilei, eine bikonvexe und eine bikonkave Linse benutzt.

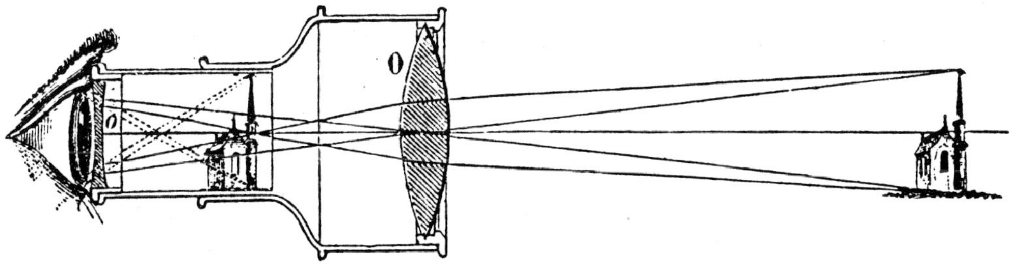

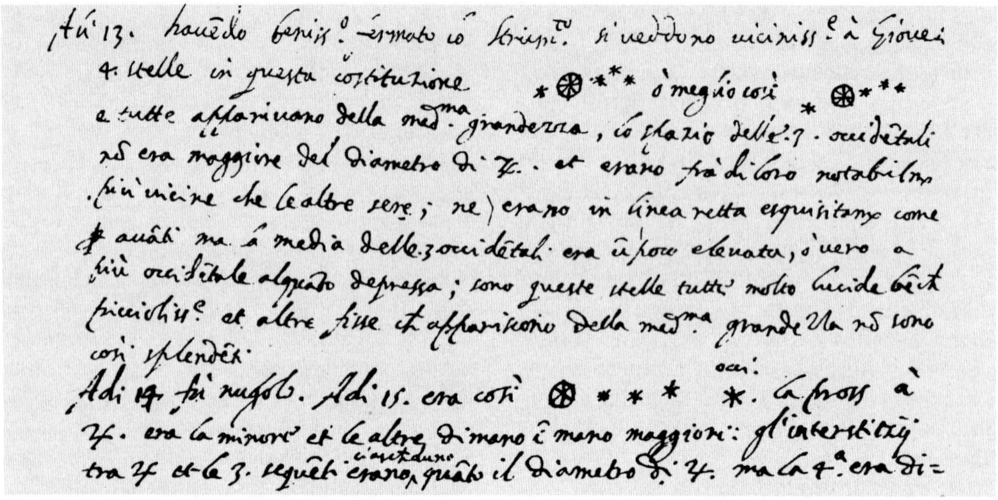
Adi 13. havendo benissimo fermato lo strum.to si vedevano vicinissime à Giove
4 stelle in questa costituzione * ⊛ * * * o meglio così * ⊛ * * *
e tutte apparivano della med.ma grandezza, lo spazio delle 3 occidentali
non era maggiore del diametro di ♃. et erano frà di loro notabilm.te
più vicine che le altre sere; ne erano in linea retta esquisitam.te come
per avanti ma la media delle 3 occidentali era un poco elevata, overo la
più occidentale alquanto depressa; sono queste stelle tutte molto lucide benché
piccolissime et altre fisse si appariscono della med.ma grandezza non sono
così splendenti.
Adi 14 fu nugolo. Adi 15. era così ⊛ * * * *. la pross. à
♃. era la minore et le altre di mano in mano maggiori: gl'interstitii
tra ♃ et le 3 seguenti erano tutti quanto il diametro di ♃. ma la 4a era di-

Bild 2: Die vier innersten Monde um den Planeten Jupiter im Fernrohr Galileis.
So hat er sie selbst am 13. und 15. 1. 1610 beobachtet und gezeichnet. Ähnlich kann man sie auch selbst mit jedem Feldstecher (ab einem Objektivdurchmesser von ca. 4 cm) gut beobachten [10].

Zwölf Tage später schrieb ihm der Großherzog der Toskana, Cosimo di Medici, nach Padua, daß er an einem Fernrohr interessiert wäre. Er sandte gleich Glasstücke zum Schleifen mit. Obwohl Venedig Galilei angewiesen hatte, das „Geheimnis" auf keinen Fall weiterzugeben, hatte der keine Skrupel, den Florentiner Wunsch zu erfüllen. Auch anderen einflußreichen Gönnern schickte er Fernrohre. Er verbesserte sie dabei weiter. Bis zum Herbst 1609 hatte er schon zwanzigfache Vergrößerung erreicht.

Wahrscheinlich richtete Galilei sein Fernrohr erst Ende November 1609 zum ersten Mal auf den Himmel. Andere, z. B. der Engländer Thomas Harriot, waren ihm da zuvorgekommen. Das anfängliche Desinteresse Galileis an Himmelbeobachtungen ist vor dem zeitgenössischen Hintergrund nicht verwunderlich: Was sollte das Fernrohr am Himmel schon zeigen? Inhalt der Astronomie war jahrtausendelang nicht die Beschaffenheit der Himmelskörper oder die Suche nach neuen gewesen, sondern die genaue Beobachtung der Bahnen der bekannten. Für solche Bahnbeobachtungen war aber das Fernrohr noch ganz und gar nicht eingerichtet (und konnte auch weitere Jahrzehnte lang nichts beitragen, solange es nicht exakt genug mit Tragekonstruktionen und Meßkreisen verbunden war). Kepler hatte z. B. geglaubt, wie er nach den Fernrohrentdeckungen Galileis an diesen schrieb, daß die Luft um die Erde weitere Details der Himmelsobjekte durch Lichtabsorption (so würden wir es heute ausdrücken) grundsätzlich unbeobachtbar machte.

Daß Galilei aus dem, was er sah, gleich eine berühmte Veröffentlichung machte, ist allerdings neue Fragen wert. Warum publizierten Thomas Harriot und andere, die vor Galilei das Fernrohr zum Himmel richteten und den Mond und neue Sterne sahen, ihre spektakulären Beobachtungen nicht ebenso schnell? Waren sie vielleicht nicht wie Galilei bereit, das, was sie sahen, revolutionär zu interpretieren? Es war in der Tat „unfaßlich" für bisheriges Denken. Galilei verstand sich als Copernicaner, sehr wahrscheinlich auch schon in dieser Zeit. Für ihn lieferten die Entdeckungen gleichzeitig Argumente gegen viele wesentliche Aussagen der Aristotelischen Kosmologie und Physik. Galilei hatte aber noch einen anderen sehr wesentlichen Grund dafür, daß er seine ersten Beobachtungen am Himmel so schnell ausweitete, so wichtig nahm und innerhalb einiger Monate (bis März 1610) in einer großen Veröffentlichung unter dem Titel: „Sidereus nuncius – Sternenbotschaft" herausbrachte. Trotz seines Triumphs mit dem Fernrohr in Venedig wollte er nach Florenz, an den Hof des Großherzogs Cosimo di Medici, eines Mäzens, dem er nicht wie den Kaufleuten in Venedig ständig mit praktischen Erfolgen schmeicheln mußte, der der reinen Wissenschaft geneigter war und ihn selbstloser darin förderte. Galilei hatte Cosimo di Medici schon als Prinz unterrichtet; nun dienten ihm die Entdeckungen am Himmel, zusammengerührt mit griechischer Mythologie und politischer Schmeichelei, als „Fahrkarte" an den Florentiner Hof. Er wurde Hofmathematiker in Florenz, mit nochmals erhöhtem Gehalt gegenüber Venedig und mit dem Titel „Professor" an der Universität Pisa; jedoch ohne lästige Vorlesungsverpflichtungen.

Galileis Trumpf dabei war die Entdeckung der vier Monde um den Planeten Jupiter. Er widmete seine „Sternenbotschaft" dem Großherzog und schmeichelte ihm mit der Benennung dieser vier Monde als „Mediceische Planeten". (Zufällig gab es vier Brüder Medici. Galilei hatte zunächst den Namen „Cosmicische Planeten" gewählt: das klang leider dem Wort kosmisch zu ähnlich, zeigt aber, daß seine Entdeckung vor allem an Cosimo, den Großherzog, gerichtet war). Seit den Zeiten Babylons hatte man nur sieben Planeten gekannt: Mond, Merkur, Venus, Sonne, Mars, Jupiter, Saturn (das griechische Wort Planetes heißt Wanderer, im Gegensatz zu den Fixsternen). Und nun gab es plötzlich elf. Galilei reihte die vier Brüder Medici unter die antiken Himmelgötter ein, direkt um den Göttervater Jupiter.

„Ich aber, mein durchlauchtigster Fürst, kann Eurer Hoheit weitaus wahrere und glücklichere Prophezeiungen machen; denn kaum noch haben die unsterblichen Vorzüge Eures Herzens auf der Erde zu strahlen begonnen, da bieten sich am Himmel leuchtende Sterne dar, um Eure unübertrefflichen Tugenden wie Zungen für alle Zeit zu kündigen und zu feiern. Denn seht, vier Sterne wurden aufbewahrt für Euren ruhmreichen Namen, und zwar nicht aus der gemeinen und weniger ausgezeichneten Zahl der Fixsterne, sondern vom vornehmen Rang der Wandelsterne. Sie bewegen sich verschieden voneinander um den Stern des Jupiter, den edelsten von allen, als wären sie seine leiblichen Kinder. ..." [1, S. 78]

Im Haupttext der „Sternenbotschaft" beschrieb Galilei zunächst seine Entdeckung der Mondgebirge. Dann zeigte er, daß es im Sternbild Orion, in den Plejaden und in der Milchstraße viel mehr Sterne gab, als bisher gesehen werden konnten. Wir können abschätzen, daß er die mit bloßem Auge sichtbaren Sterne (etwa 5000 bis 6000 an der gesamten Himmelskugel) mit seinem Fernrohr um den Faktor 10 bis 100 vermehrte. Schließlich berichtete er ausführlich über die Entdeckung der vier Mediceischen Planeten, der heute sogenannten Galileischen Monde von Jupiter.

Die Konsequenzen für die Aristotelische Kosmologie wurden in diesem – auf Cosimo di Medici gezielten – Buch nicht ausführlich erörtert. Sie hätten den konservativen Gönner vielleicht verstören können. Aber Galilei war es klar, daß der Mond als Materieklumpen die Trennung von unvollkommener Erde und vollkommenem Himmel zu Fall brachte. Er formulierte es hier philosophisch diplomatisch: Die Meinung sei falsch,

„man müsse die Erde aus dem Reigen der Sterne fernhalten, vornehmlich deshalb, weil sie ohne Bewegung und Licht sei. Ich werde nämlich beweisen, daß sie sich bewegt und daß sie den Mond an Glanz übertrifft, nicht aber eine Jauche aus Schmutz und Bodensatz der Welt ist ..." [1, S. 103]

Nicht der Mond war zum Dreckklumpen degradiert, sondern die Erde zum Stern erhoben! Das konnte er direkt beweisen: Da man bei schmaler Mondsichel den dunklen Teil des Mondes schwach aufgehellt sieht, müsse die von der Sonne bestrahlte Erde leuchten und mit ihrem Licht den Mond ein wenig erhellen.

Es war Galilei auch klar, daß die „Mediceischen Planeten" um den Jupiter dessen kristallene Kugelschale um die Erde, auf der er nach der traditionellen Vorstellung befestigt sein sollte, ständig durchstoßen mußten. Außerdem bewiesen diese neuen „Planeten" eindeutig, daß die Erde nicht Zentrum aller Bewegungen am Himmel war. Ferner mußte die ungeheure Zahl der Sterne, die noch nie ein Mensch gesehen hatte, die christliche Interpretation von Aristoteles, daß dieses Weltall um und für den Menschen erschaffen worden war, sehr in Zweifel setzen. Im Dezember 1610 kannte Galilei übrigens auch die Venusphasen, die offenbar analog zu denen des Mondes abliefen. Die Erscheinung der Vollvenus bewies dabei eindeutig, daß dieser Himmelskörper, von der Erde aus gesehen, auch hinter der Sonne stehen konnte, also um die Sonne kreisen mußte, entgegen den Annahmen des aristotelisch/ptolemäischen Weltsystems. – Allerdings zeigt die Vollvenus nur, daß die Venus nicht ausschließlich um die Erde kreist. Sie könnte ja mit der Sonne um die Erde rotieren, wie z. B. Tycho Brahe im 16. Jahrhundert angenommen hatte. Vor allem bewies sie gar nichts über die Bewegung der Erde um die Sonne. Doch von dieser copernicanischen Vorstellung war Galilei fest überzeugt. Er suchte nach eindeutigen Beweisen dafür – und entwickelte in den folgenden Jahren eine Theorie von Ebbe und Flut. Die Gezeiten sollten durch Trägheitseffekte, die aus der Kombination von Tages- und Jahresbewegung der Erde resultierten, erklärbar sein, und als direkter Beweis für die Copernicanische Theorie dienen. Diese These wurde erst 1632 in Galileis „Dialog über die zwei hauptsächlichen Weltsysteme, das Ptolemäische und das Copernicanische" veröffentlicht, der ihm die Verurteilung durch die Inquisition brachte. Bei der Verurteilung spielten allerdings religiöse und politische Hintergründe wesentlich mit [4].

Auch die Entdeckung der Sonnenflecken ist mit Galileis Namen veknüpft. Im November 1610 hatte Galilei – nach eigenen Angaben – die Sonnenflecken gefunden. Schriftlich festgehalten kennen wir seine Beobachtung erst Anfang Oktober 1611. Sehr wahrscheinlich sind ihm andere Forscher bei der Erstentdeckung mit dem Fernrohr zuvorgekommen. Zumindest waren sie alle unabhängig voneinander: Thomas Harriot, Johannes Fabricius und der Ingolstädter

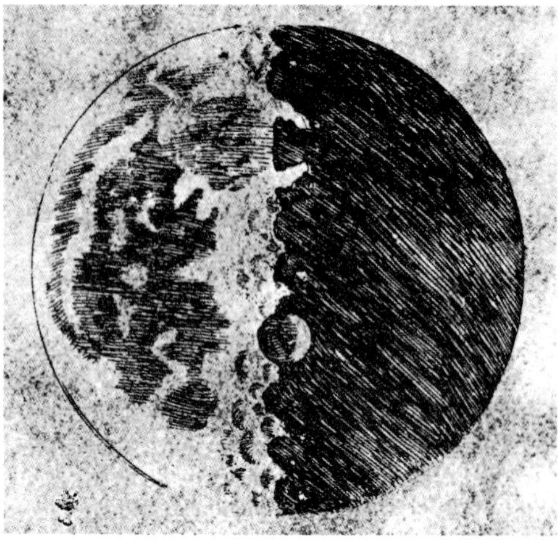

Bild 3, Bild 4:
Die Entdeckung der Mondgebirge.
Aus den Schattenbildungen an der Grenze Tag/Nacht auf dem Mond schloß Galilei auf die Existenz und die Höhe der Mondgebirge. Sein Malerfreund Ludovico Cigoli übernahm diese Entdeckungen sogar in eine Himmelfahrt Mariae (Fresko in der Kapelle Borghese der Kirche Santa Maria Maggiore, Rom, nach 1610).

Jesuit Christoph Scheiner. Die erste Publikation stammt von Fabricius.

Zwischen Galilei und Scheiner kam es in dieser Frage zu einem Wissenschaftstreit, der auch in Galileis Verhältnis zu den Jesuiten für Zündstoff sorgte. Scheiner verstand die Sonnenflecken als Planeten um die Sonne, damit zumindest die aristotelische These von der Unveränderlichkeit der Himmelskörper – hier der makellosen Reinheit der Sonne – erhalten bleiben konnte (die ptolemäische 7-Zahl der Planeten war ja durch Galileis Jupitermonde schon umgestoßen worden). Als die Veröffentlichung Scheiners unter einem Pseudonym im Januar 1612 erschien, vertiefte sich Galilei erbost in die Sonnenbeobachtung, um auch an diesem Beispiel seine antiaristotelische Sicht der Natur zu beweisen. Im Laufe des Jahres antwortete er mit mehreren Briefen, die 1613 auch veröffentlicht wurden. Er wies anhand der Bewegung der Flecken nach, daß diese (bzw. der Abstand von Flecken, die auf dem gleichen Breitenkreis liegen) am Sonnenrand

Bild 4

perspektivisch verkürzt erscheinen, und zwar nach einem trigonometrischen Zusammenhang, der genau mit der Rotation der gesamten Sonne erklärbar war. Er zeigte ferner, daß sich alle Flecken mit der gleichen Winkelgeschwindigkeit bewegten und daß ihre Wege gerade und parallel zueinander verliefen. Das sprach erheblich gegen Kleinplaneten weit über der Sonnenoberfläche und für Vorgänge auf der sphärischen Sonne selbst. Diese sollte sich in etwas mehr als 28 Tagen um sich selbst drehen. (Die von der Erde gesehene Rotationszeit der Sonne beträgt – in mittleren Breiten der Sonnenflecken – etwa 27,5 Tage und die wahre Rotationszeit, unter Abzug der Erdbewegung, 25,5 Tage). Die Flecken zeigten sich sehr veränderlich und waren in einem ständigen Entstehen und Vergehen begriffen. Sie schienen Wolken über der Erde sehr ähnlich, insbesondere wenn man eine – selbstleuchtende – Erde vom Weltraum her betrachten könnte. Aber Galilei hielt auch Rauch oder etwas ganz anderes bisher noch „Unbekanntes und Unvorstellbares" oder „Unbeobachtetes" für möglich. Im letzten Brief schloß er, hier in Übereinstimmung mit Scheiner, ausdrücklich die These von „Seen oder Einbuchtun-

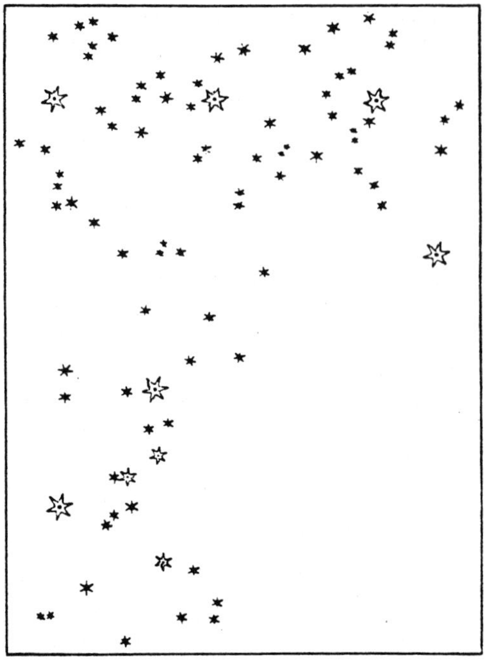

Bild 5: Das Sternbild Orion mit Gürtel und Schwert.
So sah Galilei diese Sternregion in seinem Fernrohr. Um die bisher bekannten Himmelsobjekte (drei Gürtelsterne oben, einer rechts davon, fünf Sterne unten im Schwert) fand er 80 weitere, die bisher nicht sichtbar gewesen waren [10].

Bild 6: Saturn, Jupiter, Mars sowie die Venus mit ihren Phasen.
Galilei glaubte noch, daß die seltsamen Auswüchse beim Saturn zwei „Planeten" um diesen herum waren. Die Erklärung eines Ringes verdanken wir erst Christiaan Huygens.

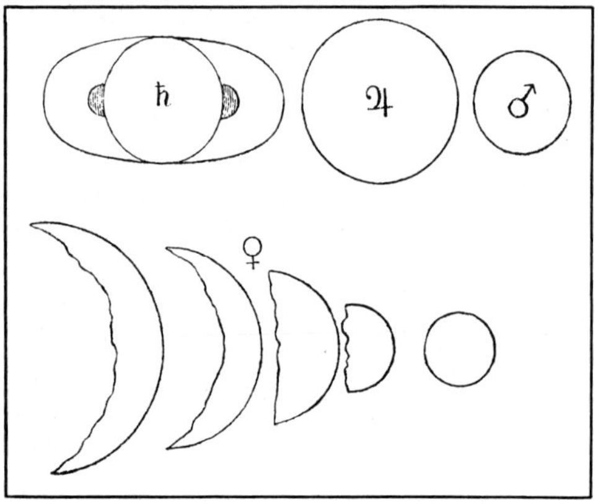

gen" oder von turbulenten, im Zentrum der Flecken vertieften Zonen niedrigerer Temperatur aus (die dem heutigen Verständnis am nächsten gekommen wäre). Dabei hatte er selbst beobachtet, daß sich der Abstand von Flecken untereinander, in der Nähe des Sonnenrands, nicht mehr als ihre „Breite" verkürzte. Insbesondere blieben Flecken am Sonnenrand immer getrennt voneinander. Sie mußten also doch sehr, sehr dünn sein (was für Wolken auf der Erde nicht generell gilt). Übrigens stellte er richtig fest, daß sie nur in einem Streifen von ungefähr „28 oder 29 Grad" nördlich und südlich des Sonnenäquators auftauchten.

Auch wenn es bis zum 19. Jahrhundert dauerte, bis die Sonnenforschung und insbesondere die Sonnenfleckenforschung intensiviert wurde: Das Jahr 1610 ist das Geburtsjahr der Sonnenphysik, die heute zu einem eigenen Zweig der Astronomie mit eigenen Instituten und Observatorien geworden ist.

Literatur:

[1] Galilei, G.: Sidereus Nuncius – Nachricht von neuen Sternen. Dialog über die Weltsysteme (Auswahl) ... Deutsche Übersetzung hrsg. von Hans Blumenberg. Frankfurt/M. 1965. (Mit einer Einführung von H. Blumenberg: Das Fernrohr und die Ohnmacht der Wahrheit). Erstausgabe des Sidereus ...: Venedig 1610

[2] derselbe: History and Demonstrations concerning Sunspots and their Phenomena. Englische Übersetzung in Drake, St.: Discoveries and Opinions of Galileo. Garden City, New York 1957. Erstausgabe Rom 1613

[3] Fischer, K.: Galileo Galilei. München 1983.

[4] Redondi, P.: Galilei, der Ketzer. München 1989.

[5] Riekher, R.: Fernrohre und ihre Meister. Berlin 1990

[6] Schmitz, E.-H.: Handbuch zur Geschichte der Optik. 5 Bände und 2 Ergänzungsbände (einer davon: Das Fernrohr). Bonn 1982–1984

[7] Westfall, R. S.: Science und Patronage. Galileo and the Telescope. In: Isis 76, 1985, S. 11–30

[8] Helden, A. van: The Telescope in the Seventeenth Century. In: Isis 65, 1974, S. 38–58

[9] Teichmann, J.: Moment mal, Herr Galilei. Stuttgart 1992 (Jugendbuch – zwei Geschichten darin zu Galilei)

Unpublizierte Quellen:

[10] Galilei-Manuskripte, Bibliotheca Nazionale, Florenz

J. T.

Die Entdeckung der Saturnringe

Das Jahr 1609 markierte einen Wendepunkt in der Geschichte der Astronomie. In diesem Jahr machte Galileo Galilei die ersten astronomischen Beobachtungen mit Hilfe eines Teleskops (s. S. 186). Sie führten ihn zu verblüffenden Entdeckungen, die die Grundlehren der allgemein akzeptierten aristotelischen Kosmologie widerlegten: Die Oberfläche des Mondes war unregelmäßig – entgegen dem aristotelischen Glauben, der Mond habe eine glatte und vollkommen sphärische Gestalt; die Milchstraße erwies sich als eine Ansammlung von Sternen – womit die aristotelische Auffassung, sie bestehe aus dichtem Äther, widerlegt wurde; und der Jupiter besaß vier Monde – was zeigte, daß sich nicht alle Himmelskörper um die Erde drehten.

Ein Jahr später bemerkte Galilei ein ungewöhnliches Aussehen des Planeten Saturn.

Bild 1: Christiaan Huygens (1629–1695).

Es schien, als ob er aus drei Körpern bestünde. Zeitweise nahm er eine ovale Gestalt an, zu anderen Zeiten sah er aus, als hätte er zwei „Henkel". Wir wissen heute, daß den Hauptkörper des Planeten ein Ring umgibt, und daß die verschiedenen Erscheinungen eine Folge der verschiedenen Neigungswinkel des Ringes zum Beobachter sind. Aber Galileis Fernrohre waren nicht genau genug, um den Ring zu sehen, und weder er noch andere zeitgenössische Astronomen waren in der Lage, die seltsamen Erscheinungen des Saturn zu erklären. Erst im Jahre 1659 veröffentlichte der holländische Physiker und Astronom Christiaan Huygens ein Buch, die *Systema Saturnium*, worin er die Hypothese erläuterte, Saturn sei von einem Ring umgeben. Diese unorthodoxe Theorie wandte sich nicht nur gegen die aristotelische Ansicht, daß Planeten sphärisch und unzerstörbar seien, sondern auch gegen Galileis Erklärung.

Doch auch gegen diese Interpretation wurden Einwände erhoben: Huygens' Theorie stieß hauptsächlich bei Honoré Fabri, einem französischen Jesuiten, Mathematiker und Inquisitor, auf Widerspruch. Fabri schlug eine alternative Theorie vor, die in gewisser Weise einen Kompromiß zwischen Aristoteles und Galilei darstellte: die Phasen des Saturn, einschließlich seiner „Henkel", seien optische Effekte, hervorgerufen durch die Kombination von vier (eine Zahl, die später auf sechs erhöht wurde) Satelliten, die sich hinter dem Planeten drehten. Fabri akzeptierte also Galileis Meinung, daß Saturn, wie Jupiter, kleine Monde in seiner Nähe habe – und er vergrößerte sogar noch die Anzahl dieser Begleiter; dennoch argumentierte er, daß sie nicht um den Saturn selbst rotierten, sondern um einen Punkt hinter dem Planeten, womit er seine Erklärung näher an Aristoteles' Auffassung brachte, daß sich alle Himmelskörper um die Erde drehten. Fabris Theorie wurde nicht von ihm selbst veröf-

Bild 2: Die Accademia del Cimento.
Graviert im Jahr 1773.

fentlicht, sondern in einem Werk seines Schülers Eustachio Divini, einem der besten Fernrohrhersteller seiner Zeit, mit dem Titel *Brevis annotatio in systema Saturnium* (1660).

Zwei führende Astronomen hatten also zwei verschiedene Theorien vorgeschlagen. Die zeitgenössischen Teleskope waren andererseits noch nicht leistungsstark genug, um eindeutige Beobachtungsergebnisse zu liefern. So wurde die Theorie, daß Saturn in der Tat einen Ring hat, mit einer Reihe von interessanten „Simulationsexperimenten“ untermauert, die die Florentiner Wissenschaftsakademie, die Accademia del Cimento, durchführte.

Die Accademia del Cimento war die erste naturwissenschaftliche Akademie der Welt. Sie wurde im Jahre 1657 von den beiden regierenden Brüdern der Toskana, Großherzog Ferdinand III. und Prinz Leopoldo de' Medici gegründet. Der letztere kam für ihren Unterhalt auf und versammelte eine kleine Anzahl von Wissenschaftlern, die zehn Jahre lang vor allem die Physik und Astronomie erforschten – Gebiete, die gerade durch Galilei zu aktuellen Forschungsthemen geworden

waren. Ihr führender Wissenschaftler war der Mathematikprofessor an der Universität Pisa, Giovanni Alfonso Borelli, ein erstklassiger Astronom und Physiker.
Sowohl Huygens als auch Divini widmeten ihre Werke dem Prinzen Leopoldo, in der Hoffnung, seine Akademie würde helfen, das Rätsel des Saturnrings zu lösen. Divini beendete sein Werk mit einem Appell an den Prinzen, einen Schiedsspruch zwischen den beiden Theorien zu fällen, und Huygens schrieb eine Erwiderung gegen Fabri in Form eines an Prinz Leopoldo gerichteten Briefes.

Die Akademie stand vor einer schwierigen Aufgabe: Mit einer möglichst objektiven wissenschaftlichen Erklärung sollte auch ein Schiedsspruch zwischen einem protestantischen Holländer (Huygens) und einem Mitglied der Inquisition (Fabri) gefällt werden. Diese Aufgabe wurde noch delikater durch die Tatsache, daß Fabri selbst ein korrespondierendes Mitglied der Akademie war.

Um zu entscheiden, welche Theorie am besten zu den Beobachtungen paßte, führten die Akademiker Modellexperimente zu Huygens' Hypothese durch. Die Experimente sind in einem langen, 1660 verfaßten Brief Borellis an den Prinzen beschrieben. Es wurde ein Modell des Saturn, umgeben von einem Ring, gebaut und zur besseren Reflexion des Lichts weiß bemalt. Das Modell befestigte man am Ende einer 128 braccia (Ellen, d. h. ungefähr 75 Meter) langen Galerie, beleuchtete es mit vier verborgenen Fackeln und beobachtete es mit Teleskopen unterschiedlicher Vergrößerung und Lichtstärke. Als der Winkel zwischen dem Teleskop und der Ringebene vermindert wurde, konnte man klar die verschiedenen von Galilei beschrieben Phasen beobachten, nämlich einen Zentralkörper und zwei kleinere Körper an seinen Seiten, die allmählich in eine Ellipse übergingen. Ähnliche Ergebnisse erhielt man, wenn man das Modell mit bloßem Auge aus einer Distanz von 37 Ellen (ungefähr 22 Meter) beobachtete.

Die Akademiker kannten natürlich die wirkliche Gestalt des Modells und konnten erklären, was die feine Verbindung zwischen den scheinbaren seitlichen Globen und dem

Bild 3: Modell der Saturntheorie von Ch. Huygens, gebaut und genutzt von der Accademia del Cimento, 1660, Florenz [1].

Zentralkörper war; deshalb wurden Personen, denen die wirkliche Struktur des Modells unbekannt war – unter ihnen auch „Ungebildete" [persone idiote] – aufgefordert, das Modell aus einer Entfernung von 37 Ellen zu beobachten und zu zeichnen, was sie sahen. Fast alle zeichneten die Scheibe des Saturn und zwei runde Bälle an den Seiten, was die Wissenschaftler auch bei den Fernrohrbeobachtungen zu sehen glaubten. (Ein Beobachter mit besonders guten Augen erkannte ein Band um den Saturn.)

Huygens' Hypothese konnte so eine Erklärung für die seltsamen Erscheinungen des Saturn liefern. Zusätzliche Tests, darunter auch direkte astronomische Beobachtungen, erhärteten die Ringhypothese. Es wurde auch erstmals der Schatten von Saturns Zentralkörper auf seine Ringe beobachtet. Der endgültige Schiedsspruch fiel daher zu Gunsten Huygens' aus, und sogar Fabri akzeptierte schließlich dessen Erklärung.

Bis zu welchem Grade kann eine derartige Reihe von auf der Erde durchgeführten Experimenten erklären, was am Himmel geschieht? Sicherlich konnte solch ein Experiment nichts beweisen: alles, was es aussagte, war, daß Huygens' Theorie mit den meisten astronomischen Beobachtungen vereinbar war. Wie Borelli selbst eingestand, lieferte Huygens' Theorie „nicht für alles eine Erklärung, aber für die meisten Erscheinungen."

In der Tat erklärte Huygens' elegante Lösung nur teilweise die Erscheinungen: Sein vorgeschlagener Ring war irrtümlicherweise von wahrnehmbarer Dicke und konnte dessen zeitweise Unsichtbarkeit nicht erklären. So fügte Huygens ad hoc eine Hypothese hinzu, die besagte, daß der Rand entweder das Licht total absorbiere oder so weich sei, daß er das Sonnenlicht zur Erde nur von einem Punkt reflektiere. Diese Hypothese wurde von anderen Astronomen verworfen, die richtig folgerten, daß der Ring so dünn sei, daß er manchmal unsichtbar war. Eine weitere Lücke in Huygens Hypothese war, daß er eine Neigung des Ringes zur Ekliptik von 23 1/2° vorschlug, ähnlich derjenigen der Erde. Bei solch einer geringen Neigung wäre es jedoch unmöglich zu erklären, daß der Saturn von der Erde aus gesehen ganz in seinen Ring eingebettet erscheint.

Man mag darüber streiten, inwieweit Simulationsexperimente etwas über die tatsächlichen astronomischen Verhältnisse aussagen können. Dies ist eine Frage, mit der sich die Wissenschaftstheorie beschäftigt. Für die Wissenschaftsgeschichte bleiben die Experimente der Accademia del Cimento jedenfalls von großem Interesse, denn sie zeigen, daß der Erkenntnisfortschritt nicht immer so gradlinig ist, wie er später in den Lehrbüchern erscheint.

Literatur:

[1] Huygens, Ch.: Oeuvres complètes de Christiaan Huygens. [Das Experiment der Accademia del Cimento wird in einer Reihe von Briefen, hauptsächlich von Borelli, beschrieben, die in Band 3 gesammelt sind (Haag 1980). Huygens' Systema Saturnium und Eustachio Divinis Brevis annotatio, sowie diesbezügliche Werke, befinden sich in Band 15 (Amsterdam: Swets & Zeitlinger 1967).]

[2] Helden, A. van: The Accademia del Cimento and Saturn's ring. In: Physis 15 (1973), S. 237–259.

[3] derselbe: Huygens and the Astronomers. In: Studies on Christiaan Huygens, hrsg. von H. M. Bos, M. J. Rudwick, H. A. M. Snelders, R. P. W. Wisser. Lisse: Swets & Zeitlinger 1980, S. 147–165

M. S.

Infrarot und Ultraviolett: Die Anfänge der Sonnenphysik

Der vielleicht berühmteste Astronom des 18. Jahrhunderts war William Herschel (eigentlich Friedrich Wilhelm Herschel, geboren in Hannover und als Militärmusiker nach England ausgewandert). Er entdeckte den Planeten Uranus, den ersten neuen Planeten seit Menschengedenken, die Eigenbewegung der Fixsterne, und er verwendete als erster stellarstatistische Methoden – zur Untersuchung von Form und Größe der Milchstraße. Er baute auch das größte Teleskop des 18. Jahrhunderts. Es erregte mit einem Spiegeldurchmesser von 1,2 m freilich mehr öffentliches Aufsehen als es – im Vergleich zu kleineren Teleskopen von Herschel – tatsächlich astronomisch leistete.

Interesse an besseren Fernrohren hat in der Geschichte der Physik immer wieder den Anstoß zu neuen Entdeckungen gegeben. Isaac Newton kam nach 1660 über sein Interesse an den Farbfehlern von Linsenteleskopen zu einer großen physikalischen Entdeckung: der Farbzerlegung des weißen Sonnenlichts (siehe S. 121). Joseph Fraunhofer fand 1814, ebenfalls über Probleme der Farbkorrektur von Linsenteleskopen, die Absorptionslinien im Sonnenspektrum. Auch Herschel wurde durch sein Teleskopinteresse im Jahr 1800 zu einer berühmten physikalischen Entdeckung , dem Infrarot im Sonnenspektrum, geführt:

„Es wird daher nicht uninteressant sein, wenn ich hier angebe, wie ich auf die Vermutung gekommen bin, das Vermögen, zu wärmen, und das Vermögen, zu erleuchten, möchten nicht auf einerlei Art unter die farbigen Strahlen der Sonne verteilt sein.
Ich wünschte die beste und sicherste Art zu wissen, die Sonne durch große Teleskope von ansehnlicher Öffnung und Vergrößerung zu betrachten. Zu dem Ende stellte ich eine Reihe von Versuchen mit verschieden gefärbten Gläsern an, die ich auf mannigfaltige Art miteinander verband, um daraus die schicklichste Verbindung zu verdunkelnden Sonnengläsern zu nehmen. Was mich nicht wenig überraschte, war, daß ich bei einigen, die nur wenig Licht hindurch ließen, doch eine merkliche Wärme verspürte, dagegen bei anderen viel lichthelleren fast gar keine Wärme fühlte." [1, S. 138 f.]

Das führte ihn zu Versuchen, die eine unterschiedliche Wärmewirkung der Farben des Sonnenspektrums genauer erkundeten. Dazu baute er eine Versuchsapparatur auf einem „Tischen" (**Bild 1**):

„Dieses Tischen wird nun so gerückt, daß vom ganzen Farben-Spektrum kein anderes Licht, als lediglich rotes, in der Breite von 1/4 Zoll, auf dasselbe fällt, und mithin darauf gerade bis an die erste Querlinie reicht, wie es auch Taf. IV [**Bild 1**] darstellt. Alles übrige farbige Licht, bis auf dieses äußerste verschwindende, geht vor dem Rand des Tischens vorbei, und kann mithin auf den Versuch weiter keinen Einfluß haben. – Immer nur wurde auf das erste Thermometer der Teil des Farben- oder Wärme-Spektrums gebracht, dessen wärmende Kraft bestimmt werden sollte, indess die beiden anderen Thermometer aus der Ebene der Brechung blieben, um an ihnen den Normalstand zu haben. Beim Wiederholen der Versuche wurde das erste Thermometer mit einem der beiden anderen vertauscht.
Bei diesen Versuchen zeigte sich nun bald, daß das erste Thermometer anstieg, auch wenn das Farben-Spektrum nicht bis an dasselbe reichte, sondern sich vor demselben, wie z. B. in Taf. IV [**Bild1**] endigte. In drei Versuchen mit demselben Thermometer, stieg dieses, als es von den äußersten roten Strahlen, auf dem Tischen, in der Ebene der Brechung 1/3 Zoll [etwa 9 mm] weit abstand, in 10 Minuten um 6 1/2°; bei 1 Zoll [etwa 2,5 cm] Abstand von der äußersten Grenze des Rots in 10 Minuten um 5 1/4°; und bei 1 1/2 Zoll [etwa 3,8 cm] Abstand von jener Grenze in 10 Minuten um 3 1/8°.
Am anderen Ende des Farben-Spektrums fand über die äußerste Grenze des Violetts hinaus gar keine Veränderung im Thermometer-Stande, und

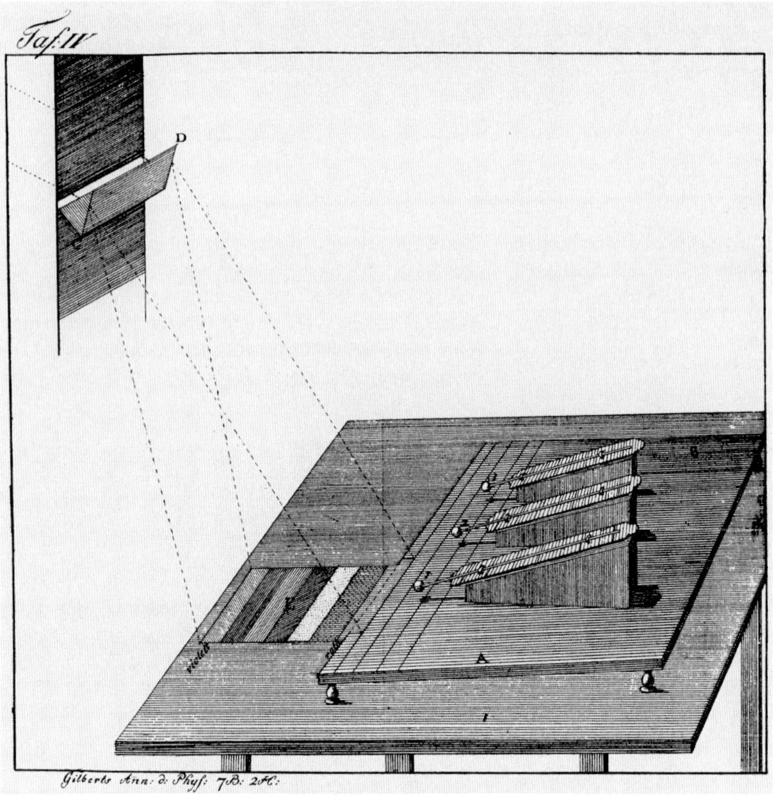

Bild 1: Herschels Entdeckung des Infrarot.
Das vordere Thermometer zeigte eine Temperaturerhöhung außerhalb des roten Spektrumbereichs an. Das Sonnenlicht wurde durch das Prisma CD aufgespalten [1].

nicht die mindeste Erwärmung statt. Die Entfernung vom Prisma betrug 52 Zoll [etwa 1,3 m]." [1, S. 143 f.]

Das heißt, es gab jenseits des Rot – aber nicht jenseits von Violett – eine unsichtbare Strahlung, die eine erhebliche Wärmewirkung auf das Thermometer ausübte. Das Maximum dieser Wärmewirkung fand er etwa 1,3 cm von der Rotgrenze entfernt.

Herschel untersuchte in weiteren Aufsätzen dieses Jahres 1810 (die hier in der damaligen deutschen Zusammenfassung zitiert werden) auch die optischen Eigenschaften dieser „strahlenden Wärme" wie Reflexion, Brechung und Dispersion:

„*Zurückwerfung der nicht sichtbaren Wärme der Sonne.* Herschel setzte an das eine Ende eines 4 1/2 Fuß [etwa 1,37 m] langen Bretts einen kleinen Planspiegel, der gegen das einfallende prismatische Licht unter 45° geneigt war, und es auf ein Thermometer warf, das am anderen Ende des Bretts, 3 Fuss 9 1/2 Zoll [etwa 1,16 m] vom Spiegel stand, und neben welches, außerhalb des zurückgeworfnen Strahlenkegels, ein zweites Thermometer gestellt war, (Taf. II, Fig. 4) [**Bild 2**]. Dieses Brett ließ sich in den farbigen Strahlen verschieben, und der Spiegel mittelst Paralellinien, die im Abstande 1/2 Zolles von einander auf das Brett gezogen waren, in jede beliebige Entfernung von der Grenze des Rots des Farbenspektrums bringen. Nachdem die Thermometer, während der Spiegel verdeckt blieb, die Temperatur ihres Standorts angenommen hatten, wurde der Apparat so weit aus dem Farbenspektrum gerückt, daß nun die nicht sichtbaren Wärmestrahlen der Sonne allein auf den Spiegel fielen. Binnen 10 Minuten erhielt das erste Thermometer 4° F [Fahrenheit, etwa 2,2° C] Wärme ..." [2, S. 73 f.]

Wenn der Spiegel entfernt wurde, sank die Thermometeranzeige sofort. Es mußten also wirklich unsichtbare Strahlen vorhanden sein. Benutzte er einen Hohlspiegel aus Stahl (Durchmesser etwa 8,6 cm, Brennweite etwa

7 cm) zur Reflexion und Konzentrierung der Wärmestrahlen, so stieg das Thermometer schon in einer Minute um etwa 11° Celsius.

Dann untersuchte er auch die Brechbarkeit der Wärmestrahlen, indem er ein großes „Brennglas" (mit etwa 23 cm Durchmesser) einsetzte:

„Die eine Hälfte des ... Brennglases wurde, wie der Hohlspiegel ... bedeckt, und das prismatische Farbenspektrum so auf diese Bedeckung aus Pappe geworfen, daß das äußerste rote Licht noch um 0,1 Zoll [etwa 2,5 mm] von dem mitten über das Glas fortgehenden Rande der Pappe abwärts, und mithin die nicht sichtbaren Strahlen außerhalb des Farbenspektrums auf den unbedeckten Theil der Linse fielen. Die Kugel des einen Thermometers wurde im Brennpunkte der roten Strahlen, oder vielmehr ein klein wenig darüber hinaus, und die des zweiten dicht daneben gesetzt. Während dieses seinen Stand gar nicht änderte, stieg das im Brennpunkte um 45° F[ahrenheit, etwa 25° C] binnen 1 Minute." [2, S. 80 f.]

Herschel verglich diese Reflexion auch mit der Reflexion anderer Wärmestrahlen, von Flammenlicht, von einem glühenden Eisenstab und von einem Kohlenfeuer. So stieg ein Thermometer im Brennpunkt des obigen Hohlspiegels bei Verwendung seines Flammenlichts in fünf Minuten um etwa 2° C, während eines dicht neben dem Brennpunkt nicht beeinflußt wurde. Bei Verwendung des glühenden Eisenstabes stieg das Thermometer im Brennpunkt in 1 1/2 Minuten um etwa 21,4° C. Auch die Brechung wurde an hand verschiedener Lichtquellen verglichen. So erwärmte Flammenlicht das Thermometer zunächst direkt bis zu einem konstanten Wert. Dann wurde eine kleine Sammellinse (2,4 cm Durchmesser) in der Entfernung ihrer Brennweite (3,6 cm) vor das Thermometer gestellt. Dieses zeigte eine weitere Temperaturerhöhung um etwa 1,2° C in drei Minuten. Das Gesamtsonnenlicht schaffte mit Hilfe des schon erwähnten großen Brennglases eine Erhöhung von etwa 62° Celsius in 1 Minute. Das wurde wiederum mit einem glühenden Eisenstab und einem „Küchenfeuer" verglichen. Auch als der Eisenstab (im verfinsterten Zimmer) nicht mehr rot leuchtete, gab er noch – durch die oben erwähnte kleine Sammellinse – konzentrierte Wärmestrahlung ab, die das Thermometer um etwas mehr als 1/2° Celsius in zwei Minuten steigen ließ. Herschel fand übrigens mit Hilfe des Thermometers, daß der Brennpunkt der Wärmestrahlen weiter von der Linse weg lag als der Brennpunkt der Lichtstrahlen.

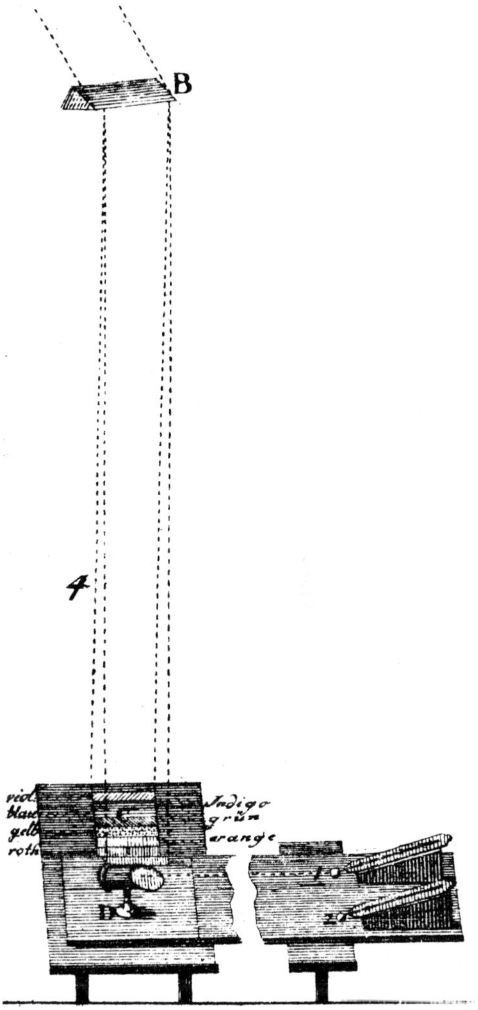

Bild 2: Infrarot wird reflektiert wie Lichstrahlung.
Hier benutzte Herschel einen kleinen Planspiegel (D), den er in den Infrarot-Teil des Spektrums stellte [2].

Er schloß aus diesen Versuchen, daß die sichtbaren und die Wärmestrahlen sehr ähnlich seien, doch auch Verschiedenheiten zeigten: So war die Dispersion (wie wir heute sagen würden) der Wärmestrahlen viel größer als die der Lichtstrahlen. Die Breite des Wärmespektrums (das war für Herschel das gesamte Spektrum!) verhielt sich zur Breite des sichtbaren Spektrums wie 5 1/4 : 3. Für Herschel war also die nicht sichtbare Sonnenstrahlung jenseits von Rot nicht die einzige Wärmestrahlung! Wärmestrahlung überlagerte sich nach seinem Verständnis – freilich in geringerer Intensität – dem gesamten sichtbaren Spektrum. Daß dessen Strahlung erst bei Absorption in Materie in Wärme umgewandelt wurde, zog er noch nicht in Betracht. Schon bei Bestimmung des Maximums der Wärmewirkung im Infrarotbereich hatte er auch Glück gehabt. Bei einer Prismensubstanz, die im Sichtbaren zusätzlich absorbiert hätte, wäre sein Maximum möglicherweise ins Rote gerutscht.

Die abschließenden Arbeiten von Herschel über den Vergleich von sichtbarer und nicht sichtbarer Strahlung bewiesen ihm, daß beide doch sehr verschiedener Natur sein mußten:

„*Der Apparat zur Bestimmung des Wärmeverlusts beim Durchgange der Sonnenstrahlen durch durchsichtige Körper*, (Taf. IV, Fig. 1) **[Bild 3]**, bestand aus einem 12″ langen, 8″ breiten und 2″ [30,5 cm, 20 cm, 5 cm] tiefen Kasten *AB* mit zwei Thermometern. Ueber dem unteren Teile desselben war ein Deckel *C* befestigt; dagegen war der Boden des Kastens an dieser Stelle weggeschnitten. Senkrecht über jeder der Thermometerkugeln befand sich im Deckel ein rundes Loch von 3/4 Zoll [etwa 1,9 cm] Durchmesser, und ein Querbrett verhinderte, dass nicht Wärmestrahlen von einem Thermometer zum anderen kamen. Durch das eine dieser Löcher ließ Herschel die Sonnenstrahlen unmittelbar auf die Thermometerkugel fallen; das andere Loch wurde mit dem durchsichtigen Körper bedeckt, mit dem der Versuch angestellt werden sollte. Eine Leiste erhielt diesen Körper in der gehörigen Lage über dem Loche, und ein auf ihr senkrecht stehender Stift zeigte durch seinen Schatten, ob der Kasten so stand, daß die Sonnenstrahlen senkrecht auf den Deckel und die Löcher fielen; eine Lage, die sich im Kasten mittelst seines Gestelles geben ließ. Die beiden Bretter *D, E* desselben sind durch Scharniere mit einander verbunden; an *E* ist ein Lineal *F* aus Mahagoniholz angeschraubt, und eine Feder *G*, welche am anderen Brette befestigt ist, drückt dieses so fest an das Lineal, daß der Kasten in jeder geneigten Lage, die man ihm gibt, stehen bleibt. Ein Schirm vor dem Kasten hielt das Sonnenlicht von dem unbedeckten Teile desselben ab, und kein Sonnenlicht wurde in die Stube gelassen, als was auf und durch den Schirm fiel.“ [3]

Herschel ließ nun Sonnenlicht durch das Vergleichsloch und das zu untersuchende Farbglas fallen und maß die Temperaturveränderung der zwei entsprechenden Thermometer in fünf Minuten. Diese zwei Änderungen nahm er als Maß für die gesamte Wärmestrahlung und die jeweils durchgelassene. Seine Ergebnisse wurden in einer Tabelle festgehalten. Auch hier wurde deutlich, daß es für ihn verschiedenfarbige, den jeweiligen Lichtstrahlen zugeordnete Wärmestrahlen gab, die er „prismatische Wärmestrahlen“ nannte. Thomas Young benutzte 1801 Herschels Ergebnisse, um gegen dessen Interpretation zu behaupten: Licht unterscheidet sich von Wärme wahrscheinlich nur durch die Frequenz der Schwingungen. Das schloß natürlich z.B. rote Wärmestrahlen aus.

Herschels Ergebnisse, daß etwa dunkelrotes Glas 999.8/1000 der sichtbaren Strahlen, 606/1000 der weißen Wärmestrahlen, 692/1000 der roten Wärmestrahlen und überhaupt keine unsichtbaren Wärmestrahlen zurückhielt, waren in Wirklichkeit durch Lichtabsorption im Glas und durch Sekundärabstrahlung von Wärme so verändert, daß seine Interpretationen falsch wurden.

Die Natur der Wärme war um diese Zeit noch grundsätzlich geheimnisvoll. Ob Wärme ein Stoff ist oder in der Bewegung kleinster Körperteilchen besteht, sollte noch 50 Jahre ein Streitpunkt bleiben. Die Wärmestrahlung selbst begann erst mit der elektromagnetischen Lichttheorie und der ersten systematischen Absorption- und Emissionsforschung ab den 1860er Jahren Gegenstand ausgedehnter physikalischer Überlegungen zu werden (siehe S. 135).

Kurz nach Herschels Entdeckung des Infrarot wurden auch die ultravioletten Strah-

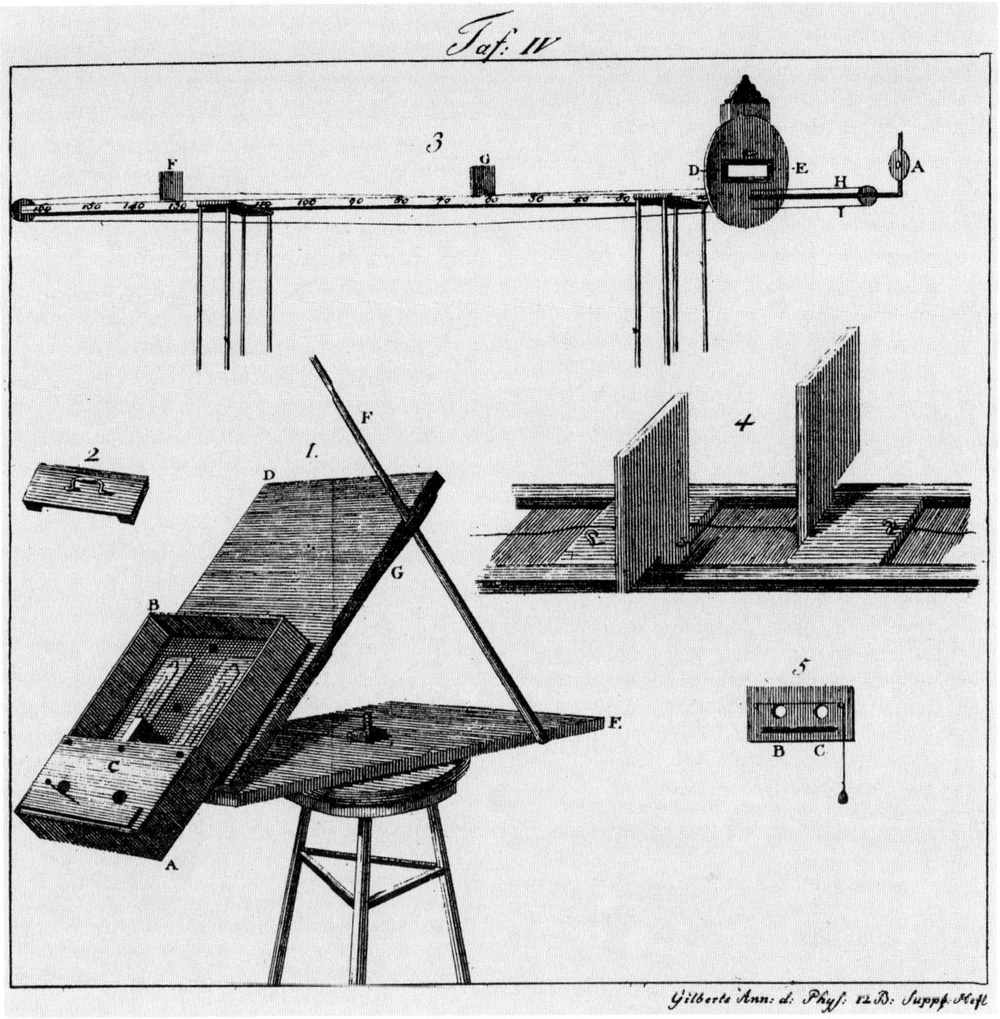

Bild 3: Untersuchungen zur Absorption der Licht- und Wärmestrahlung.
Die Figuren 1, 2 beschreiben den Apparat Herschels zur Untersuchung der Infrarot-Absorption. Auf einem von den zwei Löchern im Brett C wurde der absorbierende Körper befestigt. Die Figuren 3–5 beschreiben das Photometer (nach Bouguer), mit dem die Lichtabsorption gemessen wurde. In B oder C (Fig. 5) wurde die absorbierende Substanz angebracht. Dieser Einsatz wurde in DE (Fig. 3) geschoben. Durch A konnte man jeweils das – von einer Lampe über DE beleuchtete – Brett F (über das Loch B) und über das Brett G (über das Loch C) anvisieren und vergleichen. Diese Bretter wurden so lange gegeneinander verschoben, bis beide wieder gleich hell erschienen [3].

len im Sonnenspektrum entdeckt. War Herschel ein Astronom des empiristisch-rationalistischen Zeitalters, so gehörte der Entdekker des UV, der junge Physiker Johann Wilhelm Ritter, einer ganz neuen Epoche an. Er war tief beeinflußt von Gedanken und Spekulationen der Romantik (z. B. des Philosophen Friedrich Wilhelm Schelling). Freundschaftliche Kontakte verbanden ihn auch mit dem Romantiker-Kreis der Literaten dieser Zeit (Novalis, die Brüder Schlegel, Achim von Arnim). Ein Denkprinzip der Romantik war die Einheit aller Naturkräfte und deren polare Ausprägung. Es gab Nord- und Südpol, plus und minus, kalt und warm, männlich und weiblich. Die Eigenschaft warm habe Herschel am einen Ende des Lichtspektrums entdeckt, sagte Ritter, also müsse es „kalte" Strahlen am anderen Ende des Sonnenspektrums geben.

Ritter suchte aber nicht nur in solchen Analogien Anregungen. Er hatte als guter Experimentalforscher auch das Gespür für den praktischen „Schlüssel" zu dieser Entdekkung. Der Nachweis der UV-Strahlen gelang ihm mit „Hornsilber" (Silberchlorid als weißes Pulver), einer Substanz, die durch Lichteinwirkung chemisch verändert wird. Er kam darauf, weil es

„...auf dieselbe Weise, wie das Thermometer nach dem Rot hin, in unserem Falle nach dem *Violett* hin, die stärkere Wirkung zeigt. Es wird dann leicht sein, mit ihm über das Violett hinauszugehen, und außerhalb ihm mit demselben ein Maximum von Wirkung eben so gut aufzufinden, wie mit dem Thermometer über dem Rot hinaus. Unter mehreren, die sich vorschlugen, blieb immer, *Scheele´s* Bemerkung zu Folge, daß Hornsilber, (salzsaures Silber, muriate d'argent), *im Violett des Farbenbildes weit eher schwarz werde*, als in den übrigen Farben, dieses, und aus vielen Gründen, das vorzüglichere. Ich stellte zuerst am 22sten Februar d. J. [1801], mit ihm folgenden Versuch an:

6. Einen etwa acht Zoll langen Streifen starkes weißes Papier überstrich ich mit feuchtem aber erst bereiteten Hornsilber, und ließ im dunklen Zimmer das reinliche Spectrum des Prismas, in der Entfernung von fünfzig bis sechzig Zoll von diesem, auf dessen Mitte fallen. Das Hornsilber fing *zuerst*, und äußerst schnell in *einer beträchtlichen Entfernung vom äußersten Violett nach außen*, an, schwarz zu werden. Erst darauf folgte das im Violett selbst nach, und ganz zuletzt tat es die schwächste nach innen gelegenste Nuance des sich ins Grün verlierenden *Blaues*. Durch das *Gelb* hindurch bis ins *Rot und darüber hinaus* aber, *blieb das Hornsilber weiß*, wie lange es auch diesem Licht ausgesetzt bleiben mochte. Beim Herausnehmen des Streifens aus der Brechungsebene, fand ich die *stärkste Schwärzung in der Entfernung eines guten halben Zolles vom äußersten Violett* ..." [4, S. 5-6]

Als universalistisch eingestellter romantischer Experimentalforscher, den insbesondere die Verknüpfung von Wissenschaft mit Lebensvogängen interessierte, war Ritter in Physik, Chemie (und auch Biologie) gleich gut bewandert. Berühmter ist er übrigens mit seinen elektrochemischen Untersuchungen in der Nachfolge Galvanis und Voltas geworden. Sein Ruf unter Spezialwissenschaftlern litt aber schließlich doch unter zu romantischen Spekulationen, die er noch dazu oft in kompliziertem Wortschwall äußerte. So führte er auch ausgedehnte Wünschelruten-Untersuchungen durch.

Literatur:

[1] Herschel, W.: Untersuchungen über die wärmende und die erleuchtende Kraft der farbigen Sonnenstrahlen; Versuch über die nicht-sichtbaren Strahlen der Sonne und deren Brechbarkeit; und Einrichtung großer Teleskope zu Sonnenbeobachtungen. In: Annalen der Physik 7 (1801), S. 137–156 (Die Wärmestrahlen wurden im Original in den Philosophical Transactions 1800, S. 284–291 abgehandelt.)

[2] Derselbe: Fortgesetzte Versuche über die Wärmestrahlen der Sonne und irdischer Gegenstände. In: Annalen der Physik 10 (1802), S. 68–87 (der von uns zitierte Teil gehört zu den Philosophical Transactions 1800, S. 293–326.)

[3] Derselbe: Beschluß von Herschel's Untersuchungen über Licht und Wärme. In: Annalen der Physik 12 (1802), S. 521–545 (aus Philosophical Transactions 1800, S. 437–538.)

[4] Ritter, J.W.: Bemerkungen zu Herschel's neueren Untersuchungen über das Licht; – vorgelesen in der Naturforschenden Gesellschaft zu Jena im Frühling 1801. In: Derselbe: Physisch-Chemische Abhandlungen in chronologischer Folge. Hier Band 2, Leipzig 1806, S. 81–107. Siehe auch (derselbe): Die Begründung der Elektrochemie und Entdeckung der ultravioletten Strahlen (Auswahl und Kommentar A. Hermann). Frankfurt/M. 1968, hier S. 57–73

[5] Lovell, D.J.: Herschel's Dilemma in the Interpretation of Thermal Radiation. In: Isis 59 (1968) S. 46–60

J. T.

Mikrowellen und Urknall

Für den 1965 veröffentlichten Nachweis der kosmischen Hintergrundstrahlung erhielten die Amerikaner Arno Penzias und Robert Wilson 1978 den Nobelpreis für Physik. In dieser Strahlung erkennen die Astrophysiker das wichtigste Indiz für den Urknall – den Beginn der Welt vor etwa 20 Milliarden Jahren.

Der Urknall war (und ist noch) eine heiß umstrittene These. Sie ergab sich aus der Theorie des expandierenden Universums, die auf Grund Edwin Powell Hubbles Nachweis der Galaxien-Flucht 1929 allgemein überzeugte. Als man in den vierziger Jahren versuchte, Probleme der Elemententstehung zu klären, die mit der Annahme ihrer ausschließlichen Produktion in Einzelsternen nicht zu lösen waren (insbesondere die kosmische Häufigkeit des Elements Helium), wurde diese Theorie auch physikalisch-chemisch bedeutsam.

Der russisch-amerikanische Physiker George Gamow griff nun die These einer riesigen Anfangsexplosion des Weltalls wieder auf und schloß daraus 1946, daß kurze Zeit nach dieser Explosion das Universum so weit abgekühlt war (unter 3000 K), daß es transparent für Strahlung wurde, die sich jetzt nach allen Seiten gleichmäßig ausbreiten konnte. Seine Mitarbeiter Ralph A. Alpher und Robert C. Herman kamen mit einer genaueren Rechnung 1949 zu dem Schluß, daß diese heiße Strahlung durch die Expansion des Weltalls bis in unsere Gegenwart auf einige wenige Kelvin abgekühlt sein mußte. Die Urknallthese gewann aber gegen ihre Konkurrentin, die These eines immerwährenden Universums (steady state), in den 50er Jahren kaum Anhänger. Diese Theorie war 1946 von Fred Hoyle und anderen postuliert worden, ohne das expandierende Weltall in Frage zustellen. Die Urknalltheorie konnte z. B. die Produktion von Elementen schwerer als Helium nicht erklären. Der Urknall selbst bietet mit der Frage: „Was war vorher?" bis heute ein besonderes Problem. Eine Umfrage im Jahre 1959 zeigte, daß nur ein Drittel der Astronomen an den Urknall glaubte, allerdings die Mehrheit auch die kontinuierliche Erzeugung von Materie im Weltall nach der steady state-These ablehnte. Sie war in dieser These nötig, weil man kein Weltall zulassen konnte, das durch die Spiralnebelflucht immer weiter verdünnt wurde. Niemand, nicht einmal Fred Hoyle, der verschiedene Prüfungen seiner These vorschlug, ging vor 1965 auf den möglichen Testfall Hintergrundstrahlung ein.

Die Hintergrundstrahlung fällt in das Gebiet der Radioastronomie, die sich ursprünglich aus der Nachrichtentechnik entwickelt hatte. Der amerikanische Rundfunkingenieur Carl Guthe Jansky hatte 1931 eine Antenne gebaut, um Störungen bei interkontinentalen Funkverbindungen zu untersuchen. Er fand Radiostrahlung aus dem Zentrum der Milchstraße: Anders konnte er eine seiner Störquellen nicht erklären, die mit einer Periode von 23 Stunden und 56 Minuten (d. h. einem Sterntag) an einer bestimmten Stelle des Himmels zu finden war. Diese Geburtsstunde der Radioastronomie blieb aber ziemlich verborgen. Erst die Radartechnik im Zweiten Weltkrieg lieferte Grundlagen und Instrumente, die nach 1945 für die zivile Radioastronomie eingesetzt werden konnten. (Hinzu kamen weitere Erfahrungen, z. B. Störungen von Nachrichtenverbindungen durch die Radiostrahlung der Sonne). So wurden zum Beispiel die 7,5 m-Durchmesser-Radarantennen, die sogenannten „Würzburg-Riesen" der Deutschen, nach 1945 in vielen Ländern als erste Astronomie-„Schüsseln" eingesetzt.

Dennoch waren bis zu den 60er Jahren Nachrichtentechnik und Radioastronomie für die meisten Astronomen noch fremde Gebiete. So „entdeckte" z. B. 1955 ein Franzose beim Empfindlichkeitstest von Radioastronomieempfängern die Hintergrundstrahlung, ohne ihre astronomische Bedeu-

Bild1: Die Hornantenne in Holmdel, New Jersey (Öffnung 6 x 6 m).
Mit ihr fanden Arno Penzias und Robert Wilson 1964 die 3 K-Hintergrundstrahlung des Weltalls. In der anschließenden Kabine befinden sich die Empfangsapparaturen.

tung zu erkennen. Zwei Russen, A. G. Doroshkevich und J. D. Novikov, veröffentlichten 1964 eine weitere Vorhersage von Strahlung aus diesen Weltanfangszeiten. Sie kannten sogar Meßergebnisse der damals empfindlichsten Antenne der Welt in Holmdel (New Jersey, Bell Laboratories) und empfahlen sie für die Suche nach dieser Strahlung. Auch Amerikaner um Robert Henry Dicke in Princeton, die sich mit der These eines oszillierenden Weltalls beschäftigten, propagierten eine solche Strahlung und wollten Messungen dazu unternehmen. Sie wußten offenbar weniger von der grandiosen Technik ganz in ihrer Nähe als die Russen. Keiner kannte offenbar die jeweils andere Gruppe.

Penzias und Wilson, die 1963 in Holmdel anfingen, den Himmel nach Mikrowellen-Strahlung abzutasten, wußten damals überhaupt nichts von der Urknall-These. Sie waren beide Physiker mit radioastronomischen Interessen und an der Radiostrahlung des Wasserstoffs interessiert, mit der in den fünfziger Jahren die detaillierte Spiralstruktur der Milchstraße aufgeklärt wurde (die 21 cm-Linie des neutralen Wasserstoffs). Dies war ein erster großer Erfolg der noch jungen Radioastronomie gewesen.

Arno Penzias ist 1933 in München geboren. Er mußte mit seiner Familie – sein Vater war polnischer Staatsangehöriger jüdischer Abstammung – 1939 nach den USA emigrieren und studierte nach dem Krieg Physik. Seine Doktorarbeit um 1960 verknüpfte schon den Bau eines Masers (s. S.178 f.) und radioastronomische Messungen miteinander. 1961 trat er bei Bell ein. Anfang 1963 wurde ein zweiter Physiker mit radioastronomischer Erfahrung, Robert Wilson, angestellt.

Bells Interesse galt jedoch nicht der Radioastronomie sondern der Nachrichtentechnik. Man wollte Radiowellen an Satelliten spiegeln und als Echo wieder empfangen. Dafür wurde 1960 die Holmdel-Antenne mit einer Öffnung von etwa 6 x 6 Meter gebaut (die gesamte Länge war 15 Meter, das Gewicht der Konstruktion, vor allem aus Aluminium, 18 Tonnen – **Bild 1**). Sie sah wie ein riesiges Horn aus . Diese Antenne sollte auch als Empfangsstation für TELSTAR, den ersten aktiven Kommunikationssatelliten der Welt, eingesetzt werden. Dazu wurde in die Horn-Antenne ein Maser zum Empfang im 7,3 cm-Bereich eingebaut. Man hatte befürchtet, daß die Europäer nicht rechtzeitig zum Betriebsbeginn von TELSTAR für den Nachrichtenempfang gerüstet sein würden. So wollte man die Holdel-Antenne als Empfangsantenne einsetzen, um die Signale der Sendestation von Andover in Maine zu empfangen. Die Sorge war unbegründet, die Europäer wurden fertig, und so stand die Holmdel-Hornantenne ab der zweiten Hälfte 1962 mit dem extrem empfindlichen 7,3 cm-Maser für Arno Penzias' und Robert Wilsons radioastronomische Interessen zur Verfügung. Diese Forschungen waren von Bell nach Abschluß der technischen Aufgaben zugesagt worden.

Penzias und Wilson starteten nun ein ausführliches experimentelles Programm über das Spektrum der Radiostrahlung aus unserer Milchstraße. Dazu gehörten auch Untersuchungen über die absolute Temperatur der kontinuierlichen Strahlung unserer Milchstraße bei der Wellenlänge 21 cm des neutralen Wasserstoffs. Es sollte auch die Dissertationsaufgabe von Penzias weiter verfolgt werden: die Suche nach Wasserstoff in Galaxiengruppen. Mit dem 7,3 cm-Maser überprüften sie erst einmal das berechnete, sehr geringe Eigenrauschen ihrer hochempfindlichen Antenne. Andere Radioteleskope waren zwar viel größer als ihre 6 x 6 Meter-Antenne in Holmdel – so etwa das berühmte Teleskop in Jodrell Bank in England, das mit 76 m Durchmesser von 1957 bis 1972 das größte frei bewegliche der Welt war. Doch bei großflächiger, sehr schwacher Radiostrahlung hatte Holmdel keinen Konkurrenten in der Welt. In hohen Breiten um die Milchstraße ist nun die Strahlung des galaktischen Kontinuums bei 7,3 cm zu vernachlässigen. Jedes „überschüssige" Rauschen, das Penzias und Wilson mit dem Maser hier maßen, mußte also von der Antenne selbst stammen, wenn man andere bekannte Beiträge (der irdischen Atmosphäre, unaufgeklärter extragalaktischer Radioquellen u. a.) abzog. Andere Forscher hatten nun schon vorher gefunden, daß das gemessene Rauschen aus allen Richtungen die berechneten bekannten Beiträge um ein paar Kelvin überstieg. Sie konnten aber irgendwelche Rauschquellen innerhalb ihres gesamten Antenne-

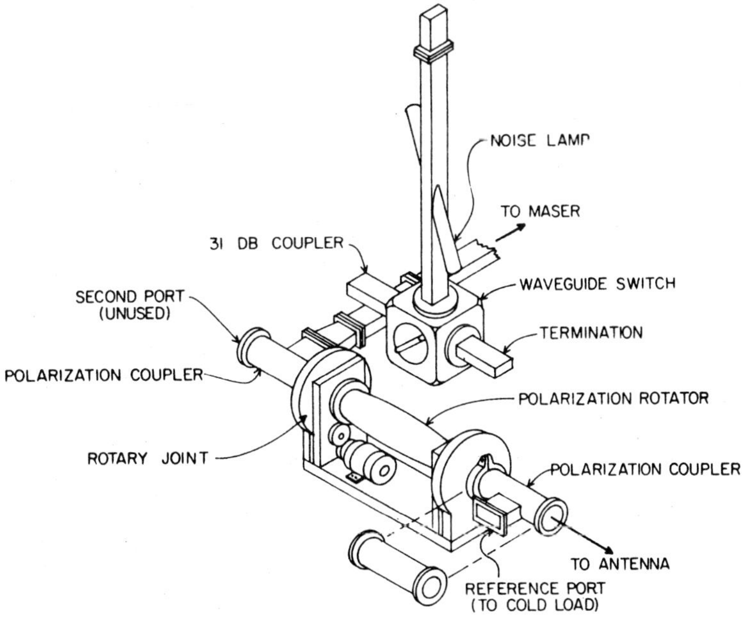

Bild 2:
Das Schalt- und Kalibrierungssystem der Empfangsapparatur.
Der „Polarization rotator" ist das Mikrowellen-Äquivalent zu einer λ/2-Platte in der Optik. Durch Drehung dieses Rotators kann die Polarisation der Signale, die durch ihn gehen, geändert werden. Damit konnte dann entweder die Antenne (nach rechts vorne) oder die heliumgekühlte Vergleichsquelle („Cold load" – nach unten) an den Maser (rechts oben) angekoppelt werden. [Rev. Mod. Phys. 51 (1979), S. 436]

Verstärker-Systems nicht ausschließen. Ihre Fehlergrenzen lagen teilweise auch in der gleichen Größenordnung wie die unerklärlichen Signale. Penzias und Wilson hatten dagegen als erste die Möglichkeit realisiert, die Rauschtemperatur nur der Antenne zu messen – indem sie sie mit einer, durch flüssiges Helium erzeugten, konstanten Temperatur von ca. 5 K (plus/minus 0,2 K) verglichen. Als sie 1964 die Hornantenne auf den Himmel richteten, stellten auch sie fest, daß sie um einige K „heißer" war als erwartet. In der Veröffentlichung 1965, die mit ca. einer Seite bemerkenswert kurz war, las sich das so:

„Messungen der effektiven Zenit-Rauschtemperatur der 20-Fuß-Hornreflektor-Antenne (Crawford, Hogg und Hunt 1961) am Crawford-Hill-Laboratorium, Holmdel, New Jersey, haben bei 4080 Mc/s [Mc/s = MHz] einen um ca. 3,5° K höheren Wert als erwartet ergeben. Diese Überschußtemperatur ist innerhalb der Grenzen unserer Beobachtungen isotrop, unpolarisiert und frei von jahreszeitlichen Schwankungen (Juli 1964 bis April 1965) ... Der Beitrag der atmosphärischen Absorption zur Antennentemperatur wurde erhalten, indem die Veränderung der Antennentemperatur mit dem Elevationswinkel gemessen wurde und das Sekansgesetz angewendet wurde. Das Ergebnis, 2,3 Grad plus 0,3 Grad K ist in guter Übereinstimmung mit veröffentlichten Werten ... Der Beitrag zur Antennentemperatur aus Ohmschen Verlusten wird zu 0,8° +/– 0,4° K berechnet. In dieser Rechnung haben wir die Antenne in drei Teile eingeteilt ... Mögliche Verluste aufgrund von Fehlern in den Nahtstellen des Antennenhorns wurden mit einem „Streifen"-Test ausgeschlossen. Wurden alle Nahtstellen nahe dem Antennenhorn und die meisten anderen mit Aluminiumband überklebt, gab es keine bemerkbare Änderung der Antennentemperatur ... Das Ansprechen der Antennenrückseite auf Strahlung vom Boden ist geringer als 0,1° K anzusetzen ... Nahmen wir alles zusammen, berechnet sich die bleibende unerklärbare Antennentemperatur zu 3,5° +/– 1,0° K bei 4080 Mc/s..." [1]

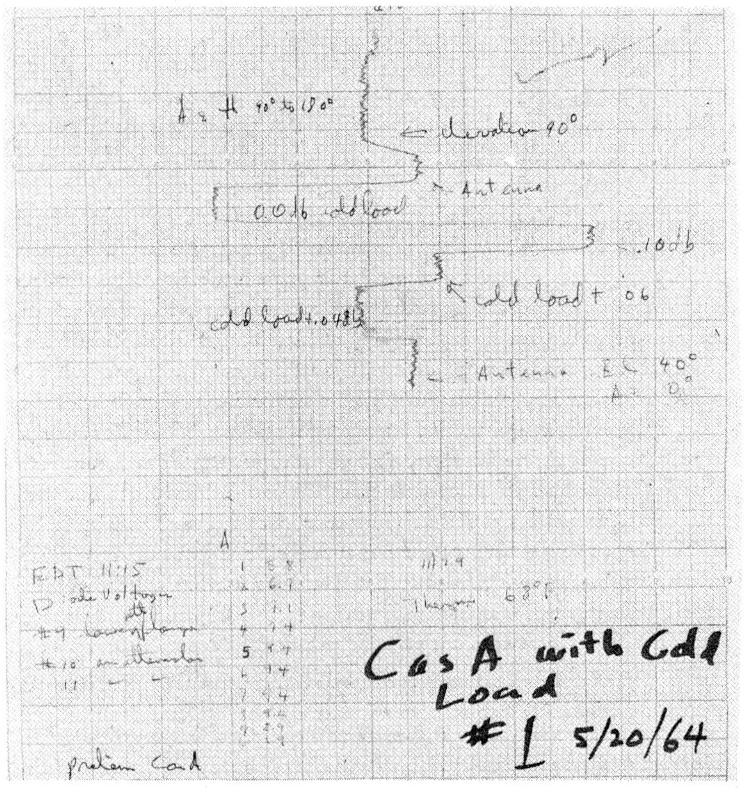

Bild 3:
Das erste eindeutige Ergebnis vom 20.5.1964 auf dem Schreiber.
Es zeigt die Existenz einer unerklärlichen Überschußtemperatur an. Nach rechts steigt die Rauschtemperatur jeweils an. Der oberste vertikale Verlauf entspricht (bei Ankopplung des Masers an die Antenne und Elevation der Antenne von 90 Grad, d. h. die Öffnung zeigte senkrecht nach oben) einer Antennentemperatur von ca. 7,5 K (siehe „Cold load + .04 dB"; die 0,04 dB entsprachen dabei etwa 2,5 K). Die Heliumtemperatur der Vergleichsquelle war ungefähr 5 K (in der Graphik zu „0,0 dB" gesetzt). Das heißt, es gab einen unerklärlichen Überschuß von circa 2,5 K. [Rev. Mod. Phys. 51 (1979), S. 440]

Bild 4: Die Empfangsapparatur von Arno Penzias und Robert Wilson im Deutschen Museum.
Man erkennt rechts die Ankopplung zur Antenne, nach unten die zur heliumgekühlten Vergleichsquelle, die in einem wärmeisolierten Dewar-Gefäß steckt. Links neben dem konisch verlaufenden Ankopplungsglied ist der „Polarization rotator" zusehen.

Zunächst dachten sie aber noch gar nicht daran, dieses Ergebnis publik zu machen. Sie vermuteten zunächst, das Rauschen könnte von den Innenflächen der Antenne selbst kommen. Die Störung entsprach etwa 1 % des Rauschens eines vollkommen absorbierenden Körpers bei Zimmertemperatur. Endgültig untersuchen konnten sie das erst, nachdem sie mit ihren Strahlungsflußmessungen fertig waren. Erst dann konnten die verschiedenen Antennenbeiträge zum Rauschen bestimmt werden. Dieses Problem mußte geklärt sein, bevor sie mit ihrer geplanten Umstellung auf 21 cm-Wellen (durch Einbau eines neuen Masers und andere Veränderungen) und damit der „wirklichen" Radioastronomie beginnen konnten. Zunächst versuchten sie, verschiedene mögliche Fehlerquellen auszuschalten: ob die Mikrowellenabsorption der Erdatmosphäre nicht doch höher war als bisher angenommen wurde, ob Radiosender der Umgebung Rauschen lieferten, ob ein Beitrag der Milchstraße mitspielte. Sie fanden bei dieser Fehlersuche auch ein Taubenpaar, das im engen Antennenhals nistete. Es wurde zu höheren Ehren der Wissenschaft vertrieben und der Exkrementrest beseitigt. Aber das gab nur eine geringe Verminderung des Rauschens. Auch als sie im Frühjahr 1965 nach Abschluß ihrer Meßreihen das Horn gründlich reinigten und sogar die schmalen Fugen zwischen den Aluminiumblechen, aus denen das Horn zusammengesetzt war, mit Aluminiumband überklebten (siehe obiges Zitat), gab es keine wesentliche Korrektur ihrer Ergebnisse.

Das schien nun wirklich rätselhaft: Ein Rauschen, so gleichmäßig von allen Seiten, unabhängig von der Richtung der Antenne, konnte doch nichts Astronomisches sein! Aber es ließ sich einfach keine technische Störquelle finden. So mußten sie dieses Ergebnis ohne Erklärung zur Kenntnis nehmen. Arno Penzias fiel dazu später der Spruch des berühmten britischen Kosmologen Arthur Eddington ein: Traue keinem Experiment, zu dem Du nicht wenigstens eine Theorie hast. Aber woher hätten sie – als „Nachrichtenphysiker" – damals eine Theorie nehmen sollen? Wahrscheinlich hätten sie fester an einen astronomischen Ursprung ihrer Störung glauben müssen und gezielt das Gespräch mit Astrophysikern suchen sollen. Solche Querverbindungen zwischen unterschiedlichen Forschungsbereichen wurden nirgendwo so intensiv gepflegt wie in den USA – insbesondere nach 1945 – als die USA zur unumstrittenen Führungsmacht der Physik geworden waren. Aber so etwas ist leichter im nachhinein gesagt als im Forschungsprozeß getan. Die ganzen fünfziger Jahre hindurch war ja die Urknall-These selbst bei Astrophysikern nicht mehr diskutiert worden.

1965 erhielt Arno Penzias bei einem wissenschaftlichen Telefongespräch über andere Dinge den Tip: In Princeton, nur etwa 40 km entfernt von Holmdel, gäbe es eine Gruppe um R. H. Dicke, die über Strahlung in einem oszillierenden Universum arbeitete. Es existierte sogar schon ein als Manuskript eingereichter Aufsatz. Penzias erhielt nun eine Theorie für sein Ergebnis: Eine isotrope Schwarzkörperstrahlung sollte von der letzten heißen, dichten Phase des Universums übriggeblieben sein und heute eine Temperatur von 10 K (im Minimum) aufweisen. Sofort nahm er mit der Gruppe in Princeton Kontakt auf. Dicke und seine Mitarbeiter wurden nach Holmdel eingeladen, und schließlich publizierten sie auch ihre Entdeckungen gleichzeitig, die einen die experimentellen Ergebnisse, die anderen die theoretischen Erklärungen. Penzias und Wilson verstanden ihre Ergebnisse natürlich unabhängig von den Erklärungen der Princeton-Gruppe. Sie waren aber froh, daß sie wenigstens *eine* Antwort für ihr mysteriöses Ergebnis hatten. Und diese Antwort stimmte schließlich, nachdem der theoretische Temperaturwert auf 3 K korrigiert und das gesamte Spektrum vom Millimeterbereich bis knapp unter einen Meter zum Vergleich herangezogen worden war, mit dem Ergebnis einer Schwarzkörperkurve überein. Der heute angenommene Wert von 2,7 K bedeutet, daß das Maximum der Strahlung bei etwa 0,18 cm liegen muß, also ziemlich weit von der Wellenlänge entfernt, bei der Penzias und Wilson maßen.

Die Frage: Einmaliger Urknall oder oszillierendes Weltall? – war damit nicht zu entscheiden. Doch gab Fred Hoyle zu, daß die alte Steady State-These ad acta gelegt werden mußte (dennoch versuchte er, sie anzupassen). Übrigens erhielten nur Penzias und Wilson für diese Entdeckung den Nobelpreis. Dicke und seine Theoretikergruppe gingen leer aus, weil man auch die Vorarbeit von Gamow und anderen als wesentlich wertete.

Literatur:

[1] Penzias, A. A. und R. W. Wilson: A measurement of excess antenna temperature at 4080 Mc/s. In: Astrophysical Journal 142 (1965), S. 419–421.

[2] Penzias, A. A.: Die Entdeckung der kosmischen Mikrowellenstrahlung. In: Die Sterne 58 (1982), S. 206–210.

[3] Trigg, G. L.: Landmark Experiments in Twentieth Century Physics. New York 1975. Hier Kap. 16: A possible cosmological clue, S. 283–292.

[4] Penzias, A. A., R. W. Wilson (Lebensläufe und Nobelvorträge). In: Le Prix Nobel. Stockholm 1979.

[5] Brush, St. G.: Die Anfänge der Kosmologie als Wissenschaft. In: Spektrum der Wissenschaft, Okt. 1992, S. 100–107.

[6] Beekman, G. W. E.: Wer entdeckte die kosmische Hintergrundstrahlung? In: Sterne und Weltraum 3 (1992) S. 440

[7] Overbye, Dennis: Das Echo des Urknalls. München 1991

[8] Kragh, H.; Carazza, B.: The Entrance of Nuclear Physics in Cosmology. In: Bevilaqua, F. (Hrsg.): History of Physics in Europe in the 19th and 20th Centuries. Bologna 1993, S. 257–268

J. T.

Anhang

Personenverzeichnis

zusammengestellt von Hans Joachim Ilgauds

C

D

H

M

S

Y

Z

Zu den Autoren

Dozent Dr. Wolfgang Schreier, geb. 1929.

Studium der Physik, Promotion und Habilitation über die Geschichte der Elektrodynamik und über die Wechselbeziehungen zwischen Physik und Elektrotechnik, leitete bis zu seiner Pensionierung (1994) am Karl-Sudhoff-Institut für Geschichte der Medizin und Naturwissenschaften der Universität Leipzig die Abteilung Geschichte der Naturwissenschaften.

Privatdozent Dr. Michael Segre, geb. 1950.

Studium der Physik und Mathematik, Promotion und Habilitation über Galilei und seine Nachfolger und über Mathematikgeschichte im 19. Jahrhundert (Peano), Wissenschaftlicher Assistent am Institut für Geschichte der Naturwissenschaften der Universität München und Gastprofessor an der Universität Mailand.

Professor Dr. Jürgen Teichmann, geb. 1941.

Studium der Physik und Wissenschaftstheorie, Promotion und Habilitation über die Geschichte der Elektrizitatslehre und die Geschichte der Festkörperphysik (Pohl), Direktor der Hauptabteilung Programme und Projektleiter der Ausstellung Astronomie des Deutschen Museums in München.

Bildnachweis

Deutsches Museum, München: S. 11, 12 unten, 13 unten, 14, 19, 25, 29, 30, 31, 53, 54, 58, 74 unten, 79, 80, 81, 82 unten, 86, 87, 89 oben, 101, 113, 117, 119, 127, 129, 132, 137, 140, 157, 158, 159, 162, 163, 193, 207;
Istituto e Museo di Storia della Sciencia, Firenze: S. 20;
Michael Segre, München: S. 185, 194, 195;
Jürgen Teichmann, München: S. 7, 12 oben, 13 oben, 15, 16, 17, 22, 23, 24, 27, 28, 32, 33, 35, 36, 38, 39, 40, 43, 44, 52, 56, 57, 62, 63, 82 oben, 83, 84, 85, 88, 89 unten, 154, 155, 164, 165, 166, 167, 170, 171, 172, 173, 174, 175, 176, 179, 180, 181, 182, 187, 188, 190, 191, 192, 198, 199, 201, 204, 205, 206;
Zentrum für Foto und Film, Universität Leipzig: S. 8, 9, 45, 47, 48, 49, 50, 51, 66, 67, 68, 71, 72, 73, 74 oben, 75, 90, 92, 93, 94, 95, 96, 97, 98, 99, 102, 103, 105, 106, 107, 108, 111, 112, 114, 118, 121, 122, 123, 124, 125, 128, 130, 133, 134, 135, 138, 139, 141, 142, 143, 147, 150.

Grundkurs Astronomie

von Reinhard Lermer
240 Seiten mit zahlreichen, meist farbigen Figuren und Abbildungen, kart.
Bestell-Nr. 3608-1

Lösungen 80 Seiten, kart.
Bestell-Nr. 3697-9

Pulsare und Quasare, Neutronensterne und schwarze Löcher – astronomische Begriffe, die heute nicht nur dem naturwissenschaftlich Interessierten geläufig sind. Maßgebend für die ungeheure Fülle neuer Erkenntnisse sind, neben der Raumfahrt, die Verfeinerung optischer Beobachtungsmethoden und die Einbeziehung bisher nicht untersuchter Bereiche der elektromagnetischen Strahlung in die Beobachtung.

Der gewachsenen Bedeutung der Astronomie wird inzwischen auch an den Schulen durch verstärkte Berücksichtigung in den Lehrplänen Rechnung getragen. So besteht jetzt in einigen Bundesländern die Möglichkeit, in der Oberstufe der Gymnasien einen Grundkurs Astronomie zu wählen.

Das Lehr- und Übungsbuch **Grundkurs Astronomie** richtet sich daher in erster Linie an die Schüler eines solchen Kurses, ist aber auch als Grundlage für andere Astronomiekurse und -arbeitsgemeinschaften an Schulen verwendbar und eignet sich gut zum Selbststudium. Vorausgesetzt werden Kenntnisse in Physik, wie sie in der Mittel- und Oberstufe der Gymnasien vermittelt werden.

Inhalt (Auszug)

Objekte der Astronomie – Geschichte der Astronomie – Nachweis der Erdrotation – Einfluß des Beobachtungsortes – Astronomische Koordinatensysteme – Kulmination der Gestirne – Scheinbare Bewegung der Sonne – Präzession der Erdachse – Planetenbahnen – Planetensystem – Sonnenspektroskopie – Strahlungsgesetze – Zustand der Materie im Sonneninnern – Energieerzeugung und Energietransport auf der Sonne – Sonnenwind – Rotation der Sonne – Kontinuum der Sonnenstrahlung – Aktivitätserscheinungen der Sonne – Fixsternhimmel – Sternbilder – Entfernungsbestimmung – Bewegung der Fixsterne – Helligkeit der Sterne – Spektralklassen – Hertzsprung-Russel-Diagramm – Leuchtkraftklassen – Sternhaufen – Sternmassen – Masse-Leuchtkraft-Beziehung – Lebensalter der Sterne – Entwicklung der Fixsterne – Endstadien der Sternentwicklung – Struktur der Galaxis – Extragalaktische Objekte – Urknall